TRAITÉ
DE GÉOGNOSIE.

TOME SECOND.

Le nombre d'exemplaires prescrit par la loi a été déposé. Tous les exemplaires sont revêtus de la signature de l'éditeur.

P. G. Levrault

TRAITÉ
DE
GÉOGNOSIE,
OU

EXPOSÉ DES CONNAISSANCES ACTUELLES SUR LA CONSTITUTION PHYSIQUE ET MINÉRALE DU GLOBE TERRESTRE, CONTENANT LE DÉVELOPPEMENT DE TOUTES LES APPLICATIONS DE CES CONNAISSANCES, ET MIS EN RAPPORT AVEC LE PREMIER VOLUME PUBLIÉ EN 1828

PAR M. D'AUBUISSON DE VOISINS;

PAR

AMÉDÉE BURAT.

TOME II.

PARIS,
Chez F. G. LEVRAULT, rue de la Harpe, n.° 81;
STRASBOURG,
Même maison, rue des Juifs, n.° 33.
1834.

STRASBOURG, imprimerie de F. G. Levrault.

AVIS IMPORTANT.

Le domaine de la géognosie s'est beaucoup trop agrandi depuis dix ans par les recherches simultanées de tous les géologues, pour qu'il soit possible de présenter actuellement dans un traité, un résumé complet de toutes ces recherches. Ne pouvant ainsi développer tous les détails de la science, j'ai préférablement dirigé les omissions sur ce qu'on peut appeler la zoologie géognostique; d'autant mieux que ce sujet vient d'être présenté avec une supériorité remarquable dans la traduction du Manuel de M. de la Bèche, par M. Brochant de Villiers. J'étais d'ailleurs forcé d'en agir ainsi, à moins de reproduire les longues listes de fossiles qui se trouvent dans le Manuel géologique; car le nombre des fossiles qu'on peut appeler caractéristiques, tendant toujours à diminuer, on ne peut guère arriver à des distinctions géognostiques par la zoologie, qu'en comparant des listes de fossiles aussi complètes que possible. Par compensation, j'ai spécialement insisté sur tout ce qui est application; sur tout ce qui est géognosie positive ou de gisement, désirant que ce Traité devînt le manuel de l'ingénieur et du praticien.

L'introduction publiée en 1828 par M. d'Aubuisson, restant inachevée par suite de la nouvelle direction que ce savant ingénieur a donnée à ses études, j'ai profité de son consentement pour mettre mon travail en connexion avec le sien, y trouvant deux avantages précieux : le premier, de renvoyer aux définitions et aux nombreux documents qui sont rassemblés dans cette introduction, qui constitue un excellent traité de géographie physique ; le second, de mettre en rapport les idées actuelles avec les idées de Werner, et de montrer comment celles-ci se sont graduellement modifiées. C'est ce que j'ai commencé par les additions et les rectifications du chapitre intitulé Introduction géologique, et ce que je compléterai dans le dernier volume, en présentant les vues actuelles sur la géogénie des roches ignées et la chaleur centrale. Werner fut le fondateur de la géologie; et M. d'Aubuisson, élève de Werner, fut le premier qui importa cette science en France. Les rectifications que j'ai indiquées doivent donc être regardées comme le résultat des progrès de la science, et nullement comme des erreurs imputables à M. d'Aubuisson ou comme la suite d'un système que je suivrais. J'ai en effet toujours tâché de me dégager de toute préoccupation systématique, et en traitant les matières sujettes à discussion, j'ai présenté généralement les faits qui peuvent appuyer le pour et le contre.

Ce volume comprend la description des terrains sédimentaires : les types de description en ont été principalement choisis dans les contrées qui sont à notre portée; d'abord parce que ce sont les mieux étudiées; ensuite parce qu'un traité écrit pour des Français, doit nécessairement contenir de préférence tout ce qui concerne la France. C'est pour cette raison que j'ai souvent insisté sur les recherches de MM. Élie de Beaumont et Dufrénoy, dont les voyages ont eu en partie pour but la carte géologique de France. Si j'ai omis de mentionner des travaux importants, c'est par la nécessité d'éviter des répétitions, par la circonscription du cadre où je suis renfermé, ou bien encore parce que je n'ai pu me procurer les mémoires. Les développements que je donnerai au volume suivant me permettront de réparer ces omissions.

Ce volume comprendra la description de la série des terrains ignés; l'exposé de nos connaissances sur les révolutions du globe; quelques idées théoriques sur la géogénie du globe; enfin le développement des applications de la géognosie, comprenant les gisements des substances métallifères et des autres matières utiles, les puits artésiens, etc.

TRAITÉ

DE

GÉOGNOSIE.

La *géognosie*[1] comprend à la fois la description des masses minérales qui constituent toutes les parties connues de l'écorce du globe, et l'ordre de superposition de ces masses.

Sous le point de vue des applications, cette science fait connaître la manière d'être des minéraux utiles; la position, la forme de leurs gisements. Ce traité, principalement écrit dans ce but, devra donc s'étendre d'une manière toute spéciale sur les faits qui peuvent guider

1 *Géognosie*, de γη (terre) et γνωσις (connaissance). Le mot de *géologie* est une extension de géognosie, et comprend avec elle toutes les sciences qui s'y rattachent, la minéralogie, la géographie physique, certaines parties de l'astronomie, de la zoologie, et surtout la *géogénie*, qui est la partie théorique, et s'occupe spécialement du mode de génération du globe, des causes dont la géognosie nous retrace les effets.

dans la recherche des mines et leur exploitation. Par suite, il devient nécessaire d'insister sur la partie minéralogique, sans, cependant, sortir du domaine de la géognosie. Quant à la partie géographique, et tout ce qui a rapport à la forme et aux dimensions du globe, aux définitions des vallées, des chaînes de montagnes, etc...., à la distribution des eaux, à l'atmosphère, etc...., ce livre a été mis en rapport avec le volume de géographie physique de M. d'Aubuisson, sauf à revenir sur quelques idées que les nouveaux progrès de la science ont plus ou moins modifiées.

INTRODUCTION MINÉRALOGIQUE.

Il suffit de parcourir des parties très-circonscrites de la surface du globe, pour voir qu'elle est composée de matériaux très-variés. La chimie, en rassemblant toutes les substances minérales connues et les faisant réagir les unes sur les autres, les a toutes ramenées à un petit nombre d'éléments, désignés sous le nom de corps simples. Les corps simples sont, dit Berzelius, ceux qu'il ne nous est pas donné de réduire en d'autres parties constituantes. Notre impuissance à cet égard ne prouve cependant pas qu'ils soient réellement simples; mais s'ils doivent naissance à la combinaison de substances plus simples encore, celles-ci nous sont vraisemblablement inconnues, et les forces qui président à leur association sont trop énergiques pour qu'elles puissent être surmontées par aucun des moyens dont la chimie dispose: ils se comportent donc comme corps simples par rapport à nous.

Le nombre de ces corps simples est de cinquante-deux: on les trouve en quantité très-diverse à la surface et dans l'intérieur de l'écorce qui revêt le corps de notre planète. Quelques-uns forment la base des roches qui constituent ce que nous connaissons de cette écorce depuis les cimes des plus hautes chaînes de montagnes, jusqu'aux profondeurs les plus considérables qu'aient pu atteindre les excavations des mines; tels sont: l'oxigène, le silicium, le calcium, le potassium, l'aluminium, le carbone, etc....; d'autres sont beaucoup moins répandus, et ne se trouvent qu'en certains points; tels sont : le plomb, le cuivre, l'argent, le platine, l'or, etc....; d'autres, enfin, sont si rares que l'on connaît à peine un petit nombre de gisements où ils ont été cités, et que l'on ne peut s'en procurer que difficilement les quantités nécessaires pour étudier leurs propriétés chimiques et minéralogiques; tels sont : le sélénium, l'ittrium, le tantale.

Les corps simples sont subdivisés en deux classes : 1.° celle des corps métalloïdes ou non métalliques, qui sont au nombre de douze: l'oxigène, l'hydrogène, l'azote, le soufre, le phosphore, le chlore, le brome, l'iode, le fluor[1], le carbone, le bore et le silicium : ces corps, outre qu'ils n'ont point l'aspect métallique, sont mauvais conducteurs de l'électricité et de la chaleur; ils n'ont qu'une pesanteur spécifique peu considérable, qui est moindre que celle de l'eau dans les corps gazeux, et

1 Le fluor n'a pas encore été isolé : son existence n'a été conclue que par analogie, d'après la théorie du chlore et de l'iode.

qui ne l'excède point trois fois dans les autres; 2.° la classe des corps métalliques, qui se compose des quarante autres; ils sont bons conducteurs de la chaleur et de l'électricité, et se subdivisent en deux sections : les premiers se distinguent par leur plus grande légèreté, la plupart étant plus légers ou à peine plus pesants que l'eau; par leur affinité pour l'oxigène, avec lequel ils se combinent à la température ordinaire : on leur a donné des noms tirés de leurs oxides, qui sont beaucoup plus connus; ce sont : le potassium, le sodium, le lithium, le barium, le strontium, le calcium, le magnésium, l'aluminium, le glucinium, l'ittrium, le zirconium, le thorium. Enfin, les métaux proprement dits, dont les caractères, outre l'éclat métallique et la facilité de conduire la chaleur et l'électricité, sont : l'opacité, une grande pesanteur spécifique, qui est au moins quatre fois celle de l'eau, et atteint quinze et vingt fois; et souvent la fusibilité, la ténacité, la malléabilité, qui ont fait d'un grand nombre d'entre eux des matières très-précieuses à l'industrie; ce sont : l'or, le platine, l'osmium, l'irridium, le rhodium, le palladium, l'argent, le mercure, l'urane, le cuivre, le bismuth, l'étain, le plomb, le cadmium, le zinc, le nickel, le cobalt, le fer, le manganèse, le cérium, le sélénium, l'arsenic, le chrome, le molybdène, le tungstène, l'antimoine, le tellure, le tantale et le titane.

Toute combinaison ne peut avoir lieu entre ces corps qu'en *proportions définies.* Si donc on se représente chaque corps simple comme composé de particules indivisibles, qui n'éprouvent aucune altération dans les réactions chimiques, de telle sorte que la juxta-position de ces particules d'un corps simple avec celles d'un autre, constitue une combinaison; cette juxta-position ne pourra se faire qu'entre certains nombres fixes des particules de l'un et de l'autre. Toutes les observations chimiques et minéralogiques concordent pour confirmer cette hypothèse et faire considérer les corps simples comme composés de ces particules, que l'on a nommées atomes, et dont la nature, le poids et la forme, déterminent les propriétés, la densité et la forme cristalline de chacun d'eux. L'atome d'un corps composé sera donc le petit groupe formé par la juxtaposition d'un certain nombre d'atomes simples. Il semble d'abord que le nombre des composés en proportions définies peut être très-considérable; mais il s'en faut que toutes les combinaisons que l'on pourrait imaginer soient possibles, et celles que la chimie a reconnues possibles, n'existent pas toutes dans la nature.

Toutes les combinaisons *binaires* (deux à deux) qui se trouvent dans la nature, peuvent être regardées comme résultant de la réunion d'un atome d'un des corps simples avec un, deux, trois, quatre, et rarement cinq ou six d'un autre corps. De plus, l'un des corps combinés est presque toujours l'oxigène (oxides ou acides), ou le soufre (sulfures). Les combinaisons avec le chlore (chlorures), l'arsenic (arséniures), l'antimoine (antimoniures), le carbone (carbures), le fluor (fluorures), sont déjà rares; celles avec le tellure, le mercure, le sélénium, l'osmium et l'or, ne sont que très-accidentelles : les autres n'existent pas. Il n'y a donc que douze genres de composés binaires, dont la plus grande partie ne se présente que très-rarement.

Les composés *ternaires* résultent ordinairement de la combinaison de deux composés binaires qui ont un principe commun; le plus souvent de deux corps oxigénés, un acide et un oxide; quelquefois de deux sulfures ou de deux arséniures, ou d'un sulfure ou d'un arséniure de même métal. Toutes les autres associations sont extrêmement rares. De plus, il n'y a pas le tiers des corps oxigénés qui soient propres à entrer dans les composés ternaires.

Les composés *quaternaires* résultent rarement de la réunion de trois composés binaires; ils sont formés ordinairement par la combinaison d'un composé ternaire oxigéné, avec un composé binaire, qui est l'eau; ou bien de deux composés ternaires oxigénés, principalement des silicates, des carbonates et des sulfates.

Quant aux composés plus compliqués, ils deviennent plus rares à mesure que le nombre des éléments s'accroît, et résultent de la réunion de trois composés ternaires oxigénés, dont l'un est presque toujours l'eau; soit de quatre, ce qui est moins fréquent.

Ce court aperçu suffit pour indiquer combien les lois qui président aux combinaisons sont fixes et restreintes, et si l'on considère que la grande majorité de ces combinaisons est très-accidentelle, on jugera qu'elles sont en outre d'une grande simplicité. Les associations diverses d'une vingtaine de composés constituent la presque-totalité de la partie de l'écorce du globe qui nous est connue; mais comme la présence de celles qui sont plus rares se lie avec des faits géologiques importants, avec des applications utiles, il est nécessaire de connaître la composition et les caractères principaux d'une grande partie des minéraux connus. Nous jetterons donc un coup d'œil rapide sur la minéralogie, en simplifiant autant que possible, et nous servant des signes représentatifs de Berzelius, pour indiquer la composition des substances minérales.

Les corps simples, classés circulairement, de manière que chacun d'eux soit placé entre ceux avec lesquels il présente le plus d'analogie, sont :

Silicium. Si.
Bore. Bo.
Carbone. C.
Hydrogène. H.
Azote. N.
Oxigène. O.
Soufre. S.
Chlore. Ch.
Brôme. Br.
Fluor. Fl. ou Ph.
Iode. I.
Selenium. Se.
Tellure. Te.
Phosphore. P.
Arsenic. As.
Antimoine. Sb.
Étain. Sn.
Zinc. Zn.
Cadmium. Cd.
Bismuth. Bi.
Mercure. Hg.
Argent. Ag.
Plomb. Pb.
Sodium. Na.
Potassium. K.
Lithium. L.
Tantale. Ta.
Molybdène. Mo.
Chrome. Cr.
Tungstène. W.
Titane. Ti.
Osmium. Os.
Rhodium. R.
Irridium. Ir.
Or. Au.
Platine. Pt.
Palladium. Pa.
Cuivre. Cu.
Nickel. Ni.
Fer. Fe.
Cobalt. Co.
Urane. U.
Manganèse. Mn.
Cerium. Ce.
Zirconium. Zr.
Aluminium. Al.
Glucinium. G.
Yttrium. Y.
Magnesium. Ma.
Calcium. Ca.
Barium. Ba.
Strontium. Sr.

Les lettres placées à côté de chacun sont les signes adoptés; ils sont empruntés aux initiales et aux lettres composantes, et pour quelques-uns aux noms latins, afin d'éviter les répétitions; tels sont : le Mercure, Hg (*Hydrargyrum*); Potasse, K (*Kalium*); Soude, Na (*Natrium*); Antimoine, Sb (*Stibium*); Tungstène, W (*Wolframmium*); Étain, Sn (*Stannum*).

Deux signes placés à côté l'un de l'autre indiquent un composé binaire : Fe S est un sulfure de fer, Co As un arséniure de cobalt. Le nombre des atomes s'indique par des exposans : ainsi Fe S est un sulfure, atome pour atome, $Fe S^2$ un bisulfure, $\mathrm{Fe\,S^4}$ un quadrisulfure. Comme l'oxigène abonde dans presque tous les composés, on le désigne simplement par des points : ainsi les oxides de fer s'écriront $\dot{\mathrm{Fe}}$, $\ddot{\mathrm{Fe}}$, $\dddot{\mathrm{Fe}}$; les deux principaux acides du soufre, $\ddot{\mathrm{S}}$, $\dddot{\mathrm{S}}$; $\dddot{\mathrm{A}}\,\dddot{\mathrm{Si}}^2$ est un bisilicate; $\dddot{\mathrm{A}}\,\dddot{\mathrm{Si}}^3$ est un trisilicate; $\dot{\mathrm{Cu}}\,\dddot{\mathrm{S}}$ est le sulfate de protoxide de cuivre; $\ddot{\mathrm{Cu}}\,\dddot{\mathrm{S}}^2$ le sulfate de deutoxide. Les combinaisons ternaires ou quaternaires s'écriront avec la même facilité, et pour rendre les formules plus claires, on emploie le signe $+$; ainsi $\ddot{\mathrm{Ca}}\,\ddot{\mathrm{C}}^2 + \ddot{\mathrm{Mg}}\,\ddot{\mathrm{C}}^2$ représente le carbonate de chaux et de magnésie ou dolomie; $\ddot{\mathrm{K}}\,\dddot{\mathrm{Si}}^2 + 2\dddot{\mathrm{A}}\,\dddot{\mathrm{Si}}^3$ sera un double silicate composé de 8 atomes de silice, 2 d'alumine et 1 de potasse. Pour les combinaisons plus compliquées, comme c'est l'eau qui se présente presque toujours, on est convenu d'en représenter l'atome par *Aq*. $(\ddot{\mathrm{K}}\,\dddot{\mathrm{S}}^2 + 2\dddot{\mathrm{A}}\,\dddot{\mathrm{S}}^3) + 48\,Aq$ sera le sulfate double de potasse et d'alumine hydraté, c'est-à-dire l'alun.

Ces formules sont très-simples, et permettent d'exprimer d'une manière concise la composition exacte de tous les corps : ce sont les formules dites *chimiques*. Mais en minéralogie, comme l'on a généralement des formules compliquées, et que le calcul nécessaire, pour bien s'en rendre compte, demande toujours quelque réflexion, Berzelius a imaginé d'autres signes dits *minéralogiques*, que l'on écrit en italiques pour les distinguer des premiers.

On supprime les signes d'oxidation, et lorsqu'un corps a deux oxides, on désigne le plus oxigéné par une majuscule *F* peroxide de fer; le moins par une lettre courante *f* protoxide. *Ca Si* est un simple silicate, $M\,Si^2$ un bisilicate, $Ca\,Si^4$ un quadrisilicate. Ces formules ne sont pas aussi complétement satisfaisantes que les premières, mais elles sont bien plus simples. La valeur des coefficients s'y trouve encore changée : ainsi, par exemple, $8\ddot{\mathrm{Ca}}\,\dddot{\mathrm{Si}}^2 + \ddot{\mathrm{K}}\,\dddot{\mathrm{Si}}^4 + 32\,Aq$ représente 8 atomes de trisilicate de chaux, 1 atome de sexsilicate de potasse et 32 atomes d'eau; la formule minéralogique s'écrirait : $8\,Ca\,Si^3 + K\,Si^6 + 16\,Aq$, qui indique que l'oxigène de la chaux est 8 fois, et celui de l'eau 16 fois l'oxigène de la potasse. Cette formule est simplement l'expression de l'analyse ; elle est donc invariable et ne peut être influencée par aucune modification dans les recherches chimiques, ce qui est un grand avantage en minéralogie.

Les substances minérales, ou combinaisons des corps simples, trouvées jusqu'ici dans la nature, ont été divisées en trois grandes classes : Gazolytes, Leucolytes et Chroïcolytes ; ces classes en familles, et les familles en genres. Les signes minéralogiques sont les plus ordinairement employés ; quelquefois cependant on leur substitue les signes chimiques. Le tableau suivant est composé d'après la dernière édition de M. Beudant, dont on a supprimé quelques espèces qui ne sont pas encore suffisamment établies.

TABLEAU SYSTÉMATIQUE *des matières minérales classées d'après les principes minéralisateurs.*

GAZOLYTES.

Substances renfermant, comme principe électro-négatif, des corps gazeux, liquides ou solides, susceptibles de former des combinaisons gazeuses permanentes avec l'oxigène, l'hydrogène, ou le fluor.

FAMILLE DES SILICIDES.

Quartz .... Si
Opale...................... $Si^6 Aq$.

Silicates alumineux.

Staurotide .... $(A, F)^4 Si$
Disthène.................... $A^2 Si$
Euclase..................... $(A, G) Si$
Émeraude.................. $2 A Si^3 + G Si^3$
Collyrite .... $A^3 Si + 5 Aq$
Triklasite .... $A Si^2 + Aq$

Allophane	$2 A\,Si + A\,Aq^6$
Gehlenite	$A^2\,Si + 2\,Ca\,Si$
Grenats — Grossulaire	$A\,Si + Ca\,Si$
Grenats — Almandine	$A\,Si + f\,Si$
Grenats — Spessartine	$A\,Si + Mn\,Si$
Grenats — Melanite	$F\,Si + Ca\,Si$
Scolezite	$3\,A\,Si + Ca\,Si^3 + 3\,Aq$
Mésotype	$3 A\,Si + Na\,Si^3 + 2\,Aq$
Prehnite	$3 A\,Si + Ca^2\,Si^3 + Aq$?
Cerine	$A\,Si + 2\,(Ce,\ f,\ Ca)\,Si$
Épidote — Zoïsite, Meionite	$2\,A\,Si + Ca\,Si$
Épidote — Thallite	$2\,A\,Si + f\,Si$
Wernerite	$3\,A\,Si + Ca\,Si$
Nepheline	$3\,A\,Si + Na\,Si$
Cordierite	$3\,A\,Si + Ma\,Si^2$
Thomsonite	$3\,A\,Si + Ca\,Si + Aq$
Carpholite	$3\,A\,Si + mn\,Si + 2\,Aq$
Anortite	$8\,A\,Si + 2\,Ca\,Si + Ma\,Si$
Pinite	$3\,A\,Si^2 + K\,Si$
Triphane	$3\,A\,Si^2 + L\,Si^3$
Chabasie	$3\,A\,Si^2 + Ca\,Si^3 + 6\,Aq$
Labradorite	$3\,A\,Si^2 + Ca\,Si$
Amphigène	$3\,A\,Si^2 + K\,Si$
Analcime	$3\,A\,Si^2 + Na\,Si^2 + 2\,Aq$
Laumonite	$3\,A\,Si^2 + Ca\,Si^2 + 4\,Aq$
Hydrolite	$4\,A\,Si^2 + (Ca\ Na)\,Si^3 + 8\,Aq$
Harmotome	$4\,A\,Si^2 + Ba\,Si^4 + 6\,Aq$
Feldspath	$3\,A\,Si^3 + K\,Si^3$
Feldspath albite	$3\,A\,Si^3 + Na\,Si^3$
Petalite	$3\,A\,Si^3 + L\,Si^3$
Stilbite	$3\,A\,Si^3 + Ca\,Si^3 + 6\,Aq$
Chamoisite	$f^2\,A + 2\,f\,Si + 4\,Aq$
Chlorite	$2\,A\,Si + (M,\ K,\ f)^3\,Si$?
Cymophane	$A^4\,Si + 2\,G\,A^4$?
Mica — Magnésien	$(A,\ F)\,Si + (Ma,\ K)\,Si$?
Mica — Potassique	$12\,(A,\ F)\,Si + K\,Si^3$?
Mica — Lithique	$3\,(A,\ F)\,Si + (K,\ L)\,Si^3$?

Sodalite .... $2A\,Si + Na\,Si^2$
Axinite...................... $A\,Si^2 + (Ca, f)\,Si$
Tourmaline .... ?
Haüyne .... ?

Silicates non alumineux.

Zircon .... $Zr\,Si$
Eudialite .... $Zr\,Si^3 + 3(Na, Ca, f)\,Si^2$
Thorite...................... $3Th\,Si + (Ca, f, Mn)\,Si + 4Aq$
Gadolinite .... $Y\,Si$ mélangé
Cérite....................... $Ce\,Si + Aq$
Ilvaïte .... $3f\,Si + Ca\,Si$
Nontronite................. $F\,Si^2 + Aq$
Achmite.................... $3F\,Si^2 + Na\,Si^3$
Silicate de Manganèse .... $mn\,Si^3$
Calamine .... $Zn\,Si + x\,Aq$
Dioptase .... $Cu\,Si^2 + Aq$?
Peridot.................... $Ma\,Si, f\,Si$
Serpentine................ $2Ma\,Si^2 + Ma\,Aq$
Diallage .... $4Ma\,Si^2 + Ma\,Aq$ / $Ma\,Si^3 + Ma\,Aq$
Talc .... $Ma\,Si^3$
Stéatite.................... $2Ma\,Si^3 + Aq$
Magnésite................. $Ma\,Si^3 + 2\,Aq$
Wollastonite .... $Ca\,Si^2$
Pyroxène .. { Diopside ...... $Ca\,Si^2 + Ma\,Si^2$ / Augite .... $Ca\,Si^2 + f\,Si^2$ }
Amphibole . { Trémolite..... $Ca\,Si^3 + 3Ma\,Si^2$ / Actinote, Hornblende .... $Ca\,Si^3 + 3f\,Si^2$ }
Hyperstène................ f, Ma, Si
Apophyllite .... $8Ca\,Si^3 + K\,Si^6 + 16Aq$

FAMILLE DES BORIDES.

Acide Borique .... Bo, Aq
Borax .... $Na\,Bo^6 + 10\,Aq$
Boracite .... $Ma\,Bo^4$
Datholite .... $Ca\,Bo^3 + Ca\,Si^4 + Aq$

FAMILLE DES CARBONIDES.

Diamant, C	Lignite.
Anthracite, C, Hy	Tourbe.
Houille, C, Hy	Terreau.

Carbures.

Grisou .... $Hy\ C$
Naphte.................... $Hy^2\ C$
Malthe.
Asphalte.
Succin.
Graphite.
Acide carbonique........... C

Carbonates.

Natron .... $Na\ C^2 + Aq$
Carbonate de Chaux .... $Ca\ C^2$
Arragonite .... $Ca\ C^2$
Dolomie.................... $Ca\ C^2 + Ma\ C^2$
Giobertite .... $Ma\ C^2$
Carbonate de fer .... $f\ C^2$
Carbonate de manganèse .... $mn\ C^2$
Carbonate de zinc .... $Zn\ C^2$
Hydro-Carbonate de Zinc.... $3Zn\ C + Zn\ Aq^5$
Witherite.................. $Ba\ C^2$
Strontianite .... $Sr\ C^2$
Ceruse .... $Pb\ C^2$
Carbonate de plomb { Rhomboédrique $3Pb\ C^2 + Pb\ Su^3$
{ Prismatique ... $Pb\ C^2 + Pb\ Su^3$
Carbonate de cuivre anhydre. $Cu\ C$
Malachite.................. $2Cu\ C + Aq$
Azurite.................... $2Cu\ C^2 + Cu\ Aq$
Carbonate d'argent .... $Ag\ C^2$?
Carbonate de bismuth ...... $Bi\ C^2$?

FAMILLE DES HYDROGÉNIDES.

Hydrogène.
Eau.

FAMILLE DES NITRIDES.

Azote.
Air atmosphérique.

Nitrate salpêtre .... $K\ Ni^5$
 " sodique............ $Na\ Ni^5$
 " calcique .... $Ca\ Ni^5$
 " magnésique .... $Ma\ Ni^5$

FAMILLE DES SULFURIDES.

Soufre.
Hydrogène sulfuré.......... $H^2 S$
Sulfure d'argent............ $Ag\ S^2$
Galène .... $Pb\ S$
Blende .... $Zn\ S$ $3ZnS + FS$
Cinabre .... $Hg\ S$
Sulfure de manganèse....... $Mn\ S$
Sulfure de Nickel........... $Ni\ S$
Sulfure de Fer .... $F\ S^2$
Sulfure de Molybdène....... $Mo\ S^2$
Sulfure de cuivre .... $Cu^2 S$
Sulfure de cuivre et d'argent.. $Cu^2 S + Aq\ S$
Cuivre panaché .... $2Cu^2 S + FS$
Cuivre pyriteux .... $Cu^2 S + F\ S$
Sulfure d'étain .... $Sn\ S + Cu^2 S + F\ S^2$
Sulfure de Cobalt........... $Co^2 S^3$
Sulfure de Bismuth......... $Bi^2 S^3$
 " Plumbo-argentifère... $Bi\ S^3 + 5\,(Pb, Ag, F, Cu)\ S$?
Sulfure d'antimoine .... $Sb^2 S^2$
Argent rouge .... $Sb\ S + 3Ag\ S$
Bournonite .... $Sb\ S^3 + 2\,Pb\,S + Cu^2 S$
Polybasite .... $5(Sb^2 Ar^2)S^3 + 9Cu^2 S + 36AgS$
Cuivre gris................ $3(Sb^2 Ar^2)S^3 + 4FS + 8Cu^2 S$
Réalgar .... $Ar\ S$
Orpiment.................. $Ar^2 S^3$
Nickel gris .... $Ni\ S^2 + Ni\ Ar^2$
Cobalt gris................ $Co\ S^2 + Co\ Ar^2$
Mispikel.................. $FS^2 + F\ Ar^2$
Tennantite................ $9Cu\ S + (FS^2 + F\ Ar^2)$

Acide sulfureux............ $\ddot{S}$

Acide sulfurique .... $\dddot{S}$ Aq

Sulfates.

Sulfate de plomb........... $Pb\,S^3$
Sulfate de Baryte .... $Ba\,S^3$
Sulfate de Strontiane .... $Sr + S^3$
Karsténite .... $Ca\,S^3$
Gypse..................... $Ca\,S^3 + 2Aq$
Polyhalite................. $2\,(Ca,\,Ma)\,S^3 + KS^3$
Sulfate de soude { anhydre .... $Na\,S^3$
Sulfate de soude { hydraté..... $Na\,S^3 + 2Aq$
Sulfate de Magnésie .... $Ma\,S^3 + 6Aq$
Sulfate de Zinc .... $Zn\,S^3 + 6Aq$
Sulfate de Cobalt........... $Co\,S^3 + 6Aq$
Sulfate de Fer .... FS^3 + 6Aq
Sulfate de Cuivre........... $Cu\,S^3 + 6Aq$
Sulfate d'Urane .... ?
Alunogène .... $AS^3 + 3Aq$
Websterite .... $AS + 3Aq$
Alunite .... $9AS + KS^3 + 9Aq$
Alun .... $3AS^3 + KS^3 + 24Aq$
Alun ammoniacal.
Alun à base de soude.

FAMILLE DES CHLORIDES.

Acide hydrochlorique....... Hy Ch
Calomel.................. $Hg\,Ch^2$
Chlorure d'Argent.......... $Ag\,Ch^2$
Chlorure de Sodium .... $Na\,Ch^2$

FAMILLE DES PHTORIDES.

Spath fluor .... $Ca\,Ph^2$
Flucérine................. $Ce\,Ph^3$
Ytrocérite................. $Y\,Ph^2$, $Ca\,Ph^2$, $Ce\,Ph^2$
Cryolite .... $2A\,Ph^3 + Na\,Ph^2$

Phtorosilicates.

Topaze .... $3A\ Si + A^2\ Ph$
Picnite .... $3A\ Si + A\ Ph$
Condrodite .... $Ma\ Ph + 3Ma\ Si$

FAMILLE DES SÉLÉNIDES.

Clausthalie .... $Pb\ Se$
Berzeline .... $Cu^2\ Se$
Euchaïrite .... $Ag\ Se + Cu^2\ Se$

FAMILLE DES TELLURIDES.

Tellure...................... Te
Bornine .... $Bi\ Te^3 + Bi\ S$
Mullerine................... $(Pb, Ag)\ Te + Au\ Te$
Sylvane .... $Ag\ Te + 3Au\ Te$

FAMILLE DES PHOSPHORIDES.

Phosphate de chaux, Apatite.. $3\dot{C}a^3\ \overset{\cdot\cdot\cdot\cdot\cdot}{P} + \left\{\begin{array}{l} Ca\ Ch^2 \\ Ca\ Ph^2 \end{array}\right.$
Phosphate de plomb........ $3\dot{P}b^3\ \overset{\cdot\cdot\cdot\cdot\cdot}{P} + Pb\ Ch^2$
Wagnerite .... $\dot{M}^3\ \overset{\cdot\cdot\cdot\cdot\cdot}{P} + M\ Ph^2$
Triplite .... $\dot{F}^4\ \overset{\cdot\cdot\cdot\cdot\cdot}{P} + \dot{M}n^4\ \overset{\cdot\cdot\cdot\cdot\cdot}{P}$
Phosphate de fer............ $\dot{F}^3\ \overset{\cdot\cdot\cdot\cdot\cdot}{P} + 6Aq$
Phosphate de cuivre .... $\dot{C}u^4\ \overset{\cdot\cdot\cdot\cdot\cdot}{P} + 2Aq$
Phosphate d'Urane .... $3\dot{C}a^2\ \overset{\cdot\cdot\cdot\cdot\cdot}{P} + U^4\ \overset{\cdot\cdot\cdot\cdot\cdot}{P}^3 + 48Aq$
Wavellite .... $(\dddot{A}^4\ \overset{\cdot\cdot\cdot\cdot\cdot}{P} + 18Aq) + A\ Ph^3$
Klaprothite .... $\dot{M}^5\ \overset{\cdot\cdot\cdot\cdot\cdot}{P} + \dddot{A}^5\ \overset{\cdot\cdot\cdot\cdot\cdot}{P}^3$?
Turquoise .... ?
Amblygonite .... $\dot{L}^4\ \overset{\cdot\cdot\cdot\cdot\cdot}{P} + \dddot{A}^4\ \overset{\cdot\cdot\cdot\cdot\cdot}{P}^2$

FAMILLE DES ARSÉNIDES.

Arsenic...................... As
Arséniure d'argent.......... Ag, As

Arséniure d'antimoine...... Sb, As
= de bismuth....... Bi, As
= de cobalt......... $Co\,As^2, Co\,As$
= de nickel......... $Ni\,As, Ni\,As^2$

Acide arsénieux............ $\overset{\cdot\cdot\cdot}{As}$

Arséniate de chaux......... $\dot{Ca}^3\,\overset{\cdot\cdot\cdot\cdot\cdot}{As} + 6Aq$
= de plomb......... $3\dot{Pb}^3\,\overset{\cdot\cdot\cdot\cdot\cdot}{As} + Pb\,Ch^2$
= de cobalt.......... $\dot{Co}^3\,\overset{\cdot\cdot\cdot\cdot\cdot}{As} + 9Aq$
= de nickel.......... $\dot{Ni}^3\,\overset{\cdot\cdot\cdot\cdot\cdot}{As} + 9Aq$
= de cuivre.......... $3\dot{Cu}^5\,\overset{\cdot\cdot\cdot\cdot\cdot}{As} + 5Aq$
= de fer............. $\dot{F}^3\,\overset{\cdot\cdot\cdot\cdot\cdot}{As} + \dot{F}^3\,\overset{\cdot\cdot\cdot\cdot\cdot}{As}^2 + 18Aq$

LEUCOLYTES.

Susbtances renfermant, comme principe électro-négatif, des corps solides qui ne donnent généralement que des solutions blanches avec les acides, et ne sont pas susceptibles de former des gaz permanens.

FAMILLE DES ANTIMONIDES.

Antimoine................. Sb
Antimoine d'argent......... $Ag^2\,Sb$
Antimoine blanc........... $\overset{\cdot\cdot\cdot}{Sb}$
Stibiconise................ $\ddot{Sb} + xAq$
Kermès.................. $\overset{\cdot\cdot\cdot}{Sb} + 2Sb\,S^3$

FAMILLE DES STANNIDES.

Oxide d'étain, Cassiterite .... $\ddot{Sn}$

FAMILLE DES BISMUTHIDES.

Bismuth.................. Bi
Oxide de bismuth .... $\overset{\cdot\cdot\cdot}{Bi}$

FAMILLE DES HYDRARGYRIDES.

Mercure .... Hg
Hydrargure d'argent......... Ag H^2

FAMILLE DES ARGYRIDES.

Argent ....Ag

FAMILLE DES PLOMBIDES.

Plomb .... Pb

Litharge .... $\dot{Pb}$

Minium .... $\dddot{Pb}$

FAMILLE DES ALUMINIDES.

Corindon .... Al
Gibsite .... $Al + Aq$
Diaspore.................. $(A, F^4)^3 + Aq$

Spinelle .... $Ma\ A^6$
Gahnite .... $Zn\ A^6$
Spinelle noir .... $Ma\ A^3 + Fe\ A^3$
Plomb gomme.............. $Pb\ A^6 + 6Aq$

FAMILLE DES MAGNÉSIDES.

Brucite .... $Ma\ Aq$

CHROÏCOLYTES.

Substances renfermant, comme principe électro-négatif, des corps solides susceptibles de former des sels ou des solutions colorées, et ne se réduisant jamais en gaz permanens.

FAMILLE DES TITANIDES.

Rutile.................... $\ddot{Ti}$
Anatase .... $\ddot{ti}$?

Titanate de fer.............. $f\ \ddot{Ti}^2$
Sphène .... $Ca\ \dddot{Si}^6 + Ca\ \ddot{Ti}^6$

FAMILLE DES TANTALIDES.

Tantalate d'Yttria .... $Y\ Ta$

Tantalate de fer............ $\begin{cases} f\ Ta^3 + mn\ Ta^3 \\ 3f\ Ta^2 + mn\ Ta^2 \end{cases}$

FAMILLE DES TUNGSTIDES.

Wolfram .... $3f\ W^3 + mn\ W^3$
Scheelite .... $Ca\ W^3$
Tungstate de plomb .... $Pb\ W^3$

FAMILLE DES MOLYBDIDES.

Acide molybdique .... Mo
Molybdate de plomb .... $Pb\ Mo^3$

FAMILLE DES CHROMIDES.

Chromite de fer............ $(F, A)\ Cr$?
Chromate de plomb .... $Pb\ Cr^3$
Vauquelinite .... $2Pb\ Cr^2 + Cu\ Cr^2$

FAMILLE DES URANIDES.

Urane oxidulé .... $\dot{U}$

Urane hydroxidé .... $\dddot{U} + x\mathrm{Aq}$

FAMILLE DES MANGANIDES.

Peroxide de manganèse...... Mn
Hydroxide de manganèse..... $3Mn + Aq$

FAMILLE DES SIDERIDES.

Fer.
Pierres météoriques.
Fer olygiste .... F
Fer hydroxidé .... $F^2\ Aq$
Aimant .... fF^3
Franklinite .... $(f, Zn)\ (F, Mn)$?

FAMILLE DES COBALTIDES.

Oxide de cobalt............ Co
Oxide de cobalt manganésifère $Co + Mn + Aq$?

FAMILLE DES CUPRIDES.

Cuivre.
Oxide noir.

FAMILLE DES AURIDES.

Or.

FAMILLE DES PLATINIDES.

Platine.

FAMILLE DES PALLADIIDES.

Palladium.

FAMILLE DES OSMIDES.

Osmium d'irridium .... Ir Os.

DESCRIPTION DES ROCHES.

On a donné le nom de *roches* aux substances minérales qui se rencontrent en masses assez considérables, pour qu'on puisse les considérer comme parties constituantes de l'écorce du globe. Les autres ont reçu le nom de minéraux accidentels, et sont engagés dans les roches, en amas, en rognons, en veines, en particules et en cristaux disséminés, etc.

Les roches sont *simples* ou *composées :* simples, lorsqu'elles sont formées par une seule des substances minérales; composées, lorsqu'elles résultent de l'association de plusieurs de ces substances. Les roches simples présentent généralement un aspect homogène, ou du moins qui ne varie que dans les limites de modification dont la substance composante est elle-même susceptible, par suite des variations de pureté ou de texture. Les roches composées présentent le plus souvent un aspect hétérogène, de sorte que l'on peut y reconnaître à l'œil nu les différentes substances constituantes; mais souvent aussi les parties constituantes deviennent tellement fines et dans un mélange si intime que la roche est véritablement homogène. (1)

(1) D'après ces définitions un porphyre feldspathique est une roche simple, quoique l'aspect n'en soit pas homogène; mais je ne vois pas qu'on puisse dire qu'un porphyre est une roche composée, tandis que l'on regarderait comme simples des roches calcaires ou siliceuses, qui

Les substances minérales qui entrent dans la composition des roches, sont : les oxides de fer, le carbonate et le sulfure de fer, le carbone, la chaux carbonatée, la dolomie, la chaux sulfatée, le quartz, le feldspath, le mica, le talc, la serpentine, la chlorite, l'argile, le pyroxène, l'amphibole. (1)

Peroxide de Fer (Hématite rouge; Fer oligiste) : pesanteur spécifique, 5,24 à 3,50; métalloïde ou métallique, donnant une raclure rouge.

Hydroxide de Fer (Hématite brune, Fer limoneux) : pes. sp., 3,37 à 3,94; jaune, métalloïde, raclure jaune, donnant de l'eau par calcination et un résidu rouge.

Carbonate de Fer : pes. sp., 3 à 3,8; rayant le calcaire, rayé par l'arragonite, cristallisant en rhomboèdres, faisant effervescence lorsqu'on le dissout à chaud dans les acides.

Sulfure de Fer (Pyrite) : pes. sp., 4,6 à 5; jaune, cristallisant en cubes simples ou modifiés, donnant du soufre par calcination.

Carbone : substance solide, jamais dure, noire, brûlant avec plus ou moins de facilité, quelquefois sans flamme ni fumée, souvent

---

présentent de même, sur un échantillon de trois pouces, une pureté si variable, et par suite un aspect hétérogène. Les porphyres sont dans le cas de ces calcaires, et sont des roches simples.

(1) J'ai retranché de ce nombre le sel gemme, la calamine, l'oxide de manganèse, qui ne peuvent être regardés comme roches sans autoriser dès-lors l'admission de la galène, du sulfate de baryte, etc.; ce qui compliquerait bien inutilement la classification des roches.

avec l'une et l'autre, dégageant alors une odeur plus ou moins sensible, tantôt compacte et et lithoïde, tantôt présentant le tissu ligneux.

Chaux carbonatée : pesanteur spécifique, 2,72; rayée par l'acier, donnant de la chaux par calcination, faisant effervescence avec les acides, où elle se dissout totalement, cristallisant en rhomboèdres clivables, qui, lorsqu'ils sont limpides, présentent le phénomène de la double réfraction.

Dolomie : pes. sp., 2,85 à 2,87; rayant la chaux carbonatée, rayée par l'acier, soluble dans les acides, mais avec peu d'effervescence, cristallisant en rhomboèdres.

Chaux sulfatée hydratée, Gypse : pes. sp., 2,33; substance tendre, rayée par le calcaire et même par l'ongle, donnant de l'eau par calcination, et se solidifiant, lorsqu'on la lui rend, cristallisant en prismes rectangulaires obliques, en tables rhomboïdales biselées sur les bords.

Chaux sulfatée anhydre, Karsténite : pes. sp., 2,5 à 2,9; substance blanchâtre ou violacée, rayant le calcaire et rayée par l'acier, ne donnant pas d'eau par calcination, clivable en prismes rectangulaires droits.

Quartz : pes. sp., 2,654; compacte, dur et tenace, rayant le verre et l'acier, cassure vitreuse, non clivable, infusible, insoluble dans les acides, fusible avec les alcalis, cristallisant (système rhomboédrique) en prismes hexagones réguliers, terminés par des pyramides, ou en dodécaèdres bipyramidaux, à faces triangulaires isocèles.

Feldspath : pesanteur spécifique, 2,39 à 2,58; compacte, dur, tenace, rayant le verre, faisant feu au briquet; deux clivages à angle droit, fusible en émail blanc, insoluble dans les acides, cristallisant en prisme oblique rhomboïdal, dont les angles sont de 120° et 60°.

Mica : substance facile à rayer avec l'acier, divisible en feuillets minces, élastiques, à surface brillante et nacrée, fusible, cristallisant en prismes droits, à base d'hexagone régulier, en prismes rhomboïdaux droits ou obliques. Berzelius partage les micas en trois classes : micas à base de magnésie; micas à base de potasse; micas à base de potasse et de lithine (lépidolithe).

Talc : substance douce au toucher, facilement rayée par l'ongle, compacte, écailleuse, non élastique, presque infusible, ne cristallise pas, ordinairement verdâtre. Cette substance se rapproche beaucoup de la stéatite et du diallage; cependant le diallage est fusible et clivable.

Argile : les argiles sont des silicates d'alumine simples; la plupart hydratés; mais elles sont trop rarement pures, et les analyses présentent trop d'anomalies pour qu'on puisse les rapporter encore à une formule fixe. Délayable ou endurcie, l'argile est un corps tendre, d'aspect homogène, non effervescent, non soluble dans les acides, infusible, sans indices de cristallisation.

Pyroxène : subdivisible en deux espèces, le diopside ($\dot{C}a^3\dddot{S}^2+\dot{M}^3\dddot{S}i^2$) et l'augite ($\dot{C}a^3\dddot{S}i^2+\dot{F}^3\dddot{S}i^2$), qui sont susceptibles de se mélanger ensemble.

Pyroxène diopside : pesanteur spécifique, 3,25 à 3,34; substance blanche ou verdâtre, rayée par le quartz et rayant difficilement le verre, inattaquable aux acides, fusible en un verre presque incolore.

Pyroxène augite : pes. sp., 3,10 à 3,15; substance noire ou d'un vert sombre, de même dureté que le diopside, inattaquable aux acides, fusible en un verre noir ou vert sombre.

Les pyroxènes cristallisent en prismes rectangulaires obliques, modifiés, sur les angles et sur les arètes, en prismes obliques hexagones ou octogones (diopside blanc), quelquefois modifiés (diopside augite) en prismes rhomboïdaux, terminés par des sommets dièdres (augite), souvent modifiés.

Amphibole : subdivisible en deux espèces, l'amphibole trémolite, qui comprend la grammatite, et en partie l'asbeste et l'amiante ($\dot{M}^3\dddot{S}i^2+\dot{C}a\,\dddot{S}i$) et l'amphibole actinote ou *Hornblende* ($\dot{F}^3\dddot{S}^2+\dot{C}a\,\dddot{S}i$). Ces deux espèces sont susceptibles de se mélanger ensemble.

Amphibole trémolite : pes. sp., 2,9 à 3,15; substance blanche ou verdâtre, rayant difficilement le verre, inattaquable aux acides, fusible avec plus ou moins de facilité, quelquefois avec boursouflement, en verre blanc, tantôt translucide, tantôt opaque.

Amphibole actinote (verte), Hornblende (noire) : pesanteur spécifique 3 à 3,35; rayant le verre, fusible en verre brunâtre ou noir.

L'amphibole cristallise en prismes rhomboïdaux obliques, tantôt simples, tantôt modifiés sur les arêtes et sur les angles.

L'on a de tout temps été frappé de la grande ressemblance qui existe entre l'amphibole et le pyroxène. La composition chimique diffère bien peu; les densités subissent à peu près les mêmes variations; il n'y a réellement que la différence de cristallisation qui les distingue. Mais M. Rose a fait observer que les angles de ces deux substances pouvaient se ramener les uns aux autres par une loi simple; que dans certaines roches des monts Ourals on trouvait des cristaux qui présentent les clivages de l'amphibole et la forme extérieure du pyroxène; enfin, que l'on trouvait des cristaux d'amphibole et de pyroxène groupés régulièrement ensemble, les axes étant parallèles, et l'arête obtuse du premier répondant à l'arête aiguë du second. Il explique la différence de forme des deux minéraux par la différence des circonstances dans lesquelles ils ont cristallisé. Il est important de signaler ce rapprochement, sur lequel nous reviendrons, parce que l'on concevra les incertitudes qui existeront pour déterminer si telle roche terreuse ou à cristallisation non déterminable, est amphibolique ou pyroxénique.

Ces divers principes, soit seuls, soit mélangés entre eux, constituent toutes les roches qui se rangent naturellement en diverses familles, suivant que chacun de ces principes vient à dominer. On aura donc à peu près autant de familles que de principes constituants. Je dis à peu près, parce la chlorite rentre dans les roches talqueuses, de même que la dolomie rentre dans les roches calcaires; parce que toutes les combinaisons du fer se réunissent naturellement pour en former une seule. Le nombre des familles se trouve ainsi réduit à onze. Ces familles se subdivisent en espèces qui, elles-mêmes, se subdivisent en variétés principales ou sous-espèces.

Les diverses familles seront : 1.° les roches ferrifères; 2.° carbonifères; 3.° calcarifères; 4.° quartzifères; 5.° feldspathiques; 6.° micacées; 7.° talqueuses; 8.° argileuses; 9.° pyroxéniques; 10.° amphiboliques; 11.° les roches d'agrégation.

1.° Roches ferrifères.

Parmi les minéraux métallifères ou minérais, on ne peut guères considérer comme roches que les combinaisons du fer, qui se présentent dans presque tous les terrains et en masses très-considérables.

Fer oxidulé magnétique : gris-noirâtre, éclat souvent métallique et vitreux.

Fer oligiste : tantôt métallique, cristallin, et tantôt compacte et grenu ; dans tous les cas, caractérisé par sa poussière rouge. Le fer oxidé anhydre (hématite rouge) est plus terreux, plus grenu que le fer oligiste compacte.

Fer hydroxidé : c'est le plus abondant des minérais de fer ; il forme des couches très-considérables ; tantôt il est compacte, fibreux, de couleur sombre ; tantôt il est brun clair et terreux, caractérisé par sa poussière jaune. Son aspect est toujours lithoïde. Souvent il est oolitique comme les calcaires : il est ordinairement mélangé d'argile ou de calcaire.

Fer carbonaté : on en distingue deux variétés, le fer carbonaté lithoïde, dit des houillères, qui est compacte, brun, sans aucun clivage. Le fer spathique, qui est cristallin, saccharoïde, laminaire, rhomboédrique et généralement de couleur plus claire que le précédent.

Fer sulfuré : jaune, éclat un peu métallique, donnant une odeur de soufre par la percussion ; cassure compacte et vitreuse, lorsqu'il est pur ; grenue, inégale, quelquefois même terreuse, lorsqu'il est mélangé.

2.° Roches carbonifères.

Anthracite : substance noire, compacte ou finement grenue, à cassure ordinairement terne, conchoïde, sèche au toucher, brûlant avec peine, sans flamme ni fumée; structure fragmentaire quelquefois schistoïde : c'est du carbone à peine mélangé de trois à cinq pour cent de matières terreuses ou cendres.

Houille : substance noire, à cassure pseudo-régulière, luisante, s'allumant et brûlant avec facilité; fumée noire et odeur bitumineuse; souvent elle se boursoufle et se colle pendant la combustion, donnant à la distillation des matières bitumineuses, de l'eau, des gaz, souvent de l'ammoniaque, et laissant un charbon léger, brillant, qui a pris la forme du vase distillatoire. Les houilles se subdivisent en plusieurs variétés, suivant qu'elles sont sèches ou collantes; comme elles sont concentrées presque entièrement dans un seul terrain, ces différentes variétés y seront décrites.

Lignite : substance noire ou brune, compacte ou feuilletée, présentant très-souvent la texture ligneuse, brûlant avec flamme et fumée, sans se boursoufler, et laissant un charbon de même forme que les fragments brûlés, donnant à la distillation des matières bitumineuses et de l'eau chargée d'acide pyro-ligneux.

Tourbe : substance brune, terreuse, remplie le plus souvent de débris d'herbes sèches, brûlant avec ou sans flamme, avec une odeur fétide, plutôt ligneuse que bitumineuse.

3.° Roches calcarifères.

Cette famille est presque entièrement composée de roches calcaires (chaux carbonatée), d'une pureté très-variable ; lesquelles constituent, soit par suite de substances étrangères dont elles sont mélangées, soit par suite des modifications de texture, des variétés assez nombreuses. Comme ces roches sont très-abondantes dans toutes les parties du globe, et qu'elles se montrent dans tous les terrains, on a été conduit à établir beaucoup plus de distinction que dans toute autre classe, eu égard à leurs variations réelles. Les calcaires ont en effet un aspect des plus caractéristiques; ce qui, joint à leurs propriétés d'être rayés par une pointe d'acier, de faire effervescence avec les acides, de donner de la chaux par la calcination, rend leur distinction extrêmement facile. Quelquefois, cependant, ils se mélangent tellement avec les roches qui les accompagnent, qu'ils cessent de faire partie de la classe des calcaires, et passent dans celles dont ils revêtent les caractères. C'est ainsi que le calcaire mélangé d'argile constitue un calcaire marneux; mais lorsque cette marne est tellement riche en argile qu'elle en emprunte toutes les propriétés, c'est une marne argileuse. Il en est de même relativement à la silice, relativement à l'oxide de fer. Ces variations, ces passages des roches, sont très-multipliés; c'est par là qu'un terrain composé des mêmes roches que beaucoup d'autres, s'en distingue cependant sous le rapport minéralogique. Ils devront donc être décrits avec ces terrains qu'ils caractérisent, et il n'y a lieu de mentionner ici que celles qui se présentent souvent, et en masses considérables.

Les calcaires présentent de grandes variations de couleur, du blanc au jaunâtre et au noir; les autres teintes, bleuâtres, rouges, verdâtres, sont moins répandues et surtout moins tranchées; elles résultent de substances étrangères, qui sont souvent faciles à distinguer. Les calcaires jaunâtres sont les plus ordinaires; ils sont colorés par l'hydroxide de fer. Les couleurs grises ou noires résultent de matières charbonneuses et bitumineuses d'une grande ténuité, et les calcaires ainsi colorés sont souvent fétides, c'est-à-dire que lorsqu'on les brise, ils exhalent une odeur plus ou moins prononcée de bitume ou d'hydrogène sulfuré. Peu de calcaires sont assez purs pour ne pas laisser de résidu siliceux ou argileux après leur dissolution dans les acides. Ces caractères de couleurs, de fétidité, sont d'ailleurs trop peu stables pour donner lieu à des variétés distinctes.

Calcaire saccharoïde. Marbre. Texture cristalline ou semi-cristalline; tenace, plus dur que les autres calcaires; cassure saccharoïde plus ou moins raboteuse, suivant que le grain est plus ou moins gros; prenant un beau poli. On ne peut guère imaginer de nuances qu'on ne retrouve dans les calcaires marbres, et les couleurs les plus diverses sont souvent associées sous forme de veines, de mouchetures, de dessins bizarres. Le calcaire saccharoïde très-pur est d'un blanc éclatant, translucide sur les bords (marbre de Carrare); souvent il se trouve dans les marbres colorés, soit en lignes brisées, soit à la place des débris organiques, auxquels il s'est substitué, et dont il reproduit les moindres contours(1). Le calcaire saccharoïde prend volontiers la texture lamellaire, qui est encore un pas vers une cristallisation plus parfaite. Lorsqu'au contraire la texture cristalline diminue, le grain devient plus fin et la roche passe aux variétés compactes.

Calcaire compacte. Texture compacte, grain fin et serré, aspect homogène; tantôt facile à briser et présentant une cassure largement

(1) Ces calcaires contiennent souvent des minéraux accidentels. Le talc qui, lorsqu'il est abondant, leur communique une teinte verdâtre et une texture schisteuse (marbre cipolin). Le mica blanc, jaunâtre et vert, les spinelles (Aker) et même le feldspath cristallisé, (col du Bonhomme), caractérisent certaines variétés.

conchoïde et lisse (calcaire lithographique, cliquart); d'autres fois plus dur, plus tenace, à cassure esquilleuse, présentant des écailles translucides; couleurs ternes, jaunâtres, bleuâtres, grises et noires; quelquefois susceptibles de poli, lorsque le grain est très-serré. Ces premières variétés sont les plus compactes et les plus dures : ce sont aussi les moins répandues. Les variétés compactes communes ont le grain généralement visible, un peu lâche, quelquefois même finement terreux; elles happent à la langue, sont tout-à-fait opaques et d'un contact moins froid. La cassure est inégale, souvent même rude au toucher.

Calcaire concrétionné. Travertin. Ces calcaires sont souvent ferrugineux, quelquefois siliceux, durs et tenaces, ordinairement celluleux et même caverneux, affectant d'ailleurs toutes les formes des concrétions. La cassure est inégale, présentant des parties lisses, compactes et d'autres raboteuses.

Calcaire crayeux. Texture terreuse, à grains fins; souvent friable, d'autres fois ayant assez de consistance pour servir de pierre de construction; mais toujours tendre et facile à couper. Couleurs claires, blanche, grisâtre, verdâtre. Ce calcaire est souvent très-pur.

Calcaire grossier. Texture lâche, terreuse, à grains grossiers; consistance moyenne, dite de moellon; jaunâtre; cassure inégale et rude au toucher.

Calcaire oolitique. Cette variété repose uniquement sur la texture oolitique; c'est-à-dire, qu'elle est composée de grains calcaires accolés. Ces grains sont généralement ovoïdes et de grosseur variable, depuis celle du grain de millet jusqu'à celle d'un pois; mais un même massif se compose de grains égaux, accolés, plus ou moins agglutinés et présentant une texture plus ou moins inégale, suivant la grosseur des grains qui font ordinairement saillie. Lorsque la roche est solide, la cassure présente souvent l'intérieur de ces grains, et l'on distingue ordinairement au centre un grain de sable, une particule de débris organique. Ces calcaires sont jaunâtres, de solidité très-variable, volontiers très-ferrugineux et ayant l'aspect sableux s'ils ne sont pas agglutinés.

Calcaire marneux. La quantité plus ou moins grande d'argile est le principe de toutes les variations des calcaires marneux. Généralement, plus un calcaire est chargé d'argile, plus il est tendre, friable, happant à la langue, et facile à altérer par les agents atmosphériques. Comme à parties égales de calcaire et d'argile, la roche présente bien plus les caractères de l'argile, un calcaire marneux n'en doit pas contenir le quart de son poids. Les calcaires marneux ne résonnent pas sous le marteau. Ils sont facilement pénétrés par l'eau, et se fissurent en se desséchant. Les variétés qui contiennent très-peu d'argile se rapprochent d'autant plus des autres calcaires.

CALCAIRE SILICEUX. Un calcaire qui se pénètre de silice, devient d'autant plus dur et d'autant plus compacte qu'il en contient davantage. Les deux principes sont mêlés intimement, de sorte qu'on ne peut les distinguer; lorsque la silice vient à dominer, la roche fait feu au briquet, et n'est presque plus effervescente. Ces calcaires sont à grains fins, souvent celluleux et caverneux.

DOLOMIE (*Carbonate de chaux et de magnésie*): texture lamellaire, grenue ou saccharoïde. Très-blanche, quelquefois grisâtre. Tantôt cette roche est compacte, plus dure que le calcaire, éclate sous le marteau, et présente une cassure conchoïde ou rhomboédrique; d'autres fois elle est terreuse, lâche, tellement crevassée et fendillée, qu'on ne peut obtenir de cassure fraîche. Les fissures y sont tapissées de petits rhomboèdres, qui tantôt présentent leurs faces, tantôt leurs bords et leurs angles, qui deviennent plus grands à mesure que la fissure augmente, et qui, lorsque plusieurs fissures se croisent, sont très-abondants et font passer la roche à la dolomie compacte et clivable. Cette variété constitue des masses entièrement crevassées, aux formes les plus abruptes, les plus escarpées, et qui ne présentent aucune trace de stratification; telle est la montagne de Langkofel, planche XI, dans la vallée de Gröden, qui présente, à partir de sa base, une hauteur de plus de douze cents mètres.

Gypse (*Sulfate de chaux hydraté*). Roche tendre, blanche ou jaunâtre; texture grenue ou saccharoïde, quelquefois tellement cristalline que la roche n'est composée que de cristaux lenticulaires accolés; accidentellement fibreuse ou lamellaire, quelquefois mélangée d'une quantité notable de calcaire. Cette roche est exploitée comme pierre à plâtre dans toutes les contrées où elle existe en quantité suffisante.

Anhydrite (*Sulfate de chaux anhydre*). Roche moins répandue que la précédente et distincte par une plus grande dureté et une plus grande pesanteur, ne donnant pas d'eau par la calcination.

4.° Roches quartzifères.

Quartz. Quartzfels, Quartzrock. Texture grenue et compacte, très-tenace, dur; cassure inégale, souvent onduleuse, de manière à être à la fois inégale et douce au toucher; sans clivages, mais se délitant volontiers en fragments pseudo-réguliers. Couleurs très-claires, blanches, grisâtres, lorsqu'elles ne sont pas salies par l'oxide de fer.

Ces roches contiennent souvent du mica disséminé, et dans ce cas elles ont été désignées sous les noms d'*Hyalomicte*, *Greisen;* c'est encore l'itacolumite ou grès flexible du

Brésil; la texture grenue y est en effet si prononcée que la roche a tout-à-fait l'apparence d'un grès micacé; elle contient souvent de l'oxide d'étain, du volfram, et quelquefois des particules d'or.

Maculloch distinguait les quartzrock d'Écosse des quartz cristallins des filons, en ce qu'ils sont essentiellement compactes et qu'ils offrent cependant des passages aux grès arénacés.

Silex. Compacte, blond, jaune, rougeâtre, noir, distinct par sa dureté, sa ténacité. Cassure un peu céroïde, translucide sur les bords et dans les éclats minces. Cette roche, vulgairement désignée sous les noms de caillou, pierre à feu, est une des plus répandues à la surface du globe.

Jaspe. Cassure mate, opaque; texture fine et compacte; présente des couleurs vives et variées, en veines ou lignes concentriques.

Quartz concrétionné. Silex meulière. Dur et tenace; texture cellulaire, caverneuse; cassure très-inégale; couleurs variables du blanc jaunâtre au rougeâtre.

Grès. Texture essentiellement grenue, lâche ou serrée, suivant que les grains sont plus ou moins agglutinés. Couleurs variables, tantôt blanche et homogène (grès de Fontainebleau), tantôt grise, ferrugineuse, jaunâtre, rougeâtre, veinée (grès des Vosges); cassure inégale et rude au toucher. Les grès se laissent généralement tailler et sont très-employés comme pierre de construction. Ceux que nous citons ici paraissent avoir été formés par voie de précipitation chimique.

Lydienne. Kieselschiefer. Substance siliceuse, noire, opaque, qui se présente tantôt en masses compactes, à cassure conchoïde et terne; tantôt en masses schisteuses, à cassure plane; texture fine et homogène; susceptible de poli (pierre de touche), quelquefois veinée de quartz blanc, infusible, rayant l'acier.

5.° ROCHES FELDSPATHIQUES.

Feldspath lamelleux. Tenace, compacte, à clivages rhomboédriques, blanc jaunâtre ou rougeâtre. Cette roche, qui se trouve en filons, en veines, en masses subordonnées dans les roches feldspathiques composées, est la seule de celles qui paraissent simples et homogènes, qui présente le feldspath à l'état de pureté. Dans toutes les autres, telles que les porphyres ou le pétrosilex, le feldspath peut être considéré comme le principe essentiellement dominant; mais il est déjà mélangé d'autres substances.

Feldspath grenu. Leptinyte, Weisstein. Texture plus ou moins grenue; contenant assez souvent du mica, des grains de quartz. Structure massive ou fissile; cassure souvent pseudo-régulière.

Feldspath compacte. Pétrosilex. Pâte homogène, tenace; texture serrée, compacte; cassure conchoïde, souvent esquilleuse et soulevant de petits éclats translucides. Ce feldspath n'est point clivable; il affecte des couleurs variables, d'autant plus foncées qu'il est moins pur. Certains pétrosilex présentent une texture grenue et sont évidemment composés de grains feldspathiques de pureté très-différente. Cette espèce contient même quelques variétés terreuses, probablement par suite de décomposition.

Porphyre feldspathique. Pâte de pétrosilex compacte, grenu ou terreux, contenant des cristaux de feldspath pur, déterminables, mats, toujours de couleur analogue à celle de la pâte, mais plus claire. Ces cristaux sont ordinairement opaques; dans quelques variétés ils sont cependant vitreux et translucides. Souvent la roche se décompose, et les cristaux restent intacts et se détachent facilement de la pâte. Lorsque la pâte est compacte, à grains fins, les cristaux sont généralement petits, très-adhérents, de sorte que la roche prend un très-beau poli. Les couleurs les plus ordinaires sont le jaunâtre, le brun plus ou moins foncé, le rouge. Lorsque la pâte se charge d'amphibole, elle devient verte, et les cristaux participent à la teinte générale, en se maintenant toujours dans des nuances plus claires. Ce porphyre passe à l'ophite, dans le cas où l'amphibole devient assez abondant pour masquer les caractères du feldspath.

PORPHYRE QUARTZIFÈRE. Ce sont les porphyres feldspathiques qui se chargent de cristaux de quartz plus ou moins abondants, en dodécaèdres bipyramidés dont le diamètre varie ordinairement de $0^m,001$ à $0^m,01$, mais qui, dans un même massif, conservent la même dimension. Ces porphyres sont les plus répandus; ils sont bien moins susceptibles de poli que les précédents. Quelquefois on y observe des cristaux de feldspath très-petits, qui forment le fond avec la pâte, tandis que de grands cristaux donnent à la roche un aspect plus ou moins granitoïde. Les porphyres quartzifères sont généralement moins compactes que les porphyres feldspathiques. Leur cassure est souvent inégale.

GRANITE. (*Feldspath, Quartz* et *Mica.*) Ces trois substances sont en grains cristallins, accolés sans laisser de vides (structure granitoïde): rien de plus variable que la proportion des principes constituants et la dimension des grains. Le feldspath est généralement le principe dominant; le quartz et surtout le mica diminuent quelquefois de manière à disparaître en certains points. Cette roche doit être regardée comme éminemment cristalline, bien que les cristaux soient rarement bien faits et déterminables; elle est généralement grenue, dure et compacte; sa structure est essentiellement massive et fragmentaire, et ce n'est qu'accidentellement qu'on peut lui trouver des formes pseudo-régulières : elle prend rarement un beau poli, à cause de l'exfoliation du mica.

Le feldspath est mat, opaque, varié du blanc au jaunâtre et au rouge intense; sa couleur détermine celle du granite. Il est remarquable, lorsque ses grains sont d'une grosseur suffisante, par sa texture lamelleuse et ses clivages rhomboïdaux : c'est le principe le plus cristallin. Certains granites en contiennent des cristaux bien faits dans une pâte finement granitoïde et passent ainsi à la structure porphyroïde. Les formes cristallines les plus usitées sont le prisme rectangulaire, plus rarement le prisme hexaèdre. Dans beaucoup de cas le feldspath s'isole en certains points et constitue des masses plus ou moins considérables.

Le quartz est vitreux, translucide, d'un éclat gras, variant du limpide au gris enfumé et au blanc opalin; il est plus disséminé que le feldspath et rarement cristallisé. Lorsqu'il est cristallin, il présente la forme bipyramidée; dans le cas où il est amorphe, l'absence totale de clivage suffit pour le caractériser.

Le mica est brillant, feuilleté, en paillettes arrondies, disséminées, dont la grandeur varie ordinairement depuis 0,01 jusqu'à devenir à peine perceptibles. Les couleurs les plus usitées sont le blanc nacré, le jaune et le noir. Quelquefois il s'isole pour former de petits nodules pelotonnés. Lorsque les paillettes sont cristallines, elles affectent la forme de tables hexaèdres; rarement elles ont plus d'un centimètre; plus rarement encore elles forment de grands feuillets de plus d'un décimètre.

Gneiss. (*Feldspath*, *Quartz* et *Mica*.) Les principes constituants du gneiss sont les mêmes que ceux du granite, et la différence des deux roches repose uniquement sur leur mode d'association. Le gneiss est généralement moins cristallin, et présente une structure schisteuse, souvent très-contournée, qui résulte surtout de l'abondance du mica et de sa disposition suivant des plans continus : c'est la roche désignée long-temps par Saussure sous le nom de *granite veiné;* celle que Werner définit une roche composée de feldspath, quartz et mica, immédiatement accolés les uns aux autres, et dont la texture est à la fois granitique et schisteuse. Cette définition de Werner est juste; mais en prenant l'ensemble des gneiss, on voit que la texture n'est réellement plus granitoïde et qu'ils sont beaucoup moins cristallins que la masse des granites; que leur caractère essentiel est la structure schistoïde; structure qui est souvent déterminée, non-seulement par la disposition du mica plus abondant que dans les granites, mais encore très-souvent par celle des autres principes constituants, disposés en plaques superposées; enfin, la structure en grand est aussi plus stratifiée; de sorte que le gneiss constitue le passage des granites aux véritables schistes. Il présente moins de cohésion entre ses différents principes, et une texture moins compacte que le granite; il est par suite tout-à-fait impropre à être poli.

Le feldspath est généralement moins bien caractérisé, moins cristallin, moins abondant et surtout plus disséminé dans le gneiss que dans le granite; il présente du reste les mêmes variations d'aspect; mais la couleur rouge est beaucoup plus rare. Le quartz est encore moins cristallin que le feldspath, souvent granulaire; sa cassure est vitreuse, mais en partie mate; ses teintes étant du reste toujours assez pâles, il en résulte que le mica détermine souvent la couleur de la roche ou du moins y contribue beaucoup: le quartz et le feldspath sont généralement en quantité à peu près égale.

Le mica se présente en paillettes, en petites lames contournées, ordinairement accolées et superposées dans un même plan, de sorte qu'il détermine les structures schistoïdes et feuilletées, et que c'est suivant ces plans que le gneiss se brise et se délite. La couleur la plus ordinaire est le noir, puis le gris, le jaunâtre et le blanc; sa quantité relative est extrêmement variable, et sous ce rapport il fait passer la roche au granite, lorsqu'il diminue et qu'il se dissémine, et au schiste micacé, lorsqu'au contraire il augmente et qu'il masque le feldspath.

Syénite. (*Feldspath*, *Quartz*, *Amphibole.*) C'est un granite dans lequel le mica est remplacé par de l'amphibole, *Hornblende;* aussi, lorsque le nouveau minéral est très-disséminé, est-il souvent très-difficile de le distinguer; mais dans cette nouvelle association le quartz s'élimine fréquemment, et l'on n'a plus que du feldspath cristallin, allié granitoïdement à de l'amphibole, qui est assez facile à reconnaître par ses clivages, lorsqu'il est en quantité suffisante. Le feldspath domine encore plus dans les syénites que dans les granites. La roche peut prendre divers aspects; elle est essentiellement granitoïde lorsque le quartz existe, que l'amphibole est très-disséminé et que le mica se montre encore; elle peut être alors à gros grains ou à petits grains. Lorsque dans une syénite à petits grains le feldspath forme de grands cristaux, on a une syénite porphyroïde; elle sera schistoïde, lorsque l'abondance et la disposition des aiguilles de l'amphibole dans un même plan lui donneront une structure feuilletée. Dans plusieurs contrées la présence des zircons (Norwège), de l'hypersthène qui se substitue à l'amphibole (Cuchullin, en Écosse), de la diallage, donne naissance à des variétés remarquables.

Les syénites constituent des masses analogues à celles des granites, mais encore moins stratifiées et passant moins volontiers aux roches auxquelles elles peuvent être associées.

Protogine. (*Feldspath*, *Quartz* et *Talc* ou *Stéatite*, ou *Chlorite.*) Le talc, la stéatite et la chlorite, se substituent souvent au mica dans les granites, dont ils changent totalement l'aspect. Si ces matières sont rares, les protogines sont alors des roches compactes, dont on peut difficilement distinguer les principes constituants, dont la structure est plus ou moins fissurée en fragments rhomboédriques, et auxquelles le feldspath, ordinairement blanchâtre, donne des teintes pâles. Les grains de feldspath et de quartz peuvent grossir, et dans ce cas les protogines sont granitoïdes, parsemées de grains verts; le feldspath conserve des teintes blanchâtres, et ses cassures mates et laminaires le distinguent aisément des cassures vitreuses et compactes des grains de quartz; mais lorsque la proportion des matières talqueuses augmente, le feldspath en est pénétré de manière à ce qu'il peut rester principe dominant sans cependant que ses caractères dominent. La roche est alors verdâtre, et perd son aspect granitoïde, à mesure que les matières talqueuses augmentent et impriment à la masse la structure schistoïde qui la fait passer aux stéaschistes. Les protogines sont plus volontiers stratifiées que les granites, et leur développement se lie très-souvent avec celui des schistes talqueux.

Pegmatite. (*Feldspath* et *Quartz.*) La suppression d'un des principes constituants dans les granites, les syénites et les protogines, outre qu'elle est rarement complète, ne peut être considérée la plupart du temps que comme accidentelle; celle du mica, qui conduit des granites aux pegmatites, est non-seulement très-fréquente, mais se maintient sur des étendues très-considérables. Les divers modes d'association du feldspath et du quartz donnent lieu à plusieurs variétés. Le plus souvent les grains sont accolés les uns aux autres, et les variations de leurs teintes et surtout de leur grosseur sont les seuls principes de modification; mais il arrive aussi que le quartz se trouve en lignes brisées, qui se détachent nettement entre les grains de feldspath laminaire, de manière à présenter l'apparence de caractères hébraïques : de là vient la dénomination de *granite graphique*. Les pegmatites granulaires et graphiques constituent des masses subordonnées dans les contrées granitiques; elles renferment presque tous les gisements connus et exploités de kaolin, qui paraît provenir de leur décomposition. Le mica s'y trouve quelquefois; mais il est en nodules, en grandes lames accidentelles, et non plus disséminé comme principe constituant. On a remarqué que sa présence semblait incompatible avec la texture graphique.

Euphotide. (*Feldspath* et *Diallage.*) Le feldspath est jaunâtre, ou d'un gris verdâtre, lamellaire, très-tenace, ou même à l'état de pétrosilex; il contient en plus ou moins grande abondance des nodules cristallins ou compactes de diallage vert ou gris. Le mica, le talc, la serpentine, s'y trouvent aussi accidentellement.

Variolite. Pâte feldspathique avec noyaux arrondis de feldspath. La pâte et les noyaux ne sont point de la même couleur; ordinairement c'est la serpentine ou l'amphibole, dont le mélange détermine les variations de couleur, de structure et de dureté.

Appendice aux roches feldspathiques.

Cet appendice comprend les roches qui ont des apparences plus ou moins feldspathiques, mais qui s'éloignent tellement du feldspath, sous le rapport des caractères chimiques ou pyrognostiques, qu'il n'est pas douteux que la plupart ne soient bientôt distraits de cette classe : elles font toutes partie des terrains dits volcaniques, et leur composition probable sera discutée en décrivant les détails de leurs caractères minéralogiques et géognostiques.

Trachyte. C'est la roche la plus feldspathique de ce groupe; elle comprend un très-grand nombre de variétés. Le plus souvent les trachytes présentent une pâte d'apparence homogène, plus ou moins feldspathique, blanche, noire, rouge, jaune, compacte ou grenue, qui contient des cristaux plus ou moins grands, plus ou moins abondants, de feldspath vitreux et fritté. Certaines variétés sont homogènes et sans cristaux; quelques autres paraissent composées uniquement de cristaux : ce sont les trachytes granitoïdes. La cassure est inégale et rude, conchoïde et unie dans certaines variétés; la texture est quelquefois cellulaire et scorifiée; la structure massive, assez souvent grossièrement prismatique, tabulaire ou schistoïde. Les trachytes sont insolubles dans les acides; ils sont fusibles en un verre de couleur plus claire, mais analogue à la couleur primitive; ils ne contiennent ni quartz, ni péridot (sauf de rares exceptions); quelquefois du pyroxène, souvent de l'amphibole.

Phonolite. Cette roche est généralement d'apparence homogène et feldspathique, de couleur brune, gris bleuâtre ou verdâtre; compacte, rarement bulleuse ou cellulaire, remarquable par sa tendance à se diviser en tables. Très-sonore; structure très-fissurée, prismatique ou tabulaire, souvent l'une et l'autre à la fois. Les phonolites sont fusibles, solubles dans les acides, où ils laissent un résidu volumineux de poussière blanche et légère; ce qui les distingue tout-à-fait des pétrosilex et des trachytes: ils ne contiennent guère en minéraux accidentels que des aiguilles d'amphibole; encore cela est-il assez rare.

Domite. Ce n'est en réalité qu'un trachyte terreux, quelquefois même friable. Le domite est de couleur claire, grisâtre, jaunâtre; tendre, grenu, contenant des cristaux informes de feldspath, quelquefois du mica; il est insoluble dans les acides, fusible en un verre de couleur claire, parsemé de petits grains de fonte, lorsqu'on a opéré dans un creuset brasqué.

Obsidienne. Cette dénomination comprend toutes les roches vitreuses, porphyroïdes ou homogènes, opaques ou translucides, compactes ou boursouflées, que l'on a désignées sous les noms de stigmite, rétinite, pechstein, perlite.... et qui sont toutes évidemment les variétés d'une même espèce. Ces roches, de couleur très-variable, grise, noire, verte, rougeâtre...., donnent une poussière de couleur claire, criant sous le pilon, insoluble dans les acides, d'apparence feldspathique: elles sont fusibles; mais pendant la fusion, presque toutes se boursouflent; ce qui résulte probablement d'un dégagement gazeux, dont on n'a pu apprécier la nature.

L'obsidienne *compacte* et *vitreuse*, est homogène, ou porphyroïde avec cristaux de feldspath; sa cassure est conchoïde, lisse et ondulée, comme celle du verre: elle est souvent translucide sur les bords. Lorsqu'elle se boursoufle, elle donne quelquefois lieu à des bulles de verre si ténues, qu'elles sont transparentes et surnagent au-dessus de l'eau.

L'obsidienne *lithoïde* est complétement opaque, homogène ou porphyroïde; sa cassure est moins unie, moins conchoïde : elle se boursoufle et passe à la ponce. Elle contient accidentellement du mica et quelques aiguilles d'amphibole.

Lorsque les obsidiennes (surtout la variété lithoïde) prennent une texture testacée et globulaire, elles constituent les *perlites*. Ces perlites se composent de globules irréguliers, ordinairement opaques, rarement translucides, qui s'emboîtent les uns dans les autres, et qui, lorsqu'on les brise, sont très-souvent striés du centre à la circonférence, et présentent un éclat nacré.

Ponce. Roche légère, poreuse, cellulaire et fibreuse, ordinairement d'un blanc grisâtre ou jaunâtre, dure, s'égrenant en criant sous le pilon, insoluble dans les acides : c'est la scorie des obsidiennes. Les fibres, tantôt droites, tantôt contournées, tendent à s'alonger dans un même sens. La cassure est inégale et très-rude au toucher. Les moindres fragments sont toujours parfaitement opaques.

Argilolite. C'est une roche tendre, terreuse, d'apparence homogène et feldspathique, presque infusible et sèche au toucher, qui paraît souvent n'être qu'un feldspath décomposé, et qui d'autres fois résulte de l'agrégation de particules très-ténues des roches précédentes, et n'est qu'un tuf ponceux. Cette roche est généralement de couleur claire, blanche, jaunâtre, colorée par les oxides de fer; elle fait quelquefois une pâte courte avec l'eau.

Téphrine. Lave moderne. Roche grisâtre, grenue et cristalline, ordinairement cellulaire ou bulleuse; dure, à cassure inégale, se laissant tailler comme pierre de construction; structure massive, fragmentaire ou grossièrement prismatique; contenant souvent des cristaux accidentels, qui paraissent se rapporter au feldspath et au pyroxène. Lorsqu'elle devient très-bulleuse, elle passe à la lave scoriacée, et de là aux scories.

Dans certaines laves modernes le feldspath est remplacé par l'amphigène, dont les cristaux microscopiques paraissent former la pâte avec le pyroxène, et qui dans les *téphrines amphigéniques* porphyroïdes, forme en outre des cristaux plus ou moins gros, dodécaèdres rhomboïdaux ou trapézoèdres. Beaucoup de laves modernes se dissolvent ou du moins se délitent en poussière dans les acides.

6.° Roches micacées.

Micaschiste (*Mica* et *Quartz*). Le mica peut être considéré comme le principe dominant.

Les paillettes sont toutes superposées dans un même plan, et tellement fondues ensemble, qu'elles forment souvent un tout homogène, schisteux et feuilleté dans le sens de superposition et présentant une cassure unie, à écailles miroitantes, tandis que dans le sens perpendiculaire cette cassure est inégale et comme hachée. Le quartz est en plaques plus ou moins visibles, intercalées dans le mica suivant le sens de superposition; ces plaques sont souvent lenticulaires et peuvent amener une structure un peu amygdaloïde. Rien de plus variable que la quantité relative de ces deux principes, tellement qu'ils peuvent passer du micaschiste composé exclusivement de mica, le quartz n'existant ni comme ciment, ni sous forme de plaques interposées; au quartz schisteux, dans lequel cette structure est déterminée par l'interposition de paillettes de mica, suivant des plans parallèles: mais lorsque le quartz devient abondant à ce point, la roche n'est plus réellement un micaschiste, c'est un quartz.

Le mica, qui détermine la couleur des micaschistes, est lui-même très-variable sous ce rapport. Les teintes brunes, jaunâtres, dominent généralement, ainsi que le gris noirâtre, d'un aspect souvent un peu métallique et de plombagine; viennent ensuite le vert, le blanc nacré, etc. Le quartz conserve son éclat vitreux quand il est en assez gros fragments, il est mat lorsqu'il devient granulaire et comme étonné par la chaleur (*greisen*). Sa couleur est toujours blanchâtre ou grisâtre; et quant à sa quantité, elle est toujours inférieure à celle du mica : ainsi, par exemple, il y a peu de micaschistes composés de moitié quartz et mica; lorsqu'ils passent au quartz en roche, le passage se fait brusquement.

7.° Roches talqueuses.

Stéaschiste. Les protogines, en se chargeant de talc et de stéatite, passent aux schistes talqueux (talcschiste ou stéaschiste), composés de quartz et de substances talqueuses, talc, stéatite, asbeste, diallage. La chlorite abonde aussi dans un grand nombre de ces schistes. Ces substances jouent, par rapport au quartz, le même rôle que le mica dans les micaschistes; mais elles le masquent encore plus complétement, de sorte que les roches paraissent presque toujours exclusivement talqueuses, lorsque les parties quartzeuses sont disséminées. La structure schisteuse est généralement très-prononcée : certaines variétés renferment des grains et même des cristaux de feldspath. Les variétés qui sont rudes au toucher, sont toujours très-peu talqueuses. Les couleurs vertes sont les plus ordinaires; elles sont quelquefois blanchâtres, rougeâtres, etc....

Le talc et la stéatite s'isolent souvent en veines, en amas, en couches subordonnées. Les roches deviennent alors plus tendres, plus onctueuses au toucher. On reconnaît assez volontiers la tendance aux caractères de l'asbeste, du diallage, de la chlorite, qui se substituent au talc et peuvent aussi s'isoler. Les roches talqueuses ont des caractères moins nets que les autres, parce qu'on oscille continuellement entre les cinq principes constituants, susceptibles de s'allier au quartz dans des proportions très-variables.

Serpentine. Les roches comprises sous cette dénomination présentent des caractères variés. On a appelé serpentine pure ou serpentine noble, un silicate hydraté de magnésie, blanchâtre ou verdâtre, quelquefois translucide et compacte, d'autres fois terreux et opaque. Cette pâte, plus ou moins pure et mélangée avec du fer oxidulé non perceptible, constitue une roche presque compacte, de dureté variable; de couleurs verdâtres et blanchâtres, veinées et chamarrées, qui est la véritable serpentine.

Le talc et le diallage peuvent actuellement se mélanger à cette pâte et même y former la matière dominante. Ces mélanges, combinés avec les complications accidentelles de l'asbeste, de l'amphibole, donnent lieu à des variations nombreuses et peu déterminées, parce que le plus souvent il est très-difficile de décider quelles sont les substances constituantes ou associées. Les serpentines sont donc peu distinctement subdivisées; mais comme espèce, elles s'isolent très-bien des autres, et ne se lient guère qu'aux ophites, qui contiennent du fer oligiste disséminé. Quant aux autres passages, ils ont lieu par mélange mécanique vers leur contact avec les autres roches. Ainsi, les serpentines s'incorporent volontiers aux calcaires, aux schistes, qu'elles pénètrent, et qu'elles rapprochent d'elles-mêmes, lorsqu'elles sont pour une forte proportion dans le mélange.

8.° Roches argileuses.

Toutes les argiles ne sont pas délayables et susceptibles de faire pâte avec l'eau, et il y a lieu de croire que le phénomène par lequel une argile calcinée perd la propriété de se délayer, a eu son analogue dans la nature. Ces argiles, indélayables, schisteuses, n'appartiennent pas seulement aux terrains anciens, le schiste tertiaire qui contient les rognons d'opale de Ménilmontant (ménilite), est lui-même dans cette classe. L'argile est rarement pure; elle se mélange de calcaire, de sable, d'oxide de fer, de charbon provenant des débris organiques, de pyrites de fer. La plus pure est celle qui résulte de la décomposition du feldspath dans les pegmatites, et que l'on nomme kaolin, terre à porcelaine; celle qui résulte de la décomposition des granites ou des autres roches en partie feldspathiques, est au contraire généralement impure et surchargée d'oxide de fer.

Kaolin. Blanc, terreux, texture lâche, faisant pâte avec l'eau, infusible, presque toujours mélangé de quartz, dont il est facile de le débarrasser par le lavage; il ne constitue jamais que des masses peu étendues, et sous ce point de vue ce n'est réellement pas une roche.

Argile. Plastique ou à poteries. Onctueuse, douce au toucher, tendre; texture serrée, homogène, faisant une pâte longue et tenace avec l'eau; infusible, ordinairement grise, jaunâtre, rougeâtre ou veinée.

Argile sableuse. C'est l'argile mélangée de sable en plus ou moins grande quantité; elle est fusible, mais délayable et facile à purifier par le lavage.

Argile calcaire. Marne. Texture lâche, peu solide et même friable, absorbant l'eau sans faire pâte, se fendillant excessivement par le retrait, de manière à se déliter en petits fragments polyédriques irréguliers, quelquefois à surfaces courbes et concentriques; fusible, peu effervescente; couleurs très-variables, bleuâtres, rouges, verdâtres, jaunâtres, grises. Entre cette variété et la variété précédente se trouve la terre à foulon, faisant une pâte très-courte avec l'eau, plus douce au toucher et plus délayable que la marne.

On peut ranger ici par appendice les argiles non délayables, schisteuses et feuilletées, auxquelles on donne le nom de *marnes schisteuses*; les feuillets sont droits ou contournés, et contiennent souvent des noyaux de silice ou de calcaire. Les couleurs sont les mêmes que celles des argiles et des marnes, mais souvent plus foncées, par suite du mélange de matières bitumineuses.

Schiste argileux. On désigne sous ce nom des argiles indélayables, schisteuses et feuilletées, d'apparence homogène, dont la cassure est douce, brillante et unie dans le sens des feuillets, mate et rude dans le sens perpendiculaire. Le mica ne joue qu'un rôle secondaire dans ces schistes, et il y a tout lieu de croire que ce n'est pas lui qui leur donne cet aspect luisant et cette structure essentiellement fissile qui les caractérise : cependant il se présente volontiers en paillettes distinctes, et si la roche contient en même temps du quartz visible, elle passe au micaschiste. Les schistes argileux affectent des nuances très-variées, volontiers verdâtres, grisâtres. Ils sont accidentellement délayables, et dans ce cas on leur donne préférablement le nom d'argile schisteuse, réservant le nom de schiste argileux pour les variétés qui sont peu altérables; tel est le schiste ardoise, dont les caractères, qui sont connus de tout le monde, peuvent servir de type à l'espèce : le quartz et le mica y sont indiscernables, et la roche est réellement homogène. L'argile schisteuse abonde dans beaucoup de roches d'agrégation comme ciment, surtout dans les grauwackes.

AMPÉLITE. Lorsque les schistes argileux se chargent de carbone, ils constituent des masses fissiles d'un schiste noir, solide, plus ou moins tachant, qui est l'ampélite graphique (crayon des charpentiers). Il arrive souvent que des pyrites s'adjoignent à ce mélange, et l'ampélite devient alors propre à la fabrication de l'alun : c'est l'ampélite alumineux.

9 ROCHES PYROXÉNIQUES.

Le pyroxène pur ne se trouve guère en masses assez considérables pour être regardé comme roche. Cependant les pyroxènes sahlite et coccolite ont été quelquefois regardés comme telles. Si on les exclut, les roches pyroxéniques se trouvent exclusivement composées d'augite, mélangé avec d'autres principes constituants, qui sont le feldspath, le péridot, le fer titané.

MÉLAPHYRE (mélange intime de *pyroxène* et de *feldspath*, qui peut en outre contenir des cristaux de feldspath déterminables) : roche noire, d'apparence souvent homogène, lithoïde et accidentellement semi-vitreuse; compacte, tenace, à cassure grenue, volontiers conchoïde. Cette roche, si bien caractérisée par M. de Buch, est identique, sous le rapport de la composition, à certaines dolérites à grains fins, à certains basaltes qui ne contiennent ni péridot ni fer titané (Irlande, Écosse); mais des considérations minéralogiques et géognostiques établissent une telle distinction entre elles, qu'il serait pernicieux de les comprendre sous un même nom.

Basalte. C'est un mélange intime de *pyroxène* et de *feldspath*, d'aspect homogène, noir ou gris plombé, quelquefois rougeâtre, contenant presque toujours du péridot et du fer titané. Certains basaltes présentent de grands cristaux de pyroxène; ils sont alors porphyroïdes. Ils n'en contiennent de feldspath que dans des cas particuliers : ces cristaux seront donc accidentels, et ce fait établit une distinction entre les basaltes et les mélaphyres. Le péridot existe sous forme de grains vitreux d'un vert clair ou d'un vert bouteille, plus ou moins disséminés, qui ne sont souvent visibles qu'à la loupe, et qui d'autres fois sont agglomérés en noyaux arrondis ou en plaques. Dans certaines variétés il est cristallisé. Le fer titané n'est qu'accidentel; il est en grains vitreux, miroitans, noir foncé, bleuâtre ou rougeâtre. Les basaltes sont lourds, tenaces, accidentellement semi-vitreux. Leur texture est quelquefois très-bulleuse ou cellulaire; mais c'est le cas le moins fréquent, et l'on pourra parcourir des masses considérables sans distinguer de bulles. La structure est massive, fragmentaire, prismatique, mais toujours bien nette, sans fissures dissimulées (sauf le cas de décomposition). Les variétés cellulaires conduisent naturellement aux scories pyroxéniques, lesquelles sont noires, et rouges lorsque le fer est mis à découvert. Les basaltes peuvent être parsemés de grains de mésotype ou de chaux carbonatée : c'est la variété variolitique.

Dolérite. C'est une roche d'apparence composée, qui ne diffère des basaltes que parce que les grains et les cristaux de pyroxène et de feldspath, qui la constituent, sont distincts. La texture est donc grenue, cristalline; la cassure plus ou moins raboteuse, suivant que les grains sont plus ou moins gros.

Vacke. Roche tendre, un peu terreuse, jaunâtre, verdâtre, grisâtre, ordinairement parsemée de taches arrondies et plus foncées que la masse. Ces taches ont quelquefois pour centre un cristal informe et boursouflé de pyroxène. La vacke n'est elle-même qu'un pyroxène incomplet, qui n'est pas une roche décomposée, et se rapproche cependant des basaltes qui ont perdu une partie de leur fer.

Spillite. On a donné ce nom à une roche considérée tantôt comme pyroxénique, tantôt comme amphibolique, qui est homogène, compacte, grenue, et même quelquefois terreuse; brune, rougeâtre, verdâtre, empâtant assez fréquemment des noyaux de calcaire cristallin ou de quartz, jaspe et agate : quelquefois elle est cellulaire. Certaines variétés de ces roches ont la plus grande analogie avec les vackes; d'autres, au contraire, sont compactes et sembleraient plutôt se rapprocher des trapps.

10.° Roches amphiboliques.

L'Amphibole se trouve bien plus souvent isolé que le pyroxène, surtout à l'état d'hornblende. Ces roches d'hornblende sont lamellaires, volontiers schistoïdes (schistes amphiboliques); elles se chargent de minéraux étrangers, tels que grenats, mica, feldspath; et lorsque le feldspath est disséminé régulièrement et comme principe constituant, la roche passe aux diorites. L'actinote joue quelquefois aussi le rôle de l'hornblende dans ces associations, mais il constitue des masses moins considérables. Leur couleur verdâtre, et surtout leur structure plus souvent grenue, avec tendance aciculaire, les distinguent des précédentes. On trouve encore des roches amphiboliques grenues et compactes, où il est difficile de reconnaître le principe associé à l'amphibole. On a constaté la présence du calcaire dans plusieurs cas, et cette association a été désignée sous le nom d'*hémithrène*.

Diorite (*Amphibole* et *Feldspath*). Les deux principes sont associés tantôt intimement, de manière à constituer des roches de couleur noirâtre, verdâtre, d'apparence homogène, à texture presque compacte, tenace, à cassure droite et rude, ou bien lisse et conchoïde; tantôt ils sont associés granitoïdement, de manière à être distincts l'un de l'autre. L'amphibole est plus cristallin que le feldspath : sa disposition détermine la structure massive irrégulière ou schistoïde.

La disposition des principes constituants en noyaux concentriques détermine la variété connue sous le nom de diorite orbiculaire de Corse : ce sont des couches orbiculaires concentriques de feldspath et d'amphibole, qui sont disséminées dans un diorite. Les diorites grenus forment quelquefois une pâte homogène, dans laquelle on distingue des cristaux de feldspath ou d'amphibole : ce sont les variétés porphyroïdes.

Ophite. On a donné le nom d'ophite à des roches verdâtres, composées de feldspath et d'amphibole, compactes, tenaces, qui ne sont autre chose que des porphyres amphiboliques, dans lesquels l'amphibole masque totalement le feldspath. On n'y distingue que de l'amphibole cristallin, disséminé dans une pâte grenue amphibolique. Cette variété est classique dans les Pyrénées. L'amphibole lherzolite (Lherz, canton de Vicdessos) n'est autre chose qu'une ophite dans laquelle le feldspath est éliminé. Ces roches se rapprochent souvent des roches serpentineuses, parce qu'elles se mélangent de fer oligiste, de talc, d'épidote, d'asbeste.

TRAPP. On a désigné sous le nom de *trapp*, des roches d'apparence homogène, de couleurs sombres, noires ou verdâtres, plus ou moins dures et compactes, que l'on suppose formées par un mélange intime d'amphibole et de feldspath. Ce nom a été appliqué à des espèces si diverses, qu'il serait peut-être bon de le supprimer et d'en rapporter les roches à la classe des diorites ou des amphiboles compactes; mais l'usage de désigner ainsi un grand nombre de roches massives et homogènes des îles Britanniques, est tellement répandu, que cette suppression n'est guère possible. On doit néanmoins rapporter aux diorites celles où le feldspath et l'amphibole sont distincts. La dénomination de roches trappéennes s'étendra dès-lors à ces variétés que nous avons déjà signalées, qui sont de couleurs moins sombres, où l'amphibole joue évidemment le rôle principal, mais dont il est impossible de déterminer la composition exacte.

11.° ROCHES D'AGRÉGATION.

Les roches d'agrégation sont composées de fragments des roches précédentes, généralement assez gros pour qu'on puisse aisément reconnaître à quelle espèce ils appartiennent. Ces fragments sont de dimensions variables, libres, ou agglutinés par un ciment postérieur : s'ils sont très-petits, on a des *tufs* ou des *grès;* lorsqu'ils ont plus de 0,01 de diamètre, on a des *poudingues* s'ils sont arrondis et roulés, et des *brèches* s'ils sont anguleux. enfin, lorsque leur grosseur atteint un décimètre cube, et elle peut aller jusqu'à plusieurs mètres, on a des *conglomérats.* Toutes les roches d'agrégation peuvent être comprises dans les genres désignés : néanmoins les variations de la pâte et du ciment sont tellement nombreuses, que si l'on voulait en tenir compte et établir des distinctions aussi minutieuses que dans le calcaire, par exemple, on se trouverait entraîné dans un nombre indéfini d'espèces. Une roche d'agrégation, pour constituer une espèce, doit être à la fois très-répandue et reproduire les mêmes caractères minéralogiques dans toutes les positions où elle se trouve.

Ces roches peuvent être homogènes ou hétérogènes : homogènes, lorsque les fragments appartiennent à une même espèce et qu'ils sont réunis par un ciment de même nature, il y a des brèches calcaires à ciment calcaire, et la majorité des poudingues est formée de noyaux de quartz, agglutinés par un ciment siliceux; hétérogènes, lorsque les fragments sont de diverses natures, siliceux, feldspathiques, etc., et qu'ils diffèrent du ciment, comme dans les poudingues calcaires à ciment siliceux, les brèches volcaniques à ciment calcaire, etc...

La dénomination de *cailloux roulés* s'applique à toute espèce de roches transportées et non cimentées. Les roches quartzeuses, en vertu de leur plus grande dureté, constituent ordinairement la majorité des fragments. Les granites, les porphyres, le feldspath, le basalte, etc...., quelquefois même le mica, résistent aussi très-longtemps. Les sables et cailloux roulés de la Loire conservent du basalte à plus de cent cinquante lieues de leur origine. Les anciennes alluvions des environs de Paris nous présentent encore des fragments de granite et de porphyre du Morvan.

Sables et Grès. Les *sables* plus ou moins fins, quartzeux, jaunâtres, souvent micacés, et contenant volontiers des grains feldspathiques, sont très-fréquents dans toutes les formations. Le plus souvent ils sont agglutinés par un ciment siliceux ou ferrugineux, et se présentent à l'état de *grès*, jaunâtres, rougeâtres, grisâtres lorsqu'ils contiennent des particules de charbon, entièrement siliceux ou contenant des particules de mica, de feldspath. La texture des grès est grenue; la cassure plus ou moins inégale, suivant que le grain est plus ou moins fin. Le ciment est généralement siliceux ou ferrugineux : dans quelques-uns il est un peu argileux.

Lorsque les grains agglutinés deviennent plus gros, la roche passe *aux brèches et poudingues siliceux :* ce sont des fragments anguleux ou des cailloux roulés de quartz, agglutinés par un ciment siliceux, souvent très-abondant, auquel ils adhèrent avec force. Ces roches sont susceptibles d'un beau poli; mais comme il est rare que l'adhérence des noyaux à la pâte soit égale à leur ténacité, la surface naturelle des masses est généralement très-inégale, chaque fragment faisant saillie.

Arkose. Ce sont des grès à grains plus ou moins gros, mélangés de grains de feldspath laminaire. Généralement le quartz est hyalin, et le mica peu abondant. Dans la plupart des arkoses la texture arénacée est très-prononcée. Lorsque les grains sont accolés, sans ciment visible, la structure est granitoïde; quelquefois le ciment siliceux est tellement abondant que la roche passe au jaspe. Souvent le feldspath des arkoses est à l'état de kaolin.

Grauwacke. Cette roche, qui n'est souvent qu'une modification du schiste argileux (grauwackenschiefer), comprend aussi les conglomérats, brèches et poudingues, formés exclusivement par des roches anciennes : ce sont des fragments de granite, gneiss, micaschiste, schistes argileux et talqueux, quartz; agglutinés par un ciment argileux, siliceux, ferrugineux, accidentellement calcaire. Lorsque les fragments sont très-petits et en majorité quartzeux, les grauwackes passent aux grès.

Macigno. Composé de quartz sableux, de calcaire et d'argile, renfermant souvent du mica; grisâtre ou gris verdâtre; tendre, texture grenue; structure massive ou fissile, à feuillets plus ou moins épais; cassure inégale, rude au toucher. Les *molasses* font partie de cette espèce; elles sont plus quartzeuses, et présentent une texture plus grenue, lâche ou serrée.

Nagelflue. Noyaux de roches diverses, empâtés dans un ciment de calcaire ou de macigno.

Brèche volcanique. Les roches d'agrégation sont très-répandues dans le terrain volcanique, surtout dans les contrées trachytiques. La majorité de ces roches rentre dans les conglomérats, et ne peut constituer, par conséquent, des espèces. La dénomination de brèche volcanique s'applique aux brèches composées exclusivement de fragments volcaniques déterminables (feldspathiques ou pyroxéniques), réunis par un ciment qui est ordinairement formé, lorsqu'il est visible, par une pâte de détritus pulvérulents, dont la nature est analogue à celle des fragments.

Pépérine. Ce sont des roches hétérogènes, à texture grenue, composées de débris de ponce, de grains de lave pyroxénique ou feldspathique, souvent décomposés, contenant en outre de l'argile, du calcaire, etc....; le tout agrégé par un ciment quelconque. Rien de plus variable que l'aspect de cette roche, qui, tantôt d'une apparence presque homogène, semble n'être qu'un feldspath altéré et passe au tuf et à l'argilolite; et qui d'autres fois est l'assemblage le plus hétérogène de roches volcaniques et non volcaniques : elle forme très-souvent des masses de tuf ou de gravier, englobant des blocs de trachytes, basaltes, roches primitives, etc...., et passe ainsi aux conglomérats.

INTRODUCTION GÉOLOGIQUE.

Modifications actuelles de la surface du globe.

La surface du globe terrestre, inégalement divisée en terres et en eaux, peut être considérée comme présentant toujours la même configuration depuis les temps historiques, et par conséquent, comme dans un état de repos. Les modifications survenues de mémoire d'homme dans la configuration des continents, ne sont en effet que bien peu sensibles comparativement aux accidents primitifs du sol. De plus, il résulte de toutes les observations faites sur les monuments historiques, de toutes les traditions admissibles, que les eaux occupent la même position relativement aux terres continentales, et que leur niveau n'a subi quelques variations dans certaines contrées que par suite de phénomènes locaux et circonscrits. Ces phénomènes dont les effets sont appréciables dans l'intérieur des terres, et vers les côtes où le niveau des mers permet de mesurer les moindres changements dans la position des roches, sont de deux natures : les uns résultent de causes extérieures à la surface du globe, et sont, par conséquent, tout-à-fait superficiels; les autres, au contraire, résultent d'une action intérieure, et dont le siége est placé bien au-dessous de l'écorce du globe que les excavations naturelles ou artificielles nous permettent d'observer.

Bien que ces derniers phénomènes, généralement désignés sous le nom générique de phénomènes volcaniques, n'apparaissent que d'une manière intermittente, et seulement dans certaines contrées, ils frappent plus que les autres, parce qu'ils sont essentiellement violents, et qu'ils rompent tout-à-fait l'équilibre établi : ce sont ordinairement des volcans, c'est-à-dire, des ouvertures de la croûte du globe d'où sont rejetés, à des intervalles plus ou moins rapprochés, des roches scorifiées, des cendres, des pozzolanes, des gaz, des coulées de roches en fusion, que l'on désigne sous le nom de laves. Des éruptions successives ont ainsi élevé des montagnes coniques à cratères, qui peuvent avoir plusieurs milliers de mètres (Etna). Quelquefois il a suffi de quelques jours et d'une seule éruption pour donner naissance à des cônes de trois à quatre cents mètres (Monte-Nuovo, Monte Rosso, Jorullo) : les éruptions d'un seul centre volcanique ont pu changer la constitution de la contrée dans un rayon de cinq, dix, vingt, quarante kilomètres autour d'eux. Le nombre des volcans en activité connus, peut être évalué à deux cents. Quelques auteurs l'ont porté beaucoup plus haut; mais c'est qu'ils désignaient comme volcans les bouches volcaniques d'un même centre, et de cette manière l'Etna pourrait compter pour autant de volcans qu'il a de bouches latérales. Un géologue calculait qu'une éruption pouvait représenter en moyenne un kilomètre cube de roches émises, et qu'il y avait environ cinq éruptions par an; mais si l'on réfléchit que nous ne connaissons pas toutes les surfaces continentales, et que les éruptions sous-marines (qu'il n'y a aucune raison de supposer moindres que celles que nous avons sous les yeux), nous sont entièrement cachées (1), on concevra que la terre vomit annuellement plus de cinq kilomètres cubes de roches. Ces émissions volcaniques ne se font pas, généralement, sans que la contrée soit ébranlée par de violentes secousses, et sans être précédées et accompagnées par des tremblements de terre, des explosions, des bruits souterrains qui se propagent à des distances énormes; elles se lient d'ailleurs avec un autre ordre de faits non moins important, avec les mouvements de la croûte du globe.

Pendant l'éruption du Jorullo (1759), la plaine de Malpaïs, de trois à quatre milles

---

(1) Nous aurons occasion de nous étendre avec détails sur les phénomènes volcaniques, en décrivant les terrains qu'ils ont produits. Il suffit ici de les indiquer pour donner une idée des modifications actuelles de la surface du globe. (Voyez d'ailleurs M. d'Aubuisson, page 148.)

carrés, au centre de laquelle il se trouve, fut soulevée en forme de vessie. Ce soulèvement fut de cent soixante mètres au centre, et les lignes de fractures qui séparent le terrain soulevé des plaines qui ne le sont pas, présentent un relèvement abrupte de douze mètres (planche XII). La côte du Chili fut soulevée à la suite de tremblements de terre (1822) sur une longueur de plus de cent milles. Plusieurs des îles de Santorin sont soulevées de mémoire d'homme. Enfin, l'exhaussement graduel des côtes de Suède et de plusieurs îles, prouve que cette force expansive intérieure, qui pousse au dehors des roches fluides, etc., peut encore agir d'une autre manière, c'est-à-dire, en soulevant l'écorce solide du globe, que ces soulèvements soient d'ailleurs accompagnés ou non d'émissions de matières volcaniques. Admettre ces soulèvements, c'est admettre des affaissements, des fractures et tous les accidents qui peuvent accompagner les mouvements de l'écorce solide du globe. L'engloutissement de la ville de Port-Royal (1692), l'écroulement du dôme de Carguarazo dans les Cordillères (1698), à la suite duquel dix-huit lieues carrées furent couvertes de terre boueuse; celui de Capac-Urcu; celui du pic des Moluques (1635), que l'on apercevait de trente milles en mer, et qui fut remplacé par un lac; les fentes de plusieurs mètres de largeur qui se firent dans le sol du Chili, à la suite de tremblements de terre, et qui se prolongent à plusieurs milles dans l'intérieur; sont des exemples que l'on pourrait multiplier, des accidents qui se rattachent aux soulèvements.

Les modifications causées par les agents extérieurs et superficiels sont beaucoup moins sensibles; mais comme elles ont lieu d'une manière continue, elles ne tendent pas moins à altérer la configuration du sol. Ces modifications résultent de l'action des agents atmosphériques, de la vaporisation et de la précipitation des eaux qui détachent et entraînent continuellement quelques parties des aspérités du globe; lesquelles, roulées, broyées dans les cours d'eaux, vont ensuite former au fond des mers des dépôts de sables et de cailloux. Cette action érosive est très-sensible aux bords des mers, où les courants amènent toujours des sables et tendent à prolonger le rivage. L'ensablement de la mer jaune par les alluvions des grands fleuves de la Chine; celui du golfe de Lyon par les alluvions du Rhône, sont des exemples frappants des grands effets d'une petite cause toujours agissante. Si quelque partie considérable de la mer se trouvait tout à coup mise à sec, nous serions étonnés d'y voir la prodigieuse épaisseur d'alluvions que les eaux courantes y ont amenées.

Ce sont les pays de montagnes qui fournissent en grande partie tous ces matériaux, et l'on y voit en quelque sorte les torrents les arracher au sol environnant, et les entraîner au loin. La cataracte du Niagara a, dit-on, reculé de sept milles, par l'effet de l'érosion; et d'ailleurs, que l'on parcoure les contrées montueuses après un orage violent, on y surprendra toujours des changements considérables : de nouveaux débris ont été apportés et chariés sur des épaisseurs de plusieurs mètres; des monticules de roches tendres ont totalement disparu; des éboulements ont eu lieu; des blocs énormes ont été détachés et transportés. Si par une cause quelconque un lac vient à rompre ses digues, les effets deviennent alors bien plus violents, et les relations que nous possédons sur de pareilles catastrophes, arrivées en Suisse, peuvent en donner l'idée. (Voyez d'Aubuisson, p. 108.) A ces altérations on peut encore joindre celles qui résultent des dépôts formés chimiquement par la précipitation des matières dissoutes dans les eaux; soit qu'ils forment des masses isolées, soit qu'ils servent à agglutiner les roches de transport. Ainsi, près de Tivoli, il existe une vaste plaine formée de travertin, et que l'on suppose avoir été un lac comblé par les dépôts concrétionnés que les eaux y ont amenés. En effet, vers le milieu de cette plaine il existe encore de petits lacs, qui se comblent de cette manière. A Saint-Philippe, en Toscane, les sources thermales déposent une grande quantité de calcaire. Il en est de même des sources des environs de Clermont. Celles des Geysers en Islande déposent de la silice. L'influence de ces dépôts sur la configuration du sol peut être regardée comme nulle, à plus forte raison lorsqu'ils se borneront à servir de ciment à des roches de transport.

En résumé, tandis que les agents intérieurs tendent à créer par soulèvement ou par éruption de nouvelles aspérités; les agents extérieurs tendent au contraire à niveler, soit par leur action destructive sur les parties saillantes du globe, soit en comblant les dépressions des débris qu'ils leur ont arrachés. Mais quelque grandes que soient, relativement à nous, les modifications actuelles, on pourrait les prolonger par la pensée pendant bien des siècles, sans que la configuration de la surface du globe en fût réellement changée. Ces phénomènes, tels que nous les voyons, ne sont donc pas ceux qui ont déterminé les révolutions dont l'étude de la géognosie nous révèlera l'existence, et qui nous conduiront à reconnaître que cette configuration de la surface du globe fut tout autre qu'elle n'est aujourd'hui : mais ils en contiennent la clef. On ne peut en effet les regarder que comme les résultats d'une cause générale, inhérente à la constitution du globe, et qui, par conséquent, doit toujours avoir existé avec lui. L'étude des terrains nous démontrera que cette cause s'est manifestée à toutes les époques géologiques, et que l'extension des phénomènes actuels présida à la formation de l'écorce du globe, telle qu'elle se présente à nos yeux.

Subdivision des terrains en 2 classes.

Si l'on parcourt les diverses contrées du globe en étudiant la nature des roches qui se montrent à découvert, et la forme des masses qu'elles constituent; on voit que les plus répandues sont d'une composition très-simple, comme les calcaires, les grès, les sables, les argiles, etc., et qu'elles se montrent en couches régulières, le plus souvent à peu près horizontales, quelquefois inclinées. Les autres présentent au contraire une composition plus compliquée, par exemple les granites, les porphyres, les serpentines, les basaltes....; elles sont en outre plus compactes, plus denses que les premières, et elles affectent des formes moins régulières et généralement massives. Le mode de formation de ces deux espèces de roches, sera presque toujours facile à déterminer pour quiconque aura étudié les phénomènes actuels, la nature et la forme des masses qu'ils engendrent.

En effet, les premières, par le fait même de leur stratification., c'est-à-dire, de leur configuration en couches régulières, annoncent l'action sédimentaire des eaux : les unes, composées de sables libres ou agglutinés, de blocs hétérogènes, de fragments roulés..., retracent une action mécanique et des faits identiques à ceux qui se passent sous nos yeux; les autres, de même nature que les dépôts actuellement formés par les sources minérales et incrustantes, indiquent qu'elles furent déposées dans un liquide qui avait alors le même pouvoir dissolvant. Cette première classe de roches a été désignée sous le nom de roches *sédimentaires* ou roches *stratifiées;* elles renferment très-souvent des êtres organiques végétaux ou animaux, entiers ou réduits en fragments, et passés à l'état fossile, c'est-à-dire, dont la substance a été, soit en partie, soit entièrement, remplacée par des substances minérales.

Les roches de la seconde classe se rapprochent par leurs caractères minéralogiques des laves émises par les volcans brûlants; elles sont éminemment cristallines, rarement stratifiées, et affectent généralement des formes massives, où l'on peut quelquefois reconnaître les accidents naturels à des roches épanchées à l'état pâteux ou fluide: elles renferment des minéraux qui se forment non-seulement dans les volcans, mais dans nos fourneaux; souvent elles sont en partie scorifiées; d'autres fois elles ont produit à leur contact avec les autres roches, des altérations identiques à celles qui résultent d'une forte chaleur; en un mot, elles présentent depuis les laves actuelles jusqu'aux roches cristallines qui en diffèrent le plus, telles que les granites, une série de passages minéralogiques, de relations de forme et de structure, qui ne permettent pas de douter qu'elles ne résultent de phénomènes analogues. On les désigne indifféremment sous les noms de roches *cristallines*, roches *non stratifiées*, roches *ignées* ou *d'épanchement*.

Les modifications de la surface du globe ne se bornèrent point aux roches déposées par les eaux ou rejetées de l'intérieur. Les couches sédimentaires apparaissent quelquefois dans un tel état de dislocation, que sans avoir encore examiné les phénomènes de sédimentation, on ne peut admettre qu'elles aient été formées dans cette position. L'élévation même de ces couches dans certaines chaînes de montagnes est incompatible avec leur mode de formation; car le volume des eaux devrait être plus que doublé pour atteindre un pareil niveau, et il est démontré que ce volume n'a pu subir que de légères variations(1). Il est donc un autre ordre de faits qui a présidé aux modifications successives du globe, et cet ordre

(1) Il suffit de démontrer pour cela que l'atmosphère présente une surface finie comme celle de la mer, et que, par conséquent, le vide existe au-delà de ses limites. En effet, une fois ce principe admis, comment expliquer la déperdition d'une portion des eaux, puisqu'elle n'aurait pu se faire par l'atmosphère, et qu'on ne peut regarder que comme très-petite la déperdition par infiltration dans des cavités intérieures du globe, ou par les décompositions chimiques qui peuvent avoir lieu et qui n'ont pu exister d'une manière sensible que dans les périodes géognostiques les plus reculées; or, le fait de la limitation de l'atmosphère est positivement démontré par plusieurs observations physiques et astronomiques.

de faits consiste dans les soulèvements dont l'existence, rappelée par les soulèvements historiques, est d'ailleurs prouvée par les dislocations des couches stratifiées, qui ont été souvent inclinées, pliées, fracturées, portées à des niveaux très-élevés.

Il y a donc en géologie trois séries de faits très-distinctes : 1.° les dépôts par sédimentation, soit que ces dépôts aient eu lieu par précipitation de matières dissoutes ou simplement tenues en suspension dans les eaux, soit qu'ils résultent de débris transportés par la force des courants; 2.° les émissions de roches ignées; 3.° les soulèvements et toutes les oscillations de la croûte du globe.

Ces trois genres de phénomènes ont marché de front pendant toute la série des âges géognostiques, et ils sont liés entre eux par des relations si intimes, que l'on pourrait parcourir cette série, et par conséquent toute l'histoire géognostique du globe, en s'attachant à l'un d'eux comme principe classificateur. En effet, les soulèvements de l'écorce du globe déterminaient la position des eaux, et par conséquent celle des dépôts sédimentaires, en même temps qu'ils ont avec les roches ignées les relations qui doivent exister entre les résultats d'une même cause. Néanmoins il faut observer que les phénomènes de sédimentation sont continus, qu'ils agissaient sans interruption sur la plus grande partie de la surface du globe, donnant naissance à des couches étendues et régulièrement stratifiées, dans lesquelles étaient enfouis tous les débris organiques, animaux et végétaux, qui pouvaient caractériser les périodes successives; débris que nous retrouvons aujourd'hui à l'état fossile. Au contraire, les diverses masses de roches fluides ou pâteuses n'ont percé la croûte du globe qu'à des époques intermittentes; et bien qu'on ne puisse affirmer une parfaite contemporanéité pour tous les terrains sédimentaires parallèles dans chaque contrée, c'est-à-dire, qui occupent la même position géognostique et sont généralement caractérisés par des roches et des débris organiques analogues; cette contemporanéité existe encore bien moins pour les roches d'épanchement. Cela peut d'autant mieux se concevoir, que telle partie du globe qui, par sa dislocation ou par telle autre cause, offrait des routes plus faciles au déchargement de la force expansive, dut retarder naturellement les épanchements dans les autres points; de telle sorte que la série des roches ignées pouvait être déjà très-avancée dans une contrée, avant, peut-être, qu'elle eût commencé dans une autre, où elle devait également se développer.

L'on peut encore ajouter à ces motifs puissants, qui conduisent à prendre les terrains de sédiment comme base de toute classification géognostique, la circonscription des terrains ignés qui ne se trouvent pas partout, qui n'occupent que peu d'étendue; et leurs variations insuffisantes. En effet, ces variations consistent uniquement dans la composition minéralogique ; il s'ensuit que, bien que l'on puisse établir un ordre chronologique dans l'apparition successive des roches ignées, les termes de cette série chronologique ne seraient ni assez nombreux ni assez bien déterminés pour qu'il fût possible d'y rapporter les terrains de sédiment. Pendant long-temps l'on a classé les terrains ignés avec les terrains sédimentaires; mais les variations de leur âge jetaient une grande confusion dans la série géognostique. A chaque instant de nouvelles observations venaient détruire les lois que l'on croyait exister, et l'on a senti la nécessité de décrire séparément les deux séries de terrains, dont l'origine et les caractères sont si différents.

La détermination des soulèvements successifs de la croûte du globe pourrait seule servir de base à une classification qui réunirait à la fois les trois ordres de faits modificateurs. En effet, les soulèvements sont le point de réunion des deux précédents : ils sont liés avec les terrains de sédiment, puisque c'est par le fait de ces oscillations que les eaux se trouvèrent rejetées tantôt dans une partie du globe, tantôt dans une autre; de telle sorte, que les terrains de sédiment, qui nous représentent l'action et le séjour des eaux, représentent indirectement les soulèvements, origines de leurs migrations successives et de leurs révolutions. D'une autre part ils tiennent encore plus directement aux roches d'épanchement, non-seulement parce que ce ne sont que deux effets différents d'une même cause; mais parce que les soulèvements furent presque toujours accompagnés ou suivis d'émissions de laves : soit que ces laves, pressées contre la croûte solide, aient pu se faire jour dans la commotion, soit parce qu'elles se frayèrent peu après une route sur les fractures de ces soulèvements. Aussi a-t-on trouvé ces relations des soulèvements et des épanchements dans toutes les contrées où les uns et les autres furent étudiés. On voit donc que l'apogée de la science serait de présenter la configuration du globe pendant les diverses périodes géognostiques (1), en indiquant la direction et la forme des soulèvements modificateurs; les positions occupées par les eaux,

(1) Ce travail ne peut être actuellement fait que pour l'Europe; les autres contrées n'ayant pas été étudiées ou bien ayant été presque toujours décrites indépendamment des classifications et des collections qui servent de type en Europe; de sorte qu'on ne peut très-souvent que présumer le parallélisme des terrains. Quoi qu'il en soit, il sera bientôt temps d'entrer dans cette voie de progrès. M. Élie de Beaumont, créateur de la théorie et de la classification des soulèvements, a entrepris ce travail, et c'est à lui qu'il est réservé à publier ce résumé précieux de ses recherches et de celles des géologues de toutes les parties de l'Europe.

et la nature des roches qu'elles déposèrent; enfin, la distribution et les caractères des roches épanchées. Une *formation* comprendrait à la fois ce qui s'est déposé à la surface du globe et ce qui est sorti de son intérieur dans l'intervalle de deux révolutions.

But et application de la géologie.

L'on peut déjà entrevoir, d'après ce court aperçu, le but de la géologie et la marche qu'elle doit suivre pour y arriver. Supposons, en effet, que par des recherches dans les diverses contrées du globe, on ait reconnu que son écorce solide est composée d'un nombre déterminé de roches différemment caractérisées. Il resterait à constater la forme des masses qu'elles constituent et les relations qui existent entre ces masses, afin de les classer; or, ces relations peuvent être de deux natures: 1.° les relations de composition, qui conduisent à grouper ensemble celles qui présentent une composition analogue, et qui sont caractérisées par les mêmes minéraux accidentels, par une même série de débris organiques; 2.° les relations de gisement et de superposition, qui conduisent à associer dans la classification les masses qui se montrent associées dans la nature par un développement simultané; à séparer au contraire celles qui s'y montrent séparées par une transition brusque et une distribution différente. Les recherches géognostiques auront donc pour but de constater la composition des diverses masses qui constituent l'écorce du globe, leurs minéraux accidentels, leurs fossiles caractéristiques; et de plus, leur distribution sur la surface du globe et leur ordre de superposition.

Les applications sont actuellement faciles à prévoir; car la connaissance de la composition et de la structure des couches qui forment l'écorce du globe, de l'ordre dans lequel elles sont superposées, conduit à la connaissance du gisement des minéraux précieux, des roches utiles, indique la direction à donner aux recherches de mines et aux exploitations. En effet, non-seulement on saura dans quel terrain se trouvent ces gisements, mais lorsque ce terrain ne sera pas à découvert, on pourra déterminer s'il y a probabilité de le trouver, et quels seront les points où l'on devra le rechercher.

Le domaine de la géognosie s'est encore agrandi par les recherches géogéniques sur le mode de formation des masses minérales, sur les révolutions qui ont successivement modifié la surface du globe, etc. Cette partie, bien que plus théorique, n'est pas cependant sans application. C'est en vertu des travaux auxquels elle a donné lieu, que la configuration du globe, celle des masses continentales, que la forme, la direction des groupes et chaînes de montagnes, ont été reconnues et bien appréciées; que les lois auxquelles ces formes sont assujetties, ont été constatées : elle donne en outre la facilité de déterminer en cas de fractures, dans quel sens elles ont eu lieu, et par suite, dans quelle direction il faut chercher une couche ou un filon rejeté. Enfin, nous trouverons encore d'autres applications dans les probabilités à consulter pour la recherche des eaux souterraines, des sources jaillissantes; car ce qu'on peut appeler l'hydrographie souterraine, dépend de la constitution géologique de la contrée et de sa forme.

Terrains sédimentaires.

Lois de la stratification

Le caractère le plus saillant des terrains sédimentaires est la stratification : c'est un fait qui est inhérent à l'origine de ces terrains. Il n'est personne qui, en regardant un escarpement, une excavation dans un terrain sédimentaire, n'ait été frappé de le voir divisé en couches le plus souvent horizontales ou peu inclinées, ordinairement distinctes par leur composition, leur couleur, etc. Cette stratification s'observe dans les moindres détails. Ainsi, dans une assise qui paraît au premier abord ne former qu'un tout, un examen plus attentif fera reconnaître un nombre plus ou moins grand de lignes parallèles à celles qui sont plus apparentes, lesquelles subdivisent cette assise en plusieurs autres. Les variations de texture, de teinte, de solidité de la roche, suffisent pour faire ressortir cette disposition générale suivant un même plan; et les ondulations du sol, les différences de la végétation, l'indiquent à chaque pas, lors même que la roche n'est pas à découvert. Un fait aussi général est d'abord caractéristique pour toute la série des terrains sédimentaires, il est devenu en outre la base de leur classification.

La disposition des eaux sur la surface du globe tend à combler ses inégalités, de sorte que si l'on en supposait une quantité suffisante pour le couvrir entièrement, l'on obtiendrait une sphère dont la régularité ne serait altérée que par les phénomènes d'attraction et de rotation, qui agissent actuellement; mais dont le niveau serait très-régulier et ne présenterait partout à l'observateur que des lignes horizontales. Si l'on suppose que les eaux, dans cet état, abandonnent peu à peu, et d'une manière continue, des particules de substances dissoutes ou simplement tenues en suspension, ces particules se précipiteront sur la surface solide et inégale qui supporte les eaux et se déposeront préférablement vers les parties les plus basses; parce qu'en vertu de leur mobilité elles tendront, de même que les particules d'eau, à combler les aspérités, et à régulariser la surface du globe. Cette mobilité doit être en effet excessive pour des particules ténues de calcaire, de silice ou d'argile, qui perdent une partie considérable de leur pesanteur spécifique dans l'eau (1); mais lors même qu'elle ne serait pas suffisante pour les empêcher de se maintenir sur des plans faiblement inclinés; les agitations superficielles, se faisant encore sentir assez pour que les particules déposées sur les plans les plus élevés, fussent remises en mouvement, contribueraient à les rejeter vers les parties les plus basses. Les aspérités du fond tendraient donc continuellement à disparaître, et si la masse des dépôts devenait assez considérable pour atteindre les sommités sous-marines les plus élevées, leur superficie, mise à sec, serait à peu près aussi régulière que le niveau des eaux; et lorsque l'on creuserait dans le dépôt, les lignes de stratification se conserveraient sensiblement parallèles à sa surface, c'est-à-dire horizontales, dans quelque sens que fût une section.

Or nous n'avons supposé tout le globe couvert d'eau que pour plus de clarté; mais les particules déposées sont tellement imperceptibles, relativement à une masse d'eau telle que celle de nos mers les plus circonscrites, qu'un dépôt sédimentaire y devra prendre aussi une position horizontale. Cette horizontalité sera encore une condition des roches de transport; car la forme arrondie des frag-

(1) Surtout lorsqu'elles se trouveront à une profondeur telle que l'eau soit à son maximum de densité.

ments compensera la fixité que pourrait leur donner un plus grand excès de pesanteur spécifique.

De plus, les matériaux constituants, s'ils sont d'une forme irrégulière, devront être généralement couchés parallèlement à leur plus grand axe. Ainsi, les galets, qui se rapprochent tous plus ou moins de la forme d'un œuf, devront être couchés dans le sens de leur longueur; car il serait impossible, sauf quelques circonstances tout-à-fait accidentelles, que ces galets se fussent naturellement placés sur leurs extrémités. Il en est de même des coquilles, dont les formes sont telles qu'elles se refusent à certaines positions, dans lesquelles leur grand axe serait incliné ou vertical.

Il semble d'abord que, tout en se conformant à ces lois de la sédimentation, un dépôt peut cependant être sensiblement incliné, et que sa surface devra reproduire à peu près les pentes et les ondulations du sol sur lequel il s'est effectué, surtout lorsque ces ondulations ne se feront pas brusquement. Mais ici l'expérience prononce, et le nivellement du fond des mers dans lesquelles il se forme des dépôts de transport, démontre que ces dépôts sont, sinon parfaitement horizontaux, du moins à un tel point, qu'il serait impossible de s'apercevoir qu'ils sont inclinés, si la surface des eaux, plus parfaitement horizontale, n'était là pour le faire sentir. Que l'on jette un coup d'œil sur une carte marine de la Manche, de la Méditerranée, des parties de l'Océan qui sont accessibles à la sonde; on verra que les inégalités de leur fond, beaucoup mieux appréciées à l'aide de sondages multipliés que celles de nos plaines, sont infiniment moindres. Il n'est pas de plaines continentales aussi régulièrement horizontales que le fond de la Manche, qui est pourtant une des mers les plus orageuses, les plus agitées par des courants. Les côtes occidentales de France ne présentent que quelques mètres de pente par lieue de cinq kilomètres. Enfin, partout où le fond de la mer est ondulé et formé par des dépôts, on peut affirmer que ces ondulations ne seraient pas appréciables à l'œil, si elles étaient mises à découvert. Si l'on examine les travaux sur les attérages des mers hérissées d'écueils, et dont le fond est très-inégal, on se convaincra que ces aspérités résultent toujours des inégalités primitives du sol. Les roches en saillies sont les accidents du fond, et ne sont point recouvertes par des dépôts. Ces dépôts conservent même dans ce cas leur horizontalité; ils tendent à niveler le sol, en comblant les intervalles entre les écueils, de sorte que leur surface ne participe nullement aux aspérités préexistantes.

Un dépôt qui serait formé par une débâcle, par l'écoulement d'un lac sur un plan incliné, pourrait lui-même avoir une surface moins régulière; mais ce dépôt ne présenterait pas les détails de stratification, la continuité des lignes et des assises, que l'on retrouve dans ceux qui sont formés au fond des mers. Remarquons, d'ailleurs, qu'en examinant les dépôts formés dans les mers peu étendues et peu profondes, nous nous mettons dans un cas défavorable à l'horizontalité des couches; car l'influence des courants, l'agitation de la surface des eaux, si forte dans les tempêtes, peuvent se faire sentir sur celle du dépôt; mais dans les profondeurs de l'Océan, où ces agitations superficielles n'ont aucune influence, les dépôts se font tranquillement, régulièrement, sans que leur surface soit jamais bouleversée, ainsi qu'on peut se représenter celui de la couche dite *Kupferschiefer* de la Thuringe, qui n'a guère que quatre à cinq décimètres de puissance, et se retrouve avec la même apparence, la même composition, à des distances de cinquante, soixante et quatre-vingts lieues.

Dans les dépôts dont la texture et la composition retracent des phénomènes de précipitation chimique et de cristallisation confuse, on a objecté à l'horizontalité des couches qu'une substance saline se précipitait sur les parois verticales d'un cristallisoir, que dans le remplissage d'un filon, le toit et le mur présentaient les mêmes substances dans le même ordre; enfin, que l'eau, dans certains tuyaux de conduite, avait déposé également sur tous les points un sédiment calcaire (d'Aubuisson, §. 146). Ces raisons spécieuses ne peuvent être appliquées aux dépôts mécaniques, et l'intercalation de quelques assises de sables et de conglomérats démontrerait que l'inclinaison de tout le massif doit résulter de dérangements postérieurs.

L'association des roches d'agrégation et des roches de précipitation, suffirait donc pour généraliser la nécessité de l'horizontalité des dépôts sédimentaires; mais nous trouverons dans les débris organiques une preuve d'horizontalité applicable à toute espèce de couche.

Un grand nombre de coquilles et de polypiers, dont l'abondance et la parfaite conservation dans les plus petits détails de leurs enveloppes fragiles, démontrent évidemment qu'ils ont vécu en place, caractérisent les diverses assises de chaque formation. Or, dans l'état actuel des choses, une différence de cinquante mètres dans la profondeur, suffit pour déterminer une différence dans les animaux de la mer. On conçoit, en effet, que l'abaissement successif de la température dans les eaux profondes, abaissement qui va jusqu'à — 4° au maximum de densité de l'eau; que l'accroissement de la pression; enfin, que l'influence de la lumière, qui va toujours diminuant, sont des circonstances qui rendent le fond de la mer inhabité, et qui, en outre, maintiennent chaque animal dans les limites de profondeur les plus convenables à son individu. De cette manière on a dans chaque zone des eaux une organisation différente.

Il en résulte que, lorsque l'on trouvera dans diverses contrées, des couches d'une même formation caractérisées par les restes de mêmes individus ayant vécu en place, on pourra conclure que le niveau du dépôt devait être à peu près le même dans toutes ces contrées. Ainsi, par exemple, lorsque les calcaires désignés sous le nom de lias (terrain jurassique) se trouvent en Angleterre, au nord et au midi de la France, etc...., avec une abondance prodigieuse de coquilles (*gryphea arcuata*) d'une parfaite conservation, et dont beaucoup sont encore dans la position que prennent leurs analogues vivantes (huîtres); comme on ne peut pas supposer que ces animaux vécussent à cinquante mètres de profondeur en un point, et à deux ou trois cents dans un autre; il faut admettre que le fond des mers alors existantes et formé par ce dépôt, était sensiblement horizontal. Or donc, lorsque l'on verra des couches de ce même terrain, trouvées en un point à soixante-quinze mètres au-dessous du niveau de la mer, se relever à quelques lieues de là à plus de deux cents au-dessus, il faudra nécessairement supposer que cette différence de niveau résulte de dislocations postérieures. Si l'on peut joindre à ces preuves d'autres tirées de l'inclinaison sensible des couches, il n'y aura plus à douter du fait.

Nous avons pris ici un exemple peu prononcé; mais lorsqu'on verra ces mêmes couches se relever dans les Alpes jusqu'à mille, deux mille mètres, en conservant toujours les mêmes débris organiques, la chose sera encore bien plus évidente. Or, dans tous les cas où des couches sédimentaires présenteront une inclinaison sensible, pour peu que le terrain ait de la continuité, on ne tardera pas à constater des différences de niveau de cent, trois cents, cinq cents mètres. Le principe de l'horizontalité primitive des couches se trouve donc encore établi dans le cas des dépôts cristallins.

Concluons : que toutes les fois qu'un dépôt sédimentaire présentera une inclinaison *sensible* à l'œil (1), ce dépôt aura été dérangé de sa position première.

---

(1) En disant une inclinaison *sensible*, on est loin de dire que les dépôts sédimentaires soient *mathématiquement* horizontaux. La surface des mers elle-même n'est pas horizontale, et cependant on n'a jamais constaté d'inclinaison sensible, bien que les inégalités de la surface soient assez prononcées pour qu'il y ait des degrés plus courts et d'autres plus longs qu'ils ne devraient être. Ces inégalités proviennent d'abord des inégalités continentales, de sorte que les masses saillantes, qu'elles soient d'ailleurs au-dessus ou au-dessous du niveau des eaux, occasionnent un relèvement, en vertu des lois de l'attraction qui accumulent les eaux autour d'elles. Les mouvements des marées déterminent

Si plusieurs systèmes de couches sédimentaires ont été déposés dans les mêmes mers, et pendant la même période géognostique, leurs limites seront à peu près les mêmes, ainsi que leur distribution géographique, et leurs lignes de stratification seront parallèles. Les mouvements du sol, survenus ensuite, auront pu incliner, contourner les couches, mais non pas déranger cette concordance de stratification, et partout où ces différents systèmes de couches, déposés dans les mêmes circonstances, se montreront superposés, leur stratification se montrera parallèle et concordante, quelle que soit d'ailleurs la position des couches. Mais, au contraire, si ces divers systèmes n'ont pas été déposés dans les mêmes mers, ce qui revient à supposer que leur formation ait été séparée par des mouvements du sol; la distribution géographique sera plus ou moins différente, suivant que ces mouvements auront plus ou moins modifié la surface du globe; et la stratification sera non parallèle ou discordante dans tous

---

des différences encore plus grandes; par exemple, la haute mer a lieu à l'entrée de la Manche, lorsque la basse mer a lieu dans le détroit, et l'on a constaté en ce moment une différence de douze mètres dans le niveau des eaux. La différence de niveau du fond sur cette longueur de trois cents kilomètres n'est que de cent mètres; elle ne serait pas plus sensible à l'œil que celle de la surface de la mer. Une différence triple ne le serait probablement pas non plus, c'est-à-dire, que des couches pourraient avoir été dérangées de leur horizontalité première par des mouvements du sol, sans que ces dérangements fussent appréciables.

les points où ces modifications auront atteint les premières couches déposées.

Une stratification concordante ne sera donc pas une preuve que deux systèmes de couches ont été déposés dans la même période géognostique, c'est-à-dire qu'ils appartiennent à la même formation; bien que la constance de ce fait soit déjà une présomption : mais la discordance de stratification démontrera toujours qu'ils ont été séparés par des modifications de la surface du globe; et si elle a été observée en plusieurs contrées éloignées, on pourra en conclure que ces deux systèmes ont été déposés dans deux périodes différentes, c'est-à-dire qu'ils appartiennent à deux formations distinctes.

Caractères de composition.

La composition des dépôts sédimentaires est peu variée : la silice, le calcaire et l'argile, tantôt purs, tantôt mélangés entre eux, en forment une grande partie. Ces couches alternent avec des roches de transport et d'agrégation et quelques autres substances beaucoup moins répandues, telles que le carbone, le gypse et certains minérais de fer. Il résulte de cette composition simple et générale, qu'il est souvent difficile de distinguer minéralogiquement les divers terrains, et qu'un observateur, subitement transporté devant des couches sédimentaires dont il ne connaîtrait pas d'avance la position, pourrait se trouver dans l'impossibilité de déterminer le rang auquel elles doivent être placées dans la série des formations.

La classification géognostique des terrains présenterait donc de grandes difficultés, si l'on n'avait pour guide que leur composition minéralogique, d'autant plus qu'une même période peut être quelquefois représentée par des dépôts de nature très-différente. Mais des observations faites de proche en proche, des relations préalablement établies avec les terrains les plus développés et les plus faciles à déterminer de la contrée, les indications fournies par la présence de certains débris organiques, donnent la facilité de reconnaître la position géognostique d'un terrain, en se plaçant en quelque sorte en dehors de ses caractères.

Remarquons d'ailleurs que, malgré ces analogies de composition, il existe presque toujours des variations de caractères pour une même roche dans les diverses positions géognostiques où elle se trouve. Ces variations seront faciles à saisir, en prenant toute la masse des dépôts sédimentaires de la contrée, et ne cherchant d'abord à y établir que des divisions très-larges. Les calcaires inférieurs, compactes, esquilleux, saccharoïdes, souvent caractérisés par la présence du mica, du carbone, du diallage, etc., se distingueront des calcaires compactes lithographiques, oolitiques, crayeux, des formations suivantes, qui eux-mêmes ne pourront être confondus que rarement avec les calcaires grossiers, siliceux ou marneux des parties supérieures. Dans les roches d'agrégation, la nature des parties constituantes fera distinguer les grauwackes anciennes des grès micacés souvent feldspathiques, qui viennent ensuite, et des grès exclusivement siliceux, qui se trouvent encore au-dessus. La présence et l'abondance plus ou moins grande de certaines substances, telles que le carbone, la chaux sulfatée, le sel marin, la chlorite, pourront guider en plus d'une occasion. Enfin, la puissance même d'une formation, ses subdivisions naturelles, les relations des diverses parties entre elles, peuvent encore fournir des indices; de telle sorte qu'il faut interroger non-seulement les caractères minéralogiques, mais l'ensemble de ces caractères, non-seulement les couches prises isolément, mais l'ensemble de ces couches.

Nous avons indiqué, parmi les moyens de détermination géologique, la présence des débris organiques, animaux et végétaux. Le géologue trouve un secours puissant dans les fossiles *caractéristiques* d'une formation : j'insiste ici sur l'épithète de *caractéristiques;* parce que l'on tend généralement à attribuer à cette partie de la science beaucoup plus d'importance qu'elle n'en mérite. La conchyologie, la botanique, la zoologie, sont des sciences très-distinctes de la géologie, et qui doivent prendre leur part des découvertes nombreuses faites dans son domaine; mais la découverte d'un fossile n'est pas une découverte géologique, s'il n'indique pas par sa fréquence, par sa position géognostique, un fait; en un mot, s'il n'est pas caractéristique. Vouloir appuyer la détermination de la série des terrains sédimentaires sur la détermination des fossiles, c'est vouloir ajouter aux incertitudes que nous présente quelquefois la partie positive de la géologie (*nature* et *gisement des roches*), les incertitudes innombrables qui résultent des anomalies continuelles que nous présente la répartition des fossiles. Rien n'est plus intéressant que les recherches sur la flore des temps anciens; que cet examen des progrès de la vie, des perfectionnements successifs des animaux; mais toutes les fois qu'il ne résultera pas de ces recherches des règles de position sur lesquelles le géologue puisse s'appuyer, elles seront tout-à-fait en dehors de la géologie.

La superposition et la continuité des couches, sont les seules règles de détermination que l'on puisse regarder comme infaillibles pour les terrains sédimentaires. Les caractères de composition et les fossiles caractéristiques viennent ensuite, et s'ils sont d'accord dans leurs indications, l'on aura à peu près une certitude géognostique, c'est-à-dire l'équivalent de la continuité et de la superposition. (1)

Mode de formation.

Les dépôts sédimentaires peuvent, avons-nous dit, résulter de la précipitation de matières dissoutes dans les eaux : ce sont les dépôts formés par voie chimique; ou simplement de matériaux préexistants, qu'elles ont transportés : ce sont les dépôts formés par voie mécanique.

Ces deux modes de formation n'ont pas toujours agi isolément, de sorte qu'on ne peut séparer d'une manière tranchée les roches qui appartiennent à l'un et à l'autre. Par exemple, les roches d'agrégation sont toutes formées mécaniquement; mais un grand nombre d'entre elles représente par le fait même de l'agglutination de leurs parties constituantes les effets des agents chimiques, et même, abstraction faite de ces roches et des roches

(1) Les recherches sur les débris organiques dans les diverses formations n'ont donné lieu à aucune subdivision géognostique; elles ont toujours été l'occasion de discussions locales, mesquines et interminables, comme toutes les discussions basées sur des idées spéculatives et point sur des faits. Les lambeaux isolés de terrains, déterminés seulement d'après la comparaison de listes de fossiles, n'ont fait jusqu'ici que voyager depuis les terrains de transition jusqu'à la craie, parce que dans la géologie fossile il n'existe pas ce qu'on peut appeler une loi invariable. Lorsqu'on pense, en effet, à tous les éléments d'anomalies qui devaient exister dans ces temps reculés, n'est-ce pas entraver la marche d'une science utile et positive, que de vouloir l'établir sur des considérations vaguement établies dans quelques points de l'Europe, et de prétendre généraliser ces considérations pour toutes les parties du globe ? La géologie profitera des faits quand ils existeront; mais la géogénie pourra seule se livrer aux hypothèses avec la botanique et la zoologie fossiles.

formées chimiquement, dans lesquelles on trouve aussi des matériaux de transport; on pourra se trouver fort embarrassé pour prononcer sur l'origine mixte de certaines espèces. Les argiles, par exemple, résultent de la décomposition de roches préexistantes; nous les voyons se former sous nos yeux par la décomposition de certaines roches (granites, pegmatites, etc.); les eaux s'emparent ensuite de ces matières, les transportent, les purifient, en séparant par le lavage toutes les substances étrangères, et les déposent sous forme de couches homogènes. Verra-t-on ici le phénomène chimique de la décomposition spontanée des roches préexistantes, ou bien simplement le phénomène mécanique de transport ou de sédimentation par les eaux? Bien qu'il n'y ait point ici dissolution, il y a cependant réaction chimique; il en est de même pour le carbone, si répandu dans quelques terrains, et pour d'autres roches. Quoi qu'il en soit, les calcaires et certaines roches siliceuses représenteront généralement les dépôts chimiques, tandis que les roches d'agrégation représenteront les dépôts mécaniques; et sans entrer dans les détails de la géogénie de toutes les roches, les données qui résulteront de la présence de celles qui portent ainsi le stigmate de leur origine, suffiront pour retracer les phénomènes qui ont donné naissance aux différents terrains de la série.

La dissolution de si puissantes assises calcaires et siliceuses pourrait paraître hasardée eu égard au peu de phénomènes analogues qui se passent sous nos yeux. Mais il suffit de constater que le fait est possible : or, les travertins calcaires de Tivoli, Saint-Philippe, etc., les dépôts siliceux des Geysers en Islande, et de tant d'autres sources minérales, le prouvent suffisamment; et quant au peu d'extension actuelle de phénomènes qui ont laissé des preuves si puissantes de leur généralité et de leur activité, cela démontre encore que le globe se trouve dans des conditions toutes différentes de celles auxquelles il a été pendant long-temps assujetti.

Quelle que soit la nature des roches dont se compose une masse continue de couches sédimentaires en superposition immédiate, à stratification concordante et développement simultané, cette masse sédimentaire représentera une période de tranquillité. L'acte de la sédimentation est en effet un acte régulier, qui suppose un ordre de choses établi, un équilibre maintenu pendant une période plus ou moins longue, de manière que les eaux courantes, à la surface des terres alors en saillie, allaient stratifier les débris qu'elles transportaient et qu'elles tenaient en suspension au fond des grands amas d'eau, et que ces eaux, qui d'ailleurs tenaient en dissolution des principes calcaires ou siliceux, les déposaient tranquillement en couches alternantes avec les roches de transport. La sédimentation ne crée rien, elle modifie : elle désagrège et transporte des roches en place, elle dissout des principes pour aller les déposer ailleurs : mais ces déplacements de roches ont lieu d'une manière continue ; et pour que les résultats se trouvent concentrés, accumulés sur un même point, il faut nécessairement supposer que l'état de choses dans lequel ils ont commencé à se produire, s'est maintenu pendant une période d'une longueur proportionnée aux effets.

Nous sommes actuellement dans le cours d'une période géologique, et c'est au fond des mers qui couvrent les deux tiers de la surface du globe qu'il faut chercher les dépôts qui s'effectuent. Ceux qui s'accumulent en quelques points de la surface des continents, tels que les travertins, les alluvions de certains cours d'eau, ne sont en effet que des modifications locales et peu considérables. Partout où l'on a pu observer les dépôts qui se forment au fond des mers, soit vers les côtes, soit d'après les observations nombreuses que fournissent les cartes marines, qui ont pour but de constater la profondeur des eaux et les qualités du fond ; on a reconnu que ces dépôts consistaient en sables et graviers plus ou moins fins. Les principes constituants de ces sables sont naturellement les matières les plus dures de toutes celles que les eaux continentales amènent à l'état de sables ou de galets; le quartz en forme la masse principale, et même le plus souvent il exclut tout autre principe : on y retrouve aussi un grand nombre de coquilles, ordinairement brisées. Les sondes, à moins qu'elles ne tombent sur des rocs saillants et non recouverts, rapportent toujours de ces sables ou graviers mélangés de coquilles qui varient suivant les latitudes, mais qui sont assez constamment identiques vers un même point. L'agglutination de ces dépôts ne paraît qu'un phénomène tout-à-fait local.

Mais si nous considérons que les mers profondes n'ont pas été sondées et que nous ne connaissons qu'une partie de leurs fonds, qui se trouve dans une position exceptionnelle, puisque ce ne sont que les côtes et les mers peu profondes; il nous sera impossible d'affirmer si les dépôts se bornent à des sables. Observons en effet que les parties les plus ténues, apportées par les eaux continentales, et qui ne peuvent se déposer dans des eaux continuellement agitées comme celles des côtes et des mers peu profondes, vont peut-être former des dépôts marneux et argileux au fond de l'Océan, où les agitations superficielles ne peuvent se faire sentir. Il est encore possible que sous l'influence de la pression et de la température de quatre degrés au-dessous de zéro, d'autres phénomènes aient encore lieu.

Les formations sédimentaires nous représentent la position et même approximativement les contours des mers alors existantes. Les différences considérables de distribution géographique qui distinguent chacune d'elles de celles qui précédèrent et qui suivirent, indiquent que la transition d'une formation à une autre fut brusque et occasionée par une révolution, qui changea subitement la distribution des eaux et la configuration des masses continentales. La fréquente discordance de stratification et les changements subits qu'éprouve la série des êtres organiques, confirment parfaitement cette idée de révolutions instantanées.

Les déplacements subits d'une partie des eaux ne purent s'effectuer sans qu'il en résultât des effets érosifs très-considérables sur les masses préexistantes exposées à leur course; et c'est à ces effets que l'on doit attribuer les puissants dépôts de transport qui constituent une grande partie des terrains sédimentaires. L'on remarque en effet, d'après la composition de ces terrains, que le maximum de la force qui les a transportés a dû être dépensé dans les parties inférieures : ainsi, les grandes assises de grès, de poudingues, commencent souvent par des conglomérats qui contiennent des blocs de plusieurs mètres cubes; et l'on voit, en considérant l'ensemble de la masse, que les fragments sont généralement plus gros dans la partie inférieure. Les formations où dominent les roches de précipitation chimique commencent aussi très-souvent par des dépôts de transport: mais observons que ces dépôts peuvent très-bien ne pas exister sans infirmer l'hypothèse de migration subite des eaux. Ces migrations des eaux n'ont jamais été que partielles, et une seule révolution ne changeait pas du tout au tout la configuration du globe. Dès-lors, s'il n'y avait, par exemple, que la sixième partie des eaux qui fût réellement déplacée, les dépôts de transports n'ont dû s'effectuer que sur le passage de ces eaux mises en mouvement, et peuvent par conséquent ne pas se trouver partout où la formation dont ils étaient le prélude, s'est ensuite déposée.

Une même formation peut se composer de roches très-diverses; de calcaires, d'argiles, de sables, de poudingues. Ces alternances hétérogènes indiquent nécessairement que les circonstances sous l'influence desquelles ces dépôts avaient lieu, variaient aussi; et en effet ces variations se trouvent en partie justifiées par les oscillations secondaires que pouvait éprouver la croûte du globe pendant cette période.

L'on trouve dans plusieurs formations les preuves de ces oscillations. Ainsi, par exemple, dans le terrain houiller, l'on a constaté à Saint-Étienne et en d'autres contrées de grands végétaux verticaux, les racines en bas, et dont la position et la conservation sont telles, qu'on ne peut douter qu'ils soient dans la place où ils ont vécu : et d'ailleurs, lors même que ces végétaux sont renversés, la conservation de leurs feuilles, de leurs branches, indique qu'ils ne peuvent avoir été transportés bien loin. Mais, lorsqu'au-dessus de ces végétaux droits ou couchés l'on trouve cinquante, cent mètres de grès; il faut supposer nécessairement, puisque ces végétaux n'ont pu croître qu'à la surface du sol, qu'ils ont été submergés, soit par un affaissement graduel du sol qui les supportait, soit par l'exhaussement des eaux résultant de soulèvements qui ont eu lieu en d'autres points. Cette même hypothèse est encore nécessitée dans d'autres formations par des faits analogues. Ainsi, l'on trouve dans quelques-unes, à des hauteurs variables, des bancs de madrépores, de la famille des astrées, analogues à ceux qui vivent actuellement et construisent les îles madréporiques des régions équatoriales. Or, ces madrépores n'ont pu vivre et construire qu'à des profondeurs peu considérables; et comme ils se trouvent enfouis sous des dépôts extrêmement épais et à des hauteurs variables, il faut encore supposer l'affaissement graduel du sol en ces points, ou son soulèvement dans d'autres.

Ces oscillations secondaires expliquent parfaitement comment telle assise d'une formation vient à manquer en certains points, et d'ailleurs elles n'infirment en rien ce qui a été dit relativement aux grandes révolutions qui ont nettement séparé chaque période : dans la période actuelle, nous pourrions voir des phénomènes analogues dans les oscillations constatées au Temple de Sérapis, près Pouzzoles, sur les côtes de la Suède, etc.

Liaison des formations.

Deux formations superposées sont nettement séparées, lorsqu'elles ne se suivent pas immédiatement dans la série géognostique et qu'il y a entre elles une lacune d'une ou plusieurs formations. Dans ce cas on voit tout de suite une différence nette et tranchée à partir d'une ligne bien déterminée. Mais lorsque deux formations sont superposées sans qu'il y ait de lacunes, il n'en est pas ordinairement ainsi. L'on voit alors les couches supérieures de l'une alterner à plusieurs reprises avec les couches inférieures de l'autre; les caractères minéralogiques et zoologiques se fondre de manière que telle substance ou tel fossile devient rare et disparaît pendant que tel autre se montre et devient plus fréquent; jusqu'à ce qu'enfin, à une certaine hauteur, il y ait un changement complet. Ce changement ne sera donc tranché qu'en faisant abstraction d'une certaine épaisseur de ces alternances; en un mot, il y aura passage d'une formation à l'autre. Toutes les fois que la stratification ne sera pas discordante entre les deux formations, ce passage pourra être très-ménagé, et l'on conçoit en effet que, cette portion des eaux étant restée en quelque sorte à l'abri de la grande révolution, les circonstances n'auront pu changer que graduellement. La ligne de séparation serait donc fort difficile à établir, si l'on n'avait alors les observations recueillies dans les localités où les caractères présentent des transitions brusques et tranchées.

Quelques faits locaux, et qui proviennent de réactions postérieures en dehors des grands faits de sédimentation; par exemple, des roches schisteuses, d'apparence cristalline, alternant avec des couches coquillières tout-à-fait avancées dans la série organique, ont pu étayer une hypothèse qui avait surgi depuis long-temps. Cette hypothèse, assimilant les roches sédimentaires aux roches ignées et non stratifiées, avançait que la série des terrains sédimentaires pouvait ne pas avoir été tout-à-fait parallèle dans les contrées éloignées; de sorte que chaque terrain ne serait pas contemporain. Ainsi il se serait encore formé des schistes et des grauwackes dans telle contrée, pendant que dans telle autre le calcaire jurassique, la craie même se déposaient. Cette hypothèse se trouve complétement réfutée, en ce que les grandes formations ne peuvent s'être déposées qu'au fond de la grande masse des eaux, et qu'il serait peu rationnel de supposer que les circonstances qui ont présidé à la sédimentation, eussent été tellement différentes que les formations ne fussent pas contemporaines. L'on se trouverait alors dans l'impossibilité d'expliquer comment telle formation se présente dans les deux hémisphères avec une identité complète dans les moindres détails. Les révolutions considérables, dont la géognosie retrouve les preuves, les migrations des eaux qu'elles nécessitent, entraînent l'isochronisme des formations, et l'on ne peut insister sur l'hypothèse contraire, sans présenter en même temps une explication des faits géogéniques, toute différente de celle qui sert actuellement de base à la géognosie positive.

Une hypothèse analogue peut cependant être reproduite pour quelques dépôts effectués dans des lacs isolés. On peut concevoir dès-lors que des roches identiques aient été formées dans ces différents lacs à des intervalles distincts; mais ce fait n'est nullement en opposition avec l'isochronisme général des formations, puisqu'il ne peut faire supposer que de légères variations de détail.

Classification.

Lorsqu'il a fallu grouper en *formations* les couches sédimentaires observées dans les diverses régions du globe, les géologues différèrent d'opinion, suivant qu'ils attachaient plus ou moins d'importance à tel ou tel caractère; et surtout suivant les faits particuliers que présentaient les contrées qu'ils avaient principalement étudiées. Les premières classifications ne furent en effet applicables qu'aux provinces circonscrites pour lesquelles elles avaient été faites; mais à mesure que de nouvelles observations étendirent le champ de la science, de nouvelles lois apparurent en opposition avec celles que l'on avait d'abord regardées comme générales. L'on vit alors que la géognosie d'une seule contrée n'était pas celle de tout le globe, et que les bases d'une classification durable devaient résulter d'observations nombreuses, faites sur des points éloignés. Celle qui est maintenant adoptée, est fondée sur les observations faites par toute l'Europe; mais, outre que l'Europe est assez vaste pour que l'on puisse compter sur les lois géognostiques qu'on y a constatées, la plupart de ces lois ont été reconnues dans les Amériques, dans certaines parties de l'Asie et de l'Afrique.

D'après M. de Humboldt, une *formation* est un assemblage ou système de masses minérales qui sont tellement liées entre elles, qu'on les suppose formées à la même époque, et qu'elles offrent dans les lieux de la terre les plus éloignés les mêmes rapports généraux de gisement et de composition. Werner l'avait définie un assemblage de couches ou de masses minérales liées entre elles de manière à ne former qu'un tout ou un système. M. Élie de Beaumont a simplifié, en définissant une formation sédimentaire, ce qui s'est déposé dans l'intervalle de deux révolutions.

Les caractères distinctifs d'une formation indépendante résulteront, d'après ce qui a été dit précédemment : 1.° des caractères de gisement et de stratification; une formation indépendante reposant presque indifféremment sur toutes celles qui l'ont précédée, et présentant avec elles, ainsi qu'avec celles qui l'ont suivie, des discordances de stratification plus ou moins fréquentes; 2.° de la composition; car, malgré les anomalies qui peuvent exister, une formation a presque toujours des caractères de composition qui lui sont propres (soit qu'ils résultent de la nature même des roches constituantes ou de substances accidentelles), surtout si l'on considère cette formation dans une même contrée ou dans des contrées voisines; 3.° des données fournies par les fossiles caractéristiques, soit que ces données résultent de la présence de certains fossiles qui seront tout-à-fait propres à cette formation, ou qui s'y trouveront dans une profusion remarquable; soit de l'absence totale de ceux qui caractérisent les formations voisines.

Un *terrain* a généralement une acception plus étendue qu'une formation; il peut en comprendre plusieurs qui seront réunies par quelques analogies : de telle sorte que les terrains représenteront les grandes unités, c'est-à-dire les principales révolutions du globe; tandis que les formations qui subdivisent ces grands intervalles représenteront les révolutions qui, sans modifier aussi complétement les relations des eaux et des continents, ont cependant amené des discordances de stratification, des changements notables dans la distribution des eaux, et la génération de roches différemment caractérisées. On a même donné le nom de formations à des systèmes de couches que l'on a rarement vus en stratification discordante; mais lorsque, malgré cela, le développement n'est pas simultané, lorsque la composition change totalement et que les fossiles se modifient beaucoup; il faut supposer que des mouvements éloignés, des révolutions qui ont peut-être eu lieu dans l'autre hémisphère, ont amené ces changements, d'ailleurs trop considérables pour que ces différents systèmes de couches appartiennent à la même formation.

Quant aux distinctions à établir dans les formations, elles se subdivisent en étages, qui peuvent différer entre eux par une composition tout-à-fait distincte, ou seulement par le développement plus ou moins grand de certaines roches. Ces étages peuvent se subdiviser eux-mêmes en assises, et les assises en couches.

Lorsqu'on parcourt une contrée où la série des terrains sédimentaires est bien développée, la première nécessité est de rechercher des points fixes, afin de déterminer ensuite de proche en proche le rang des formations et les lignes de démarcation de chacune. On trouve ces points fixes dans certaines formations ou plutôt dans quelques couches de certaines formations, qui sont très-nettement caractérisées, soit minéralogiquement, soit zoologiquement; et qui servent d'*horizons géognostiques*, au-dessus et au-dessous desquels viennent ensuite se grouper les autres terrains. En prenant d'abord toute la masse des terrains, pour y établir les subdivisions les plus larges, deux formations paraîtront plus propres que toute autre à constituer ces horizons géognostiques.

C'est d'abord le terrain houiller, caractérisé par le maximum d'abondance du carbone, par un grand développement de roches arénacées, par des végétaux fossiles très-nombreux et très-distincts. Comme ce terrain est en outre exploité dans presque toutes les contrées où il existe, on a pu étudier les moindres oscillations de ses caractères distinctifs. Il est d'ailleurs remarquable par la discordance presque constante de sa stratification avec les formations inférieures et celles qui les recouvrent; fait qui indique, ainsi que ses autres caractères, qu'il est isolé entre deux des plus grandes révolutions du globe.

Le terrain crétacé remplira le même objet par d'autres considérations : c'est un des plus développés de la série, du moins en Europe; ses caractères de composition sont généralement distinctifs; ses fossiles sont caractéristiques, et sous ce rapport il y a une différence totale dans les débris organiques des formations qui suivent.

Les caractères tranchés de ces deux formations ont de tout temps frappé les géologues, et ils déterminent cette première subdivision des terrains sédimentaires en trois classes ou séries. La série la plus inférieure, dite des *terrains de transition,* se compose de schistes, de roches d'agrégation et de calcaires compactes, souvent saccharoïdes, souvent de couleurs sombres, qui prennent quelquefois eux-mêmes la structure schisteuse qui caractérise la majorité des roches. Dans cette période les êtres organiques commencèrent à se développer; mais les végétaux y sont beaucoup plus perfectionnés que les animaux, qui ne nous présentent que des êtres imparfaits, placés tout-à-fait à la limite inférieure de l'échelle organique, et dont quelques-uns peuvent être regardés comme à la fois animaux et végétaux (encrines); les trilobites, les productus, les orthocères, les nautiles, etc., sont les plus caractéristiques.

Ce qui peut servir encore de signe distinctif à cette première série, c'est sa grande étendue et l'identité constante de tous ses caractères dans toutes les parties du globe. C'est encore sa dislocation générale; car, étant la plus ancienne, elle fut bouleversée non-seulement par les révolutions qui lui sont propres, mais encore par celles qui ont séparé les divers terrains des deux séries suivantes.

La seconde série, dite des *terrains secondaires*, se compose de tous les terrains compris depuis la limite inférieure du terrain carbonifère jusqu'à la limite supérieure du terrain crétacé : c'est la plus longue et celle qui comprend le plus de formations différentes. Les grès, les calcaires, les argiles en forment toute la masse; les minérais de fer, le carbone, le gypse, le sel, y constituent des couches et des amas dont l'abondance est souvent caractéristique. Parmi les nombreux fossiles renfermés dans les formations secondaires, on voit apparaître les animaux vertébrés, représentés par des sauriens gigantesques; les coquilles appelées ammonites, dont on a compté un grand nombre d'espèces, y naissent et finissent avec la craie; il en est de même des bélemnites, qui caractérisent plutôt la partie supérieure de la série, des gryphées, etc.

La troisième série, désignée sous le nom de

terrains tertiaires, présente une composition analogue en argile, calcaire et grès; mais la diminution graduelle des agents chimiques s'y fait remarquer et les roches y sont moins compactes; les couches ont plus souvent conservé leur horizontalité, et leurs dislocations doivent être naturellement beaucoup plus simples, puisqu'elles n'ont été bouleversées que par les révolutions qui leur sont propres. Les débris organiques sont très-multipliés; on y voit paraître les mammifères, représentés par des paléothérium, des anoplothérium, des mastodontes, puis des animaux tout-à-fait analogues à ceux qui existent aujourd'hui, tels que des éléphants, des bœufs, des cerfs, des rhinocéros, des hyènes, des ours. Le nombre des coquilles marines ou fluviatiles est prodigieux; elles ne présentent d'ailleurs que peu d'analogies avec les coquilles secondaires : ce sont des cérites, des turritelles, des cythérées, des planorbes, des lymnées, etc.

L'on a ensuite subdivisé chacune de ces séries en terrains et en formations désignés dans le tableau ci-joint. Nous décrirons ces divers terrains à partir des plus inférieurs, cet ordre nous étant prescrit par les considérations minéralogiques sur lesquelles nous insistons principalement. Les roches d'agrégation, et même probablement presque toutes les roches sédimentaires, ne représentent en effet que des modifications de roches préexistantes; il est donc nécessaire, pour marcher du connu à l'inconnu, d'étudier d'abord les plus anciennes, qui ont fourni les matériaux des plus nouvelles. Mais d'un autre côté, comme il faut évidemment supposer un commencement à cette action des eaux, et par conséquent des roches préexistantes à toute sédimentation, qui ont fourni les matériaux des premières couches déposées, cette marche nécessitait une description préalable de ces roches, ordinairement désignées sous le nom de terrains primitifs.

Terrain primitif.	Granite, syénite, protogine. Gneiss. Micaschiste. Schiste argileux et talqueux. Calcaire.

Série des terrains sédimentaires.

	Terrain de transition. . .	Formation inférieure. Formation supérieure.
Terrains secondaires.	Terrain houiller. . . .	Formation du *vieux* grès rouge. Formation houillère.
	Terrain pénéen. . . .	Formation du *nouveau* grès rouge. Formation du zechstein. Formation du grès des Vosges.
	Terrain keuprique. .	Formation du grès bigarré. Formation du muschelkalk. Formation des marnes irisées.

Terr. secondaires.	Terrain jurassique..	Formation du lias. Formation oolitique.
	Terrain crétacé....	Formation du grès vert. Formation crayeuse.
Terrain tertiaire......		Formation inférieure. Formation supérieure.
Terrain alluvien......		Alluvions anciennnes. Formation actuelle.

Terrains ignés.

Les terrains ignés peuvent être considérés sous divers points de vue : 1.° sous le rapport de leur composition ; 2.° sous le rapport de la forme des masses dont ils se composent ; 3.° sous le rapport de leur position géognostique, soit dans leur propre série, soit relativement à la série des terrains sédimentaires.

C'est d'après les deux premiers ordres de faits qu'une roche peut être caractérisée *ignée*, et que l'on peut en outre déterminer ou du moins présumer les circonstances de son émission et l'état dans lequel elle est arrivée au jour.

Les phénomènes qui ont présidé à la formation de la série des roches ignées sont beaucoup plus difficiles à apprécier que les phénomènes sédimentaires; d'abord parce qu'ils sont plus variables, suivant les diverses contrées; et parce qu'en outre les réactions chimiques des laboratoires ont moins d'analogie avec celles qui ont eu lieu sous l'influence d'une température, d'une pression, que nous ne pouvons déterminer ni reproduire, non plus que les circonstances de temps que la nature eut à sa disposition. Dans les dépôts sédimentaires le phénomène de production dut être continu; et si longue que fût la période, une petite épaisseur de la roche produite ne peut nous représenter qu'un laps de temps peu considérable : de plus, la température était certainement moindre de 100°; la pression ne pouvait être bien différente de ce qu'elle est actuellement; enfin, les réactions chimiques nous ont tellement familiarisés avec les circonstances de dissolution, de précipitation, etc., que nous pouvons parfaitement concevoir même ce qu'il ne nous est pas donné de reproduire. Mais dans les terrains ignés le phénomène de production est intermittent, et la roche est arrivée à la surface sans qu'il nous soit donné d'apprécier les modifications qui peuvent avoir changé son état primitif. Nous n'avons que des notions vagues sur le point de départ de ces roches, sur les causes de leur émission, et elles arrivent sous nos yeux telles que les ont faites la série des siècles et les circonstances accidentelles et particulières auxquelles elles furent exposées.

La tâche du géologue est donc ici très-difficile; car ce n'est guère que d'après les considérations géogéniques, basées sur la nature et sur le mode d'émission des roches ignées, qu'il pourra déterminer la partie géognostique, c'est-à-dire l'ordre de succession de ces roches. Dans cette nécessité, le seul point de départ consiste dans les phénomènes ignés qui se passent sous nos yeux. Nous pouvons en effet lire dans ces phénomènes une foule de détails qui ne seraient pas exprimés dans leurs résultats refroidis et dégradés par une série de siècles, et qui nous mettent sur la trace d'une théorie positive. De plus, ces détails seront d'autant plus appréciables que les masses seront moins altérées par les agents atmosphériques; de sorte que les terrains ignés les moins anciens seront toujours ceux qui pourront conduire à reconnaître les phénomènes d'émission qui les ont précédés. En un mot, il faut procéder du connu à l'inconnu, de proche en proche et par comparaison; c'est-à-dire remonter la série géognostique des terrains ignés, à partir des terrains qui sont produits sous nos yeux, jusqu'aux plus anciens.

Composition.

Le feldspath, le pyroxène, l'amphibole, sont les principes constituants les plus ordinaires des roches ignées: le quartz, le mica, la serpentine, l'amphigène, le fer oxidé, le péridot peuvent aussi être considérés comme tels, mais ils ne sont presque jamais seuls et n'apparaissent que par associations. Ces associations ne sont pas arbitraires; il suffit d'étudier le tableau des roches pour voir qu'elles sont soumises à des règles qui souffrent peu d'exceptions et qui peuvent servir de guide dans la distinction des terrains. L'on observe, en effet, entre plusieurs des minéraux constituants, des affinités et des antipathies qui tantôt paraissent inhérentes à la nature même des minéraux, et tantôt paraissent résulter de l'état particulier du globe à certaines époques.

Ainsi le quartz, qui dans les granites se montre associé au feldspath, quelquefois en quantité presque égale, n'existe plus dans les porphyres que sous forme de petits cristaux bipyramidés. Il y est en bien moindre proportion, et même les porphyres feldspathiques proprement dits n'en contiennent pas. Dans les trachytes le quartz est extrêmement rare : il est en grains à peine visibles, ou bien en noyaux amorphes ou cristallins peu répandus; sa présence n'est qu'accidentelle : il peut être regardé comme nul dans les laves feldspathiques modernes. Si l'on observe actuellement que les granites, les porphyres, les trachytes et les laves modernes suivent précisément cet ordre dans la série géognostique, on ne pourra s'empêcher de regarder ces deux faits, 1.° l'ordre d'apparition des roches feldspathiques et 2.° les caractères qui résultent de l'abondance, de la diminution et de la disparition du quartz; comme en connexion intime : de telle sorte que les circonstances qui favorisaient la présence du quartz, tendaient continuellement à s'effacer; et comme d'ailleurs ce phénomène est général, qu'il existe dans toutes les contrées explorées, ces circonstances résultaient nécessairement de l'état général du globe à ces diverses époques.

Le pyroxène et l'amphibole, soit isolés, soit dans leurs associations avec le feldspath, ne se montrent ensemble que dans des cas tout-à-fait exceptionnels. Ainsi, l'amphibole est seulement accidentel dans le terrain basaltique, et lorsqu'il s'y présente, ce n'est la plupart du temps que dans des scories qui déjà ne peuvent plus être considérées comme des pyroxènes. Dans les basaltes proprement dits, composés de cristaux microscopiques, de feldspath et de pyroxène, la présence de l'amphibole est bien rare, et les gisements qu'on en a cités sont en partie contestables. (1)

---

(1) Dans la France centrale j'ai moi-même constaté des gisements d'amphibole tout-à-fait conformes à ces principes. Ainsi l'amphibole de Croustet près le Puy, de Bar près Allègre, de Charade près Clermont, de Corent près Vayres, se trouve principalement dans les scories. Le basalte de Croustet en contient cependant quelquefois de petits cristaux; mais celui du Plomb-du-Cantal est peut-être contestable. J'y suis monté quatre fois, et je n'ai jamais trouvé que de petites masses cristallines, dont les clivages étaient fort douteux.

De même le pyroxène est fort rare dans les roches amphiboliques, et l'on en peut conclure qu'il y a répulsion entre ces deux principes pourtant si peu différents l'un de l'autre. Cette répulsion est d'ailleurs un fait qui milite puissamment en faveur de l'opinion qui identifie ces deux substances (voyez la *Description des roches*). En effet, si, comme il y a tout lieu de le croire, une roche n'a cristallisé en pyroxène ou en amphibole que par suite de circonstances différentes qui ont influé sur elle, il sera tout naturel de ne point trouver les deux principes associés ensemble; les circonstances qui ont agi sur toute la masse ayant exclusivement déterminé la formation de l'un ou de l'autre. Comme dans nos fourneaux certaines scories cristallisent souvent en pyroxène, on a pensé à attribuer sa formation de préférence au refroidissement brusque; mais dans la nature, les circonstances de température et de pression durent y être aussi pour beaucoup (1). Quoi qu'il en soit, la loi de répulsion existe; elle se prolonge même hors des roches pyroxéniques et amphiboli-

---

(1) M. Henri Rose insiste sur l'idée que le pyroxène se forme par un refroidissement brusque, et l'amphibole par un refroidissement lent; il s'appuie : 1.° sur ce qu'en fondant l'amphibole dans un creuset de platine ou dans un creuset brasqué, on obtient des cristaux qui ont la forme du pyroxène; 2.° en fondant les éléments de l'amphibole et du pyroxène, on n'obtient que du pyroxène; 3.° dans certaines scories cristallisées et dans d'autres produits métallurgiques, on trouve des cristaux de pyroxène et jamais d'amphibole; 4.° l'amphibole se

ques. Ainsi, dans les trachytes on trouve quelquefois des cristaux de pyroxène, très-souvent des cristaux d'amphibole; mais dans aucune circonstance je n'ai vu un même trachyte contenir à la fois des cristaux de l'une et de l'autre substance.

Le péridot présente aussi des circonstances d'association très-remarquables : il se montre dans le terrain basaltique en noyaux de grosseur variable, et surtout en grains cristallins disséminés, visibles ou microscopiques, qui souvent sont en telle abondance, qu'ils doivent être considérés comme principe constituant. Dans les trachytes, dont les éruptions ont précédé celles des basaltes, le péridot est, au contraire, extrêmement rare, et sa présence est tellement exceptionnelle, qu'elle n'est due probablement qu'à des circonstances tout-à-fait particulières, qui seront développées dans la description des terrains volcaniques. Ces circonstances consistent en ce que le péridot contenu dans plusieurs masses trachytiques, paraît y avoir été produit par le contact de basaltes. De plus, les basaltes les plus pérido-

---

présente communément avec le quartz, le feldspath, minéraux qui ne se forment que par le refroidissement lent de la matière fondue. Le pyroxène, au contraire, est plus souvent accompagné de péridot, qui paraît le résultat d'un refroidissement brusque; 5.° les différentes parties des roches où l'amphibole et le pyroxène sont associés, présentent des différences de composition et par suite de fusibilité : la partie la moins fusible est du pyroxène; la plus fusible est de l'amphibole, et celle-ci s'est formée autour de la première.

tiques perdent leur péridot lorsqu'ils se sont mélangés d'une quantité assez forte de roche feldspathique (granite, porphyre ou trachyte) (1). Dans les laves modernes le péridot est d'autant plus rare que la roche est plus feldspathique. Cette concordance de faits démontre donc une véritable répulsion du feldspath et du péridot; répulsion qui ne peut être attribuée à la même cause que celle du pyroxène et de l'amphibole, et qui guide parfaitement dans l'étude des terrains volcaniques.

L'association si fréquente des roches serpentineuses et du fer oxidulé; l'abondance du mica dans les granites, tandis que les syénites en contiennent beaucoup moins, et que les pétrosilex, les trachytes en contiennent si peu; l'exclusion du feldspath par l'amphigène dans certaines laves modernes, sont encore des exemples de ces sympathies et de ces antipathies de minéraux. En rapprochant ces lois d'association (que des études ultérieures ne manqueront pas d'établir d'une manière plus positive et plus complète) des lois de

(1) J'ai démontré ces faits, qui confirment le principe de répulsion du feldspath et du péridot, par un grand nombre d'exemples, détaillés dans ma Description des terrains volcaniques de la France. Je ne doute pas que ces exemples ne se reproduisent dans les autres contrées basaltiques. En effet, les basaltes les plus feldspathiques du Velay, qui sont les basaltes les plus anciens de France, et, par conséquent, les plus rapprochés des trachytes sous le rapport de la composition, contiennent très-peu de péridot. C'est à la même cause que j'attribue l'extrême rareté du péridot dans les basaltes de l'Irlande, et dans certains basaltes de la Saxe.

combinaison indiquées par la chimie, on s'explique comment le nombre des minéraux se trouve si restreint relativement à celui des combinaisons que l'on peut effectuer par la pensée; et comment le nombre des roches ou associations de minéraux est si peu considérable relativement à celles dont on pourrait aussi supposer l'existence.

Mais l'on voit, d'après les relations du pyroxène et de l'amphibole, du feldspath et du quartz; que non-seulement cela tient aux lois d'association minéralogique, mais encore à l'état du globe pendant les diverses périodes géognostiques. En effet, ces relations se reproduisent pour d'autres substances, le soufre, par exemple, qui est très-abondant dans certains volcans actuels, et dont on ne peut supposer l'existence dans les émissions anciennes qu'indirectement et par la liaison de certaines roches ignées (ophite des Pyrénées), de certaines perturbations (département de la Meurthe), avec la production de sulfate de chaux en veines, en bancs ou en masses. Si l'on rapproche ces faits de quelques autres qui seront développés à la fin de cet ouvrage, et d'où il résulte que certaines substances, telles que le platine, l'or, ne sont arrivées à la surface du sol que dans des émissions assez récentes; on peut conclure que l'état général du globe a été successivement tel que non-seulement certaines roches, certains terrains, n'existaient pas et n'ont été amenés ou formés que successivement et dans des périodes distinctes; mais qu'il pouvait s'opposer en outre à la formation de certaines substances, de certaines combinaisons; et qu'à des époques diverses, les mêmes substances ne pouvaient exister que sous des formes différentes, prescrites par les circonstances géogéniques dans lesquelles se trouvait le globe.

Formes des roches ignées.

L'on a été conduit à reconnaître une série de roches ignées, d'abord parce qu'on avait sous les yeux des effets de la force qui les a amenées à la surface du globe, et que l'on a pensé que ces phénomènes ne pouvaient être nés d'hier, et qu'ils n'étaient que le dernier terme d'une grande série de faits qui avaient existé depuis la naissance du globe. Mais comme l'on avait d'abord admis que toutes les roches cristallines actuellement considérées comme ignées avaient été déposées par les eaux, on fut moins guidé par les analogies de composition de ces roches et les passages minéralogiques qui les lient les unes aux autres, que par les formes sous lesquelles elles se présentaient.

On découvrit d'abord dans presque toutes les contrées où il y avait des volcans brûlants, et même dans d'autres où l'on n'en avait jamais signalé, telles que l'Auvergne, les bords du Rhin, etc., qu'il existait des bouches volcaniques, semblables à celles que l'on voyait en activité, et dont les laves et les cônes à cratères étaient en parfaite conservation. L'on s'aperçut ensuite que ces formes de cônes à cratères, de coulées de laves, se reproduisaient dans les terrains basaltiques, jusqu'alors classés dans les terrains de trapp, où l'on plaçait toutes les roches dont la composition était incertaine, et dont les positions variables embarrassaient la classification. Des basaltes on fut bientôt conduit aux trachytes; et ce pas une fois fait, l'origine des diorites, des porphyres et des roches granitoïdes fut bientôt appréciée, d'autant mieux qu'on s'aperçut que l'apparition de ces roches se liait presque toujours à des perturbations, à des bouleversements dans la stratification des roches sédimentaires. Ces données établies, la science fit de rapides progrès, et fut bientôt délivrée des entraves qui l'arrêtaient. L'on vit les roches ignées s'intercaler entre les couches sédimentaires, y produire les alternances les plus hétérogènes; l'on comprit les modifications minéralogiques qui s'étaient produites au contact des unes et des autres, modifications qui peuvent se propager à des distances considérables et changer totalement l'aspect d'un terrain.

La forme générale des roches ignées, sous le rapport de l'ensemble, est massive. Les lignes de stratification y sont rares, peu régulières, et ne se prolongent pas à de grandes distances : ces roches constituent souvent seules des agglomérations de montagnes en forme de groupes ou de chaînes; mais plus souvent encore elles se montrent dans les contrées montagneuses, soit que leurs masses en surmontent la crête, soit qu'elles apparaissent au pied et comme sur la ligne de fracture du soulèvement. Tantôt ces masses sont agglomérées, entassées; tantôt elles sont au contraire disséminées; mais presque toujours suivant des lignes qui se lient par leur distribution aux grands accidents du sol.

Les détails de la forme des masses dépendent en grande partie de leur position. Lorsqu'elles sont au jour, et qu'elles peuvent être considérées isolément, les formes arrondies en dômes, élancées en pics dentelés, dépendront tout-à-fait de la nature de la roche : elles se présentent aussi sous des formes plates et affaissées, même sous celle de coulée plus ou moins morcelée, et couronnant des montagnes d'une autre composition.

Lorsque les masses sont engagées dans les terrains préexistants; elles constituent des filons de puissance variable, depuis quelques décimètres jusqu'à plusieurs centaines de mètres, et dont les affleurements, tantôt difficiles à suivre, se prolongent d'autres fois jusqu'à plusieurs lieues : elles constituent en outre des masses intercalées dans le sens de la stratification, qui tantôt sont régulières et présentent tout-à-fait l'aspect d'une couche sédimentaire; mais dont les inégalités indiquent d'autres fois l'origine. Certains filons, qui coupent la stratification des couches, jettent des ramifications à droite et à gauche entre les diverses couches sédimentaires.

Que ces roches ignées soient à la surface du sol ou intercalées dans d'autres terrains, leur forme peut faire juger l'état de fluidité dans lequel elles sont arrivées. Ainsi des masses qui se sont amoncelées en dômes autour de leur orifice d'éruption, telles que le Chimborazo et le Puy-de-Dôme, ne pouvaient être que dans un état extrêmement pâteux; tandis que celles qui se sont épanchées en nappes étendues, telles que les trachytes des monts Dores, une partie des trapps et des basaltes, devaient au contraire être très-fluides. Il est difficile de juger cette question pour les roches d'une émission très-ancienne, et dont les formes ont subi des altérations considérables; mais alors la forme même des masses intercalées dans les terrains antérieurs, peut servir de guide. Les roches très-fluides ont été injectées dans les moindres fissures du sol préexistant; elles peuvent constituer des filons de quelques décimètres qui se prolongent assez loin; au contraire, celles qui n'étaient qu'à l'état pâteux n'ont pu pénétrer dans des fissures si étroites. Elles sont plus massives, et vers leur point de contact avec la roche encaissante, on voit presque toujours des salbandes formées de détritus arrachés par leur frottement, lorsqu'elles obéissaient à la force d'ascension qui les poussait à la surface du sol. Par cette raison on jugera que les roches qui se sont intercalées dans le sens de la stratification et forment des couches très-régulières, presque horizontales, durent être fluides.

Du reste, en rassemblant toutes les données que l'on peut avoir sur la fluidité première des diverses espèces de roches, on voit que la même roche a pu être, sous ce rapport, à des états très-différents, sans cependant que son aspect ait beaucoup varié. Les trachytes sont arrivées généralement dans un état pâteux, mais il y en a dans les monts Dores et dans les monts Cantal qui sont en coulées fort étendues et doivent avoir été très-fluides. Les basaltes, qui se présentent si souvent en vastes nappes, en coulées, en filons déliés; forment aussi des masses arrondies, des dômes qui indiquent nécessairement une fluidité pâteuse. Ces exceptions sont nombreuses, mais les observations démontreront cependant que les diverses roches ont affecté le plus souvent une fluidité qui devait être à peu près la même dans les diverses contrées où elle se trouve.

Classification. Les terrains ignés sont beaucoup plus remarquables par leur épaisseur et leur forme massive, que par leur étendue superficielle; et leur position dans les contrées montagneuses les met beaucoup plus souvent en rapport avec les roches schisteuses anciennes, qu'avec le reste de la série sédimentaire. Il en résulte que non-seulement on ne trouve pas la plupart du temps des rapports de superposition entre eux, mais que l'on manque aussi très-souvent de faits pour établir leur âge relativement aux roches sédimentaires.

Si l'on considère un massif à la surface du sol; il sera toujours postérieur aux roches sur lesquelles il repose, à moins que la contrée ne soit tellement bouleversée, que l'on ne soit en droit de supposer un renversement complet de tout le système qui aurait interverti l'ordre de superposition. Mais de ce que l'on trouvera une roche superposée à certaines couches, on ne pourra pas conclure qu'elle ne leur est pas de beaucoup postérieure. C'est ainsi que les basaltes, si souvent superposés aux roches anciennes, sont cependant presque toujours postérieurs aux terrains tertiaires.

Si l'on considère une masse intercalée, on pourra la regarder comme postérieure aux terrains qu'elle traversera; mais de ce qu'un filon traversant un système de couches, s'arrêtera par exemple au milieu, on ne pourra pas conclure qu'il est antérieur à toutes celles qu'il ne traverse pas. De même toutes les roches ignées que l'on trouve intercalées dans un terrain, suivant le sens de la stratification, sont certainement postérieures à celles sur lesquelles elles reposent; mais elles peuvent l'être aussi à celles qui les recouvrent. Leur âge ne peut donc être affirmé que relativement aux couches inférieures.

En coordonnant tous les faits qui résultent de l'observation, on a reconnu que la série des roches ignées ne pouvait être répartie d'une manière fixe dans la série des roches sédimentaires; c'est-à-dire que l'isochronisme que l'on peut admettre dans celles-ci, n'existe pas dans les premières. Ainsi les trachytes, antérieurs aux terrains tertiaires dans presque toutes les contrées, leur sont postérieurs en France. Le granite, qui fait partie des terrains les plus anciens, a été trouvé postérieur à des calcaires coquilliers de transition, postérieur même au lias. L'âge relatif des deux séries ne peut donc être établi d'une manière fixe. On a bien des données moyennes: ainsi l'on peut dire que les basaltes sont sortis pendant la période tertiaire; mais ces rapports ne seront pas même assez constants pour pouvoir être généralisés. L'âge géognostique des terrains ignés doit être établi entre eux, abstraction faite des dépôts sédimentaires: et de cette manière l'on a pu en effet constater des lois plus positives et un ordre d'apparition. La séparation des deux séries de terrains devra subsister tant que des relations plus positives n'auront pas été reconnues entre elles; et cette marche est la plus rationnelle, car il sera beaucoup plus facile, après avoir constaté l'ordre géognostique et les caractères des terrains de chaque série, d'apercevoir les rapports qui peuvent les réunir.

La classification géognostique des roches ignées s'établit d'abord d'après toutes les superpositions observées; mais l'on trouve en outre des indices très-concluants dans la position de leurs masses relativement aux vallées actuelles; dans la conservation plus ou moins parfaite de leurs formes; dans la présence ou l'absence de leurs débris dans les roches d'agrégation environnantes, et quelques autres moyens d'appréciation, qui varient suivant les contrées. En comparant l'âge relatif, ainsi observé dans les parties du globe les plus éloignées, on a reconnu que les différentes espèces de roches s'étaient suivies dans un ordre constant; l'apparition de chaque espèce constituant une période minéralogique.

Ces périodes minéralogiques, dans l'état actuel de la science, sont encore peu nombreuses, parce que nous manquons de données pour classer d'une manière sûre les roches ignées anciennes; et que l'on ne peut établir, par exemple, entre les porphyres et les diorites une ligne de démarcation aussi nette que celle qui existe entre les trachytes et les basaltes. Il est cependant probable qu'il y a la même séparation; et les anomalies qui s'opposent à ce qu'elle puisse être établie, doivent être les mêmes que celles qui semblent s'opposer à la distinction des trachytes et des basaltes en deux périodes minéralogiques. Ainsi l'on voit en certaines contrées des alternances de trachytes et de basaltes (Palma); mais ces alternances ne représentent que la liaison qui doit nécessairement exister entre deux périodes consécutives: elles pourraient être beaucoup plus nombreuses, sans cependant porter atteinte à la séparation géognostique de ces deux roches. Les progrès de la science ne manqueront pas d'éclaircir ce fait; voici, quant à présent, la classification que l'on peut établir. (1)

TABLEAU de la série des terrains ignés.

TERRAIN VOLCANIQUE.	Laves modernes, feldspathiques, pyroxéniques, amphigéniques. Basaltes, Vackes. Phonolites. Trachytes.

(1) Je ne donne pas le nom de formation aux termes qui subdivisent chaque terrain, parce que les différentes périodes minéralogiques que représentent ces termes ne sont pas encore établies d'une manière assez certaine, surtout dans les terrains porphyrique et granitique.

TERRAIN PORPHYRIQUE.	Serpentines, euphotides, ophites, variolites. Mélaphyres, spillites. Diorites, trapps. (1) Porphyres quartzifères, porphyres feldspathiques.
TERRAIN GRANITIQUE.	Granites, syénites, protogines. Granites.

Les rapports qui existent entre la série des terrains sédimentaires et la série des terrains ignés, peuvent être : 1.° des rapports de position géographique ; 2.° des rapports minéralogiques; 3.° des rapports géognostiques. Rapports généraux des deux séries.

Quant à ceux qui sont relatifs à leur position géographique, les roches de ces deux séries se trouvent souvent mélangées et en contact, de sorte que la description d'une contrée de quelque étendue comprendra presque toujours des terrains dépendants de l'une et de l'autre : néanmoins il est des cas où l'on pourra parcourir des surfaces sédimentaires de cent, deux cents lieues carrées et plus, sans voir ces dépôts interrompus par des roches non stratifiées. Ces surfaces sont surtout celles des pays de plaines qui sont formées par des dépôts sédimentaires assez récents. Toutes les fois, en effet, que ces dépôts ont conservé leur Rapports de position géographique.

(1) Les diorites et trapps, les mélaphyres et spillites, sont deux subdivisions probablement équivalentes, d'après les rapprochements établis entre l'amphibole et le pyroxène.

situation horizontale, ou bien ont été simplement exhaussés en masse et sans que cette horizontalité ait été bien sensiblement dérangée, il y aura peu de probabilité de roches ignées.

C'est ainsi que le bassin tertiaire de Paris et de Londres; que les vastes plaines de l'Europe orientale, désignées sous le nom de steppes; que les surfaces unies des déserts sablonneux de l'Afrique, des savannes des Amériques, présentent presque toujours une composition uniquement sédimentaire, et nous retracent le fond des mers jadis existantes, dans une position qui n'a pu subir que des dérangements peu considérables. Mais lorsque les dépôts sédimentaires, en conservant plus ou moins leur position généralement horizontale, auront été fortement accidentés, de manière à donner naissance à des montagnes à plateaux, telles que le Jura, les plateaux qui forment la première ceinture des Vosges; il y aura déjà chance de trouver des roches ignées, surtout dans ces profondes vallées qui représentent les fractures principales. C'est ainsi que, parmi les grès dont les relèvements forment les premières saillies des Vosges, on trouve des roches amphiboliques au fond de la vallée de Raon-l'Étape. Lorsque les couches auront été tout-à-fait bouleversées, alors il y aura presque toujours certitude de roches ignées. Les amphiboles, les ophites des Pyrénées; les mélaphyres et les serpentines des Alpes; les trapps de l'Écosse, sont des exemples de ces associations des roches ignées avec les roches sédimentaires disloquées.

Les roches ignées les plus anciennes, telles que les granites, les syénites, les porphyres, etc., ayant paru presque entièrement avant la masse principale des terrains sédimentaires, ne se montrent à plus forte raison que dans les contrées montagneuses et tourmentées, où les terrains anciens et schisteux, auxquels elles sont ordinairement associées, se trouvent à découvert : soit que ces terrains aient été soulevés à travers les roches sédimentaires postérieures, soit qu'ils aient fait partie des reliefs les plus anciens du sol et maintenus au-dessus du niveau des eaux pendant toute la série des époques géognostiques. Quant aux terrains volcaniques, les lois toutes particulières qui ont présidé à leur distribution, seront mentionnées après leur description.

Dans les chaînes de montagnes.

La composition d'une chaîne de montagnes sera d'après cela plus variée que celle de toute autre portion du globe. Dans le cas le plus ordinaire, c'est-à-dire lorsque cette chaîne aura été soulevée à travers une série plus ou moins compliquée de terrains sédimentaires superposés, l'axe central, qui est la ligne suivant laquelle sont disposés les points culminants, et par conséquent la ligne de partage des eaux, sera composé des terrains les plus anciens de toute la chaîne. En effet, si le soulèvement a été considérable, les dépôts sédimentaires, n'ayant pas l'élasticité qu'il fallait pour se prêter à cette extension, auront été rompus, et les terrains inférieurs qui leur servaient de support seront sortis à travers cette fracture et constitueront les masses les plus saillantes. Il en résulte donc qu'à mesure qu'on s'élèvera sur la chaîne, les terrains sédimentaires relevés et appliqués sur ses flancs apparaîtront successivement; les couches les plus anciennes se dégageant de dessous les couches les plus récentes, et présentant leurs tranches escarpées à l'axe central. Cet axe, que l'on a aussi appelé axe minéralogique, se composera des terrains les plus anciens qui servaient de support au système disloqué : ce sont ordinairement les terrains de transition et les terrains primitifs qui apparaissent dans cette position et forment les points culminants. En redescendant sur l'autre versant de la chaîne, on retrouvera les terrains que l'on a vus en montant, dans une disposition analogue. Si postérieurement au soulèvement de la chaîne il s'est déposé de nouveaux terrains sédimentaires, ces nouveaux terrains (en admettant qu'ils n'aient pas été dérangés par des soulèvements qui auraient suivi celui de la chaîne) se présenteront en couches parfaitement horizontales, tandis que les couches antérieures seront inclinées et disloquées.

Il résulte de cette structure une disposition toute particulière dans les terrains de sédiment. En effet, les affleurements de ces terrains auront nécessairement lieu parallèlement à l'axe de la chaîne; on pourra donc dire que la *direction* générale des couches est parallèle à celle des chaînes, tandis que leur *inclinaison*, plus ou moins grande, suivant que le soulèvement aura été plus ou moins abrupte, sera dans le sens de ce soulèvement, c'est-à-dire à peu près parallèle à une ligne perpendiculaire à la direction de l'axe de la chaîne et appliquée sur ses pentes latérales. Ces lois ont été constatées dans les chaînes des Alpes, des Pyrénées, des Vosges, des Alleghanis, des Andes, du Caucase, etc.; les terrains sédimentaires forment de chaque côté des bandes parallèles à leur direction, et inclinées suivant leurs pentes. Elles seront exprimées avec d'autant plus d'évidence que le soulèvement aura été plus simple; c'est-à-dire lorsque la chaîne sera le résultat d'un même effort, qui n'aura pas été compliqué par des soulèvements postérieurs.

L'axe central des chaînes est ordinairement composé des roches anciennes primitives et de transition; roches sédimentaires et ignées. Les roches ignées qui figurent dans cette partie sont donc généralement bien antérieures au soulèvement, et elles constituaient avec les gneiss, les micaschistes, les schistes argileux, etc., le sol ancien sur lequel reposaient les couches sédimentaires, au travers desquelles il s'est ensuite effectué. Mais il peut y avoir en outre dans la chaîne d'autres roches ignées, qui se seront fait jour pendant le soulèvement, ou postérieurement, à la faveur des fractures qui ont été déterminées. Ces roches ignées seront le plus souvent vers les flancs de la chaîne et se montreront dans les vallées. Ainsi, les Alpes orientales et occidentales, dont les flancs sont composés de terrains sédimentaires, présentent des axes minéralogiques de gneiss, micaschistes, schistes argileux et talqueux, alternant avec des granites, des protogines, etc., qui composaient le sol sur lequel les terrains sédimentaires redressés avaient été déposés. Mais à distance de ces axes se trouvent des mélaphyres, des roches serpentineuses, dont l'apparition est évidemment liée aux phénomènes de soulèvement. Les Pyrénées présentent aussi des granites vers l'axe central; et sur leurs flancs des ophites, qui paraissent y tenir la même place que les mélaphyres et les serpentines dans les Alpes.

Ces relations générales présentent quelques exceptions qu'il est bon de mentionner. Ainsi le Hartz, qui n'est pas, il est vrai, une chaîne de montagnes, a pour point culminant le Brocken, masse granitique arrondie et saillante, autour de laquelle se relève un terrain schisteux de transition très-développé, qui l'enveloppe comme d'un manteau. Il est assez probable que dans ce cas la sortie de cette masse granitique est liée avec le soulèvement de la contrée environnante, qui forme une gibbosité, une île au-dessus des terrains sédimentaires de l'Allemagne septentrionale. Le soulèvement de la chaîne du Caucase, dont l'axe central est formé de porphyres, pourrait peut-être se rapprocher de celui du Hartz. Du reste, nous nous contenterons d'avoir énoncé les lois générales de structure et de composition des chaînes, sans anticiper davantage sur le chapitre spécial des soulèvements; mais ces premières considérations étaient nécessaires, car l'étude, même des terrains de sédiment, n'étant nulle part plus facile et plus instructive que dans les pays montagneux où des escarpemens ont été mis à nu, et où plusieurs terrains se trouvent rapprochés dans un espace circonscrit; nous serons à même d'y revenir souvent dans la description des terrains.

Rapports minéralogiques.

Il semble d'abord que des roches d'origine aussi différente que les roches ignées et sédimentaires, doivent toujours être très-dissemblables. Les premières furent en effet produites à une chaleur considérable, tandis qu'une température de 100° seulement est incompatible avec l'existence de l'eau, et par conséquent avec toute sédimentation. Aussi est-il probable que les deux classes de produits furent toujours très-distinctes en les prenant immédiatement après leur production; mais toutes les fois qu'une roche sédimentaire fut en contact des roches ignées, elle se trouva dans des conditions de température et de pression qui la modifièrent totalement. De là des altérations, des rapprochements entre les deux séries. En effet, la sédimentation n'ayant agi en grande partie qu'en modifiant des roches ignées, ainsi qu'on l'a dit plus haut, beaucoup de dépôts se composent de principes analogues à ces roches: lors donc que ces principes furent de nouveau soumis aux circonstances de température, de pression, dans lesquelles ils étaient venus à la surface, ils se modifièrent en faisant un pas plus ou moins prononcé vers leur nature première.

Un centre de perturbation et d'émission de roches ignées, sera donc souvent pour les roches sédimentaires un centre d'altérations qui iront toujours diminuant à mesure qu'elles s'éloigneront de ce point; mais qui se propageront d'autant plus loin, que l'action aura été plus vive et plus prolongée, et la roche plus impressionnable. Ces altérations se feront en outre par degrés insensibles, la roche se modifiant peu à peu dans son aspect et sa composition, et M. Élie de Beaumont a parfaitement exprimé ce passage graduel des roches à un état souvent tout-à-fait différent de leur état primitif, en le comparant à une poutre brûlée par un bout. On voit peu à peu le tissu ligneux se modifier, disparaître, et le bois passer au charbon, qui présente une apparence et une composition tout-à-fait différentes.

Ces réactions sont assez faciles à concevoir, lorsque les principes constituants restent les mêmes; ainsi des grès ont été changés en quartz compacte (quartzrock), des calcaires en marbres, des grauwackes en gneiss; mais celles où de nouveaux principes ont été introduits dans ces roches préexistantes, le sont beaucoup moins. Ainsi des calcaires ont été changés en dolomie, d'autres se sont pénétrés, vers le point de contact, d'amphibole, de pyroxène, de grenats, spinelles, etc. Ces altérations, qui ne se bornent plus à des modifications de texture, se propagent de même à des distances considérables. L'apparence d'un terrain peut avoir été ainsi totalement changée; par exemple, les marnes du lias ont été identifiées dans les Alpes aux terrains schisteux anciens; d'autres fois des micaschistes, des grauwackes, ont pris l'apparence de roches tout-à-fait cristallines; et ces modifications ne se prolongeant pas aussi loin dans toutes les couches, on arrive à des alternances de roches cristallines et de roches d'apparence sédimentaire. A plusieurs lieues d'un centre de soulèvement et d'émission les roches ne sont souvent plus reconnaissables, et si l'on ne suivait les couches et leurs modifications d'une manière continue, on ne pourrait croire à une influence aussi énergique, d'autant mieux que l'on pourrait citer beaucoup d'exemples où le contact de certaines roches ignées n'a nullement modifié les roches sédimentaires. Néanmoins la certitude que l'on a acquise sur ces points par des observations multipliées, a éclairci une foule de faits qui étaient restés jusqu'alors inexpliqués. Telles sont les alternances stratifiées de roches sédimentaires et de roches d'apparence ignée; la présence de fossiles dans des roches cristallines, et de fossiles récents dans des schistes qui semblaient anciens.

On conçoit d'après cela que les chances d'altération seront d'autant plus nombreuses que les roches seront plus anciennes, et cela explique la liaison apparente qui existe entre les roches ignées anciennes, granites, syénites, porphyres, diorites, etc., et les terrains schisteux qui furent les premiers terrains sédimentaires.

Ces réactions ne se bornèrent pas à des modifications de roches; les gisements métallifères, les matières qui remplissent un grand nombre de filons, de cavités, dérivent généralement de ces émanations de l'intérieur à l'extérieur. Cette partie de la géologie sera développée avec tous les détails qu'elle exige; nous nous bornons ici à l'énoncé du fait pour nous justifier dans la description des terrains qui va suivre, de faire toujours abstraction des matières intercalées après coup et qui sont en réalité indépendantes des terrains où elles se trouvent. Ainsi les substances disséminées, stratifiées de telle sorte que leur présence dans une masse sédimentaire soit un fait général, qui puisse être regardé comme contemporain, seront les seules mentionnées dans la description de ces terrains; les substances intercalées à une époque postérieure seront renvoyées, soit à la description des terrains ignés, à l'apparition desquels elles se rattachent; soit au chapitre spécial qui traite des gisements métallifères.

Quant aux rapports géognostiques des deux séries, nous avons fait sentir la différence qu'il y avait dans les terrains sédimentaires, qui sont des horizons géognostiques fixes, dont l'isochronisme est très-probable; et les terrains ignés, qui sont sortis à des époques très-différentes dans les diverses parties du globe. Nous chercherons, en décrivant ces derniers, à reconnaître les relations que l'on peut regarder comme générales et les moyennes géognostiques qui résultent de la distribution de chacun dans les terrains sédimentaires des diverses contrées.

TERRAINS PRIMITIFS.

Les terrains primitifs ne représentent pas une période géognostique dont nous puissions nettement déterminer les limites : ce sont *les terrains les plus inférieurs qui fournirent les matériaux des premiers dépôts de sédiment régulier et qui leur servent de base.* On ne peut donc les considérer ni comme des terrains sédimentaires, puisque cette définition les désigne comme antérieurs à toute sédimentation régulière, ou, ce qui revient au même, à toute distribution un peu stable des eaux; ni comme des terrains exclusivement ignés, puisque l'on reconnaît dans certaines roches qui en font partie, des traces non équivoques de l'action des eaux, et que d'ailleurs ils se lient par les passages les plus insensibles aux premiers dépôts sédimentaires. Mais d'après les idées précédemment émises, ils nous représenteront cette époque première qu'il faut nécessairement supposer, où il n'existait aucun équilibre établi, où les deux principes de production, igné ou sédimentaire, n'étaient assujettis à aucune loi, et donnaient pourtant naissance à de puissantes masses minérales par leur action simultanée ou alternative. (1)

Les terrains primitifs se composent donc à la fois de roches ignées, cristallines, et de roches déposées par les eaux ; mais comme ils sont en quelque sorte le point de départ et de réunion des deux principes générateurs de l'écorce du globe, il est souvent difficile de distinguer les roches qui se rapportent à chacun de ces principes. Néanmoins, les *granites*, les *weisstein* (leptynites), les *syénites*, les *protogines*, peuvent être considérés comme roches ignées; tandis que les *schistes argileux*, les *stéaschistes*, les *quartz* et les *calcaires* portent évidemment l'empreinte de l'action sédimentaire. Les *gneiss* et les *micaschistes*, roches semi-cristallines, composées des mêmes éléments que les granites, ou d'une partie de ces éléments, se lient aussi par des

(1) Si donc les terrains primitifs ne représentent pas une période bien limitée, ils en représentent cependant une pendant laquelle des terrains puissants furent produits. Ce ne sont pas, comme on pourrait le croire d'après la dénomination vicieuse de terrains primitifs, les roches qui composaient la croûte du globe avant que les eaux, maintenues à l'état de vapeur dans l'atmosphère par une température élevée, s'y fussent précipitées par l'effet d'un refroidissement graduel. Il est plus probable que la majeure partie de ces terrains se compose des premières roches ignées qui se dégagèrent de dessous cette croûte solidifiée, et des premiers résultats de l'action des eaux. Néanmoins cette croûte antérieure à la présence des eaux, est-elle en quelques points du globe exposée à nos yeux? Connaissons-nous une roche que l'on puisse regarder comme la première assise de l'édifice géognostique? On doit, dit M. de Humboldt, s'abstenir de prononcer sur cette question, et c'est ainsi qu'à travers de longues migrations des peuples, l'histoire ne reconnaît pas avec certitude quels ont été les premiers habitants d'une contrée.

passages multipliés aux schistes argileux et talqueux, et servent ainsi de transition entre les deux classes:

Granite, weisstein, syénite, protogine;
Gneiss, micaschiste;
Schiste argileux, stéaschiste, quartz, calcaire.

Cette composition n'est pas caractéristique. D'une part l'on trouve beaucoup d'épanchements de granite, syénite, etc...., contemporains des dépôts sédimentaires de transition, quelquefois même intercalés dans des formations encore plus récentes; et d'un autre côté, toutes les roches d'apparence sédimentaire se reproduisent également dans les dépôts de transition. Un terrain ne pourra donc pas être déclaré primitif seulement d'après sa composition, bien que cependant certaines considérations qui s'y rattachent puissent fournir de grandes probabilités à cet égard.

Les caractères qui servent de guides dans cette détermination, résultent de l'*absence de débris organiques*, et de tout *dépôt de transport* qui puisse indiquer une action régulière et prolongée de la part des eaux. Ces caractères ont même été employés pour définir les terrains primitifs, car ils sont liés immédiatement à cette absence de tout équilibre, de toute situation stable. Un tel état de choses devait être en effet incompatible avec tout développement organique, avec la formation de roches d'agrégation qui indiquent nécessairement des eaux courantes dans une même direction, pendant un temps plus ou moins long. Observons néanmoins que ces caractères sont tout-à-fait négatifs; et que, par conséquent, un grand nombre des masses considérées encore comme primitives, peuvent d'un moment à l'autre, par suite de recherches ultérieures, être transportées dans la classe des terrains sédimentaires de transition. La découverte de quelques débris organiques, de quelques couches de poudingues ou de brèches intercalées dans le sens de la stratification générale, suffirait pour autoriser cette translation.

Les terrains primitifs sont stratifiés d'autant plus distinctement qu'ils sont moins cristallins. Ainsi les granites, les syénites, ne le sont réellement point; tandis que les gneiss, les micaschistes le sont déjà sensiblement, et que les schistes argileux, qui font encore partie de cette classe de terrains, présentent de nombreuses lignes de stratification nettes et distinctes.

Les strates sont d'ailleurs presque toujours bouleversés. Tantôt on les trouve simplement inclinés ou verticaux, tantôt ils se présentent plissés, contournés en *S*, comme le serait une couche souple ou dont on rapprocherait les limites extrêmes et que l'on forcerait à être contenue dans un espace moins étendu. Et en effet, les terrains primitifs ne sont à découvert qu'en vertu des soulèvements qu'ils ont éprouvés, soit qu'ils aient été élevés, comme il a été dit dans le chapitre précédent, à travers les dépôts sédimentaires qui les recouvraient; soit qu'ils fassent partie des saillies les plus anciennes qui se sont toujours maintenues au-dessus du niveau des eaux.

Les roches généralement dominantes, sont le granite, le gneiss, le micaschiste et le schiste argileux. Ces roches alternent ensemble; mais bien qu'elles puissent alterner un nombre indéfini de fois, il surnage des nombreuses observations faites dans toutes les contrées primitives; qu'il y en a presque toujours une qui est beaucoup plus développée que les autres, et qui peut être considérée comme la roche dominante et caractéristique du terrain; que de plus les diverses parties de ce terrain sont d'autant plus anciennes que la roche dominante est 1.° le *granite*, 2.° le *gneiss*, 3.° le *micaschiste*, 4.° le *schiste argileux*. On peut donc regarder le développement principal de chacune de ces roches comme quatre termes ou formations, qui subdivisent la série des terrains primitifs.

Il résulte de cette loi, eu égard aux caractères minéralogiques des roches; qu'un terrain primitif est d'autant plus ancien qu'il est plus cristallin et moins stratifié. On trouve bien, il est vrai, dans certaines contrées primitives, d'autres roches cristallines que celles désignées ci-dessus comme primitives, surtout des diorites; mais l'indifférence qu'elles manifestent dans leur position géognostique, le peu de rapports qu'il y a entre leur composition et celle des masses environnantes, enfin le développement beaucoup plus considérable qu'elles atteignent dans leurs associations avec les terrains plus récents, portent à les regarder comme d'un âge postérieur aux terrains primitifs où elles ont été intercalées. Du reste, sauf les principes énoncés ci-dessus, il y a peu de lois géognostiques dans les terrains primitifs. Leur étude est donc principalement celle de leurs caractères de composition : ils présentent un intérêt puissant, non-seulement sous ce rapport, mais sous celui de leur configuration, de leur position, parce qu'ils sont intimement liés avec toutes les révolutions du globe, et que sous ce point de vue leur présence est déjà un fait géognostique. Du reste, leur composition est tellement liée avec leur âge plus ou moins reculé, qu'après avoir successivement exposé les variations minéralogiques des roches constituantes, leurs caractères dans les diverses positions où elles se montrent, etc....., il ne nous restera plus que peu de chose à dire pour faire ressortir les lois de développement et d'association auxquelles ces roches paraissent assujetties.

Les terrains primitifs sont très-répandus, et constituent des contrées d'une étendue considérable, qui sont, avons-nous dit, les parties élevées et montueuses de la surface du globe.

Ils forment, en général, au moins l'axe minéralogique des grandes chaînes de montagnes. Ainsi les Alpes orientales, depuis le Saint-Gothard jusqu'aux plaines de la Hongrie, présentent une ligne centrale de terrains primitifs, de chaque côté de laquelle sont appuyées deux bandes de terrains de transition, auxquels succèdent les terrains sédimentaires plus récents. L'axe primitif des Alpes occidentales, dont le Mont-Blanc fait partie, est beaucoup moins prononcé, bien qu'il s'élève à une hauteur plus grande : les chaînes de l'Erzgebirge, en Saxe; du Riesengebirge, en Silésie; celle des monts Ourals, en Russie; celle de la Norwége, qui traverse le massif de la Scandinavie; celle des Grampians, en Écosse; les Pyrénées; les Alleghanis, dans les États-Unis; enfin l'immense chaîne des Andes, sont celles où le terrain primitif a été le mieux étudié. Il y occupe une place plus ou moins importante, et même constitue entièrement une partie d'entre elles, du moins avec le terrain de transition.

Mais les chaînes de montagnes ne sont pas les seuls points où se montre le terrain primitif. Il constitue en outre des contrées tourmentées, des protubérances centrales, qui surgissent comme des îles au-dessus des terrains sédimentaires qui enveloppent leur base. Ces contrées n'affectent plus des formes longitudinales; ce sont plutôt de vastes plateaux, dont la surface montueuse est souvent accidentée dans plusieurs directions, de sorte qu'on peut y reconnaître différents systèmes de chaînes. Tels sont : le plateau de la France centrale, dont nous donnerons une description et qui peut servir de type à cet égard; le vaste massif de la Finlande et de la Scandinavie; celui de la Bretagne, qui se relie aux montagnes du Cornouailles, du pays de Galles et de l'Irlande méridionale; la pointe de la Galice et des Asturies au nord-ouest de l'Espagne; la Corse et une partie de la Sardaigne; la partie méridionale de la Grèce qui se lie, à partir des Balkans, avec le massif de l'Asie mineure, et l'Archipel grec qui représente les points saillans d'une contrée primitive sous-marine; une partie des États-Unis, du Brésil, du Pérou, etc.... Ces diverses contrées sont presque entièrement composées de terrains primitifs et de terrains de transition.

Les variations minéralogiques des granites sont très-multipliées; non pas que les caractères de ses principes constituants soient susceptibles de beaucoup varier; mais parce que leur mode d'association, la plus ou moins grande abondance de chacun, le grain plus Granite.

ou moins gros de la roche, et l'adjonction accidentelle d'un grand nombre de minéraux disséminés, peuvent amener des modifications nombreuses. Ces minéraux accidentels sont principalement : la tourmaline, le titane rutile, la pinite, l'oxide d'étain, le grenat, l'amphibole, la lépidolite, l'émeraude, l'épidote, le fer oxidulé, le molybdène sulfuré, le wolfram, le diallage, la stéatite, la topaze, l'aigue-marine, le corindon, le zircon, le graphite, etc.

La tourmaline est une des substances les plus répandues; elle se montre soit en gros cristaux bien formés, préférablement empâtés dans le quartz; soit en masses cristallines; soit en cristaux petits et même aciculaires, disséminés irrégulièrement ou groupés autour de centres communs.

L'amphibole est encore plus fréquent dans les granites; mais tandis que la tourmaline ne se trouve guère que dans les variétés où le quartz abonde, la présence de l'amphibole, au contraire, concorde presque toujours avec la prédominance presque exclusive du feldspath : il se trouve soit en nodules cristallins, soit en cristaux, soit en aiguilles disséminées, groupées, agglomérées; il prend volontiers la place du mica, et dès-lors la roche passe à la syénite d'une manière insensible.

Les substances talqueuses présentent absolument les mêmes circonstances d'association que l'amphibole, si ce n'est qu'elles ne sont pas cristallines; mais leur apparition concorde de même avec la diminution et même la suppression du quartz: elles se substituent au mica et apparaissent d'abord en particules verdâtres, à peine distinctes; puis leur proportion augmente et le granite passe à la protogine. M. de Buch a vu près du cap Nord le diallage se substituer ainsi au mica et éliminer le quartz, puis la roche passer à l'euphotide; mais cet exemple est peut-être le seul que l'on puisse citer, tandis que les passages à la syénite et à la protogine se font dans presque toutes les contrées granitiques étendues; et l'on peut se trouver ainsi conduit du granite à des développements considérables de l'une et l'autre roche. Les relations intimes qui réunissent ces trois roches granitoïdes, les ont fait long-temps regarder comme formant une même classe, que l'on désignait sous le nom générique de granite, *granite commun*, *granite talqueux*, *granite amphibolique*. On y comprenait aussi le gneiss ou *granite fissile*, et la pegmatite ou *granite graphique*.

Parmi les différentes variétés de granite proprement dit, le granite granitoïde à grains moyens est à beaucoup près le plus répandu. Celles dont le grain est tellement fin qu'elles passent au weisstein et même au pétrosilex, sont assez rares et ne constituent guère que des masses subordonnées; leur présence concorde d'ailleurs, comme l'indique la nature des roches auxquelles elles passent, avec la diminution graduelle et l'exclusion du quartz. Quant aux variétés à très-gros grains, dans lesquelles on a peine à se procurer un échantillon qui donne idée de la manière dont les principes constituants sont associés; elles sont également assez peu répandues et se montrent de préférence dans les granites quartzeux. Les granites porphyroïdes sont très-fréquents, mais ils atteignent assez rarement un développement considérable; les cristaux de feldspath ont en général depuis $0^m,01$ jusqu'à $0^m,04$ dans leur plus grand diamètre; on a cité cependant des exemples où ces dimensions sont beaucoup dépassées, telles sont certaines variétés de Saxe et des Pyrénées, où les cristaux ont jusqu'à un et deux décimètres. Les granites porphyroïdes sont toujours très-feldspathiques.

La disparition du mica, qui conduit au weisstein, lorsqu'elle a lieu dans les granites très-feldspathiques; est au moins aussi fréquente dans les granites très-quartzeux, qu'elle conduit à la pegmatite. Les pegmatites sont donc peut-être aussi fréquentes que les syénites, les protogines, etc., mais elles sont beaucoup moins susceptibles de se maintenir sur des étendues considérables; et par ce motif elles peuvent être regardées comme une simple variété des granites. Ce qui confirme cette opinion, c'est que dans les terrains postérieurs on ne les voit plus reparaître en filons, en masses intercalées, à l'instar des granites, syénites, protogines et weisstein.

Le kaolin peut être regardé comme une substance caractéristique des pegmatites; tous les gisements remarquables et exploités paraissent résulter de leur décomposition partielle.

En résumé, la présence de l'amphibole, des substances talqueuses, et les passages aux granites porphyroïdes, aux syénites, protogines et weisstein, concordent avec le développement des granites feldspathiques; la présence de la tourmaline et les passages aux pegmatites concordent avec celui des granites quartzeux, tandis que les granites qui se surchargent de mica, passent aux gneiss.

La structure des granites est d'autant plus massive qu'ils sont plus puissants et plus cristallins. Les fissures qui divisent les masses ne paraissent généralement assujetties à aucune loi de structure; quelquefois cependant ces fissures sont continues et affectent des directions parallèles, de sorte qu'il en résulte des apparences de stratification; que ces divisions soient d'ailleurs horizontales ou verticales. Il arrive même qu'un massif granitique étant enclavé dans d'autres roches sous forme d'une assise plus ou moins épaisse, et les fissures étant à la fois nombreuses et parallèles aux surfaces de superposition, l'on peut dire que la masse est réellement stratifiée. Cette disposition a lieu surtout dans les développements simultanés de granite, de gneiss et de micaschistes; mais elle doit être évidemment attribuée à une loi commune à toutes les roches cristallines, que l'on trouve aussi fréquemment fissurées parallèlement aux plans de section avec la roche encaissante. Dès-lors, bien que l'on puisse citer beaucoup d'exemples où cette structure est horizontale, lorsqu'on la trouve très-inclinée, ou même verticale, ce qui arrive aussi très-souvent, l'on ne peut nullement en conclure que ces assises ont été bouleversées et qu'elles étaient primitivement horizontales.

Cette structure massive des granites détermine en général les formes qu'ils présentent; mais l'adhérence plus ou moins grande des principes constituants, ou, en d'autres termes, la dureté plus ou moins considérable de la roche, et sa résistance à la décomposition, ontaussi une grande influence. Dans les contrées où le niveau du sol est peu variable, les granites constituent des montagnes arrondies, des croupes sinueuses et des plateaux plus ou moins découpés; les pentes sont d'autant plus douces, les formes d'autant plus arrondies, que la roche se décompose plus facilement, et dans ce cas les torrents charient un sable quartzeux et feldspathique que l'on voit aussi dans presque toutes les dépressions et dans lequel on reconnaît souvent des masses cristallines et des cristaux isolés de feldspath qui ont résisté à la décomposition. Mais lorsque la roche est dure et tenace, elle peut résister indéfiniment à la décomposition, et ses pentes sont beaucoup plus roides; si les assises sont verticales, on y voit saillir des masses anguleuses, aplaties, qui pointent et forment des aiguilles. Ainsi dans les chaînes de montagnes, le granite constitue souvent des masses d'une seule pièce, dont les formes élancées, et la position sur des bases étroites, donnent aux crêtes saillantes cet aspect découpé, hérissé de pointes aiguës, qui de loin reproduit quelquefois l'apparence de châteaux ruinés.

Lorsque la masse est divisée par plusieurs systèmes de fissures, il en résulte une structure pseudo-régulière, soit en fragments rhomboédriques, soit en prismes grossiers. Macculloch cite dans l'île d'Ailsa, en Écosse, une colonnade de prismes granitiques hexagones ou pentagones, qui ont deux mètres de diamètre et plus de trente de hauteur. Quelquefois la décomposition des granites fait découvrir une structure en boules. M. d'Aubuisson a observé en 1805, près de Belle-Isle-en-terre, sur la route de Rennes à Brest, des boules de granite d'un à deux mètres de diamètre, superposées à un terrain de granite presque entièrement décomposé en gravier.

Ces boules présentaient à l'intérieur un granite bleuâtre, dur, très-sain, et entouré vers la superficie de couches concentriques plus ou moins terreuses; elles étaient traversées par des filons quartzeux, qui se propageaient dans le granite décomposé, sur lequel elles reposaient. Il était donc bien évident que ces boules étaient en place et que la décomposition qui avait attaqué le sol environnant, n'ayant pu les détruire, les avait ainsi isolées. Cet exemple montre à la fois la structure sphéroïdale à couches concentriques que la décomposition a mise à découvert; et l'influence de cette décomposition qui avait isolé ces boules laissées comme témoins de ce qu'elle avait détruit et de ce qu'elle avait enlevé avec l'aide des eaux atmosphériques. L'inégale aptitude à la décomposition des diverses parties d'une même masse granitique, doit être en grande partie la cause des formes bizarres que présentent certains rochers isolés.

Le granite, dur, tenace, à grains moyens, peut résister indéfiniment à la décomposition. Certains obélisques égyptiens se présentent dans une conservation parfaite, après avoir supporté, pendant trois mille ans, l'action des agents atmosphériques. Cette propriété, jointe à celle de se laisser tailler assez facilement, et de présenter des masses considérables, continues et sans fissures, le placent à la tête des pierres de construction, si ce n'est pour l'économie, du moins pour la solidité et le grandiose. Les carrières des environs de Lyon ont fourni de très-beaux matériaux; mais que sont nos extractions auprès des travaux des Égyptiens, qui, par des procédés qui nous sont inconnus, arrachaient des entrailles de la terre leurs énormes monolithes.

Beaucoup de géologues ont regardé le granite comme la roche la plus inférieure de la série géognostique, et si la chose n'est pas prouvée, du moins est-il réel que dans les contrées où les quatre termes de la série primitive sont développés, le point principal du développement du granite est toujours celui que l'on peut regarder comme la base. On ne peut affirmer, il est vrai, qu'au-dessous des masses granitiques qui apparaissent dans les vallées les plus profondes, on ne retrouverait pas encore des alternances de gneiss et même de micaschistes; mais comme il faut supposer nécessairement un terme à ces alternances, il est assez naturel de penser qu'elles se terminent par un développement de ces roches qui tendent toujours à dominer dans la partie inférieure. Gisement.

Le granite, dit M. de Humboldt, est d'autant plus ancien qu'il est moins stratifié, qu'il est *plus riche en quartz* (1) et moins abondant en mica.

(1) Il est important de rapprocher ce fait avec ce qui a été dit précédemment dans l'introduction géologique sur la diminution gra-

La nature des substances accidentelles présente aussi quelquefois des relations avec l'âge relatif des granites. Ainsi la tourmaline, le titane rutile, dont la fréquence concorde d'ailleurs ordinairement avec l'abondance du quartz, caractérisent les granites les plus anciens; le wolfram, l'oxide d'étain, la pinite, sont déjà des indices d'un âge postérieur; tandis que le grenat, les substances talqueuses, etc., désignent presque toujours des granites encore plus récents. Du reste, en thèse générale, les granites où l'on trouve des substances accidentelles abondantes et variées, sont plus récents que ceux où les minéraux étrangers sont rares, et que l'on peut suivre sur des lieues entières sans trouver autre chose que du feldspath, du quartz et du mica.

Le granite le plus ancien des Cordillères est, d'après M. de Humboldt, un granite à petits grains et à feldspath blanc et blanc jaunâtre. L'absence de la structure porphyroïde, des rognons plus micacés que le reste de la masse où ils sont empâtés, et dont ils paraissent contemporains, se joint aux signes déjà désignés pour caractériser les granites anciens du Bas-Pérou et des côtes occidentales de

duelle du quartz dans les roches ignées, à mesure qu'elles étaient plus récentes. Cette loi générale de composition se reproduit donc dans les variations d'une seule roche; de même que la direction générale d'une chaîne se reproduit souvent dans les moindres détails de forme et de direction des masses qui la composent, considérées isolément.

l'Amérique équinoxiale. Du reste, outre les caractères généraux, sans doute sujets à des exceptions, mais qui résultent de toutes les observations faites dans les contrées granitiques de la France (plateau central, Pyrénées, Alpes), des îles britanniques (Cornouailles, Écosse), de l'Allemagne (Saxe, Erzgebirge), de la Scandinavie, des deux Amériques et de l'Égypte; on a pu établir des relations encore plus fixes entre les divers granites de chacune de ces contrées. Lorsqu'on se borne en effet à l'examen d'un pays circonscrit, la couleur du feldspath, le grain, la dureté, quelques substances disséminées, deviennent des indices précieux qui servent à classer entre eux géognostiquement les divers granites que l'on rencontre; tandis qu'en prenant la généralité des granites, ces règles particulières et locales ne sont plus applicables. Dans toutes ces contrées il est rare que le granite même le plus inférieur ne se montre pas associé avec le gneiss, au moins dans ce que l'on peut regarder comme sa partie supérieure. Certains granites, distinctement caractérisés, ne paraissent même que dans les parties où le gneiss s'est montré : c'est le cas du granite stannifère, caractérisé par des particules d'oxide d'étain disséminées dans la masse ou rassemblées en petits filons ramifiés. Ces granites sont généralement à gros grains, d'une désagrégation et d'une décomposition faciles;

tels sont les granites stannifères de la Haute-Vienne, de Pyriac, de Carlsbad, du Fichtelgebirge, etc.

Weisstein, syénites, protogines.

On trouve en Saxe (N. O. de l'Erzgebirge), en Suède, en Moravie, des montagnes entières de feldspath grenu (weisstein), parsemé de quelques paillettes de mica et contenant des grains de quartz, des grenats, des aiguilles d'amphibole. Ces weisstein sont généralement regardés comme une formation particulière contemporaine des terrains de granite, ou de granite et gneiss; le granite de Saxe et la syénite de Suède y passent par degrés insensibles. Ces roches ne constituent guère dans les autres contrées que des masses subordonnées ou même des filons très-minces; et tandis que souvent des passages très-ménagés conduisent à les regarder comme des variations accidentelles des granites, d'autres fois les lignes de démarcation nettes et tranchées qui les séparent, les font au contraire considérer comme postérieurs aux granites, auxquels ils sont associés.

La syénite est peut-être la roche qui prend le plus souvent la place du granite; mais dans les terrains réellement primitifs, elle ne se trouve guère qu'en masses subordonnées. M. Rosière a même observé que dans ces positions primitives, par exemple à Syène et vers les premières cataractes de la Haute-Égypte, le mica se conservait, et que la roche pouvait être regardée plutôt comme le passage aux granites que comme une véritable syénite. La même observation a été faite pour les syénites primitives des Andes du Pérou, des cataractes de l'Orénoque : ce sont plutôt des granites amphiboliques. La roche de Syène est en effet composée de feldspath rouge, en cristaux hémitropes, entremêlé de grains de feldspath blanc; de quartz en petits grains translucides, de mica noir et de grains d'amphibole noir. M. Rosière, pour la distinguer nettement des véritables syénites qu'il a reconnues de transition et qui se trouvent par exemple au mont Sinaï, avait proposé de changer ce nom de syénite en sinaïte. Néanmoins, comme l'usage de l'ancienne dénomination a prévalu, il est nécessaire de rappeler que le type de l'espèce n'est pas à Syène, mais au mont Sinaï, où le mica est remplacé par des cristaux d'amphibole, et le quartz cristallisé en dodécaèdres bipyramidés.

Le passage aux granites caractérise donc les syénites primitives, non pas que des syénites bien postérieures ne puissent le présenter également, mais parce que dans le premier cas il est en quelque sorte continuel. Ainsi celle de Syène passe à un granite grisâtre, lié aux gneiss et aux micaschistes de la contrée; celle qui fut donnée par Werner comme type, entre Dresde et Meissen, offre des relations analogues, de même que celles de la Saxe (vallée de Tharandt). Quoi qu'il en soit, les Andes de Popayan renferment des syénites composées de feldspath rougeâtre lamellaire, tenant peu de quartz, pas de mica et un peu d'amphibole, qui ne présentent pas une liaison bien intime avec les granites : leur développement considérable permettrait, selon M. de Humboldt, de les regarder comme constituant une formation indépendante.

Les protogines sont beaucoup moins fréquentes que les syénites, et encore bien plus contestables relativement à leur gisement dans les terrains primitifs. Leur principal développement est dans les Alpes, où elles forment la masse du Mont-Blanc et des montagnes environnantes jusqu'au Mont-Rose ; elles sont liées avec un grand développement de schistes talqueux, lesquels passent au micaschiste. La protogine granitoïde du Mont-Blanc est composée de feldspath blanc à gros grains, de quartz vitreux et de grains verdâtres de talc lamelleux, de talc compacte ou stéatite, ou de chlorite. Accidentellement elle se charge d'amphibole, et à Cormayeux elle n'est plus composée que de feldspath blanc et d'amphibole vert, formant ainsi une syénite ou plutôt une diorite à gros grains.

Le gneiss, composé des mêmes éléments que le granite, en diffère cependant d'une manière essentielle, par la proportion des principes constituants et par leur mode d'association. C'est une roche dont on ne peut nier la stratification, et qui se distingue à la fois du granite sous le rapport minéralogique et sous le rapport de la forme et du gisement; de telle sorte qu'il est certaines variétés où le mica, au lieu d'être disposé par plans continus, est irrégulièrement disséminé, où l'on trouve de gros cristaux de feldspath, et que par suite de ces caractères l'on pourrait regarder comme granites, en les prenant isolément, que l'on désignera sans hésiter comme gneiss, lorsqu'onverra la stratification droite ou ondulée de la masse qui se reproduit dans la direction des feuillets. Les substances accidentelles sont moins nombreuses et moins significatives dans le gneiss que dans le granite. Ce sont la tourmaline en cristaux ou masses cristallines isolées; l'amphibole, dont l'abondance et la disposition analogue à celle du mica, déterminent des passages à des schistes amphiboliques; le grenat, le fer oxidulé, l'épidote, la chlorite, les pyrites, quelquefois l'or. Le gneiss passe d'une part aux micaschistes, lorsque le mica est en très-grande quantité, et prend une disposition fissile; de l'autre, aux granites, lorsqu'au contraire le mica diminue et se dissémine. Le mica noir s'isole assez souvent en Gneiss.

noyaux pelotonnés, soit même en petites couches toujours parallèles à la stratification générale, et qui contiennent souvent des cristaux de tourmaline. Les fissures qui déterminent la structure du gneiss sont moins nettes que celles du granite : elles sont aussi plus nombreuses, et comme d'ailleurs la roche est toujours moins solide et résiste moins facilement à la décomposition, les montagnes de gneiss présentent rarement ces masses isolées et hardies qui caractérisent les crêtes granitiques; elles reproduisent au contraire les contours arrondis des granites faciles à décomposer.

En Europe le gneiss est traversé d'une quantité prodigieuse de filons métallifères, dont nous n'avons pas à parler ici, mais qui rendent ce terrain très-remarquable. Le gneiss des Amériques est bien moins métallifère, quoique beaucoup plus développé.

Dans toute l'Europe occidentale, le gneiss est en quelque sorte effacé, d'un côté par le développement des granites, de l'autre par celui des schistes micacés, talqueux et argileux. Dans le massif de la Scandinavie, c'est au contraire la roche dominante; il alterne avec le micaschiste, et ce n'est qu'en quelques points seulement que l'on peut supposer l'existence d'un granite intérieur et central. En Hongrie le granite et le gneiss se montrent ensemble et uniquement ensemble; le gneiss peut même être regardé comme plus développé. Il en est de même dans les Alleghanis et beaucoup d'autres contrées anciennes des Amériques. Le développement des gneiss dans le terrain primitif est presque toujours l'indice précurseur de la complication de ce terrain par l'apparition de schistes micacés et argileux, de calcaires, de diorites et de serpentines. Mais il est très-douteux que ces diorites et serpentines puissent être regardées comme contemporaines des terrains où elles se trouvent.

On a toujours beaucoup discuté pour savoir si l'on devait rapporter le gneiss à la classe des roches cristallines, ou si ce n'était qu'un schiste à placer en tête des roches sédimentaires. Chaque hypothèse aura plus ou moins de probabilité suivant les localités qui seront en discussion. Certaines parties des Alpes, de la France, etc., où l'on trouve des gneiss très-cristallins, et même l'on peut dire porphyroïdes, pourront les faire assimiler en partie aux granites; mais la plupart du temps leur stratification, leurs alternances avec des schistes éminemment stratifiés, avec des calcaires, militent beaucoup plus en faveur de l'opinion qui les classe à la tête des roches schisteuses. Remarquons en effet que les gneiss ne sont jamais plus cristallins que lorsqu'ils sont associés avec des granites ou des syénites; que le développement des diorites, des pétrosilex, semble aussi influer sur leur nature d'une manière analogue. Si donc nous rappelons ici que certaines roches, bien postérieures aux gneiss, telles que les grauwackes, revêtent cependant leurs caractères, et même sont tout-à-fait changées en gneiss vers leur contact avec les roches ignées; on sera porté à les regarder comme une première classe de schistes, que l'on pourrait appeler schistes feldspathiques, qui, le plus souvent, ont été modifiés par les granites, avec lesquels on les trouve si souvent développés, et par les roches ignées de toute espèce, qui se montrent aussi associées avec eux.

Un grand nombre d'observations se réunissent pour confirmer cette origine des gneiss. Ainsi M. de Buch a reconnu en Norwége des micaschistes et des gneiss, charbonneux, stratifiés au-dessus de grauwackes et de roches d'agrégation du terrain de transition. Toute la masse du Saint-Gothard est composée d'alternances indéfinies de gneiss et de micaschistes en couches très-inclinées. Vers le point culminant, ces couches alternent avec des granites, et l'on a même remarqué que l'axe minéralogique du Saint-Gothard était formé par une énorme masse cunéiforme de granite. Tout l'ensemble avait donc été regardé comme primitif jusqu'à ce que l'on eût observé au Botzenberg une assise calcaire, en partie anthraciteuse et fétide, qui contient des débris organiques. Cette assise plonge vers l'intérieur du Saint-Gothard. Au-dessus et au-dessous se trouvent les alternances de gneiss et micaschiste, de telle sorte que le tout peut être considéré comme une masse contemporaine; mais la présence de cette assise calcaire, avec débris organiques, la stratification générale avec le micaschiste, ne démontre-t-elle pas que les assises de gneiss ont été formées postérieurement à ce développement organique et par voie de sédimentation, et qu'elles n'ont été très-probablement amenées à l'état semi-cristallin qui caractérise les gneiss, que par des réactions postérieures. Cette manière de voir se trouve d'ailleurs tout-à-fait en harmonie avec la disposition des gneiss, relativement à certaines masses granitiques saillantes, qu'ils enveloppent comme d'un manteau, dont ils suivent les ondulations, les angles rentrants et saillants. Les assises, les fissures de stratification, et même ce qu'on peut appeler les lignes minéralogiques, déterminées par les variations de composition et de texture, suivent exactement les contours de ces protubérances granitiques; et d'ailleurs, beaucoup de raisons portant à regarder ces masses centrales et culminantes comme étant sorties postérieurement aux roches sédimentaires qu'elles ont soulevées, et qui se succèdent dans l'ordre géognostique à partir de la saillie granitique, on ne peut guère attribuer la disposition de toutes les lignes de structure et de composition du gneiss, qu'aux phénomènes de réaction ignée qui les ont amenées à cet état.

Micaschiste. La stratification et la structure schisteuse des micaschistes (*Glimmerschiefer*) ne sont pas, comme dans les gneiss, en opposition avec leur composition; et si les réactions auxquelles nous avons attribué en partie la nature des gneiss ont aussi modifié la nature première des micaschistes, du moins cette supposition n'est-elle pas indispensable. Quoi qu'il en soit, la stratification n'est pas encore très-distincte ni très-continue; c'est un fait dont l'existence est incontestable, mais qui ne peut servir de base à aucune appréciation d'ensemble et d'unité dans les faits géognostiques de la contrée; et quant à la composition, il est bon de faire remarquer que cette augmentation progressive du mica dans les gneiss et dans les micaschistes, dont un grand nombre peuvent être considérés comme en étant exclusivement formés, est tout-à-fait contraire aux lois de modification des roches préexistantes par l'action des eaux. Cette proportion toujours croissante de mica ne peut en effet provenir de la destruction graduelle des granites; car dans des circonstances où cette destruction graduelle a pu être suivie, par exemple dans la formation des arkoses, le mica tend au contraire à s'effacer. Ces considérations, jointes à celles que l'on pourrait tirer de plusieurs circonstances locales, par exemple des alternances de certaines roches d'agrégation avec des micaschistes, conduisent à penser que les phénomènes dont nous avons supposé l'influence dans la formation des gneiss ont aussi contribué puissamment à celle des micaschistes.

Les substances accidentelles des micaschistes sont d'abord des noyaux de quartz, qui peuvent être considérés comme accidentels, bien que le quartz soit principe constituant. Ces nœuds ou noyaux de formes arrondies, à cassure matte ou vitreuse, compacte ou cariée, sont placés entre les feuillets de micaschistes, qui se recourbent ordinairement autour d'eux, de manière à produire une structure entrelacée, amygdaline ou glanduleuse. Ce ne sont pas des cailloux roulés, car il y en a qui affectent des formes irrégulières tout-à-fait opposées à cette hypothèse. Les grenats, qui sont aussi très-fréquents, se présentent d'ailleurs assez souvent en reproduisant tout-à-fait les mêmes circonstances. Saussure, descendant du Simplon à Duomo-d'Ossola, marchait sur un chemin qui en semblait presque pavé, et où ils produisaient des saillies glanduleuses. M. de Humboldt observe que dans les Amériques les grenats sont beaucoup plus répandus dans les gneiss que dans les micaschistes. Le contraire a lieu en Europe. La tourmaline, les staurotides primitives et maclées, le disthène, les macles, sont encore des substances assez caractéristiques des micaschistes.

Les variations minéralogiques des micaschistes sont principalement déterminées par la disparition du quartz, qui est l'élément le moins apparent. La roche n'est plus dès-lors composée que de lamelles de mica, ordinairement de même nature dans un même massif, et qui sont souvent tellement entrelacées que la roche est homogène. Ces micas en roche contiennent fréquemment des minéraux accidentels. Les paillettes, se fondant les unes dans les autres, font passer la roche aux schistes argileux, tandis qu'en conservant son quartz et par l'addition du feldspath ou du talc, elle passe au gneiss et au schiste talqueux. Les micaschistes sont du reste généralement d'une décomposition encore plus facile que le gneiss; ils se changent en gravier, formé de mica décomposé en terre pourrie, mélangée de grains de quartz. Ces graviers s'éboulent et adoucissent toutes les pentes. Du reste, on trouvera partout beaucoup d'exceptions à ces caractères, et pour citer un exemple, certains micaschistes des environs de Saint-Étienne (dans la direction du Bois-Noir), en apparence exclusivement composés de mica gris, verdâtre, noirâtre ou rougeâtre, sont cependant si bien pénétrés de quartz, qu'ils présentent autant de résistance et de ténacité que les granites les plus durs. En descendant dans la vallée, on voit ce principe quartzeux s'isoler et former des veines blanches, puis des couches qui alternent avec les micaschistes.

Le terrain de micaschiste contient souvent des couches de quartz; assez rarement du quartz compacte, pseudo-régulier, mais plus volontiers de celui que l'on désigne sous les noms de *greisen* et d'hyalomicte; quartz divisé par le mica, plutôt granuleux que compacte. Ces quartz alternent en couches dont la puissance varie depuis les veines les plus déliées jusqu'à plusieurs centaines de mètres. Au sud de l'équateur, dans les montagnes du Brésil et dans la Cordillère des Andes, on en trouve des masses énormes, soit pur, soit mêlé de talc et de chlorite, jusqu'à passer au *talkschiefer* et au *chloritschiefer* des Allemands.

En Europe, le terrain de micaschiste est peut-être le plus répandu des terrains primitifs. Les masses les plus continues que l'on ait citées dans le nouveau continent, sont celles de la Cordillère du littoral de Venezuela; ils y dominent surtout vers l'est, où les micaschistes granatifères sont très-abondants. Dans la Nouvelle-Grenade ce terrain acquiert jusqu'à douze cents mètres de puissance. Mais il est aussi susceptible de manquer. Nulle part, dit M. de Humboldt, cette suppression n'est plus fréquente que dans les Cordillères du Mexique et de l'Amérique méridionale. On y voit la série des roches primitives s'arrêter brusquement, soit au granite et au gneiss, soit à une syénite; et l'on ne trouve que quelques alternances de gneiss et micaschistes. Dans le sud des montagnes de Parime, au-dessus de l'Orénoque, le terrain n'est aussi composé que de granite et de gneiss; mais le gneiss passe quelquefois au micaschiste : au lever et au coucher du soleil, plusieurs montagnes, ainsi composées, reflètent vivement ses rayons et avaient beaucoup contribué à répandre le mythe de l'Eldorado. Les terrains de micaschistes sont du reste encore plus susceptibles que les précédents de se compliquer par de nouvelles roches; le calcaire, le stéachiste, et surtout le schiste argileux qui forme le quatrième terme de la série primitive, alternent avec lui.

Les schistes talqueux et chloriteux sont des roches assez fréquentes, mais qui sont bien loin de constituer des contrées étendues comme le schiste micacé. Ils présentent du reste les mêmes caractères, et s'y rattachent par des passages fréquents. Le talc et la chlorite apparaissent d'abord comme principes accidentels, disséminés ou rassemblés en plaques;

puis ils finissent par se substituer au mica; du reste, il est quelquefois difficile de prononcer si tel schiste est talqueux, chloriteux ou même micacé. Le schiste talqueux est ordinairement verdâtre, mais quelquefois gris ou violacé, et c'est alors qu'il passe à la variété connue sous le nom de stéaschiste rude, parce qu'elle ne présente pas cette onctuosité, cette douceur au toucher qui caractérise ordinairement les roches talqueuses.

* *

Le schiste argileux (*phyllade, thonschiefer*) n'a pas une composition bien déterminée : abstraction faite des grains de quartz, des paillettes de mica, qui peuvent y être en évidence, c'est, avons-nous dit, une roche homogène, se délitant en feuillets ordinairement plans et quelquefois contournés, tendre, et donnant une poussière grisâtre. On l'a regardé comme composé des mêmes matériaux que les autres roches schisteuses, réduits à leur maximum de ténuité; mais il serait plus juste de dire qu'il est composé de ceux de ces matériaux qui sont le plus susceptibles de rester en suspension. Dès-lors les parties quartzeuses n'existeront que sous forme de particules indiscernables, tandis que les principes talqueux, l'argile et le mica domineront, mais à un tel état de ténuité, que la roche présen-

Schiste argileux.

tera un aspect simple. On voit dès-lors que les passages des schistes argileux aux schistes micacés, talqueux et chloriteux, pourront exister toutes les fois que les principes caractéristiques de ces schistes viendront à dominer les autres. Malgré leur apparence homogène, nous considérerons donc les schistes argileux comme formés par l'association au moins binaire et qui peut être quaternaire, du quartz, de l'argile, du mica, de la chlorite et du talc; et comme présentant autant de variétés qu'il y a de ces principes qui peuvent en quelque sorte exclure tous les autres.

Le mica a été regardé comme le principe presque unique des schistes argileux, par M. d'Aubuisson, qui s'appuyait, pour le démontrer, sur la comparaison de son analyse du schiste ardoisier employé à Paris avec celle du mica par Klaproth (1). Mais ces deux analyses ne peuvent se rapprocher que sous le rapport de la silice, et les différences

(1) Voici les résultats de ces deux analyses :

	Mica.	Schiste argileux.
Silice	48,00	48, 6
Alumine	34,25	23, 5
Magnésie	=	1, 6
Peroxide de fer	4,50	11, 3
Oxide de manganèse	0,50	0,50
Potasse	8,75	4, 7
Carbone	=	0, 3
Soufre	=	0, 1
Eau et matières volatiles	1,25	7, 6
Perte	2,75	1, 8.

qui existent d'ailleurs, conduisent à regarder cette silice comme engagée dans d'autres combinaisons que le mica; l'argile et la chlorite, par exemple. L'argile est incontestablement le principe dominant de certains schistes qui se délitent dans l'eau; et de plus la propriété qui paraît la distinguer à ces époques anciennes, d'être indélayable et endurcie, peut la faire supposer en quantité très-notable dans les schistes ardoisiers. La chlorite et le talc se dénotent très-fréquemment par la couleur verdâtre qu'ils communiquent à toute la masse et par les passages aux schistes talqueux et chloriteux : enfin, le quartz peut aussi prendre le dessus; lorsqu'il est en grains visibles, la roche devient grenue et passe à la grauwacke schisteuse, mais le plus souvent il imprègne toute la masse, qui devient dure, compacte, et est alors désignée sous le nom de schiste siliceux ou lydienne.

Les minéraux accidentels disséminés sont peu nombreux dans les schistes argileux proprement dits : ce sont le plus souvent des noyaux de quartz autour duquel la roche se contourne, en donnant lieu à la structure amygdaline; les pyrites, qui sont quelquefois en grande quantité (les schistes, contenant alors les principes de l'alun, peuvent servir à sa fabrication et sont en effet employés dans ce but sous le nom de schistes alumineux); le carbone, qui se trouve aussi soit sous forme d'amas anthraciteux, soit disséminé en telle abondance que le schiste est tout-à-fait noir, tachant, et pourrait être désigné sous le nom de carbone schisteux : cette variété, lorsqu'il y a une grande proportion de carbone, est connue sous le nom d'ampélite graphique ou crayon des charpentiers, et d'ampélite alumineux, lorsqu'il y a en outre des pyrites. Enfin, ces schistes contiennent encore accidentellement des nodules radiés et cristallins, ou même compactes, d'amphibole; quelques cristaux de tourmaline, des macles, des grenats, etc.

La stratification des schistes argileux est plus distincte et plus continue que celle de toutes les autres roches primitives. Les couches droites, ondulées, inclinées, se divisent en une multitude d'assises; et toutes les variations de texture, de couleur, de composition, se font suivant des lignes parallèles à la stratification. Les divisions qui déterminent la structure schisteuse et feuilletée, se conforment le plus souvent à cette loi générale; mais on peut citer de nombreuses exceptions où ces divisions sont inclinées et même perpendiculaires aux plans de la stratification. Ainsi dans le Thuringerwald des couches horizontales de schistes, qui alternent avec des couches calcaires, sont divisées en feuillets à peu près verticaux. Le même fait se reproduit dans les schistes des environs de Freyberg, où les fissures des feuillets font très-souvent un angle de 60 à 120 degrés avec les plans de stratification. Les schistes primitifs et de transition de la France contiennent plusieurs exemples analogues. Comme on ne peut d'ailleurs douter que tous ces schistes aient été déposés en couches horizontales, cette structure se trouve donc en désaccord avec les lois de la stratification. On l'attribue généralement à des mouvements du sol, qui, ayant eu lieu pendant que la masse n'était pas encore desséchée, lui auraient fait subir une traction ou une pression dans le sens qui n'était pas celui de la stratification. L'horizontalité première de ces schistes est en effet démontrée non-seulement par leurs alternances nombreuses avec des roches d'agrégation dans le terrain sédimentaire de transition, mais par la disposition même de tous les fragments qui s'y trouvent, et qui sont toujours placés parallèlement à la stratification.

La lydienne ou *kieselschiefer* (*Lydischerstein* de Werner) est non-seulement très-fréquente dans les schistes argileux, mais atteint quelquefois un développement considérable. Elle se présente d'ailleurs sous deux formes différentes : à l'état schisteux, et c'est alors une roche très-siliceuse, noire ou grisâtre, se divisant en feuillets plus ou moins épais; cette structure est déterminée par des fissures très-prononcées, ou même par des plaques extrêmement minces de schiste argileux. La lydienne est très-souvent traversée par des filets, des veines de quartz blanc : lorsqu'elle est bien noire et qu'elle prend un beau poli, elle sert de pierre de touche. Sa cassure est ordinairement terne, matte, souvent conchoïde, facile à provoquer, donnant des esquilles qui sont parfaitement opaques, ce qui lui avait fait donner le nom de jaspe noir. On l'a aussi appelé quartz argilifère ou phtanite. Cette roche se trouve encore sous forme de nodules intercalés dans les couches du schiste qui se contourne autour d'elle, et donne ainsi lieu à une structure amygdaline entrelacée très-prononcée. La surface de ces nodules est plus ou moins lisse, et on y voit des plis et l'empreinte des irrégularités des couches de schiste, comme si la pâte encore impressionnable avait éprouvé de leur part une pression : leur cassure n'est pas schisteuse, elle est plutôt inégale ou conchoïde, et présente aussi quelquefois des veines de quartz plus pur que la masse. Les lydiennes ne sont tantôt que des schistes très-imprégnés d'une dissolution quartzeuse, tantôt c'est de la silice presque pure, dont le grain fin et noir rappelle celui de certains silex.

Le quartz plus ou moins pur, compacte ou grenu, que nous avons vu se développer dans les micaschistes, se prolonge dans les schistes argileux, et peut-être y est-il encore plus puissant : il s'y trouve de même en couches d'épaisseur variable, depuis les veines les plus déliées jusqu'à plusieurs centaines de mètres. Il se lie, ainsi que les lydiennes, aux schistes, dans lesquels il se trouve par passages insensibles. Le schiste coticule, qui sert de pierre à aiguiser, est un schiste talqueux, pénétré de quartz très-finement grenu.

Le grand développement des schistes argileux caractérise le terrain de transition ; aussi ces schistes ne se montrent-ils jamais que dans les parties supérieures du terrain primitif ; et lorsqu'ils y constituent des masses considérables, l'âge primitif du terrain où ils se trouvent, est toujours très-douteux. Les schistes primitifs sont en général moins carburés, de couleurs moins foncées que ceux de transition ; et si l'on considère l'ensemble de ces schistes en faisant abstraction des exceptions locales, on voit que la lydienne, l'ampélite alumineux et graphique, les bancs subordonnés de calcaires, sont rares dans ceux que l'on peut regarder comme primitifs. Du reste, il est souvent bien difficile de préciser la limite où se terminent les schistes primitifs, et où commencent ceux de transition.

Les schistes argileux de Kielwig en Norwège, que M. de Buch a vu alterner avec le schiste micacé, le gneiss, et s'enfoncer au-dessous d'une masse granitique ; ceux du littoral de Venezuela, dans l'Amérique équinoxiale, qui passent au micaschiste primitif, bien qu'il contienne de l'ampélite alumineux et de petits filons d'alun natif; ceux de la Silésie, qui sont associés à la fois au gneiss, au micaschiste, au calcaire grenu, et contiennent des bancs d'ampélite et de lydienne, etc., sont regardés comme primitifs. Il n'est guère douteux, dit M. de Humboldt, que dans les deux continents la grande masse des schistes ne soit de transition; mais en Amérique, et surtout dans la région équinoxiale, on est frappé de la rareté absolue de ces schistes, en les comparant au gneiss et au micaschiste. Dans les Andes ils n'occupent que peu d'étendue et manquent souvent, comme par exemple dans la Cordillère de Parime, traversée par l'Orénoque, où nous avons déjà vu manquer le terme micaschiste.

Calcaire. Les calcaires primitifs (*Urkalkstein*), dépourvus de débris organiques, ont été singulièrement réduits, et l'on ne peut guère regarder comme tels que des couches subordonnées, qui se montrent vers la limite supérieure des terrains primitifs. Ces calcaires sont saccharoïdes, compactes ou grenus, tenaces, à cassure esquilleuse, translucides sur les bords. Les couleurs sont le blanc, le bleuâtre, le gris; puis celles qui résultent du mélange des principes schisteux. Ce mélange provoque la texture schisteuse et des passages minéralogiques aux schistes. Le calcaire pur est massif, peu divisé, même parallèlement aux strates : il forme souvent plutôt des masses que des couches ; mais lorsqu'il se mélange avec les schistes, il partage leur stratification, leurs contournements, et prend peu à peu leur aspect vers les points de contact. Le talc, le mica, le diallage, sont les substances les plus ordinairement mêlées avec les calcaires anciens. Le mica est vert, jaunâtre, blanc, en paillettes cristallines, qui le plus souvent sont disséminées irrégulièrement; cependant il provoque quelquefois, ainsi que le talc dans les marbres cipolins, une texture un peu schisteuse. Les autres substances, telles que les spinelles, l'amphibole, le pyroxène, le quartz et le feldspath, peuvent être considérées comme tout-à-fait accidentelles.

Les couches calcaires alternent avec les gneiss, les micaschistes, et surtout avec les schistes argileux, et leur fréquence est toujours l'indice d'un âge récent et du passage au terrain de transition. Certains calcaires de la Silésie, de la Scandinavie, des Pyrénées, sont ceux que l'on peut regarder comme le plus positivement primitifs; la puissance et la continuité de leurs couches sont susceptibles de grandes variations.

Tels sont les caractères des divers termes

de la série primitive; et ce que nous avons mentionné de leurs relations, suffit pour justifier cette subdivision en quatre groupes géognostiques, dont les roches dominantes sont le granite, le gneiss, le micaschiste et le schiste argileux; groupes qui sont liés entre eux par des alternances très-multipliées. Ces alternances ont engagé plusieurs géologues à augmenter les subdivisions, en les classant comme formations particulières; de sorte que l'on aurait sept formations, ainsi nommées: 1.° *granite*, 2.° *granite-gneiss*, 3.° *gneiss*, 4.° *gneiss-micaschiste*, 5.° *micaschiste*, 6.° *micaschiste-schiste argileux*, 7.° *schiste argileux*. Ces subdivisions ont été appliquées aux terrains primitifs des Amériques; à ceux du Riesengebirge en Silésie jusqu'au schiste argileux exclusivement. En Hongrie, M. Beudant a subdivisé le terrain en deux formations: granite-gneiss, micaschiste-schiste argileux, parce que, dit-il, bien qu'il y ait des alternances de gneiss avec des micaschistes et même avec des schistes argileux, tout conduit à penser qu'il y a eu au moins deux époques de cristallisation différentes, comparables à ce qui a lieu dans les cristallisations artificielles, où les différents sels se précipitent les uns après les autres. En effet, il semble, ajoute-t-il, que le micaschiste ne se soit formé, du moins en grandes masses, qu'à une certaine époque où tout le feldspath était cristallisé, et où, par conséquent, la solution se trouvait à un nouvel état, tel qu'il ne s'est plus précipité que du quartz et du mica.

Du reste, il est très-rare que l'on rencontre les quatre termes de la série primitive également développés dans une même contrée. Les montagnes centrales de la France ne présentent guère que des granites. Les terrains anciens des Alpes sont principalement composés de gneiss, de micaschistes et de schistes talqueux. Dans la partie primitive des Pyrénées, les parties supérieures, micaschistes, schistes argileux et calcaires, sont au contraire les plus prononcées. D'autres fois ce seront les roches que l'on considère comme subordonnées, qui prendront le dessus; telles sont les protogines de la masse du Mont-Blanc, et c'est ainsi que dans certaines parties de l'Égypte et des Andes, les syénites forment la masse principale du sol; que le quartz dans la province de Minas-Geraës au Brésil, devient la roche dominante.

La puissance du quartz dans les deux Amériques est même tellement considérable qu'on ne peut s'empêcher de le regarder comme un des principes constituants très-importants du terrain primitif. Ces quartz apparaissent dans le micaschiste, et se continuent dans les schistes argileux, de sorte que leur plus grand développement paraît devoir être placé entre ces deux formations. Dans les Andes du Pérou, l'épaisseur de la formation quartzeuse peut être évaluée à trois mille mètres. En Europe, les quartz primitifs que l'on trouve dans les Pyrénées, les Alpes, sont loin d'atteindre une pareille puissance; car on peut toujours les regarder comme subordonnés aux autres roches. Quant aux quartz-rock de Macculloch, ils appartiennent évidemment au terrain de transition, et sont d'ailleurs beaucoup plus intéressants comme roches, que sous le rapport de leur étendue.

La masse de ces quartz américains que l'on peut regarder comme la plus intéressante, sinon comme la plus considérable, est celle de Minas-Geraës, près de Villarica (Brésil). Un micaschiste qui renferme des bancs de calcaire grenu, est recouvert de schiste argileux. Au-dessus se trouve en stratification concordante le quartz chloriteux, qui constitue la masse du pic d'Itacolumi, à deux mille mètres de hauteur absolue; d'où lui est venue la dénomination d'itacolumite. Cette formation quartzeuse renferme, d'après M. Eschwege, 1.° des couches de quartz blanc, contenant de l'or disséminé, passant au quartz verdâtre, puis au quartz mêlé de talc chlorite, renfermant des strates de quartz flexible : ces couches ont jusqu'à trois cents mètres d'épaisseur; 2.° des bancs de chlorite schisteuse et de quartz aurifère, mêlé de tourmaline; 3.° des bancs de fer oligiste, métalloïde, mêlé de quartz aurifère. En d'autres points de ces montagnes la formation quartzeuse est simplement composée d'une seule assise de cinq à six cents mètres de quartz entrelacé avec du fer oligiste granulaire ou compacte. Cette formation de quartz se reproduit du reste dans presque toutes les contrées de l'Amérique méridionale : M. de Humboldt y a fait remarquer l'abondance du soufre ; cette substance paraît résulter de sublimations postérieures, qui se prolongeraient même encore en quelques points. L'itacolumite, les quartz de la Cordillère de Quito, contiennent des couches de ce soufre, qui pénètre même la roche de manière à lui donner la faculté de brûler. Le sulfure de mercure, l'or et le fer oligiste, semblent aussi caractériser cette formation quartzeuse.

La présence de la chlorite et du talc, ainsi que sa position géognostique, l'ont d'ailleurs fait regarder comme l'équivalent de la formation des schistes talqueux, et, en effet, M. de Buch a reconnu que dans la Scandinavie le schiste argileux primitif était souvent remplacé par des bancs de quartz colorés par l'oxide de fer. Si donc l'on considère que les calcaires primitifs se trouvent aussi placés principalement comme équivalents des schistes argileux ou plutôt comme leur étant subordonnés, on voit que toutes ces variations du terrain primitif sont concentrées dans le quatrième terme, qui se composerait ainsi de schiste argileux, de schiste talqueux, de quartz et de calcaire.

Un des faits les plus généraux qui résultent de l'étude des terrains primitifs, c'est la liaison intime, à la fois minéralogique et géognostique, qui existe entre les quatre termes de la série et les roches diverses dont ils sont composés. Il est telle contrée qui ne présentera qu'une oscillation continuelle entre le gneiss et le micaschiste; telle autre entre le granite et le gneiss, ou le micaschiste et le schiste argileux. Ces oscillations se répéteront de même du micaschiste et du schiste argileux au quartz ou au calcaire, de telle façon que l'on pourrait en quelque sorte ne voir dans le terrain primitif qu'une seule formation, un tout continu, où les roches ne changent qu'insensiblement par des passages minéralogiques et des alternances. L'on pourra, en effet, établir des séries de roches très-continues, qui conduiront d'une manière insensible du granite au gneiss, au micaschiste, au schiste talqueux, argileux, et même au quartz et au calcaire purs. Néanmoins, si l'on observe que ces passages et ces alternances, quelque prolongés qu'ils puissent être, finissent presque toujours par le développement à peu près exclusif d'un des quatre termes de la série, on sera en droit de subdiviser, ainsi que nous l'avons fait, les terrains primitifs au moins en quatre formations distinctes. En comparant, en effet, les diverses contrées primitives, on pourra en reconnaître, dit M. de Humboldt, où ces formations sont très-simples, superposées sans oscillations, la formation qui doit suivre ne s'annonçant dans celle que l'on a sous les yeux que par quelques assises peu puissantes; d'autres, où les formations seront complexes, mais régulières, les oscillations ayant lieu d'une manière large par des alternances réglées; d'autres, enfin, où ces oscillations par alternances et par passages minéralogiques se présentant continuellement et irrégulièrement, l'on aura peine à établir les subdivisions de chaque formation. Ce dernier cas est de beaucoup le moins fréquent.

Passage au terrain de transition.

Les caractères qui séparent les terrains primitifs des terrains de transition, sont vagues, parce qu'ils sont en partie négatifs; de sorte que cette séparation ne pourra presque jamais être regardée comme définitive pour une grande partie des terrains qui sont actuellement regardés comme primitifs, et dans lesquels un examen plus approfondi pourra faire découvrir des masses charbonneuses, avec débris organiques, ou l'intercalation dans le sens de la stratification de roches bréchiformes.

Mais tout autre mode de division présente des incertitudes et des inconvénients plus graves, dans ces formations de l'époque la plus reculée et d'une géogénie impossible à pénétrer. Ici les caractères de stratification n'existent pas d'une manière constante, et ne retracent aucun phénomène continu. Les caractères des roches ne peuvent d'ailleurs servir de guides certains, puisqu'une partie de ces roches se retrouve dans les terrains de transition, et que dans aucun cas nous ne trouverons des passages minéralogiques plus fréquents et plus insensibles. Dans l'impossibilité d'établir une classification sur aucune base invariable, le moindre inconvénient reste donc le vague qui peut résulter d'une séparation fondée sur des caractères qu'il n'est pas toujours possible de constater. La partie supérieure des terrains primitifs, et la partie inférieure des terrains de transition, sont liées intimement; et cette liaison se reproduira généralement, quoique d'une manière moins prononcée entre deux formations consécutives, dans toutes les contrées où ces deux formations se seront succédé sans interruption. Or, comme le terrain primitif peut être regardé comme existant partout, qu'il soit à découvert ou non (puisque l'on peut le regarder, si ce n'est comme le noyau primitif, du moins comme le résultat de la première précipitation des eaux sur la croûte oxidée du globe); partout où le terrain de transition inférieur existera, et ce terrain est aussi très-étendu, il y aura eu de l'un à l'autre, formation continue et non interrompue; et la liaison devra par conséquent être très-intime.

Dans les chaînes de montagnes où les terrains préexistants ont été bouleversés et altérés, il est souvent difficile de dire si tel massif est primitif. Les Alpes peuvent être citées comme exemple de ces difficultés. Les gneiss et les micaschistes du Saint-Gothard sont-ils réellement primitifs? L'intercalation des couches calcaires à des débris organiques du Botzemberg a élevé des doutes à cet égard. Le même doute se reproduit en d'autres points, et les gneiss, les micaschistes, les schistes talqueux et argileux qui composent la presque-totalité des grandes Alpes avec les granites et les protogines, intercalées, pourraient bien n'avoir pris l'apparence cristalline et anti-sédimentaire qui les caractérise, que par le fait même de l'intercalation de ces roches ignées.(1)

---

(1) Les Alpes constituent deux chaînes distinctes : la chaîne orientale, qui court de l'E. $\frac{1}{4}$ N.-E. à l'O. $\frac{1}{4}$ S.-O. depuis le Vallais jusqu'en Autriche; et la chaîne occidentale ou des grandes Alpes, qui court du N. N.-E. au S. S.-O., formant les confins de la France et de l'Italie, et traversant la Suisse, le Piémont. Ces deux chaînes se coupent à plusieurs reprises sous un angle de 45° à 50°; dans la première, le terrain primitif constituerait l'axe central à partir du Saint-Gothard; dans la seconde, les alternances ignées et schisteuses, qui forment aussi l'axe central depuis le Mont-Blanc et le Mont-Rose jusqu'à la latitude de Coni, occuperaient la même position géognostique, si toutefois l'hypothèse précédente n'est pas réelle. Nous plaçons donc, ici l'axe central des grandes Alpes comme type d'incertitude. Beaucoup d'auteurs ont évité de citer les Alpes, parce que l'âge de leurs

Si un observateur, dit Saussure, pouvait être transporté à une assez grande hauteur au-dessus des Alpes, pour embrasser d'un coup d'œil toute la chaîne; il la verrait composée de plusieurs chaînes parallèles, la plus haute au milieu, et les autres décroissant graduellement à mesure qu'elles s'en éloignent. La chaîne centrale, hérissée de rochers escarpés, couverte de neiges et de glaces partout où ses flancs ne sont pas taillés absolument à pic, est elle-même composée de plusieurs massifs alongés dans la direction générale. (Le Mont-Blanc et ses annexes forment un de ces massifs). Les chaînes les plus voisines de la partie centrale présenteraient, en plus petit, les mêmes caractères; mais plus loin il n'apercevrait plus de glaces; il ne découvrirait des neiges que çà et là sur quelques sommités; enfin il verrait les montagnes, en s'abaissant toujours, perdre leur aspect sauvage, revêtir des formes plus douces et plus arrondies, se couvrir de verdure, puis venir mourir au bord des plaines de la Bresse et de la Lombardie.

Les masses culminantes sont en général gra-

---

diverses parties n'était pas bien déterminé; mais, outre que les travaux de M. Élie de Beaumont ont singulièrement éclairé la question, cette chaîne est trop souvent visitée, et mérite trop de l'être, pour que nous ne jugions pas à propos de lever cet interdit. Nous empruntons ici quelques aperçus de Saussure, sur la forme et la composition des parties centrales, parce qu'en les coordonnant par la suite avec les recherches de M. Élie de Beaumont, on sera plus à même de comprendre les importants résultats auxquels ce dernier est arrivé.

nitiques. Le granite le plus ordinaire est à gros grains, formé de feldspath blanchâtre et de quartz gris, parsemés de mica en paillettes brillantes. Accidentellement le talc, l'amphibole, s'adjoignent ou même se substituent au mica. La structure de ces cimes granitiques est telle, qu'elles paraissent composées de grandes plaques ou feuillets pyramidaux, appuyés les uns contre les autres, et que l'on ne peut mieux comparer, dit Saussure, qu'à des feuillets d'artichaut comprimés et aplatis. Ces feuillets sont à peu près verticaux; ceux des masses centrales le sont presque toujours: ils sont généralement parallèles entre eux et à la direction générale des massifs; de sorte que la direction générale de la chaîne des Alpes occidentales étant N. N.-E. au S. S.-O., les plans de ces grands feuillets affectent presque toujours cette même direction. Cette structure à grands feuillets n'est pas particulière aux masses granitiques. Les masses schisteuses et calcaires présentent à la fois la même forme et la même direction des feuillets. Les grandes pyramides qui donnent aux cimes des Alpes cet aspect déchiqueté et découpé en aiguilles, sont des feuillets isolés les uns des autres, mais unis par leurs bases.

La planche II représente le Mont-Blanc et ses annexes vus de l'Allée blanche, c'est-à-dire, du côté de l'Italie. On y reconnaît d'abord l'alignement des masses dans une même direction, et leur structure telle qu'elle vient d'être indiquée. Le Mont-Blanc, dont l'élévation absolue est de 4810 mètres, se présente ici sur une hauteur de près de 3000^{m}. Ses pentes de droite et de gauche montent au sommet en faisant un angle de 23 à 24° avec l'horizon; celle qui fait face est plus escarpée. Au-dessous de la lettre *E*, l'on voit six ou sept rangées de feuillets pyramidaux parallèles, appliqués les uns contre les autres et contre le Mont-Blanc; ils bordent le glacier de Miage, qui descend sur le premier plan. A droite du Mont-Blanc, ces feuillets pyramidaux se reproduisent en affectant la même direction; ils forment le mont Broglia, composé de granite avec amphibole et pyrites disséminés, le grand obélisque de granite (*G*), et ses annexes. Le Mont-Blanc est lui-même composé de protogine, ainsi qu'il a été dit plus haut.

On aborde le massif du Mont-Blanc du côté où il est représenté dans cette planche, par le col de la Seigne (*A*); lequel est situé à 2526 mètres, au sommet d'une montagne qui s'appuie d'un côté contre la chaîne du Mont-Blanc et de l'autre contre la première chaîne du côté de l'Italie. L'on trouve en montant à ce col des schistes argileux, alternant avec des micaschistes très-quartzeux (1); puis des

(1) Peut-être, dit Saussure, cette roche quartzeuse et micacée n'est-elle qu'un grès déguisé; peut-être aussi la nature ne s'est-elle pas astreinte à un ordre aussi précis que le supposent nos systèmes.

calcaires bréchiformes à fragments lenticulaires aplatis et couchés dans le sens de la stratification; des schistes ardoises, tantôt noirs et ternes, tantôt luisants et micacés, toujours très-fissiles, souvent décomposés. Arrivé au sommet du col, l'on découvre en face de soi l'Allée blanche d'où la vue est prise, la vallée de Ferret, qui n'en est que le prolongement et qui est formée par le col de Ferret (*H*), au-dessus duquel on aperçoit les montagnes de la Suisse.

Les montagnes les plus voisines du col de la Seigne sont des pyramides (*B*) d'un calcaire micacé, un peu brèchiforme, et d'un calcaire gris à veines spathiques ou quartzeuses; ce sont de grands feuillets appliqués contre la chaîne, et dont les parties pyramidales et saillantes sont d'énormes rhomboèdres obliquangles. L'aiguille du glacier (*C*) est composée d'une roche quartzeuse, dure, ferrugineuse et micacée.

Le mont Suc, qui domine le glacier de Miage, présente une roche plus tendre, composée de feldspath, quartz et talc, stéatite ou amphibole: c'est déjà la protogine et le schiste talqueux du Mont-Blanc, et il présente absolument la même structure que lui: puis le Mont-Blanc lui-même, auquel succède le grand obélisque de granite (*G*), le Mont-Rouge et le Mont-Peteret, également granitiques; puis, enfin, le cours de la Doire, qui se détache sur le col Ferret. Ce col, élevé de 2390^{m}, est vis-à-vis le col de Seigne, à l'extrémité opposée de la même vallée; il est composé de schistes ardoises, qui alternent avec des couches de quartz, tantôt compacte, pur ou micacé, tantôt carié, tantôt grenu. Toutes ces couches sont dirigées du N. N.-E. au S. S.-O.

A mesure que l'on s'éloigne de la chaîne centrale, les roches anciennes disparaissent, les calcaires deviennent plus développés; ils constituent la plus grande partie de la chaîne du Cramont, parallèle à celle du Mont-Blanc, dont elle est séparée par des chaînes plus basses, toujours parallèles à l'Allée blanche et la vallée de Ferret. La structure de ces chaînes est remarquable. La direction des couches dont elles se composent est parallèle à la direction générale, et leur inclinaison suit les pentes extérieures de la chaîne. Du côté de l'axe central elles sont coupées à pic, et même surplombent quelquefois, de sorte qu'elles se terminent en pyramides d'autant plus aiguës que leur inclinaison est plus considérable. Ces pyramides, qui présentent leurs faces perpendiculaires au massif du Mont-Blanc, sont si nombreuses et si bien alignées suivant des lignes parallèles; leur attitude est si uniforme, que l'on croirait, dit Saussure, lorsqu'il y en a plusieurs rangées les unes derrière les autres, que ce sont des êtres animés qui vont se jeter contre le Mont-Blanc;

ou du moins que ceux qui sont derrière les premiers se dressent et se penchent en avant pour le mieux voir. Cette inclinaison de la chaîne du Cramont contre le Mont-Blanc, et de plus de dix suites parallèles de ces sommités, n'est pas, ajoute-t-il, un phénomène particulier aux grandes Alpes; c'est une loi commune à toutes les chaînes de montagnes: que les montagnes de transition, les montagnes secondaires qui bordent la chaîne primitive centrale qui forme l'axe minéralogique, ont de part et d'autre leurs couches ascendantes vers elle. La même disposition peut en effet se remarquer de l'autre côté du massif du Mont-Blanc. Ainsi le Brevent et ses annexes lui présentent des pentes inaccessibles, tandis que de l'autre côté elles s'abaissent graduellement. Ce massif central constitue donc la partie la plus ancienne de la chaîne, et paraîtrait avoir été amené au jour en traversant de bas en haut les couches plus récentes dont le Cramont, le Brevent, le Buet, etc., sont composés; lesquelles couches ont été longitudinalement fracturées et plus ou moins relevées, de manière à présenter des deux côtés cette même direction, et cette inclinaison symétrique.

Les incertitudes qui existent sur l'âge primitif des massifs du Mont-Blanc, du Saint-Gothard, etc., résultent de ce que plusieurs faits mettent en droit de supposer des altérations qui auraient donné cette physionomie ancienne à des roches peut-être plus récentes; mais lorsqu'on ne sera pas autorisé à cette supposition, il ne pourra exister d'incertitudes pour classer telle partie d'une chaîne dans le terrain primitif, que pour les masses qui seront placées vers la limite supérieure du terrain et se lieront géognostiquement au terrain de transition. Celles qui se trouveront bien au-dessous de cette limite, se présenteront avec des caractères d'ancienneté qui ne permettront pas de les méconnaître. Il est peu de contrées où ces caractères soient aussi prononcés que dans tout le plateau de la France centrale, qui comprend les montagnes du Limousin, de la Haute- et Basse-Auvergne, du Forez, du Vélay et du Vivarais(1). Le granite y est la roche dominante;

(1) J'ai pensé que je ne pouvais mieux terminer cet exposé des caractères du terrain primitif que par une courte description de ce vaste plateau, que l'on peut regarder comme un type des plus inférieurs, surtout dans le Vélay et le Vivarais.

Le plateau primitif de la France centrale a plus de quatre-vingts lieues de large à la hauteur de Limoges, Clermont et Lyon, vers la partie nord. En avançant vers le sud, cette largeur diminue graduellement, et le plateau se termine en pointe par les dernières pentes de la Lozère, et le vaste massif de la montagne Noire, qui forme une île au milieu des terrains de sédiment secondaires. Ce plateau peut être divisé en deux parties : l'une, que l'on peut appeler la partie basse, se trouve à l'ouest de la ligne des montagnes du Cantal, des monts Dores et des monts Dômes; elle est sillonnée par des rugosités qui courent du sud-ouest au nord-est, d'une hauteur assez constante et qui ne dépasse que de cent à deux cents mètres le niveau ordinaire du sol; de manière que la dénomination de plateau conles gneiss et les micaschistes le recouvrent

vient très-bien à sa forme. La partie orientale est au contraire plus élevée, et d'autant plus montueuse que le niveau du sol descend beaucoup plus bas que dans l'autre partie. Ainsi, dans la vallée de l'Allier, le niveau des eaux n'est qu'à trois cent cinq ou trois cent dix mètres à Pont-du-Château. La direction des chaînes principales qui constituent cette partie du plateau et qui encaissent les vallées de la Loire et de l'Allier, est à peu près du nord au sud.

Ces deux parties du plateau, séparées par la ligne qui passerait par le Puy-Grion (centre des monts Cantal), le Pic de Sancy (monts Dores) et le Puy-de-Dôme, diffèrent non-seulement par la configuration générale du sol, par la direction des chaînes et des rugosités, mais encore par leur composition (abstraction faite des terrains volcaniques et tertiaires, qui sont superposés en beaucoup de points), de telle sorte qu'elles se rattachent à des faits d'un ordre différent.

La roche dominante par tout ce plateau, est le granite. Dans la partie occidentale, le granite passe souvent au gneiss. M. Dufrenoy a remarqué que ces deux roches formaient des chaînons distincts, et les a séparés sous les noms de formation granitique et formation schisteuse. Les granites constituent uniquement les montagnes au nord de la Vienne; ils forment la chaîne de Chanteloube, quelques points saillants dans les montagnes sud, et varient surtout par la grosseur du grain. Dans la chaîne de Chanteloube, le granite est à gros grains, formé de l'assemblage de masses irrégulières et cristallines de quartz, feldspath et mica. Sur quelques points le feldspath est désagrégé, décomposé en kaolin, remplacé par de l'albite; le mica est accidentellement remplacé par des lépidolites : c'est dans cette variété de granite que se trouve l'émeraude de Limoges en masses plus ou moins cristallines, blanches et opaques, ou bien verdâtres et translucides. Cette variété est en outre caractérisée par la présence d'un grand nombre de minéraux accidentels, tels que les grenats, le wolfram, le fer arsénical, les phosphates de chaux, de fer, de manganèse et d'urane. M. Dufrenoy a reconnu que les filons stannifères abondent dans d'autres granites qui ne contiennent pas ces minéraux accidentels, tandis qu'il n'en existe pas dans la chaîne de Chanteloube.

Cette seconde variété de granite constitue la chaîne de Blois, non loin de la précédente. La partie centrale y est formée d'un granite essentiellement massif, à gros grains, quelquefois un peu porphyroïde, mais ne contenant pas de minéraux accidentels. Les deux versants présentent des variétés à grains plus fins, stratifiées, passant quelquefois au greisen. C'est dans ces granites que se trouvent un grand

assez souvent; mais ce n'est que vers les ex-

nombre de filons plus ou moins stannifères de 0,05 à 0,35 de puissance. Les plus puissants sont souvent formés d'un quartz stérile ou simplement chargé de wolfram et de fer arsénical; les moins puissants, de quartz carié, chargé d'oxide d'étain, de wolfram et de fer arsénical.

La formation schisteuse, principalement composée de gneiss, est généralement subordonnée aux granites, et ce n'est guère que vers les extrémités du plateau qu'elle devient dominante; elle constitue néanmoins la vallée de la Vienne et une partie de la chaîne sud. Les roches schisteuses affectent une direction générale du N.-E. au S.-O.; elles alternent avec des bancs de granites, des pegmatites et des amphibolites compactes ou schistoïdes. Quelques filons de porphyre, de pegmatites; des filons stannifères, identiques à ceux qui existent dans le granite, mais moins fréquents, traversent cette formation. On y trouve en outre du calcaire souvent micacé (près Eymoutiers), saccharoïde (Chavignac, près Mauriac), des amas de serpentine (Aubrun, roche l'Abeille, la Coquille). Les exploitations de kaolin de Saint-Yrieix sont ouvertes dans un gneiss traversé en tout sens par des veines ou petits filons de pegmatite décomposée. En beaucoup de points du Limousin le feldspath des granites se trouve aussi dans un état de décomposition plus ou moins avancé.

La partie orientale de ce vaste plateau se présente dans des conditions toutes différentes de forme et de composition. Les chaînes N.-S. qui encaissent les vallées de l'Allier, de la Dore et de la Loire, constituent le trait le plus saillant de sa configuration; mais cette direction n'est pas exclusive, et l'on reconnaît en plusieurs points que le sol a été accidenté du N.-O. au S.-E., c'est-à-dire à peu près perpendiculairement aux directions qui dominent dans la partie occidentale. M. Fournet a le premier reconnu la direction N.-O. S.-E. dans la chaîne qui forme la ligne de partage des eaux de Gyat, Herment à la Queuille, et qui va couper au Mont Dore le relèvement à peu près N.-S. qui supporte les masses trachytiques; on la retrouve également dans les accidents abruptes qui séparent le haut et le bas Vivarais, à la hauteur des montagnes du Pal et de l'Escrinet. La direction N.-E. S.-O., bien que très-peu sensible, peut encore être signalée en quelques points, notamment dans le Cezallier. Il n'entre pas dans notre sujet actuel de rechercher l'âge relatif de ces divers soulèvements; mais le simple énoncé des faits permet déjà de soupçonner que les deux dernières directions sont antérieures aux accidents N.-S., qui semblent les avoir effacées.

Les granites dominent surtout dans toute la partie S.-E. qui constitue le Vélay et le Vivarais. Ils sont généralement à grains fins, com-

trémités du plateau, dans la chaîne de Tarare,

posés de feldspath blanc, rose, ou jaunâtre, de quartz granulaire, et de petites paillettes de mica plus ou moins disséminées, qui dans certaines variétés supérieures se rassemblent en nodules pelotonnés. Ces granites sont en effet de plusieurs âges, et M. Bertrand a signalé dans le défilé de Peyredeyre, près le Puy, des filons de deux à quatre mètres de puissance, qui sont de la même nature que les granites durs et à grains fins des sommités, lesquels auraient ainsi traversé les granites à grains moyens et moins consistants, qui constituent le plus souvent la surface du sol. Aux environs de Vorey on trouve quelques diorites, et leur présence est en quelque sorte annoncée par la substitution de l'amphibole au mica et le passage à la syénite. Du reste, cette contrée, essentiellement granitique, est d'une composition très-peu variée; à peine si l'on peut citer quelques bancs de gneiss et de micaschistes à Pradelles, Fix, Lantriac; les minéraux accidentels sont rares; ce sont quelques nodules d'amphiboles, des grenats, des pinites, et de la tourmaline dans les granites quartzeux. Tous ces caractères se réunissent donc pour la faire regarder comme appartenant au terme primitif le plus inférieur. Il est à remarquer que les filons métallifères sont très-peu nombreux; quelques filons pyriteux (Saint-Pierre-Eynac), quelques autres de quartz et baryte sulfatée tenant de la galène (la Voûte, Marcillac, Chambonnet près Issingeaux), sont les seuls que l'on ait observés.

Cette contrée granitique se termine abruptement vers le sud par les déchirures qui conduisent dans le bas Vivarais, et qui occasionnent une chute subite de cinq à six cents mètres. De ce point les granites ne se prolongent plus que par les hautes murailles qui encaissent les torrents de l'Ardèche, de l'Aulière, du Volant, etc. Du côté de Pradelles la chute est plus ménagée, et l'on trouve des gneiss et des micaschistes dont les couches plongent fortement vers le sud, c'est-à-dire en sens inverse du relèvement que les terrains schisteux éprouvent vers le massif de la Lozère. Vers l'ouest les granites du Vivarais se lient avec les granites et les syénites de la Margeride.

Vers le nord, le sol primitif se prolonge, mais il se modifie à partir du relèvement de Craponne et de la Chaise-Dieu par le développement des gneiss et des micaschistes, et l'apparition des porphyres. De ce relèvement partent en effet les deux chaînes N.-S. qui encaissent la vallée de la Dore : là, plus à l'ouest, est une large bande qui se prolonge jusqu'à Thiers, dont la hauteur moyenne dépasse mille mètres. Les gneiss et les micaschistes s'y développent, mais sans alternances répétées avec le granite, et la formation schisteuse succède ainsi sans oscillation à la formation granitique. Les porphyres

et autour du massif de la montagne Noire,

apparaissent en un grand nombre de points, et les environs de Thiers en possèdent de belles variétés; ils sont liés avec des granites feldspathiques à grains fins, dont la sortie paraît contemporaine. La chaîne orientale est une crête très-élevée, désignée sous le nom de montagne du Forez; son point culminant, Pierre-sur-Haute, atteint une élévation de 1638 mètres, et domine immédiatement Ambert, qui n'est qu'à 538. Les porphyres atteignent ici leur maximum de développement; ils forment souvent la crête, et ils sont associés à des granites feldspathiques, souvent porphyroïdes. La composition de cette chaîne est peu variable; car elle présente d'Ambert à Saint-Anthème des caractères à peu près identiques à ceux que M. Dufrenoy a reconnus dix lieues plus bas, de l'Hôpital à Noire-table. Elle se compose de granites pauvres en quartz, dans lesquels le feldspath s'isole quelquefois en filons de $0^{m},05$ à $0^{m},3$ ou $0^{m},4$, où il est très-lamelleux et rougeâtre. Ces granites sont souvent peu cohérents et même friables, et le mica se trouve remplacé par une substance verte talqueuse, tendre, et qui donne un aspect serpentineux à la masse, lorsqu'elle devient abondante (escarpements vis-à-vis Ambert). Lorsque le granite prend de la consistance, il passe au porphyre (Croix de l'homme mort), et les porphyres deviennent tellement fréquents et confondus avec les granites, qu'on a peine à les distinguer. En suivant la chaîne vers le nord, elle perd graduellement ses caractères d'ancienneté, comme le prouvent les schistes talqueux de l'Hôpital, et les calcaires saccharoïdes dirigés N.-S., qui ont été reconnus à Champoley, les Salles et Ferrières.

Les filons métallifères se montrent surtout dans les parties schisteuses de ces deux chaînes. Ils se composent de quartz souvent améthysé, de sulfate de baryte, et de galène disséminée (Oliergues, Saint-Amand, la Brugère, etc.); mais c'est surtout dans le relèvement qui encaisse la partie occidentale de la vallée d'Allier, que ces filons se multiplient. Les uns sont plombifères (Pontgibaut, Roure, ...), les autres antimonifères (Engle), et M. Fournet a reconnu que ces filons étaient liés à des accidents du sol, dirigés comme eux N. N.-O. au S. S.-E. Ils se trouvent dans un terrain schisteux traversé par des filons de porphyre, de protogine..., et il est à remarquer que les schistes quartzeux, sans roches ignées anciennes, qui dans la même direction supportent les montagnes du Cantal, n'en contiennent pas.

Toute la limite orientale, depuis les hauts Coyrons en Vivarais jusqu'au-dessous de Mâcon et de Châlons-sur-Saône, forme une longue bande nord-sud, interrompue par le bassin houiller de Saint-Étienne, et dont la partie nord, qui sépare les vallées de la Loire de celles

que l'on voit le terrain de transition appliqué contre le sol primitif.

---

de la Saône et du Rhône, a été désignée sous le nom de chaîne de Tarare. Le terrain schisteux est extrêmement puissant vers cette limite, et le granite ne se montre plus qu'en plusieurs points de la crête culminante. Le bassin houiller de Saint-Étienne est contenu dans un terrain très-inégal de gneiss, et surtout de micaschistes, qui, vers leur partie inférieure, deviennent extrêmement quartzeux et rappellent les schistes du Cantal. Le quartz s'y trouve ordinairement en feuillets, et même en bancs de plusieurs décimètres entre les strates du schiste, quelquefois en rognons arrondis. A Roche-taillée, une masse de quartz blanc opaque sort des flancs du micaschiste et s'élève à plus de trente mètres au-dessus. De sa base partent des filons, qui se ramifient et semblent lui servir de racines. Il existe des exemples analogues à Roche-Cornet près Pontgibaud et Saint-Amand. Leur examen confirme dans l'opinion que ce sont des cavités remplies qui ont été ensuite dégagées par l'action érosive des eaux, dont l'effet, peu marqué sur le quartz, a été très-énergique sur le micaschiste. Ici la crête de séparation des eaux qui vont se jeter dans l'Océan ou dans la Méditerranée, est toujours de terrain schisteux; mais vers le sud, en se rapprochant du Vivarais, c'est le granite qui constitue la ligne de partage.

TERRAIN DE TRANSITION.

Le terrain de transition (*Uebergangsgebirge*) se compose des premiers dépôts sédimentaires, régulièrement formés au fond des premières mers. Il représente une période géognostique, c'est-à-dire, une distribution stable des eaux à la surface du globe, un équilibre établi entre les mers et les terres saillantes au-dessus de leur niveau : et, en effet, les roches sédimentaires, engendrées pendant cette période, sont en grande partie des roches d'agrégation, dont la puissance et la structure arénacée, la stratification continue, annoncent de la part des eaux une action régulière et prolongée. La présence de nombreux débris organiques indique, d'ailleurs, que ces conditions de stabilité existèrent réellement, puisque ce n'est qu'à leur faveur que les coquilles, les polypiers, purent naître et se développer dans les mers; que les végétaux dont on retrouve les empreintes, et dont les amas et les couches de carbone attestent d'ailleurs l'abondance, purent se multiplier à la surface des terres.

Une partie des roches constituantes du terrain primitif se continuent et même se développent encore davantage dans les terrains de transition; tels sont les schistes argileux et les calcaires: et comme, en outre, les autres roches, telles que les quartz, les grauwackes, sont liées intimement aux quartz et aux schistes primitifs, il en résulte que l'on pourrait croire qu'il n'y a depuis les granites les plus inférieurs jusqu'au terrain de transition supérieur, qu'une seule grande période. Mais il suffit de considérer la différence totale qui séparerait la partie supérieure et la partie inférieure, pour se convaincre de la nécessité de subdiviser une période dans laquelle la nature a été si différente d'elle-même. La difficulté étant de déterminer convenablement la ligne de démarcation, il est bon de la placer là où l'origine sédimentaire est exprimée d'une manière franche, là où le grand phénomène de la stratification apparaît dans toute sa pureté, avec des directions constantes, des inclinaisons continues. On laisse ainsi dans le terrain primitif tout ce qu'il y a de vague dans cette histoire des premiers âges du globe; de telle sorte que les efforts de la science pourront démembrer ce terrain, faire reconnaître de transition ce qu'on avait jusqu'alors regardé comme primitif; mais ces modifications ne porteront que sur un terrain qui est en quelque sorte en dehors de la classification adoptée.

La classe des terrains de transition fut établie par Werner, dans le but de séparer nettement les formations cristallines des formations sédimentaires et de les laisser, dit M. d'Aubuisson, dans toute la pureté possible. En effet, il n'existait à cette époque que des divisions fort larges : d'abord les terrains cristallins, massifs et stratifiés, traversés dans tous les sens par des filons métallifères, et que l'on avait appelés pour cette raison terrains à filons, *Ganggebirge*, ou bien, *Urgebirge*, terrains antiques, parce qu'ils servaient de base aux autres. Les terrains suivants, d'une tout autre composition, caractérisés par des débris organiques abondants, et dont la stratification régulière et approchant généralement de l'horizontale, contrastait avec les couches presque toujours inclinées et contournées de la classe précédente, furent appelés terrains secondaires ou terrains à couches, *Flœtzgebirge*.

Mais comme les premiers efforts de la science tendent toujours à subdiviser, on s'aperçut que la grande classe des terrains à filons se composait d'éléments très-hétérogènes. On découvrit dans les terrains du Hartz des roches arénacées, bréchiformes; roches de transport, composées de fragments des masses préexistantes, et qui contenaient fréquemment des débris organiques. On reconnut en outre qu'elles alternaient avec des roches cristallines, qui n'avaient d'ailleurs d'autre signe distinctif qui pût les séparer des roches cristallines inférieures, qu'une stratification plus nette et plus régulière. Les grauwackes, les schistes argileux, les calcaires du Hartz central, formèrent le premier noyau des terrains de transition, et autour d'eux vinrent se grouper successivement un grand nombre de terrains schisteux et bréchiformes, où l'on découvrit des caractères analogues. Cette classe de terrain de transition s'est ensuite maintenue, en prenant toujours plus d'extension; mais dans l'état actuel de la classification, sa dénomination est devenue opposée à ses véritables caractères. Ce n'est point en effet la transition d'un mode de formation à un autre, la transition des roches cristallines aux roches sédimentaires ayant eu lieu dans le terrain primitif. Ce nouveau terrain est exclusivement composé de roches sédimentaires, roches d'agrégation et de précipitation chimique, qui se distinguent le plus souvent d'une manière très-nette des masses cristallines intercalées. (1)

(1) Cette dénomination est cependant si bien établie par l'usage, qu'il y aurait, je crois, inconvénient à vouloir la changer. Précisément parce qu'on doit attacher peu d'importance à un nom, il n'y a pas nécessité de supprimer ceux qui ne sont pas tout-à-fait en harmonie avec l'état actuel de la science.

Outre les caractères qui résultent de la stratification et du développement des roches arénacées, la présence des débris organiques est un signe très-distinctif. Les encrines et les entroques, les madrépores, les trilobites, les orthocères, les nautiles, les spirifères, les productus, les térébratules; d'autres moins répandus, tels que les spodumènes, les bellérophons, les évomphales, etc., sont les principaux fossiles animaux; ils se trouvent surtout dans les calcaires et dans certains schistes. Les fossiles végétaux sont peu nombreux. Cependant les parties supérieures du terrain en présentent quelquefois en grande abondance : ce sont des fougères arborescentes, des roseaux, analogues à ceux qui se trouvent dans le terrain houiller. La fréquence de ces végétaux est généralement en raison de l'abondance du carbone, qui forme des amas et des couches d'anthracite et même de houille; de sorte que l'existence de ce carbone ne peut guères être attribuée qu'à leur développement. (1)

---

(1) Bien que nous n'admettions la présence des débris organiques qu'à partir du terrain de transition, il est bon de remarquer que leur exclusion du terrain primitif ne peut être considérée comme complète relativement aux végétaux, puisque la présence du carbone en est un indice; et quant aux animaux, ils durent aussi commencer à s'y développer, bien qu'on ne retrouve aucun indice de leur existence. Dans l'échelle de perfectibilité de la série animale, il y a bien en effet autant de distance du néant, ou même des animaux les plus imparfaits, tels que les monades et les infusoires, aux encrines, aux productus, etc...., qui sont les premiers dont on retrouve les débris;

La partie supérieure du terrain de transition se lie par un développement de couches arénacées, de calcaires et de couches de carbone, au terrain houiller; mais cette liaison est loin d'être aussi intime que celle de la partie inférieure avec le terrain primitif, et la ligne de démarcation qui le sépare du terrain houiller, est généralement assez facile à saisir, surtout en s'appuyant sur le meilleur guide qu'on puisse choisir dans la série sédimentaire, la stratification.

Subdivision en deux formations.

Le terrain de transition, d'une étude si compliquée lorsqu'on y comprenait les granites, les syénites, les porphyres et les grünstein ou diorites, dont le développement y est considérable, se présente au contraire avec une simplicité de composition tout-à-fait en harmonie avec la nature des lois sédimentaires, lorsqu'on rejette ces formations cristallines à la description de la série des

---

que depuis ceux-ci jusqu'aux animaux vertébrés, et même jusqu'aux mammifères de l'époque actuelle. Concluons donc que les animaux dont on retrouve les débris dans les terrains de transition, ne sont probablement pas les premiers; mais que les circonstances qui présidèrent à la génération des terrains primitifs, étaient incompatibles avec la conservation des animaux qui existaient peut-être, et dont la nature pouvait d'ailleurs ne pas se prêter à cette conservation. Il est probable que l'apparition des végétaux dût précéder celle des animaux, mais les variations que présente la série végétale, étant très-restreintes, fournissent très-peu de termes de comparaison entre les divers terrains; tandis que, la série animale étant à la fois nombreuse et variée, il en résulte des indications précieuses pour distinguer les terrains et apprécier quelques-unes des circonstances géogéniques qui présidèrent à leur formation.

terrains ignés. La stratification et la nature minéralogique des roches exprime généralement une origine sédimentaire, et bien que l'action des phénomènes qui ont modifié la nature des premières roches stratifiées se manifeste encore par la présence de micaschistes, et même de certains gneiss; l'on reconnaît dans les schistes argileux, les grauwackes schisteuses ou bréchiformes, l'action mécanique des eaux sur des matériaux désagrégés ou même décomposés, tandis que les calcaires, les quartz grenus et compactes représentent leur action par voie de précipitation chimique.

Les diverses roches du terrain de transition varient dans leurs caractères minéralogiques suivant la position géognostique qu'elles y occupent; mais ces variations n'ont de valeur que dans des circonscriptions plus ou moins étendues, et ne peuvent se généraliser pour toutes les contrées. Le seul de ces caractères auquel on puisse donner de l'extension, est le développement successif du carbone. Dans le terrain primitif, le carbone s'est en effet montré surtout disséminé dans les schistes; dans le terrain de transition, non-seulement les schistes et les calcaires en sont encore plus souvent imprégnés, de sorte qu'il en résulte un caractère distinctif pour ces mêmes roches dans leur nouvelle position géognostique; mais les amas, les couches d'anthracite, se montrent de plus en plus fréquents, à mesure que l'on s'élève des couches inférieures à celles qui avoisinent le terrain houiller, et dans certaines contrées les parties tout-à-fait supérieures du terrain de transition renferment de véritables couches de houille. Le développement plus ou moins grand de chaque roche et la nature de celles qui dominent, fournissent encore des indices sur les diverses parties du terrain : ainsi le terrain de transition se distingue du terrain primitif en ce que ce qu'on peut appeler les termes constituants (qui, dans celui-ci, étaient le granite, le gneiss, le micaschiste et le schiste argileux, et qui sont actuellement le schiste argileux, la grauwacke, le calcaire et le quartz grenu [grès] ou compacte [quartz-rock]), au lieu de tendre à s'isoler, comme dans le premier cas, en formations distinctes, sont presque toujours associés par des alternances multipliées. En outre ces alternances paraissent d'autant moins répétées et composées d'autant moins d'éléments que le terrain est plus ancien. Ainsi les associations binaires de grauwacke et de schiste argileux qui constituent les Ardennes, le Taunus, l'Eiffel, le Hundsrück, le Westerwald, le Hartz, sont à assises épaisses et peu distinctes dans les parties inférieures; tandis que dans les parties supérieures elles s'associent des calcaires et alternent un grand nombre de fois en présentant des lignes de stratification nettes et tranchées. Les parties des régions alpines et des Pyrénées où les calcaires viennent à dominer, paraissent plus récentes que celles où ce sont les schistes et les grauwackes, qui se lient d'ailleurs aux gneiss, aux micaschistes et aux schistes talqueux. Les alternances de calcaire, de grès, de schistes et d'anthracite de la Bretagne, que l'on a longtemps regardées comme appartenant au terrain houiller, mais qui appartiennent aux parties les plus supérieures du terrain de transition; sont surtout caractérisées par la multiplicité de ces alternances et la variété des assises.

Les couches de combustible, les calcaires, le passage des roches arénacées au grès, la multiplicité des alternances, la netteté de la stratification qui résulte nécessairement de la nature hétérogène des couches alternantes, seront donc en général des caractères distinctifs de la partie supérieure. Que l'on se transporte des terrains de transition, presque exclusivement schisteux, du Hartz et des bords du Rhin, dans une contrée où ces caractères seront développés, par exemple vers la lisière de transition qui court du nord au sud, depuis le Calvados jusqu'à la Loire, aux environs de Montrelais; on sera frappé de la différence totale que présente l'aspect de ces nouvelles contrées de transition. Ces différences de composition concordent d'ailleurs avec des différences zoologiques. Ainsi, tandis que les encrines, les productus, etc., se trouvent de préférence dans les parties inférieures; les térébratules, les spodumènes, les bellérophons, sont dans certaines contrées caractéristiques pour les parties supérieures, qui sont d'ailleurs beaucoup plus riches en débris organiques (calcaires coquilliers, schistes anthraxifères, à empreintes végétales).

Ces différences, qui ressortiront encore plus dans les descriptions locales qui suivront, suffiraient pour justifier la subdivision du terrain de transition en deux formations. Les recherches de M. Élie de Beaumont, qui a constaté des discordances de stratification, établissent encore la nécessité de cette subdivision en même temps qu'elles indiquent d'une manière précise le point où elle doit être placée. Nous subdiviserons donc le terrain de transition en deux formations, simplement désignées par les épithètes d'*inférieure* et de *supérieure*, et dont les caractères distinctifs et la distribution à la surface du globe seront développés après avoir jeté un premier coup d'œil sur les variations générales des roches constituantes.

Composition.

Le *schiste argileux* présente les mêmes caractères et les mêmes variations que dans le terrain primitif. Nous avons déjà dit que les couleurs foncées, les passages fréquents aux lydiennes, aux ampélites graphiques et alumineux, caractérisaient plus spécialement l'ensemble des schistes de transition. Ces passages ont lieu le plus souvent d'une manière graduelle et peu sensible; mais ils suffisent cependant pour varier l'aspect des schistes, et faire ressortir la stratification générale des masses. Les schistes argileux se lient aux gneiss et aux micaschistes, qui abondent dans certaines contrées de transition, les Alpes, par exemple. Ces micaschistes de transition sont assez souvent anthraciteux; ce qui les distingue des micaschistes primitifs. Lorsque le schiste argileux devient terreux, il perd peu à peu sa structure fissile, plane ou contournée, et passe à la structure des micaschistes, qui est schisteuse il est vrai, mais qui n'est que peu indiquée par les fissures de stratification, de sorte qu'elle n'a pas de continuité. Les schistes de transition sont caractérisés, dit un savant géologue, par leur extrême variabilité, leur tendance continuelle à changer de composition et d'aspect; de sorte qu'ils forment des couches diverses, quelquefois même des veines rubannées, qui alternent ensemble. Leur développement peut être très-considérable : ainsi ils ont à Guanaxuato plus de mille mètres d'épaisseur; dans les Pyrénées, dans le Hartz, les Ardennes, le Hundsrück, ils forment plus des deux tiers des terrains. Les substances accidentelles y sont peu répandues, abstraction faite des filons qui les traversent si souvent et dont nous n'aurons à nous occuper qu'en traitant des gisements de minérais.

La *grauwacke* est en quelque sorte la roche caractéristique du terrain de transition, bien qu'elle ne soit pas la plus répandue. Ses caractères sont aussi variables que le comporte sa nature de roche d'agrégation : c'est tantôt un poudingue, une brèche, un conglomérat essentiellement hétérogène, où les fragments de quartz, de lydienne, de schiste argileux, talqueux, etc...., sont distincts entre eux, et distincts du ciment argileux, siliceux ou calcaire qui les réunit; tantôt c'est une roche homogène et schisteuse, qui passe au schiste argileux. Les grauwackes schisteuses peuvent cependant se distinguer des autres schistes, en ce que le sable quartzeux, disséminé dans la pâte de schiste argileux remanié qui forme le ciment, est ordinairement visible. Les grauwackes les plus répandues sont à fragments de grosseur moyenne de $0^m,01$ à $0^m,03$ de diamètre. Ces fragments sont souvent hétérogènes; mais ils sont tellement pénétrés du ciment argileux et un peu siliceux qui les réunit, qu'ils présentent tous un aspect analogue. La cassure se fait d'ailleurs de préférence dans le ciment, de sorte que dans le sens de la stratification elle est inégale et souvent même glanduleuse, tandis que dans le sens perpendiculaire elle est hachée. Les fragments devenant plus gros, la roche passe au conglomérat; lorsqu'ils atteignent le maximum de ténuité, elle perd son grain et passe au *grauwackenschiefer*. La proportion du ciment est en général d'autant plus grande que les fragments sont plus petits.

Les passages des grauwackes au conglomérat et au grauwackenschiefer, ont ordinairement lieu graduellement, surtout si l'on s'approche de la masse; mais lorsqu'on observe cette masse d'un peu loin, ils ne sont pas assez ménagés, c'est-à-dire, n'occupent pas une assez grande épaisseur pour être sensibles; de sorte que l'on voit alterner ensemble les couches de grauwacke à fragments plus ou moins gros, de grauwacke schisteuse et de conglomérat. La stratification sera donc d'autant plus sensible que la grosseur des fragments sera plus variable.

Les grauwackes alternent avec les schistes argileux, mais ils ne forment que très-rarement la roche dominante de la contrée, du moins lorsque l'on considère des surfaces étendues. Ainsi le Hartz et toute l'Allemagne occidentale présentent une formation de schistes argileux, dans laquelle se montrent, comme par un développement intérieur et subordonné, les grauwackes et les calcaires. Mais si, au lieu de considérer l'ensemble de toute cette contrée schisteuse, on la subdivise, on voit alors que certaines parties du Hartz, le

Hundsrück, présentent peut-être un plus grand développement de grauwackes; tandis que d'autres, telles que les Ardennes, sont presque entièrement composées de schiste.

Ces roches ne sont, sauf l'agglutination, que le résultat immédiat du remaniement par les eaux des roches primitives et surtout des roches schisteuses; et s'il ne se forme rien d'analogue dans les roches de transport actuelles, cela tient aux circonstances de composition toutes différentes, dans lesquelles la surface du globe a été amenée. La pâte qui cimente les fragments, résulte, en effet, des parties les plus ténues qui restaient en suspension et se déposaient ensuite au fond des mers avec les fragments roulés; et l'agglutination par les infiltrations siliceuses ou calcaires, est un fait distinct de l'action principale de la sédimentation et du remaniement général des terrains schisteux par les eaux. Mais à mesure que cette action des eaux se prolongeait, à mesure que les routes étaient frayées et débarrassées des parties les moins résistantes, le résultat se modifiait : les matières les plus résistantes s'isolaient et devenaient les seules parties constituantes des roches d'agrégation; en un mot, les grauwackes se rapprochaient des grès qui caractérisent les périodes suivantes. Ainsi, bien que les circonstances locales pussent accélérer cette formation des grès en certains points, pendant qu'il se déposait encore des grauwackes dans les autres, cependant la présence des grès dans les terrains de transition est l'indice d'un âge récent, et ces grès se montreront en effet presque exclusivement dans la formation de transition supérieure. Il est bon de rappeler dans ces considérations sur l'origine des grauwackes ce qui a été dit sur les modifications observées vers les points de contact avec les roches ignées; elles ont été changées en gneiss et en micaschistes, et ce fait peut éclairer sur l'origine des gneiss et des micaschises anthraciteux de transition.

Les minéraux accidentels et les fossiles sont moins fréquents dans les grauwackes que dans les schistes argileux. Cependant on y trouve aussi des amas d'anthracite, du gypse; des empreintes végétales, des trilobites, etc.

Les *calcaires* sont encore moins développés dans les terrains de transition que les grauwackes; mais, outre qu'ils sont très-fréquents en bancs subordonnés, ils prennent le dessus dans certaines contrées qui appartiennent généralement aux étages supérieurs, et deviennent une des roches dominantes. Ces calcaires ont à peu près les mêmes caractères que nous avons reconnus aux calcaires qui pouvaient passer pour primitifs; ils sont plus fréquemment charbonneux, noirâtres et fétides; plus divisés par des fissures de stratification, soit même par plusieurs systèmes de fissures : ils sont compactes, grenus, saccharoïdes, souvent magnésifères. Cette propriété de passer aux marbres et à la dolomie, est commune à tous les calcaires qui peuvent avoir éprouvé des altérations par suite du voisinage et du contact des roches cristallines; mais elle doit être plus fréquente dans les calcaires de transition que dans les autres, puisqu'ils sont plus anciens. Une circonstance qui paraît encore résulter de ces altérations postérieures, est la disparition des fossiles. Ainsi l'on voit souvent des calcaires compactes ou grenus, très-coquilliers, devenir peu à peu cristallins, à mesure qu'ils s'approchent d'un centre de modification; en même temps que les coquilles sont moins distinctes, et finissent par ne plus l'être lorsque le calcaire est devenu tout-à-fait cristallin. Cette disparition des fossiles n'est pas un fait constant, et dans beaucoup de cas les coquilles restent encore distinctes, même lorsque le calcaire a pris la texture saccharoïde et lamelleuse; mais elle a souvent lieu, surtout dans les calcaires assez purs.

Les calcaires alternent souvent en couches nettes et tranchées avec les autres roches de transition; mais souvent aussi il y a passage insensible aux schistes. Ainsi les schistes, sans perdre aucun de leurs caractères, deviennent effervescents; ou bien des veines exclusivement schisteuses sont traversées dans le sens de la stratification par des veines calcaires, et la roche passe ainsi, soit du calcaire au schiste, soit du schiste au calcaire. Ces mélanges, où le calcaire prend la couleur, la texture, du schiste avec lequel il est associé, sont désignés ordinairement sous le nom de *calschistes*; ils sont fissiles, à feuillets droits ou contournés; en un mot, le calcaire se comporte avec le schiste absolument de même que la lydienne. Souvent la chaux carbonatée, disséminée dans toute la masse, se concentre pour donner lieu à des nodules et à la structure amygdaline; pour former des strates intercalés, de plus en plus épais, qui conduisent ainsi depuis les alternances subordonnées jusqu'à un développement considérable de couches calcaires. Les passages du calcaire à la grauwacke sont beaucoup moins prononcés que les passages aux schistes. Cependant les brèches, composées de fragments calcaires agglutinés par un ciment calcaire, existent dans beaucoup de contrées, et peuvent être regardées comme une véritable transition: c'est une grauwacke exclusivement calcaire.

Le *quartz* existe sous un grand nombre de formes dans le terrain de transition. Nous l'avons déjà signalé comme constituant les lydiennes; mais sous le nom de lydiennes on ne comprend d'ordinaire que le quartz compacte noir, en nodules ou en lits stratifiés:

or, il peut se présenter en outre avec toute espèce de schistes, dont il reproduit les teintes claires ou foncées, la structure; et avec lesquels il peut alterner : il se comporte, du reste, d'une manière identique avec ces schistes, soit qu'il s'isole en rognons, en nodules amygdalins, soit en veines, soit en couches. La lydienne n'est donc en réalité que la variété de quartz la plus ordinairement associée aux terrains schisteux, mais elle n'est pas la seule.

Le quartz pur, compacte ou grenu, quelquefois micacé ou talqueux, existe encore dans le terrain de transition; et peut-être une partie des grandes masses de l'Amérique méridionale doit-elle se rapporter à cette période. Il faut y distinguer le quartz de précipitation chimique, et celui de formation mécanique ou grès; mais la distinction n'est pas toujours facile. Les grès contiennent très-souvent, il est vrai, des grains de feldspath, et leur texture lâche, granulaire, est d'ailleurs caractéristique; mais ils peuvent avoir été modifiés et avoir pris même la texture compacte. Le quartz-rock de l'Écosse est un exemple frappant des incertitudes qui peuvent exister à cet égard : c'est un quartz compacte, homogène, nettement fissuré en fragments rhomboédriques, qui n'est à la fois ni le quartz compacte et cristallin des filons, ni le quartz arénacé des grauwackes. Un coup d'œil que nous jetterons sur les terrains de transition de l'Écosse, déterminera le point de vue sous lequel on doit envisager cette roche, qui y joue un rôle important. Il suffit de faire observer ici que le quartz associé aux roches de transport de la partie supérieure, est en général arénacé; tandis que celui qui est associé aux schistes, et surtout aux gneiss et aux micaschistes, rappelle plutôt, de même que le quartz-rock, l'idée d'une dissolution et d'une précipitation chimique.

Bien que le *carbone* se trouve quelquefois à l'état de véritable houille dans les terrains de transition, surtout dans la partie supérieure; c'est presque toujours sous forme d'*anthracite* qu'il se présente. L'anthracite est lisse, opaque; sa densité est de 1,8; sa texture, tantôt feuilletée, tantôt compacte ou grenue: il laisse une trace d'un noir terne sur le papier; il ne contient que des quantités insignifiantes d'hydrogène et d'oxigène, ce qui le rend d'une combustion très-difficile: il ne donne ni flamme, ni fumée, ne brûle que lorsqu'il est en grande quantité, et il suffit de l'exposer à un courant d'air trop rapide pour qu'il s'éteigne. Ces propriétés rendent son emploi comme combustible assez restreint. Cependant, en le mêlant avec la houille, on l'a appliqué à un grand nombre d'usages, notamment à la fabrication du fer. En Espagne, on se sert d'une variété d'anthracite pour remplacer le noir de fumée dans la peinture.

Les terrains de transition sont généralement développés dans les contrées où nous avons déjà signalé les terrains primitifs; soit qu'ils enveloppent leur base; soit qu'ils courent parallèlement à un axe central primitif, et constituent les sommités du second ordre; soit qu'ils se montrent principalement concentrés dans certaines parties où ils cachent tout-à-fait le sol inférieur. Ainsi dans le Hartz, dans le massif schisteux que le Rhin traverse à la hauteur de Bonn, Cologne et Mayence, et qui comprend les provinces des Ardennes, de l'Eiffel, du Hundsrück, du Taunus et du Westerwald; le terrain de transition paraît dominer exclusivement, et les granites, les gneiss et les micaschistes, que l'on y rencontre, ne sont probablement pas primitifs. Ces granites, celui par exemple qui forme la masse culminante du Brocken au Hartz, sont sortis très-probablement à une époque postérieure au dépôt du terrain de transition, de même que les porphyres, les diorites, les spillites, etc., qui constituent comme eux des centres de relèvements et de modifications des roches préexistantes. Les Alpes orientales, à partir du Saint-Gothard, présentent deux larges bandes de transition qui courent parallèlement à leur axe central primitif: les gneiss, les micaschistes, les schistes argileux, Gisemens.

y dominent. Dans la chaîne occidentale ou des grandes Alpes, le terrain de transition sera développé si l'on y comprend les masses centrales dont nous avons parlé dans le chapitre précédent, et nous pouvons même ajouter aux indices qui portent à les regarder comme tels, que si on les considérait comme primitifs; le terrain de transition resserré entre ces schistes du centre et les roches schisteuses d'apparence de transition que M. Élie de Beaumont a pourtant démontré comme bien postérieures (terrain de la Tarentaise, de Valorsine, de Moutiers, etc., qui se prolonge jusqu'aux cimes centrales), se trouverait presque entièrement effacé. Dans les Pyrénées, le terrain de transition est au contraire très-développé et constitue la plus grande partie de la chaîne : il reparaît dans les Asturies, la Galice, etc. Les Vosges, la Forêt-Noire, la Saxe, la Bohême, la Silésie, la Hongrie, les bords du golfe de Finlande, les environs de Christiania, les Grampians, les pointes de l'Irlande, le Cornouailles, le pays de Galles, la Bretagne, le Cotentin, et même les flancs du plateau de la France centrale, présentent encore des terrains de transition, dont la plus grande partie se rapporte à la formation inférieure. La formation supérieure constitue néanmoins des régions assez étendues. Mais sans nous appesantir davantage sur les caractères généraux de ces deux formations, nous décrirons successivement les diverses contrées qui se rapportent à chacune.

Formation inférieure.

Le Hartz a souvent été désigné comme type du terrain de transition : il présente, en effet, tous les termes de la formation inférieure. Cette contrée forme une gibbosité ellipsoïdale, qui s'élève comme une île isolée au milieu des terrains secondaires de l'Allemagne septentrionale, entre l'Elbe et le Weser. Le grand axe se dirige de l'E. N.-E. à l'O. S.-O. Sa longueur est de cent quatre-vingts kilomètres. Le petit axe en a vingt-cinq. Vers la partie centrale de la gibbosité, dont la surface est inégale et tourmentée, s'élève la protubérance granitique du Brocken, point culminant, dont la hauteur absolue est de onze cent trente-sept mètres. Cette masse est enveloppée par les couches successivement développées, de schistes, de grauwackes et de calcaires, qui constituent le sol de toute la contrée, et ne sont interrompues que vers l'ouest par les autres saillies granitiques de Ramberg et de Rostrapp, disposées, ainsi que le Brocken, suivant l'axe de la contrée, qui est l'axe de soulèvement. Hartz.

Si l'on parcourt la contrée à partir du point granitique et central : on voit d'abord s'appuyer sur le granite, des roches de feldspath compacte, mélangé de quartz, de tourmaline et de mica, qui paraissent encore appartenir à la masse du Brocken. Un grand développement de schiste argileux commence le terrain de transition. Ces schistes passent à la grauwacke, à la lydienne, au quartz compacte et au calcaire; ils sont par eux-mêmes très-variés. Les schistes ardoisiers, pailletés, stéatiteux, se trouvent à Clausthal, où ils contiennent des bancs de psammite schistoïde, grisâtres et rougeâtres, souvent très-ferrugineux (Galgenberg, Zellerfeld, Laubenthal, etc.); à Andreasberg, où ils passent au Kieselschiefer; à Wissembach, où ils renferment des productus; à Riesenbecke, Tristan, où ils renferment des trilobites; à Lehrbach, Zellerfeld, Goslar, où ils passent aux ampélites, aux calschistes, etc. Les lydiennes d'Andreasberg sont très-développées; elles y sont d'un beau noir, sans veines de quartz et à cassure conchoïde. Les psammites et grès schistoïdes ferrugineux renferment quelquefois des empreintes végétales.

Les grauwackenschiefer alternent avec les schistes argileux; mais peu à peu leurs éléments augmentent de volume, et on est conduit à un développement considérable de grauwacke. Ces grauwackes passent aux grès ferrugineux, aux conglomérats; elles contiennent des bancs de calcaire et de quartz fibreux. Ces quartz forment les rocs isolés de Feuerstein, etc., et se retrouvent entre le Brocken et Ilsenbourg liés aux grès arénacés, à débris organiques (encrines, nautiles, spirifères, etc.), qui se montrent au Rammelsberg, à Schalk, à Ilbingerode; ils pourraient bien n'en être qu'une modification.

Les calschistes, les calcaires noirs, qui ne sont que subordonnés dans le schiste argileux et dans la grauwacke, se développent davantage à mesure que l'on s'élève dans la série des couches. Ils peuvent être considérés comme formant, après le schiste argileux et les grauwackes, le troisième terme du terrain de transition du Hartz: tels sont notamment les calcaires compactes fins d'Altenau; les calcaires schistoïdes, carbonifères, sublamellaires, à encrines et astrées, de Grund et de Schulenberg; les calcaires ferrugineux du Polsterberg; les marbres grisâtres, rougeâtres, avec minérai de fer et jaspe ferrugineux (*Eisenkiesel*), de Lerbach, Kamschlacke, Rubeland, près de Blankenbourg, etc.

Ce terrain est souvent interrompu par des masses ignées, qui forment des pics, des dykes, des couches intercalées, des protubérances saillantes, et se présentent comme centres de soulèvement : ce sont des roches pétrosiliceuses, des diorites, des trapps, des spillites amygdaloïdes (*Mandelstein*), dont l'apparition est liée à de grandes modifications des roches au contact, et à un développement considérable de substances métalliques, principalement des minérais de fer.

Hongrie.

Cette succession de trois termes de transition, caractérisés par le développement du schiste argileux, de la grauwacke et du calcaire, paraît un fait assez général. Les anomalies que l'on pourrait citer, ne sont qu'apparentes et proviennent d'un développement incomplet, d'où il résulte que l'on pourrait par exemple regarder les calcaires subordonnés aux schistes, comme le développement du terme calcaire. Ainsi, dans la Hongrie, la roche la plus inférieure du terrain de transition est la grauwacke ; mais comme cette grauwacke contient des masses de schistes argileux, on pourrait en conclure que l'ordre est interverti, tandis que c'est le terme schisteux qui manque tout-à-fait, et n'apparaît qu'en bancssubordonnés, qui peuvent être regardés comme une variété de grauwackenschiefer. M. Beudant a en effet reconnu que le terrain de transition de la Hongrie se composait de deux termes : 1.° des grauwackes avec bancs subordonnés de schistes, de calcaires et de grès quartzeux ; 2.° des grès quartzeux et des calcaires sans grauwackes.

Les grauwackes reposent immédiatement sur les micaschistes (Herrengrund), et présentent trois variétés principales. 1.° La grauwacke grossière, roche essentiellement arénacée, contenant un grand nombre de cailloux roulés, quelquefois de la grosseur de la tête, de granite avec épidote, de gneiss, micaschiste, de quartz rougeâtre ou blanchâtre : ces fragments sont tantôt accumulés immédiatement, tantôt englobés dans une grauwacke à grains fins, qui sert de ciment. 2.° La grauwacke schisteuse qui forme des masses susceptibles de se diviser en feuillets plus ou moins épais; elle est partout évidemment composée de paillettes de mica accumulées, et quelquefois décomposées, de grains de quartz plus ou moins visibles. Les couleurs les plus ordinaires sont rouge lie-de-vin, gris bleuâtre. 3.° La grauwacke homogène, roche homogène et terreuse, évidemment de même nature que les autres variétés, mais où les parties constituantes sont extrêmement atténuées. Ces roches brunâtres, veinées de vert, à cassure terreuse, sont identiques aux schistes argileux; elles passent à la grauwacke quartzeuse, qui est un véritable grès, composé de grains de quartz accolés, sans ciment apparent. Les variétés grossières et schisteuses forment à elles seules des montagnes considérables; souvent elles alternent avec des calcaires et des calschistes.

Le grand développement des grès quartzeux paraît intermédiaire entre ce terrain de grauwacke et le développement des calcaires. Cependant à Neusohl, où ils sont très-puissants, ils reposent sur des calcaires schistoïdes et à structure entrelacée. Ces grès sont tantôt composés de gros grains de quartz hyalin accolés; tantôt les grains sont très-fins, et il en résulte des roches d'apparence homogène, qui rappellent les quartz-rock. La couleur dominante est le rougeâtre et le rouge brique; ce qui est dû à un ciment ferrugineux, qui paraît avoir déterminé l'agglutination des grains de quartz. A Bruszno il existe des grès plus terreux et schistoïdes, exploités comme pierre à aiguiser. Dans le groupe de Tatra, une variété à gros grains, parmi lesquels on retrouve des grains de granite, constitue les montagnes qui environnent le lac Blanc.

Les calcaires sont ordinairement compactes, gris, quelquefois gris rougeâtres ou verdâtres; leur cassure est tantôt unie, tantôt largement conchoïde et quelquefois inégale. Ils sont souvent traversés par des veines spathiques, et renferment des nids de silex; quelques-uns sont fétides. Ces grès et calcaires présentent quelque analogie avec des roches qui, en Angleterre, appartiennent déjà au terrain houiller, de sorte qu'il est difficile d'affirmer s'ils doivent rester dans le terrain de transition et être ainsi assimilés aux grès quartzeux et quartz-rock de l'Écosse, et aux calcaires du Derbyshire.

Massif du Rhin.

Le Rhin traverse à la hauteur de Mayence, Cologne et Bonn, un vaste massif de terrain de transition, qui constitue les contrées des Ardennes, de l'Eiffel, du Hundsrück, du Taunus et du Westerwald. Le schiste argileux et la grauwacke sont les roches dominantes. Dans la partie N. N.-O. les schistes dominent et constituent presque toute la contrée des Ardennes; dans la partie sud, le Taunus, par exemple, c'est la grauwacke. Le terrain de transition des Ardennes, appelé par M. d'Omalius terrain ardoisier, est principalement composé de roches schisteuses et quartzeuses, en couches inclinées et verticales, dont la direction générale est du N. - E. au S. - O., et souvent traversées par des filons quartzeux. Les schistes se rapportent au schiste ardoise, gris bleuâtre, verdâtre, rougeâtre, très-schistoïde, prenant par la décomposition des couleurs plus claires et des apparences talqueuses : ils passent souvent aux schistes talqueux et aux ampélites. Les roches quartzeuses consistent en quartzfels grenu, grisâtre et jaunâtre, massif ou schistoïde. Les roches calcaires sont rares. On voit en outre des roches d'agrégation, des brèches schisteuses ou siliceuses passant aux schistes et au quartz; quelques poudingues à blocs arrondis et à ciment ferrugineux; des grès tantôt purs, blancs, à grains fins, tantôt micacés, tantôt poudingiformes, se chargeant de fragments feldspathiques et passant aux arkoses. En d'autres parties de ce massif, les roches quartzeuses et calcaires se développent; mais c'est la grauwacke qui prend le plus souvent le dessus et qui remplace les schistes. Ainsi dans le Taunus c'est une grauwacke schisteuse, à grains fins, en couches multipliées, qui alterne avec des quartz ou des calcaires.

En France, les terrains schisteux de transition sont très-répandus autour du massif de la montagne Noire; dans les Pyrénées, où ils constituent une grande partie du sol. On les trouve encore dans les Vosges; dans la pointe du Finistère; aux environs de Cherbourg; et ils s'appuient en quelques points sur les flancs du plateau central.

Vosges. Le nom de Vosges, pris dans son acception la plus générale, désigne les montagnes qui sont comprises entre le cours du Rhin, de Bâle à Manheim, et une ligne tirée de Bourbonne-les-Bains à Kaiserslautern. Les terrains de transition couvrent un espace triangulaire, compris entre Plombières, Massevaux et Schirmeck : c'est la région centrale et la plus élevée; elle présente des cimes et croupes arrondies, que l'on a appelées Ballons. Les points les plus élevés sont des masses de roches granitoïdes, enveloppées, comme d'un manteau, par les roches schisteuses qui consistent en schistes talqueux et argileux, en grauwackes et calcaires qui alternent ensemble en couches plus ou moins épaisses, et passent les unes aux autres. Entre Plombières et le Ballon d'Alsace, les lignes de stratification, ainsi que les axes des masses ignées non stratifiées, se dirigent ordinairement de l'O. 15° N. à l'E. 25° S. Dans la partie comprise entre le Ballon d'Alsace et Schirmeck, la direction générale est parallèle à la partie principale de la ligne de faîte N.-E. ¼ N. au S.-O. ¼ S. Un grand nombre de roches ignées, granites, syénites, porphyres, roches amphiboliques, pointent dans les diverses parties du massif; elles ont causé de grandes altérations dans la nature des roches préexistantes, les changeant en gneiss, en feldspath terreux (argilolite), etc. On y voit en outre des masses et des filons métallifères : fer oligiste, oxidé, spathique; plomb sulfuré, carbonaté; cuivre gris; arsenic, cobalt, etc. De l'autre côté du Rhin, le massif de la Forêt-Noire présente tout-à-fait les mêmes caractères de composition et de direction.

France centrale.

Autour du plateau primitif de la France centrale, le terrain de transition se montre sur les versants de la chaîne de Tarare et sur les flancs du massif de la montagne Noire.

A la hauteur de Tarare, sur le versant est de la chaîne, ce terrain se compose, d'après M. Dufrénoy, de schistes argileux verts, contenant souvent des noyaux de quartz, autour desquels ses feuillets se contournent. Ce schiste, qui est la roche dominante, alterne, soit avec des schistes pailletés, analogues aux grauwackes schisteuses; soit avec des poudingues grossiers, formés de fragments arrondis de quartz laiteux, de lydienne, de schiste argileux, de feldspath et de roches granitoïdes, empâtés dans un ciment analogue à la matière des schistes. Ces roches sont souvent associées à des diabases. Le terrain de transition forme une bande assez continue, toujours caractérisée principalement par le schiste argileux vert; il se modifie dans les montagnes de l'Anjou, près Beaujeu, par son association avec des roches feldspathiques, qui empâtent de nombreux galets et passent à des grauwackes. Les couches se contournent en quelques points du versant ouest de la chaîne (Regny): ce sont alors des calcaires et des schistes argilo-calcaires. Les calcaires sont noirs, compactes ou saccharoïdes, et contiennent quelques débris d'entroques.

Vers la partie sud du plateau, le terrain de transition forme une bande étroite et interrompue. A la hauteur de Belmont il se compose, à partir du granite et du gneiss qui forment les parties saillantes, d'un schiste talqueux, verdâtre, alternant avec des couches de calcaire compacte et saccharoïde, blanc grisâtre. Du côté du département de l'Aveyron, on trouve une grauwacke composée de fragments de schiste talqueux, de quartz et de calcaire, réunis par un ciment argileux ou siliceux; elle passe à un grès ferrugineux à grains fins, qui contient souvent des veines de quartz. Vers Camarès et Saint-Maurice des schistes chargés de bitume et de carbone, sont exploités comme combustibles.

Autour du massif de la montagne Noire, qui s'avance comme un promontoire au milieu des dépôts houillers et de grès bigarré, et qui semble vouloir réunir le plateau central aux dernières pentes des Pyrénées, la bande du terrain de transition est plus continue et plus prononcée : ce sont des schistes talqueux et argileux, très-développés, qui alternent avec des calcaires compactes, gris et rougeâtres, avec lesquels ils se mélangent. A Caunes on trouve dans ces calcaires un grand nombre de fossiles (nautiles, orthocères.....).

Pyrénées.

Ces terrains de transition nous conduisent à ceux des Pyrénées, où se présentent de nouveaux caractères, qui consistent dans un grand développement de schiste argileux, associé avec des grauwackes, des calcaires, des brèches calcaires et des roches de quartz : ce sont les terrains les plus étendus de toute la chaîne, dont ils constituent près des deux tiers. On les trouve, dit M. Charpentier, d'une extrémité à l'autre; ils longent et environnent toutes les protubérances centrales qui s'élèvent de leur sein comme des îlots. Leur épaisseur est proportionnée à cette étendue, et on peut les suivre dans les vallées transversales pendant les trajets fort longs, surtout dans la partie française. La direction générale des diverses bandes qu'ils forment est parallèle à la chaîne, c'est-à-dire O. S.-O. à E. N.-E.

Le schiste argileux le plus ordinaire est noirâtre, grisâtre ou verdâtre, à feuillets très-minces, un peu onduleux, se délitant en fragments irréguliers, pseudo-rhomboïdaux; il est plus dur que les autres variétés, et passe au quartz schisteux. Le schiste *ardoise*, souvent exploité, est noir, grisâtre, feuilleté, un peu micacé; il est quelquefois mélangé de calcaire et fait effervescence. Le schiste argileux *micacé* est moins feuilleté, toujours onduleux et très-luisant; il est presque entièrement composé de mica. Le schiste *terreux* est noir, gris, jaunâtre, à feuillets très-imparfaits, cassure terreuse et conchoïde, mat et tendre, facile à altérer, et renferme assez souvent du sable quartzeux. Ces schistes contiennent quelquefois de petites couches de schiste coticule (pierre à aiguiser), plus rarement de l'ampélite graphique.

La grauwacke commune est une roche bréchiforme et poudingiforme, composée de fragments de granite, de quartz, de feldspath, plus rarement de schistes et de lydienne. Le ciment est d'un gris foncé, rarement ferrugineux, et fait passer la roche, par son abondance, au schiste argileux. Ces grauwackes deviennent schisteuses par la diminution de leur grain. Elles sont généralement subordonnées aux schistes, avec lesquels elles alternent indéfiniment, et se trouvent surtout dans le voisinage de l'axe primitif, dans la vallée d'Arran, sur la pente nord de la Maladetta, au plan d'Aigouillat, dans le cirque de Gavarnie.

Le calcaire est très-répandu dans les Pyrénées, et se présente à l'état *compacte*, gris cendré ou noirâtre, quelquefois veiné ou tacheté, à cassure conchoïde, quelquefois écailleuse ou terreuse; il est souvent traversé en tous sens par des veines de spath calcaire, contenant des parties argileuses et du sable quartzeux. Les gisements principaux sont les parties inférieures des vallées de Vicdessos, d'Aspe, d'Ossan, et la vallée du Sallat. Une variété rouge veinée se présente quelquefois en couches subordonnées. Le calcaire *grenu*, à petits grains, grisâtre, blanchâtre, souvent nuancé, est moins fréquent que le calcaire compacte, et il forme des couches subordonnées à Coumelie et dans les vallées d'Aspe et d'Ossan. Le calcaire *schisteux* est grisâtre, rougeâtre ou verdâtre, compacte ou grenu, traversé par des veines et des feuillets de schiste argileux. Plus il se charge de schiste, et plus il prend ses propriétés de structure onduleuse et même amygdaline, des noyaux ovoïdes étant isolés et empâtés dans le schiste. Ces calcaires se montrent dans la vallée de Luchon, au fond de la vallée d'Arran, à Espiadet dans la vallée de Campan, où on l'exploite sous le nom de marbre campan, marbre amygdalin. Ce marbre paraît y former une couche puissante, divisée en strates de trois à quatre pieds; il y a une variété rouge et une variété verdâtre, qui alternent ensemble. Les calcaires sont les roches les plus riches en fossiles : on trouve, notamment sur la pente du Canigou, dans les marbres campan, etc., des entroques, des nautiles, des orthocères, plus rarement des spirifères et des trilobites.

Les *brèches calcaires* sont toujours en couches subordonnées ordinairement au calcaire compacte, rarement au schiste argileux : elles sont composées de fragments calcaires arrondis ou anguleux, auxquels se mêlent quelquefois des fragments de toutes les autres roches qui se trouvent dans les grauwackes; quartz, lydienne, schiste, etc. Néanmoins ces brèches ne peuvent guère être regardées comme tout-à-fait roches de transport. La majeure partie des fragments est d'un même calcaire; les angles ne sont pas émoussés; de sorte que l'on est conduit à supposer, dit M. Charpentier, que le même fluide dans lesquels les calcaires se produisaient, détruisait en même temps une partie de ce qui avait été déposé précédemment pour en adjoindre les débris à ces nouveaux dépôts.

Enfin, les roches de *quartz* se rencontrent

aussi fréquemment dans cette chaîne : ce sont des quartz compactes et des quartz grenus plus ou moins purs, souvent mélangés de mica, de schiste argileux, et se modifiant alors de même que les calcaires. Ces roches de quartz forment des couches subordonnées ordinairement au schiste argileux, quelquefois au calcaire. Le quartz grenu est susceptible de devenir compacte, très-fissuré et à cassure pseudo-régulière à l'approche des roches ignées. Il se trouve en plus grande abondance dans la partie occidentale de la chaîne. La vallée de Baigorry est son gisement principal.

La Corse fait partie d'une chaîne sous-marine N.-S.; elle forme au-dessus de la mer une saillie ellipsoïdale, ayant son grand axe parallèle au méridien. La côte occidentale est inégale et découpée par un grand nombre de dentelures et de sinuosités, tandis que la côte orientale présente au contraire une ligne fort unie. Cette différence provient de ce que l'île est divisée suivant le grand axe de l'ellipse en deux parties tout-à-fait distinctes sous le rapport des accidents du sol et de sa composition. La partie occidentale présente en effet une série de petites chaînes dirigées de O. S. O. à E. N. E., qui vont former les golfes et les dentelures, tandis que la partie orientale se compose de chaînes N-S., dont la plus importante commence au Cap-Corse, sort brusquement de la mer en s'éle- Corse.

vant à cinq et six cents mètres, puis atteint mille et douze cents. Les monts Doro et Rotondo, points culminants de l'île, s'élèvent à deux mille sept cents mètres. En Sardaigne, le système N.-S. se continue; mais la partie orientale, au lieu de présenter ces agglomérations montagneuses obliques, est occupée par une vaste plaine, parsemée de collines peu importantes.

Cette division en deux parties distinctes sous le rapport de la structure, subsiste encore, d'après M. Reynaud, sous le rapport de la composition. Ainsi, la partie occidentale est presque entièrement formée par des masses de divers granites qui passent les uns aux autres. Les roches ignées, pétrosiliceuses, les diorites, parmi lesquelles se trouvent les diorites orbiculaires de Sartène, varient encore ce terrain massif et fortement accidenté. La partie orientale est au contraire composée de schistes micacés et talqueux, alternant avec des grès et des calcaires. Le terrain arénacé y est fort étendu : c'est une grauwacke grise et serrée, qui renferme souvent une grande quantité de quartz blanc, et prend quelquefois l'apparence d'un grès grossier. En plusieurs points les couches deviennent fissiles et alternent avec des schistes friables, compactes ou ardoisés. Lorsqu'on coupe la chaîne de Corte à Cervione, les schistes talqueux, les grès, les calcaires apparaissent dans une liaison si intime qu'il est impossible de les séparer.

Toute cette partie stratifiée de la Corse paraît devoir se rapporter au terrain de transition inférieur. En beaucoup de points les couches sont perturbées par des apparitions serpentineuses; mais la plupart du temps leur direction et leur inclinaison sont en rapport avec les chaines N. - S.

La chaîne de la Sardaigne, qui reprend la direction N.-S. de la Corse orientale, après quelques interruptions par des saillies granitiques transversales; est presque exclusivement composée par des alternances de schistes, de grauwackes et de calcaires qui se rapportent au même âge, et dont les couches, inclinées suivant les pentes, sont déchirées seulement en quelques points par des granites.

Dans les diverses contrées de transition que nous venons de parcourir, les variations du terrain ne se bornent pas seulement au développement plus ou moins grand de certaines roches qui, à peine existantes dans les uns, sont très-répandues dans les autres, sans que, du reste, les variations minéralogiques de ces roches soient bien considérables. En tête des traits distinctifs de chacun de ces terrains se trouvent encore les modifications causées par les diverses roches ignées qui vinrent postérieurement au jour. Dans les Vosges, les réactions produites par les roches feldspathiques et amphiboliques, ne sont pas les mêmes que celles que présentent les Pyrénées, où les changements des calcaires et marbres, du quartz grenu en quartz compacte, sont très-fréquents. Et même anticipant sur les relations des gisements métallifères; il n'y a aucun rapport entre les filons de galène, plomb carbonaté, de cuivre gris argentifère, d'arsenic, etc., qui criblent les massifs des Vosges et de la Forêt-Noire, avec le développement des fers oxidés et spathiques des Pyrénées. Les modifications de roches peuvent se présenter sur une échelle encore bien plus développée, et dès-lors ils donnent aux terrains une physionomie plus cristalline, qui semblerait devoir les faire placer dans les roches schisteuses cristallines du terrain primitif. Dans ces circonstances il ne reste pour guide que les calcaires dont les fossiles trahissent une époque plus récente; lorsque, cependant, ces fossiles n'ont pas disparu par l'effet des réactions qui ont modifié les calcaires. Nous avons vu que la fréquence des amas antraxifères, avec empreintes végétales, était encore un indice à rechercher.

Angleterre. Le terrain de transition constitue plusieurs parties des Iles britanniques. Le comté de Cornouailles, celui de Devon, et la partie occidentale de celui de Sommerset, présentent un sol principalement schisteux, un peu tourmenté, dont la partie la plus élevée, composée de sommités arrondies, la plupart granitiques, est connue sous le nom de Chaîne ochrinienne (Élie de Beaumont et Dufrénoy). Cette chaîne court de l'O. S. O. à l'E. N. E. La crête culminante varie entre trois cents, quatre cents et cinq cents mètres d'élévation absolue. Les protubérances granitiques qui forment les masses saillantes, sont arrondies, disposées comme des îlots dans la direction de la chaîne : elles sont enveloppées de schistes argileux verdâtres, passant au schiste talqueux ou amphibolique, dont les couches plongent dans le sens de leurs pentes extérieures et paraissent ainsi s'appuyer contre elles. Ces schistes constituent les régions plus basses et plus unies; ils sont désignés dans le pays sous le nom de *killas*. A une distance plus ou moins considérable de la crête, les schistes killas sont recouverts par des grauwackes qui passent au schiste argileux et alternent avec des couches subordonnées de calcaire. Ces couches s'étendent vers le sud jusqu'à la mer, et au nord jusqu'à Saint-Michel. En plusieurs points des masses de serpentines et d'euphotides interrompent la continuité du système, et leur apparition est presque toujours annoncée par des schistes talqueux et amphiboliques.

Le killas joue donc ici le rôle d'un intermédiaire entre le granite et la grauwacke avec calcaire subordonné. Les gisements métallifères d'oxide d'étain et de pyrites y sont presque exclusivement concentrés; ils pénètrent néanmoins dans le granite, mais très-peu dans la grauwacke. Le schiste argileux verdâtre, passant au schiste talqueux et amphibolique, et prenant quelquefois dans sa partie supérieure une texture arénacée, est le véritable killas; mais on applique aussi ce nom au schiste argileux grisâtre, passant à la grauwacke, alternant avec elle et avec des couches de calcaire compacte. En approchant des protubérances granitiques, le killas devient plus dur, et présente alors des variétés nombreuses. Le plus souvent il passe à une espèce de gneiss. Comme d'ailleurs ces schistes n'alternent jamais avec le granite, et que les alternances que l'on a citées sont des faits entièrement exceptionnels, on peut les considérer comme la base du terrain de transition, les protubérances granitiques étant des épanchements de roches ignées, postérieurs à leur formation : c'est la répétition sur une plus petite échelle des relations du Brocken avec les schistes argileux et les grauwackes du Hartz. On trouve, en effet, outre ces masses granitiques, centres de soulèvements et d'altération des couches schisteuses, des filons du même granite ainsi que des filons de porphyre, au contact desquels des faits analogues se reproduisent. Au nord de Saint-Austle, on voit dans un ravin le contact du granite et du killas. Ce contact a lieu suivant un plan vertical dirigé de l'ouest à l'est. Au midi de ce plan le sol est entièrement formé de killas, dont les couches, dirigées de l'est à l'ouest, plongent un peu vers le nord et sont nettement coupées par la surface du granite, dans le voisinage duquel ils deviennent plus durs et moins fissiles. Au nord le terrain est entièrement composé de granite, qui constitue une colline considérable et paraît s'étendre à une grande distance. Dans tout ce canton le killas devient dur, presque compacte, et offre souvent des contournements remarquables, lorsqu'on approche des points de contact avec le granite.

Le terrain de transition présente des caractères analogues dans le Westmoreland, dans la chaîne des Grampians et celle des Dewilsrip en Écosse. Néanmoins les terrains de l'Écosse, et surtout des îles de Skye, de Jura et d'Ila, se compliquent par la présence du quartz-rock. Cette roche est, d'après Macculloch, un quartz tantôt compacte, tenace, laminaire et divisible en fragments rhomboédriques; tantôt grenu, passant à une texture arénacée : il est souvent très-pur, blanc, et constitue des masses, des pics isolés, qui reflètent vivement les rayons du soleil. On le voit aussi en couches alterner avec les micaschistes, les schistes argileux et les grau- Écosse.

wackes. L'épaisseur de ces couches varie depuis un décimètre jusqu'à plusieurs mètres. Lorsqu'il passe aux roches avec lesquelles il alterne, le quartz-rock devient d'abord ferrugineux, gris, rougeâtre, jaunâtre. En suivant une couche pendant long-temps, on voit quelquefois sa nature compacte disparaître, et la texture grenue devenir de plus en plus prononcée; de telle sorte que bientôt la forme arrondie des grains, leur peu de cohérence et même la présence de grains de feldspath que l'on trouve de temps en temps, de concrétions cylindriques qui paraissent être des débris de végétaux; ne permettent pas de douter que cette roche ne soit une roche d'agrégation, un véritable grès, qui, par des réactions postérieures, d'ailleurs justifiées par le développement considérable des trapps en Écosse, a été modifié et amené à l'état compacte.

Le quartz-rock alterne avec toutes les roches schisteuses, le gneiss, le micaschiste, le schiste argileux et la grauwacke; les îles précitées et les côtes voisines de l'Écosse, présentent un grand nombre de ces alternances. Les couches sont souvent brisées et torturées. On remarque alors que le quartz, au lieu de s'être étendu et régulièrement plié comme les couches schisteuses, est tout-à-fait brisé; ses fragments bouleversés et en désordre ont pénétré dans les schistes avec lesquels il est associé. Quelquefois le quartz-rock atteint des épaisseurs de plusieurs centaines de mètres et conserve sa nature compacte à plusieurs lieues des roches trappéennes apparentes; mais d'autres fois aussi il a conservé sa texture arénacée, et l'on voit de véritables couches de grès alterner avec des micaschistes, et même des gneiss, dont l'origine arénacée est dès-lors incontestable, et qui ne sont que des schistes, des grauwackes, amenés à l'état cristallin par les mêmes phénomènes qui ont déterminé la conversion des grès en quartz compacte.

Toutes les îles de la Grèce, d'après MM. Boblaye et Virlet, appartiennent aux terrains primitifs : leur disposition linéaire et leur direction démontrent qu'elles ne sont autre chose que le prolongement des différents systèmes de montagnes qui constituent la Grèce continentale. Les chaînes de l'Olympe et du Pinde sont, comme elles, composées en grande partie de granite, gneiss, micaschiste, stéaschistes et de calcaires grenus qui fournissent les plus belles variétés de marbre. Toute l'Attique, le mont Athos, la Chersonèse chalcidique, les montagnes de la Macédoine, appartiennent aussi aux terrains primitifs; mais une grande partie de la chaîne des Balkans se rapporterait plutôt au terrain de transition. D'après M. Hauslab, elle se compose vers la base méridionale de micaschistes, re- Grèce.

couverts par des couches puissantes de calcaires noirâtres et rougeâtres, par des grauwackes schisteuses, des schistes argileux gris et verdâtres, avec des conglomérats.

Amériques. Dans les deux Amériques, les roches ignées superposées ou intercalées dans le terrain de transition (porphyres, diorites, syénites, serpentines, etc.), sont tellement puissantes, surtout dans la chaîne des Andes, que ce terrain, resserré entre elles et le terrain primitif, est comparativement fort peu développé. Dès-lors, peut-être, serait-on porté à étendre le terrain de transition aux dépens du terrain primitif, en supposant des altérations analogues à celles que nous avons citées dans les Alpes, dans l'Écosse, etc. Les terrains bien caractérisés comme de transition, sont principalement des thonschiefer avec des couches subordonnées de quartz compacte, de grauwacke, de calcaire noir, d'ampélite alumineux et graphique; des grauwackes avec grès quartzeux; des calcaires noirs.

M. de Humboldt signale le terrain de transition dans l'Amérique méridionale, sur la bande australe de la chaîne du littoral de Venezuela. Ce terrain se compose de thonschiefer, de calcaire noir, lié à des euphotides et des grünstein. Entre les vallées d'Aragua et la villa de Cura, des schistes argileux, dont les couches inférieures sont vertes, stéatiteuses et mêlées d'amphibole; les supérieures gris-perlé et bleu-noirâtre; reposent en gisement concordant sur des gneiss et des micaschistes.

Au Mexique, les schistes argileux sont très-développés dans le district de Guanaxuato. Ces schistes sont très-bien stratifiés, sous une inclinaison de 45°. Les couches observées de bas en haut dans la mine de Valenciana, qui a cinq cent vingt-six mètres de profondeur, présentent : 1.° un schiste argileux argenté et stéatiteux, passant au schiste talqueux; 2.° un schiste argileux, verdâtre, à éclat soyeux, ressemblant au schiste chlorité; 3.° un schiste argileux noir, à feuillets très-minces, surchargé de carbone, tachant les doigts comme l'ampélite. Dans une autre mine, le schiste noir est au-dessous du schiste vert, et il est probable que des strates qui passent aux variétés talqueuses, chloritées et carburées, alternent plusieurs fois ensemble. Cette formation de thonschiefer se retrouve, ajoute M. de Humboldt, à la montagne de Santa-Rosa, près de Los Joares, sur une épaisseur de plus de mille mètres; mais dans les mines de ce district la partie inférieure est occupée par des syénites et des serpentines, intercalées dans des schistes carburés. Au-dessus de ces roches ignées se trouve un schiste amphibolique noir verdâtre, dépourvu de feldspath, un peu mêlé de quartz et de pyrites; puis un schiste magnésifère gris bleuâtre, talqueux, recouvert par des schistes fissiles et très-carburés, identiques à ceux de la partie inférieure. Cette formation schisteuse ne contient ni débris organiques, ni couches subordonnées de lydienne ou de grauwacke. Cependant il est probable que le schiste de Guanaxuato contient quelque part des lydiennes, car on en rencontre des débris abondants dans des conglomérats postérieurs. A dix lieues au sud de Cuevas, au milieu du plateau mexicain, on voit le schiste passer à des bancs de schiste siliceux et de lydienne. A Zacatecas, des couches de lydienne ont encore été signalées.

Les diverses variétés de grauwackes constituent, d'après M. Eschwege, la pente orientale des montagnes du Brésil. Dans l'Amérique septentrionale elles sont développées depuis la Caroline jusqu'au lac Champlain; et dans la chaîne des Alleghanis elles se montrent avec des bancs subordonnés de lydienne et de calcaire noir, identiques à ceux du Hartz. Les calcaires grisâtres sublamellaires, avec entroques, orthocères...., qui sont au sud du lac Ontario, les calcaires à trilobites des collines d'Hudson, des monts Catskill (État de New-Yorck), où ils sont très-coquilliers et accompagnés de grès ferrugineux, se rapportent également au terrain de transition.

Formation supérieure.

Les principales variations des terrains de transition, précédemment décrits, résultent de la nature tantôt exclusivement sédimentaire des roches (schiste argileux, grauwacke, calcaire coquillier), tantôt de leur apparence cristalline ou compacte (gneiss, micaschiste, quartz-rock, marbre). Ces terrains diffèrent encore par le développement plus ou moins grand de telle roche; par les alternances multipliées des divers termes, ou leur développement isolé et successif; de sorte qu'il résulte de ces caractères de développement et d'association, une physionomie particulière et caractéristique pour chacune des contrées, sans que, cependant, il y ait des différences réelles de l'une à l'autre. L'ensemble du terrain reste toujours en harmonie avec les caractères généraux que nous lui avons assignés, et la stratification des termes constituants est toujours concordante: Mais si, après avoir parcouru ces premiers terrains, l'on vient à étudier certaines contrées où les parties supérieures sont très-développées : les caractères observés jusqu'ici éprouveront des modifications beaucoup plus considérables.

Que l'on se transporte par exemple vers ce massif de terrain ancien qui comprend la Bretagne, une partie de la Normandie, du

Bretagne.

Maine et de l'Anjou, et qui limite les terrains secondaires à partir de la pointe du Calvados jusqu'à Angers. Le terrain se montre composé de couches alternatives et plus distinctement stratifiées que cela n'a lieu ordinairement, 1.° de schistes argileux gris, noirs, rougeâtres; 2.° de calcaires très-coquilliers; 3.° de grès quartzeux, qui passent souvent au quartz compacte, gris et blanc; 4.° de couches de carbone à l'état d'anthracite, et même de houille à cassure luisante. Les schistes passent à ces couches de carbone, de sorte que le fait observé précédemment, que les schistes de transition étaient plus carburés que ceux du terrain primitif, se répète ici de la formation de transition supérieure à la formation inférieure. L'abondance du carbone est en effet le caractère le plus saillant, puisque non-seulement les schistes sont très-carburés, mais qu'ils sont associés à des couches d'anthracite et de houille, qui atteignent jusqu'à un mètre de puissance : ce caractère avait même fait regarder une partie de la contrée comme appartenant au terrain houiller. Les couches de charbon sont exploitées à Saint-George-Chatelaison, à Montrelais, Mouzeil, Nort, Languin.... où elles sont ordinairement comprises dans des schistes ardoisiers noirs, qui alternent avec des calcaires compactes plus ou moins coquilliers, grisâtres, noirs ou rougeâtres, avec des schistes talqueux et des grès purs ou ferrugineux. A Montrelais, quatre couches d'anthracite sont comprises dans des grès micacés, qui contiennent des noyaux de quartz et alternent avec des schistes et des quartz-rock.

Les couches de la contrée sont souvent inclinées, quelquefois verticales, courbes et ondulées, ainsi qu'on peut le voir dans les exploitations de charbon et celles du terrain ardoisier d'Angers. Des roches feldspathiques, d'autres d'apparence amphibolique, sont sorties à travers ces couches, et les ont souvent modifiées. C'est ainsi que les grès ont été en grande partie changés en quartz compacte, identique au quartz-rock de l'Écosse; le calcaire en marbre; et que le schiste est devenu plus dur, plus compacte, moins fissile; quelquefois même cristallin et d'apparence amphibolique ou feldspathique.

Cette formation, qui se rapproche du terrain houiller par l'abondance des couches de charbon, par ses empreintes végétales; en diffère essentiellement par ses fossiles (coquilles et polypiers); par sa disposition, qui n'a aucun rapport avec la disposition en bassins; enfin, par la discordance de stratification. L'on trouve en effet dans cette même contrée de petits bassins qui appartiennent réellement au terrain houiller, et dont les couches presque horizontales reposent sur les tranches des couches inclinées de schiste, calcaire, grès et anthracite. Elle se rapproche aussi de la formation de transition inférieure, sous le rapport de la composition; mais elle en diffère par l'abondance du carbone, par la présence de certaines coquilles (spodumènes, bellérophons et même ammonites), et par la discordance de la stratification. On voit, en effet, saillir en beaucoup de points le terrain de transition inférieur, qui forme, dit M. Élie de Beaumont, des gibbosités, autour desquelles le terrain supérieur s'est déposé. Les couches schisteuses anciennes sont généralement dirigées de N.-E. ¼ E. à S.-O. ¼ O., tandis que les couches anthraxifères affectent une direction générale, comprise entre la ligne O.-E. et celle de O. 15° N. à E. 15° S.; ce qui conduit à reconnaître que les couches de transition inférieure avaient été accidentées dans une direction, avant le dépôt des couches de transition supérieure, qui elles-mêmes ont été accidentées dans une autre avant le dépôt du terrain houiller.

Les caractères distinctifs des deux formations de transition résultent actuellement de cet aperçu sur un premier gisement: c'est cette abondance toujours croissante du carbone accompagné d'un grand développement calcaire, de grès quartzeux qui représentent les grauwackes et semblent un prélude aux couches de houille et au grand développement arénacé qui caractérise le terrain houiller : c'est une différence sensible dans les débris organiques, qui sont, outre les empreintes végétales; les spirifères, les productus, les orthocères, évomphales, térébratules, avicules, bellérophons, les trilobites, les encrines, les astrées, etc. : c'est, enfin, la discordance de stratification.

En Angleterre, la formation de transition supérieure est caractérisée par le développement presque exclusif du calcaire. Le type de ce calcaire très-célèbre par les belles trilobites que l'on y trouve, est ordinairement désigné sous le nom de calcaire de Dudley. Ce calcaire est grisâtre ou gris bleuâtre, compacte ou finement grenu, souvent divisé en dalles, et contenant, outre des trilobites, des encrines, des orthocères et beaucoup d'autres coquilles : il constitue trois collines oblongues, isolées, situées au nord de la dépression dans laquelle est bâtie la ville de Dudley. Des calcaires analogues et appartenant de même à la partie supérieure du terrain de transition, se montrent souvent à découvert dans toute la région comprise entre Bristol, Liverpool et Leicester; ils alternent avec des grauwackes schisteuses micacées, passant, soit à la grauwacke grossière, soit au schiste, ou même au grès quartzeux. Bien que la direction des accidents de la formation correspondante du Boccagé et de la Normandie ne se reproduise Iles Britanniques.

pas dans ce terrain, il ne partage pas non plus la direction des couches de transition inférieures du pays de Galles et du Westmoreland.

Mais les directions des couches du Boccage et de la Normandie se reproduisent très-bien dans la partie supérieure du terrain de transition qui constitue la partie méridionale de l'Irlande. M. Weaver a de plus constaté des caractères de composition presque identiques. Ainsi les couches d'anthracite et de houille avec impressions végétales sont peut-être encore plus nombreuses dans la province de Munster. Ces couches de charbon alternent avec des couches de schistes souvent très-pyriteux, qui contiennent des empreintes végétales; avec des grauwackes schisteuses et grossières; avec des grès quartzeux passant aux quartz-rock, et avec des calcaires. Dans le comté de Cork, ces combustibles sont exploités, et les mines de Drouagh en produisent annuellement plus de vingt-cinq mille tonneaux. Les couches sont, de même qu'en France, souvent inclinées et même verticales: on y trouve les mêmes fossiles, et pour compléter l'analogie, l'on y voit le terrain houiller (comté de Clare) reposer sur lui en stratification discordante.

Vosges. M. Élie de Beaumont a signalé la vallée de Thann, dans les Vosges, comme exemple de la formation de transition supérieure; elle y est représentée par des schistes et des grauwackes qui, de même que ceux de Saint-George-Chatelaison, deviennent souvent feldspathiques à l'approche de roches pétrosiliceuses intercalées. Ces schistes sont souvent carburés, et contiennent des couches d'anthracite, avec impressions végétales. La direction générale du terrain n'est pas la même que celle des schistes, des grauwackes de la partie centrale des Vosges, décrite plus haut, et ces deux directions sont dans le même rapport que celles des formations de la Bretagne. En outre, sur le prolongement de ces couches carbonifères se trouve de l'autre côté du Rhin, dans le massif de la Forêt-Noire, un terrain tout-à-fait dans les mêmes conditions. Le combustible qui s'y trouve est exploité à Zundsweiler. Ces faits, joints à des considérations sur l'absence des coquilles, ont conduit M. Élie de Beaumont à penser que la formation de transition supérieure a été déposée dans un lac alongé suivant la direction de Thann à Zundsweiler: et en effet ce système carbonifère (qui n'a du reste aucune analogie avec le terrain houiller exploité près de là, à Ronchamp) présente une véritable disposition en bassin.

Europe septentrionale.

La partie sud du massif de la Scandinavie présente des alternances de calcaire avec des schistes et des grauwackes qui se rapportent à la formation supérieure. M. Brongniart distingue deux sortes de calcaires : 1.° les calcaires compactes communs, tantôt grisâtres et rougeâtres, tantôt noirs et charbonneux, clairement stratifiés avec des schistes, des ampélites, des silex cornés, et renfermant des débris organiques, surtout de petites trilobites qui y sont quelquefois en quantité prodigieuse : cette formation calcaire forme en Norwége le sol de Malmoën, de Malmoë-Kalven et de plusieurs autres îles et plages du golfe de Christiania; elle se trouve en Suède, dans l'île de Gothland, dans la Westrogothie, près de Motala, Linköping, Falköping, etc.; 2.° les calcaires blanchâtres, sublamellaires ou compactes fins, les calcaires compactes noirs qui renferment des lits et des nodules de silex cornés, et qui présentent rarement des débris organiques. Quelques-uns de ces calcaires sont à peine stratifiés; ils passent aux roches massives et contiennent de l'épidote, des grenats, etc. On les trouve entre Drammen et Christiania, à Rotangen, Wetta-kullen, et dans tous les environs de Christiania. Certaines couches sont schistoïdes, divisées en assises innombrables; d'autres prennent l'aspect bréchiforme.

Sur les bords du golfe de Finlande des calcaires correspondants alternent avec des schistes et des grès; ils sont remarquables par la chlorite qu'ils contiennent (Koschlewa, près Tzarskoë Sselo), et leur division en dalles qui leur a fait donner à Saint-Pétersbourg le nom de plette. Ces calcaires contiennent des trilobites, des spirifères, des térébratules, etc.

Dans les contrées septentrionales, comme en Angleterre, le caractère saillant et distinctif de la formation de transition supérieure est donc le développement presque exclusif des calcaires. Observons, d'ailleurs, que cette formation peut être soupçonnée en beaucoup de contrées (par exemple, en Hongrie, pour ses grès quartzeux et ses calcaires à nids siliceux); mais comme ses caractères ne sont en quelque sorte que l'exagération de ceux qui distinguent en partie les terrains de transition inférieurs des terrains primitifs, il est très-difficile, lorsqu'on n'est point aidé par des discordances de stratification, d'établir la ligne de démarcation.

TERRAIN HOUILLER.

Le terrain houiller est principalement caractérisé par la puissance et l'abondance des couches de houille, qui alternent avec des grès très-développés et des schistes plus ou moins argileux. Le carbone, que nous avons vu apparaître dans les terrains de transition, surtout dans les plus récents, où il forme déjà des couches nombreuses et exploitées; atteint ici son maximum de développement.

Ce terrain est peut-être le plus utile à l'homme; c'est du moins celui dont les avantages sont les plus immédiats, puisque bien des contrées ne doivent leur prospérité qu'à l'abondance des combustibles qu'il renferme. Il est très-répandu, mais souvent circonscrit de manière à ne constituer que des bassins de petites dimensions : par exemple, en France il existe plus de soixante bassins houillers, dont l'ensemble ne forme pas cependant la vingtième partie du territoire. Quelques données conduisent, il est vrai, à lui supposer une étendue plus considérable; mais comme il est placé très-bas dans l'échelle géognostique, il est souvent recouvert par les formations postérieures, de telle sorte qu'on est obligé, pour l'atteindre, de percer des puits très-profonds; et qu'il peut exister en beaucoup de points sous nos pieds, sans que nous puissions parvenir jusqu'à lui. Le terrain houiller étant l'objet d'exploitations considérables dans presque toutes les contrées où son existence a été constatée, ses caractères de forme et de composition sont parfaitement connus, et sa description peut servir à remplacer bien des notions qui manquent sur les autres terrains sédimentaires.

Comme formation distincte et isolée, le terrain houiller est parfaitement caractérisé par l'indifférence avec laquelle il repose sur les terrains préexistants, par sa stratification souvent discordante avec les terrains inférieurs et supérieurs, par la nature des roches qui le composent; enfin, par un très-grand nombre de végétaux fossiles dont beaucoup n'appartiennent qu'à lui seul. Cet isolement est encore devenu plus tranché, depuis que l'on en a séparé les gisements carbonifères des terrains schisteux. Néanmoins, dans les contrées où la stratification n'est pas sensiblement discordante, il y a une fréquente liaison qui consiste en alternances des schistes et des roches d'agrégation du terrain houiller avec les schistes et les grauwackes de la formation de transition supérieure; et ce passage est d'autant plus ménagé que les parties inférieures du terrain sont plus développées. En effet, le terrain houiller ne se compose pas seulement de couches de grès et de schistes qui alternent avec la houille et qui sont l'objet d'exploitations presque partout où elles sont connues, soit qu'elles se montrent au jour, soit qu'on les ait découvertes par des puits et des sondages: on a trouvé dans plusieurs contrées (Iles Britanniques, Belgique) des couches puissantes de calcaire, de grès et conglomérats particuliers qui ne contiennent pas de couches de houille, et sont interposées entre la partie supérieure riche en carbone et le terrain de transition. Ces calcaires et ces roches d'agrégation ont même été pendant long-temps regardés comme faisant partie du terrain de transition; mais la liaison intime qui les réunit aux masses carbonifères, la concordance constante de la stratification, jointe aux discordances observées avec le terrain de transition qui les supporte (pays de Galles), ont conduit à les comprendre dans le terrain houiller.

En voyant ce terrain formé de trois termes aussi distincts sous le rapport de la composition : le plus inférieur, qui ne présente que des roches d'agrégation, grès, brèches, poudingues et conglomérats à ciment ferrugineux vieux grès rouge); le terme intermédiaire, où dominent presque exclusivement les roches calcaires (calcaire carbonifère); enfin, le terme supérieur, auquel les roches d'agrégation, les schistes et la houille donnent une physionomie toute particulière; on est tenté, malgré les passages qui réunissent souvent ces trois termes, de les regarder comme appartenant à trois périodes différentes. L'on pourrait appuyer cette opinion sur la suppression fréquente des deux termes inférieurs; suppression qui prouverait que certaines contrées qui avaient échappé aux influences sédimentaires qui ont donné naissance à ces deux termes premièrement formés, ont été amenées par de nouveaux mouvements du sol sous l'influence sédimentaire qui a déposé le dernier.

Mais cette suppression, qui porte à la fois sur les deux termes inférieurs, dont le développement est toujours simultané, indique évidemment que, s'il y a lieu à subdiviser en plusieurs formations, ces deux termes doivent être réunis pour en former une seule. Nous subdiviserons donc le terrain houiller en deux formations : 1.° la formation du *vieux grès rouge*, qui, outre les grès et les conglomérats inférieurs, comprend le *calcaire carbonifère*, et sera ainsi subdivisée en deux étages; 2.° la formation *houillère* proprement dite.

Le terrain houiller, avons-nous dit, bien que très-fréquent, est cependant peu étendu, à cause de sa disposition en bassins circonscrits et du rang inférieur qu'il occupe dans la série. En effet, toute la partie orientale de l'Europe en est totalement dépourvue, et ce n'est que dans la partie occidentale qu'il est connu : peut-être cependant existe-t-il en plus d'un point sous ces vastes dépôts secondaires et tertiaires de l'Allemagne, de la Russie, etc.; mais l'épaisseur, la continuité de ces dépôts, le dérobent à toutes les recherches. Les Iles Britanniques, la France, la Belgique, la Silésie, et certaines parties de l'Allemagne septentrionale, sont à peu près les seules contrées européennes où il existe sur des étendues notables et avec des caractères bien prononcés.

Dans ces contrées il constitue le plus souvent des bassins isolés, qui tantôt ont à peine un kilomètre carré, et d'autres fois en ont plusieurs centaines; les plus remarquables sont : le bassin de Saint-Étienne, dans une cavité de gneiss et micaschiste du département de la Loire; celui d'Aubin dans l'Aveyron, celui d'Alais, dans le Gard; ceux du Creusot et d'Autun, dans le département de Saône-et-Loire; celui de Brassac, dans le Puy-de-Dôme; de Decise, dans la Nièvre, etc., auxquels on peut ajouter ceux de Ronchamp, dans les Vosges; de Sarrebruck, d'Essen et Verden, de Silésie, etc. On pourrait citer plus de cent de ces bassins; et ce qui est remarquable, c'est que cette forme paraît exclure les deux termes inférieurs du vieux grès rouge et le calcaire carbonifère : la formation houillère y est seule représentée.

D'autres fois le gisement du terrain houiller ne se prête pas à cette hypothèse de bassins isolés, bien que l'usage leur en ait conservé le nom. Ainsi la longue bande houillère qui est exploitée à partir d'Eschweiler, Aix-la-Chapelle, Liége, Charleroi, Mons, jusqu'au-dessous de Valenciennes, et qui a été reconnue à Mouchy-le-Preux, près Arras, ne peut représenter qu'une véritable mer : peut-être même les houillères d'Hardinghen, près Boulogne, appartiennent-elles à ce vaste dépôt. Le même fait se représente dans les Iles Britanniques, où le terrain houiller présente une continuité remarquable. Des considérations récentes de M. Élie de Beaumont sur les relations de ces gisements houillers de la Belgique, de la France septentrionale, d'une partie de l'Angleterre et de l'Allemagne, avec les accidents du sol; sur la distribution des fossiles, l'ont conduit à penser qu'une grande partie de ces gisements appartenaient à un dépôt continu, qui pouvait même s'étendre encore beaucoup plus loin. Le vieux grès rouge et le calcaire carbonifère se montrent en Belgique, et surtout en Angleterre, de sorte que leur présence semble concorder avec un très-grand développement du terrain houiller. (1)

(1) La formation supérieure, caractérisée par la présence de la houille, étant la plus fréquemment développée, on pourra se faire

Le terrain houiller est très-souvent associé avec des porphyres et des trapps, qui se montrent au-dessus, au-dessous, et intercalés entre ses couches; l'apparente stratification de ces roches ignées les a fait long-temps regarder comme partie constituante de ce terrain, surtout dans les régions où l'on avait cru remarquer des relations fixes entre elles et les autres roches. Mais ces relations n'avaient quelque valeur que dans les contrées très-circonscrites : ainsi celles que l'on avait observées dans le Cumberland et le Northumberland étaient déjà toutes différentes dans le Derbyshire, à plus forte raison en France, en Allemagne, et dans les contrées plus éloignées.

Composition. Les roches constituantes du terrain houiller sont, abstraction faite bien entendu des roches trappéennes, des porphyres, qui peuvent s'y montrer intercalés ou en filons : 1.° les *grès, psammites* et *conglomérats* ; 2.° l'*argile schisteuse*; 3.° le *calcaire*; 4.° la *houille*, et peut-être devrait-on ajouter le *fer carbonaté*, qui

une idée de la répartition du terrain houiller par ce tableau approximatif des extractions de houille.

	Quintaux métriques.
Angleterre	75,000,000.
Belgique, Prusse rhénane	31,000,000.
France	18,000,000.
Silésie, Prusse	3,000,000.
Hanovre et Confédération germanique	3,000,000.
Saxe	600,000.
Autriche	340,000.
Bavière	160,000.
États-Unis	1,500,000.

est quelquefois en véritables couches de plusieurs mètres d'épaisseur. Ces roches forment des assises plus ou moins puissantes, qui alternent à plusieurs reprises, jusqu'à cent et cent cinquante fois : le grès est ordinairement la roche dominante, puis l'argile schisteuse, puis le calcaire, puis, enfin, la houille et le fer carbonaté.

Les grès sont composés de grains plus ou moins fins de quartz, de feldspath et de roches primitives. Les principes quartzeux dominent toujours; ils paraissent exister exclusivement dans les grès fins, tandis que dans les poudingues et les conglomérats on voit des fragments de toutes les roches préexistantes. Ils affectent une couleur rouge, due à un ciment ferrugineux, ou grise assez sombre; les couleurs les plus claires sont le gris bleuâtre et le jaune rougeâtre. La grosseur des fragments peut varier depuis les grains à peine perceptibles jusqu'à plusieurs décimètres; elle peut même dépasser un mètre cube : souvent les parties inférieures du terrain sont composées de ces gros conglomérats; et l'on peut dire que la grosseur du grain diminue à mesure qu'on s'élève vers les assises supérieures. Il existe cependant des exceptions; par exemple à Altenbourg en Silésie, où des galets réunis par un ciment et formant un poudingue grossier, se trouvent en bancs de plusieurs mètres d'épaisseur, intercalés dans les couches de grès ordinaires à grains de la grosseur de ceux de millet et de chenevis. Mais, en considérant l'ensemble du terrain, la loi de diminution graduelle des fragments peut être regardée comme assez générale. Le grès houiller est ordinairement solide, et le ciment, lorsqu'il est visible, se compose d'une matière analogue à l'argile schisteuse, mais plus siliceuse; de là des mélanges de grès fin et d'argile schisteuse, qui constituent des passages insensibles et fréquents de l'un à l'autre. Le mica, en très-petites paillettes plus ou moins abondantes, sert à caractériser le grès houiller; il caractérise surtout les variétés à grains fins, et leur donne une structure plus ou moins schisteuse dans le sens de la stratification; ces variétés ont été désignées sous le nom de grès micacé ou grès tendre (*mürbe Sandstein*).

Les variétés assez fines et de dureté moyenne sont fort bonnes comme pierre de construction; la ville de Saint-Étienne, entre autres, en est entièrement bâtie. Les variétés les plus dures sont aussi exploitées comme pavé et pour les meules à aiguiser. Au sud de Newcastle on exploite une de ces couches de grès de vingt mètres d'épaisseur, qui fournit des meules à toute l'Angleterre.

L'argile schisteuse ou *Schieferthon* est une roche tendre, feuilletée, de couleur grise, noire ou verdâtre, quelquefois susceptible de se déliter dans l'eau à la manière des argiles plastiques; elle peut être considérée comme complétant le dépôt des matières enlevées aux roches primitives. Ainsi le grès contient le quartz et tous les débris fragmentaires, tandis que l'argile schisteuse est composée des mêmes éléments à leur maximum de ténuité, et de l'argile résultant de la décomposition du feldspath ou des granites. Cette argile est quelquefois assez pure; mais le plus souvent elle est très-sablonneuse, micacée et plus ou moins charbonneuse. Ordinairement le carbone et le mica interposés déterminent la structure schisteuse et feuilletée, de sorte que l'argile grise ou verdâtre est rayée, dans le sens de la stratification, par des lignes déliées et noirâtres; et lorsqu'on sépare les feuillets, on trouve une surface noire, micacée et plus ou moins unie, et un peu miroitante. Ces schistes se délitent et s'altèrent promptement au contact de l'air.

Les argiles schisteuses sont caractérisées, surtout vers leur contact avec la houille, par une prodigieuse quantité d'empreintes de feuilles de fougères. Ce sont les feuilles des arbres fougères dont les troncs et les branches se retrouvent dans le grès; mais comme on ne trouve point les feuilles avec les arbres, on a été obligé de les classer séparément.

La structure feuilletée des argiles et du grès est en quelque sorte la cause de la plus grande partie des éboulements et des accidents qui ont lieu dans les mines, par la facilité avec laquelle le toit s'écroule, lorsqu'on a extrait la houille, et qu'il n'est pas suffisamment soutenu par des boisages. Ces argiles sont généralement sans utilité; elles sont cependant quelquefois propres à la fabrication de l'alun; telles sont celles des environs de Liége. En Angleterre, elles fournissent une excellente argile réfractaire (*fire-clay*), pour la construction des hauts fourneaux, et même pour la fabrication de creusets.

Les calcaires du terrain houiller sont généralement colorés par des particules charbonneuses en gris de fumée, et quelquefois leur odeur fétide, par percussion, indique aussi la présence du bitume; ils sont compactes, souvent traversés par des veines de spath calcaire, et contiennent des géodes spathiques, cristallines. Ils passent au marbre, à la brèche calcaire, à la dolomie, au calschiste, et fournissent des marbres et des pierres de taille; ils sont sujets à des variations, dont nous parlerons seulement en décrivant les parties des Iles Britanniques, de la Belgique et de la France septentrionale, où on les rencontre.

Houille. Le carbone n'appartient pas exclusivement au terrain houiller. Nous l'avons vu former des amas et des couches exploitables dans le terrain de transition, et il se présentera encore dans des formations postérieures; mais il y atteint son maximum d'abondance, et devient un caractère presque constant. La houille, c'est-à-dire, un carbone bitumineux, facilement combustible, réductible en coke, à cassure brillante, etc., n'est pas non plus, comme on l'avait cru d'abord, sa propriété exclusive: elle constitue des couches bien caractérisées dans la formation supérieure de transition, elle a été aussi reconnue dans le terrain jurassique; mais à prendre néanmoins la masse des combustibles des terrains houiller et de transition, on voit que la houille est presque la seule variété qui se trouve dans le premier, tandis que l'anthracite domine dans le second. De plus, dans les combustibles des formations postérieures, on a pu saisir des différences plus ou moins prononcées. Ainsi, la houille du terrain jurassique donne une poussière rougeâtre, tandis qu'elles ont ordinairement une poussière noire. Cette différence peut être attribuée à une moins grande altération de la matière ligneuse, à une carbonisation moins complète, et de plus à une sécheresse plus grande, c'est-à-dire, à une moindre proportion de bitume: et, en effet, les lignites que l'on rencontre dans les terrains secondaires supérieurs et dans les terrains tertiaires, contiennent généralement moins de bitume que les houilles, en même temps que le tissu ligneux est presque toujours apparent. Le terrain houiller peut donc être regardé comme caractérisé en même temps par le maximum d'abondance du carbone et du bitume, c'est-à-dire, de la houille.

On subdivise les houilles en plusieurs variétés, ordinairement d'après la proportion de bitume plus ou moins grande qu'elles contiennent; proportion qui peut se juger d'après les caractères minéralogiques, et qui a l'avantage d'être en harmonie avec la subdivision des usages auxquels elle est propre, avec la composition chimique et avec l'état du coke. On peut alors distinguer :

1.° La *houille grasse* ou *maréchale*, d'un noir brillant, d'une cassure éclatante, fragile et légère, s'allumant aisément et brûlant avec une flamme longue et fuligineuse. Pendant sa combustion, elle entre en fusion pâteuse; tous les fragments se boursouflent et se collent de manière à ne former qu'une seule masse. Cette houille donne un coke boursouflé.

2.° La *houille commune*, plus dense que la variété précédente, moins fragile, d'un beau noir, et à cassure moins brillante, brûlant facilement et avec flamme, mais peu collante, de sorte que les fragments conservent à peu près leur forme. Au commencement de la combustion il y a bien adhérence entre les fragments, mais elle se détruit dès qu'ils brûlent sans flamme. Soumise à la carbonisation dans des cylindres de fonte, la houille commune prend un peu la forme et, pour ainsi dire, l'empreinte de ces cylindres. Son coke a une cassure grenue, brillante, souvent même un éclat métallique et argentin : c'est le coke fritté.

3.° La *houille sèche* ou *maigre* est d'un noir passant au brun et au gris, à cassure quelquefois conchoïde, sans éclat; elle s'allume difficilement, brûle avec une flamme bleuâtre très-courte, sans se boursoufler et sans que les fragments adhèrent entre eux : c'est en réalité le passage à l'anthracite ou au lignite piciforme; elle s'éteint facilement par l'action d'un courant d'air trop grand ou lorsqu'on retire les fragments isolés du feu, en se recouvrant d'une cendre blanchâtre. Cette variété donne un coke pulvérulent.

Outre ces trois variétés qui constituent la presque-totalité des houilles, on en distingue une quatrième, qui est assez rare, et même ne se trouve guère qu'en Angleterre, dans le Lancashire, où elle est connue sous le nom de *cannel-coal* (houille candelaire), parce qu'elle est exclusivement employée à la fabrication du gaz hydrogène bicarboné ou gaz d'éclairage. En France, on la désigne préférablement sous la dénomination de *houille compacte;* dénomination qui exprime son caractère minéralogique distinctif. Cette houille est donc compacte, à cassure unie, plane ou conchoïde, tantôt terne et matte, tantôt d'un éclat résineux; elle est d'un noir grisâtre comme la houille sèche, et pourtant brûle facilement avec une très-longue flamme blanche, éclatante, en se boursouflant; à la fois légère, résistante, elle se laisse tailler et polir comme le jayet : on en fait des objets d'ornement. Cette variété est réellement une anomalie dans la série des houilles, et doit être mise hors de ligne à cause du peu de fréquence de ses gisements.

On a classé quelquefois les houilles d'après leur structure et leur texture; mais ces caractères sont trop variables dans une même espèce pour qu'on puisse les mettre en relation d'une manière fixe avec les propriétés économiques. On distingue la houille lamelleuse, à cassure brillante et lamelleuse dans un sens, inégale dans l'autre : la houille polyédrique, en fragments pseudo-réguliers, souvent rhomboédriques, dont la forme paraît due à des fissures de retrait : la houille réniforme, en nœuds et rognons dans les schistes qui alternent avec les couches : la houille schisteuse, qui n'a ordinairement cette structure que par suite du mélange avec la matière des schistes, et qui, par conséquent, n'est déjà plus une houille proprement dite, puisque l'on ne doit appliquer ce nom qu'aux variétés pures, prises en pleine couche, et où la proportion des matières terreuses est très-faible : la houille granulaire, à cassure inégale dans tous les sens et comme composée de fragments irréguliers, accolés et enchevêtrés : enfin, la houille compacte ou conchoïde (*cannel-coal*).

La densité des houilles varie entre 1,16 (*cannel-coal*) et 1,32, et même 1,40 (houille lamelleuse dure d'Eschweiler et de Silésie). Les matières terreuses qui constituent les cendres, sont très-peu de chose dans les houilles pures, et s'élèvent au plus à quelques centièmes : ce n'est qu'en s'approchant des limites des couches, que la houille, se mêlant assez volontiers avec les schistes, donne alors des mélanges en toutes proportions de houille et de matières terreuses. Ces mélanges peuvent, en partie, brûler; mais ils laissent un résidu de schiste calciné, qui a la même forme que le fragment primitif.

Les houilles ont été long-temps regardées, sous le rapport de la composition, comme des mélanges de carbone, à peu près pur, d'anthracite par exemple, avec des matières bitumineuses. Cette opinion est en effet d'accord avec cette propriété qu'elles ont, de donner à la distillation d'autant plus de gaz carburé et de bitume que la houille est plus grasse, c'est-à-dire, qu'elles s'éloignent davantage des anthracites, qui ne contiennent presque pas de matières volatiles. Mais les résultats des analyses chimiques conduisent à penser que les houilles sont de véritables combinaisons de matières définies, dont les proportions variables détermineraient les diverses propriétés. En effet, la fusibilité des houilles, surtout lorsqu'on les distille à vases clos, et les rapports de cette fusibilité avec la composition chimique, viennent à l'appui de cette opinion. Par exemple, dit M. Dumas, si l'on jette les yeux sur le tableau suivant, qui résulte des recherches de M. Karsten sur les différents combustibles fossiles: on voit que les houilles sont des composés de carbone, d'hydrogène et d'oxigène, qui sont d'autant plus fusibles qu'ils renferment plus d'hydrogène en excès, relativement à l'oxigène; et que la nature de la houille et la qualité de son coke sont tellement liés avec le rapport entre l'oxigène et l'hydrogène, que l'on peut établir les règles suivantes :

1.° Une houille grasse à coke très-boursouflé, et, par conséquent, très-fusible, doit contenir au moins trois pour cent d'hydrogène, et au plus la quantité d'oxigène nécessaire pour transformer la moitié de cet hydrogène en eau.

2.° Une houille commune à coke fritté, et par conséquent, peu fusible, peut contenir des quantités assez variables d'hydrogène; mais quand la proportion dépasse un et demi pour cent, l'oxigène doit se trouver en quantité telle qu'il puisse transformer au moins les deux tiers de l'hydrogène en eau.

Combustibles fossiles essayés.	Densité.	Coke pour 100	État du coke.	100 parties de combustible pur contiennent			Pour 1000 atomes de carbone.		Atomes d'hydrogène pour 1000 d'oxigène.
				Carb.	Hydrog.	Oxig.	atom. d'oxig.	atom. d'hydr.	
1. Houille lamelleuse, molle, d'Eschweiler, pays d'Aix-la-Chapelle	1,3005	81,06	Boursouflé, très-gonflé	90,22	3,24	6,54	54	437	7965
2. Houille lamelleuse, molle, d'Essen et Werden, Westphalie	1,2757	79,69	*Idem*	88,68	3,21	8,11	69	441	6356
3. Cannel-coal	1,1652	51,32	*Idem*	74,83	5,45	19,72	199	886	4444
4. Houille intermédiaire entre la houille lamelleuse et la houille piciforme. Newcastle	1,2563	66,68	Boursouflé	84,99	3,23	11,78	104	462	4402
5. Houille schisteuse passant à la piciforme, de Vellesweiler, pays de Sarrebruck	1,2677	66,05	Un peu boursouflé	82,15	3,23	14,62	146	479	3554
6. Houille lamelleuse d'Essen, plus dure que le n.° 2	1,3065	88,56	Fritté	93,03	1,12	5,85	47	146	3070
7. Houille schisteuse, compacte, de Beuthen, Haute-Silésie	1,2846	67,39	*Idem*	78,89	3,22	17,89	171	498	2901
8. Bois fossile passant au lignite, de Bruhl, près Cologne	»	47,88	Pulvérulent	64,10	5,03	30,87	363	955	2620
9. Houille d'Essen, lamelleuse, plus dure que le n.° 6	1,3376	88,56	*Idem*	96,60	0,44	1,96	23	55	2400
10. Lignite jayet passant à la houille piciforme d'Utweiler, rive droite du Rhin	1,2081	70,75	*Idem*	77,88	2,57	19,55	181	402	2114
11. Houille schisteuse de Brayenkowitz, Haute-Silésie	1,3098	58,62	*Idem*	76,07	2,83	21,08	209	455	2171

3.° Enfin, dans les houilles sèches, à coke pulvérulent et presque infusibles, les proportions de l'oxigène à l'hydrogène se trouvent à peu près dans les rapports qui constituent l'eau.

Ces considérations de M. Dumas sur les relations qui existent nécessairement entre les caractères minéralogiques et pyrognostiques des houilles et leur composition chimique, présentent un ensemble beaucoup plus satisfaisant que l'hypothèse des mélanges de carbone et de bitume. On voit, du reste, dans ce tableau, que M. Karsten n'a pas rencontré de houille qui ait fourni moins de quarante-huit pour cent de carbone, ni plus de quatre-vingt-dix pour cent. Entre ces deux nombres il serait difficile d'en citer un qui ne fût l'expression de la teneur en carbone d'une variété. L'azote a été signalé dans beaucoup de houilles; mais on n'a pu, jusqu'ici, le rattacher à aucune considération minéralogique.

L'emploi des trois variétés de houille est aussi différent que leurs propriétés. Ainsi les houilles grasses qui contiennent beaucoup d'hydrogène en excès, seront les plus propres à la distillation et à la fabrication du gaz d'éclairage, lorsqu'on n'aura pas la variété du cannel-coal. Leur fusibilité les rend aussi très-précieuses pour la maréchalerie, où l'on a besoin de concentrer une chaleur immédiate et forte sur de petits objets: ce qui se fait en formant la voûte avec le charbon collant. Les houilles à coke fritté seront préférables d'abord pour la fabrication du coke, ensuite pour les foyers à grilles, où il est important que la circulation de l'air ne soit pas empêchée par l'adhérence et la fusion des fragments. Lorsque le chauffage doit être fait avec flamme, il faut savoir choisir les variétés les plus riches en hydrogène, mais dont la fusibilité ne puisse pas gêner. Dans le cas contraire, les houilles à coke pulvérulent seront préférables. Relativement à la quantité de chaleur fournie par la houille, on estime en général qu'elle est égale à celle que fourniraient séparément le carbone et l'hydrogène en excès, relativement à l'oxigène, de sorte qu'on les classe ainsi, à partir de celle dont l'effet calorifique est le plus grand : 1.° la houille à coke boursouflé très-hydrogéné; 2.° la houille à coke boursouflé riche en carbone; 3.° la houille à coke fritté très-riche en carbone; 4.° la houille à coke pulvérulent très-riche en carbone; 5.° la houille à coke fritté pauvre en carbone; 6.° la houille à coke pulvérulent pauvre en carbone. Par le calcul et par l'expérience, une houille de qualité moyenne, analogue aux numéros 4 et 5 du tableau, donne assez de chaleur pour porter 0° à 100°, environ soixante fois son poids d'eau.

Les substances accidentelles de la houille

sont : les pyrites de fer, dont la présence est très-pernicieuse et déprécie singulièrement la houille, et la rend même quelquefois inapplicable aux travaux métallurgiques ; le bitume, que l'on voit souvent découler à la surface des blocs nouvellement extraits ; assez rarement la galène (Dudley) ; la blende (Decise) ; enfin, l'hydrogène carboné ou feu grisou, qui cause tant d'accidents dans les houillères. Ce gaz existe dans les fissures, d'où il se dégage lentement ; quelquefois il est en telle abondance, qu'on l'entend se dégager avec un petit sifflement, et qu'il fait décrépiter la houille qui en est pénétrée. Certains districts de mines sont exempts de grisou ; mais il existe dans la majeure partie en plus ou moins grande quantité.

Allure et accidents des couches de houille.

Les diverses variétés de houille constituent des couches qui alternent avec les grès et les argiles schisteuses. Rien de plus variable que la puissance et le nombre des couches de houille ; généralement le nombre et la puissance sont en raison inverse, c'est-à-dire que plus les couches sont minces, plus elles sont multipliées. L'épaisseur moyenne ne dépasse guères un mètre, et les couches de deux mètres ne sont déjà pas en assez grand nombre pour qu'on ne puisse les compter. Ces dimensions peuvent cependant être surpassées de beaucoup. Ainsi dans l'arrondissement de Rive-de-Gier (Loire), certaines couches de cinq et dix mètres d'épaisseur en ont jusqu'à vingt dans les renflements; les couches d'Aubin, du Creusot, sont encore plus épaisses. Néanmoins dans tout le terrain, depuis Aix-la-Chapelle jusqu'à Valenciennes, où le nombre des couches de houille, alternant avec les grès et schistes, s'élève jusqu'au-delà de cent, la moyenne n'est pas d'un mètre; et il est bien rare que les couches atteignent deux mètres. Sur plus de trente couches reconnues en Silésie, il n'y en a que deux qui dépassent cette puissance; la plus grande épaisseur que l'on ait constatée à Saarbruck, n'est que de quatre mètres. Enfin, en Angleterre, les couches ordinaires varient depuis un décimètre jusqu'à un mètre, et c'est le cas le plus ordinaire dans presque tous les bassins.

Ces couches sont généralement bien stratifiées, et partagent les contournements de l'ensemble du terrain dans le cas de dislocations postérieures. Il est probable que les nombreux accidents constatés dans les couches de houille, les renflements, les étranglements, les interruptions, etc., lesquels sont d'autant plus fréquents que le terrain a été plus disloqué, sont à peu près communs à toutes les couches qui pourraient se trouver dans le même cas; mais ce qui n'est que très-accessoire dans tout autre, devient très-important dans un terrain si souvent exploité.

En vertu des nombreuses dislocations qu'il

a éprouvées, les couches du terrain houiller sont sujettes à tous les accidents qui peuvent résulter du glissement et de la rupture des assises. Le simple ploiement des couches est le plus ordinaire de ces accidents; mais les mêmes couches ayant pu être pliées et repliées, il en résulte une disposition en zigzag, que l'on avait regardée d'abord comme un caractère spécial. D'après cette disposition, un puits vertical peut rencontrer deux, trois, quatre fois et plus, une même couche de houille; et un ensemble de couches peut être renversé de manière que les couches les plus récentes se trouvent au-dessous des plus anciennes. Ces faits sont exprimés dans la coupe du terrain houiller de Mons, et dans celle du terrain houiller d'Anzin, près Valenciennes (planches IV et V). De pareils ploiements, effectués dans des intervalles très-courts, de sorte que les couches intérieures peuvent être pliées dans l'espace de quelques décimètres, n'admettent aucune autre explication que celle des soulèvements et des affaissements postérieurs aux dépôts des couches. La partie sud du terrain houiller de Mons donne l'exemple d'un terrain houiller peu disloqué; tandis que la partie nord présente, de même que la coupe d'Anzin, des dislocations considérables.

Lorsque les dislocations sont très-peu sensibles, ou que le terrain est dans sa position primitive, ce qui est rare, si les bassins ont quelque étendue, on remarque fréquemment une disposition dite en fond de bateau; c'est-à-dire que les couches se relèvent d'un point central vers l'extérieur avec des inclinaisons à peine sensibles. Cette disposition résulte peut-être de ce que les couches ont un peu suivi la forme arrondie du bassin dans lequel elles se déposaient; mais elle n'existe réellement que dans les bassins très-circonscrits; et c'est à tort qu'on a voulu voir un phénomène analogue dans les inclinaisons très-sensibles des couches houillères des grands bassins, où la plus stricte horizontalité est de rigueur, ainsi que pour tout dépôt sédimentaire fait sur une grande échelle. Et même dans les petits bassins, tels que ceux qui existent dans l'ouest et le sud-ouest de la France, dès que l'on constate des inclinaisons très-sensibles, on peut les regarder comme causées par des perturbations postérieures. Il est en effet arrivé que tout le sol dans lequel plusieurs de ces bassins se trouvaient compris, éprouvant un mouvement de compression ou de traction, le bassin a changé de forme, et qu'il a été alongé ou comprimé de manière que les couches purent prendre des inclinaisons très-prononcées, mais toujours convergentes vers le centre du bassin.

Généralement les diverses couches eurent assez d'élasticité et de ténacité pour se prêter à tous ces mouvements, sans se déformer très-sensiblement; mais cependant en beaucoup de circonstances les couches de houille glissèrent et furent étirées ou refoulées, de sorte que le parallélisme des deux faces fut détruit. Il en résulta tantôt des renflements, tantôt des amincissements qui peuvent rendre la puissance des couches très-variable. Il arriva même que les deux parties se séparèrent tout-à-fait; et dans ce cas le toit et le mur se rapprochent peu à peu, et la couche étranglée finit par disparaître totalement. C'est ce que les mineurs appellent des *crains;* ils suivent dans ce cas la trace de la couche de houille jusqu'à ce qu'ils l'aient trouvée, ou du moins ils sont guidés par les couches de grès ou d'argile qui forment le toit et le mur.

Failles. Les failles et les filons peuvent causer des perturbations encore bien plus considérables dans la disposition des couches. Ces perturbations consistent dans l'abaissement d'une partie du terrain relativement à l'autre partie, de manière que les mêmes couches, étant séparées, se trouvent à des niveaux très-différens de chaque côté de la fracture. Lorsque ces dislocations résultent simplement d'une fente et de l'affaissement d'une partie du terrain relativement à l'autre, la différence de niveau dépasse rarement quelques mètres, et les règles pour retrouver les couches rejetées sont connues des mineurs; elles seront exposées, en traitant spécialement des failles et filons, dans la dernière partie. Mais lorsqu'elles ont été occasionées par des émissions de roches ignées, ou qu'elles sont liées aux grands systèmes de soulèvements qui ont présidé aux révolutions du globe, elles ont lieu sur une échelle bien plus considérable; c'est alors au géologue à rechercher la direction des grandes fractures, et à guider le mineur. L'Angleterre nous présente des exemples frappants de ces grands systèmes de dislocations qui affectent les dépôts houillers dans presque toute leur étendue.

Les failles ne sont autre chose que les plans de rupture des couches, qui résultèrent soit du relèvement d'une partie du sol, soit de l'affaissement de l'autre. Il est très-rare que ces failles ne présentent pas des masses hétérogènes qui s'y sont intercalées; tantôt ce sont des roches ignées qui y furent injectées de bas en haut, et forment des filons (*dykes*) plus ou moins puissants; tantôt ce sont les débris des roches disloquées qui ont rempli le vide, soit seules, soit avec des matières argileuses dans lesquelles ils sont englobés : il arrive même que ces matières argileuses y sont seules. Un même dépôt peut être accidenté par plusieurs systèmes de failles qui se croisent; et très-souvent on remarque que celles qui affectent une même direction, présentent des masses intercalées de même nature, de telle sorte que les failles remplies d'argile seront parallèles entre elles, et couperont toujours sous un même angle celles qui sont remplies de roches ignées, et réciproquement.

Quelquefois les failles appartenant à des systèmes différents sont si multipliées, que le dépôt houiller n'est plus composé que de massifs isolés les uns des autres par des plaques d'argile, de brèches, de trapps et de porphyres; et comme ces plaques interposées sont le plus souvent imperméables à l'eau, il en résulte des avantages pour l'exploitation, en ce que chaque massif n'a que les eaux d'infiltration qui lui sont propres, puisqu'elles ne peuvent passer d'un massif à l'autre. L'eau de chaque masse ainsi isolée, dit M. de la Bêche, suit ordinairement la direction des fentes, et s'échappe en dehors sous forme de sources, particulièrement sur les pentes des montagnes. Ces sources deviennent d'excellents guides, qui aident le géologue et le mineur à déterminer les failles, non-seulement dans le terrain houiller, mais dans tous les terrains disloqués.

La montagne de Crossfell, à l'extrémité nord de l'Angleterre, où se termine la chaîne Pennine, résulte d'une faille nord-sud, qui disloque le terrain houiller sur une distance de dix lieues jusqu'à Stainmoor. Cette montagne présente la coupe planche V. La ligne de fracture est indiquée par une masse de trapp que les Anglais désignent sous le nom de Whinstone. A l'ouest, le terrain houiller, en couches très-inclinées, est recouvert par des grès postérieurs et horizontaux. A l'est, les schistes du terrain de transition se relèvent à un niveau supérieur, et ils sont recouverts par le terrain houiller, en couches régulières, qui plongent légèrement vers l'est, de telle sorte, qu'à partir des grès pénéens, en couches horizontales, on trouve, en s'élevant sur la pente de la montagne, 1.° le terrain houiller en couches disloquées ; 2.° le trapp Whinstone; 3.° les schistes de transition plus ou moins bouleversés; 4.° le terrain houiller en couches, à peu de chose près, horizontales. De cette montagne jusqu'à Stainmoor, la ligne de partage des eaux présente une coupe analogue, si ce n'est que le trapp n'est pas toujours visible. M. Élie de Beaumont, en détaillant les accidents du terrain houiller, depuis Stainmoor jusqu'au centre du Derbyshire, a démontré que les failles, les relèvements du sol qui constituent la chaîne Pennine, n'étaient autre chose que la continuation du même système de fractures, que l'on peut suivre ainsi sur une longueur de quarante-cinq lieues, dans une direction à peu près N.-S.

Dans le pays de Galles, les principales failles courent du nord au sud parallèlement à la chaîne Pennine; elles sont ordinairement remplies d'argile et de débris du terrain houiller, et occasionnent dans les couches des différences de niveau de cent et même quelquefois de deux cents mètres. Les failles sont encore plus nombreuses dans le terrain houiller des environs de Newcastle. L'une d'elles, connue sous le nom de Ninety-Fathoms-Dyke, traverse le dépôt de l'est à l'ouest, en produisant une différence de niveau de cent soixante-cinq mètres dans les couches au nord et au sud : ce sont principalement les roches trappéennes qui remplissent les failles de cette contrée. Un de ces dykes, de sept mètres de puissance, que l'on peut observer à Coley-Hill, présente de petites salbandes de schistes charbonneux, qui se divisent en petits prismes perpendiculaires au plan de la faille. A son contact, la houille est tout-à-fait carbonisée et réduite à l'état de coke. Ces phénomènes d'altération sont très-fréquents, même dans les autres roches; ainsi les grès sont devenus durs et compactes; les schistes sont calcinés; le soufre des pyrites est sublimé; mais la réduction de la houille en coke est celui qui s'est produit le plus communément. MM. Dufrénoy et Élie de Beaumont l'ont observé au contact du dyke de Trockloy, près Newcastle. A mesure qu'elle s'éloigne du trapp, la houille y reprend son état naturel, et à trois mètres elle ne présentait plus d'altération sensible. Ce dyke est encore remarquable par sa division en trois parties, celles qui forment les parois étant de trapp, et la partie intermédiaire étant composée de débris de schistes, de grès et du même trapp en fragments irréguliers ou en boules. Ces failles sont encore très-fréquentes dans les bassins houillers de l'Allemagne. Les bassins de Vettin, de Silésie, en présentent des exemples remarquables. Du reste, les dérangements qu'elles causent dans la stratification et la position des couches de houille, sont précisément les mêmes que ceux qui résultent de la présence et des croisements des filons.

Fer carbonaté.

Le fer carbonaté peut être regardé comme une roche constituante du terrain houiller; mais il est bien plus sujet à manquer que la houille, et par conséquent bien moins caractéristique. En France il est assez fréquent, mais rarement assez pour devenir l'objet d'exploitations. Dans certains bassins de l'Angleterre il est au contraire prodigieusement répandu, et c'est lui qui fournit la grande majorité des six cent mille tonneaux de fer et de fonte, fabriqués annuellement.

Il se présente le plus souvent sous forme de rognons ellipsoïdes, aplatis, et disposés dans l'argile schisteuse, suivant des lignes parallèles à la stratification. Ces rognons semblent n'être eux-mêmes composés que d'argile schisteuse, pénétrée et consolidée par le fer carbonaté. On en trouve, en effet, de richesse très-variable, depuis quelques centièmes jusqu'à cinquante pour cent. D'autres fois c'est le grès qui est imprégné; et l'on remarque toujours une tendance, surtout dans les minérais peu riches, à se décomposer par couches concentriques : ces rognons de fer carbonaté ont un aspect lithoïde; ils sont de couleurs sombres, d'un gris plus ou moins foncé, compactes et durs. On trouve de temps en temps, au centre, des corps étrangers, qui semblent avoir déterminé la formation des rognons, en servant de noyau autour duquel se précipitèrent les infiltrations. Ce sont des petits amas de blende, des fragments de végétaux, des fruits qui paraissent analogues à ceux des conifères, des coquilles du genre Unio (Dudley, pays de Galles), des coprolites; d'autres fois on y voit, au contraire, une cavité qui présente des fissures de retrait, retraçant des formes prismatiques. Le plus souvent on n'y trouve rien, et les noyaux sont pleins et homogènes : ils peuvent, du reste, contenir, aussi bien que l'argile, des impressions végétales. Les pyrites, surtout le sulfure de fer, qui se trouvent presque toujours dans les fers carbonatés des houillères, en nécessitent le grillage et même les rendent quelquefois impropres à la fabrication du fer.

Le fer carbonaté forme donc des rognons stratifiés dans l'argile schisteuse. Ces rognons, dans un bassin, caractérisent préférablement certaines couches. Dans le bassin de Dudley il y a deux couches qui sont les seules exploitées et qui se maintiennent aussi régulièrement que la houille dans presque toute l'étendue du terrain. Dans le bassin du pays de Galles il y a seize de ces couches, et les divers minérais, suivant les variations de leur aspect et de leur richesse, ont été divisés dans le pays en huit variétés. La forme de rognons aplatis est la plus ordinaire; mais elle n'est pas constante. Quelquefois ces rognons prennent la forme de plaques qui, se fondant les unes dans les autres, constituent de véritables couches alternantes avec les schistes; d'autres fois ils sont extrêmement nombreux et superposés de manière que la roche prend la structure amygdaline; enfin, la proportion d'argile diminuant, le fer se présente sous forme d'assises puissantes. Ainsi la mine du Cros, près Saint-Étienne, a pour but l'exploitation de véritables assises de fer carbonaté, lequel est malheureusement très-pyriteux : celui qui se trouve en rognons réguliers, disséminés (mine du Treuil, pl. III), est ordinairement plus pur.

Les trois termes qui composent le terrain houiller ne sont pas toujours développés, et nous avons dit que le vieux grès rouge et le Gisements.

calcaire carbonifère ne se trouvaient que dans les Iles Britanniques, le nord de la France et la Belgique. Doit-on dès-lors considérer ces trois termes comme des formations distinctes, la plupart des contrées houillères ayant échappé aux premiers étages qui se sont déposés? ou bien le terrain houiller ne forme-t-il qu'un seul tout, résultant d'une seule et même période, dont les produits sédimentaires ont varié suivant les localités? Dans cette dernière hypothèse le vieux grès rouge et le calcaire carbonifère ne seraient qu'un caractère local, un développement très-considérable de la partie inférieure du terrain. Nous avons déja fait pressentir que la concordance de certains caractères des terrains houillers des Iles Britanniques, de la Belgique et de la France septentrionale, leur liaison géographique, pouvaient faire regarder ces terrains comme déposés dans une même mer; de sorte que ce grand développement de leur partie inférieure serait un fait particulier, lié à cette grande étendue de la mer dans laquelle le dépôt s'est effectué; presque tous les autres dépôts n'étant, comparativement, que des lacs, dont le plus grand nombre devait être d'eau douce. Cette manière d'envisager le terrain houiller est plus en harmonie avec les autres faits géognostiques. La meilleure marche à suivre pour compléter actuellement par des descriptions locales les notions générales que nous avons déjà présentées, sera de décrire d'abord les gisements les plus ordinaires; et les bassins houillers de la France méridionale peuvent, sous ce rapport, être considérés comme types. Nous décrirons ensuite le vaste dépôt des Iles Britanniques, de la Belgique et de la France septentrionale, et quelques notions sur les bassins de l'Allemagne, des États-Unis, etc., termineront la description du terrain.

Bassin de Saint-Étienne.

Le terrain houiller de Saint-Étienne, qui fournit à lui seul presque la moitié de la production totale de la France, est contenu dans un bassin primitif, situé entre la Loire et le Rhône, vers le point où ces deux fleuves, coulant en sens contraire, sont le plus rapprochés. Il est encaissé par des crêtes plus ou moins saillantes, qui se détachent des montagnes de la Haute-Loire et de l'Ardèche, et dont la plus élevée est le mont Pilas. Sa forme est celle d'un triangle alongé, dirigé de l'O. S. O. à l'E. N. E.; sa plus grande longueur est de quarante-six mille deux cent cinquante mètres; sa plus grande largeur, à la hauteur de Roche-la-Molière, est de treize cents mètres. Cette largeur va toujours s'amincissant vers Saint-Chamond et Rive-de-Gier, et dans cette dernière localité elle n'est plus que de deux mille trois cents mètres. La surface totale est de deux cent vingt et un kilomètres carrés.

Dans cette circonscription le terrain houiller

forme la superficie du sol : il est sillonné par plusieurs vallées à la hauteur de Saint-Étienne, et par une seule à la hauteur de Rive-de-Gier, celle du Gier lui-même, qui coule à peu près dans la direction du bassin : il repose très-souvent, vers l'ouest et le nord-ouest, sur des granites; au sud et au sud-ouest, ce sont des gneiss, des schistes micacés et talqueux qui le supportent. La grande masse du terrain houiller, dit M. Beaunier, qui l'a décrit avec beaucoup de détail, est en quelque sorte composée des débris du vase qui la contient; débris qui sont plus ou moins divisés et disposés en couches d'allure variable, qui alternent avec des couches de houille; ce sont : 1.° des conglomérats, composés de gros blocs de micaschiste ou de schiste talqueux, souvent anguleux et à peine liés les uns aux autres; les dimensions de ces blocs atteignent jusqu'à plusieurs mètres cubes; 2.° des poudingues composés des mêmes éléments, réduits à de moindres dimensions, et liés entre eux par le ciment ordinaire du grès houiller; 3.° des grès à gros grains, où dominent les fragments siliceux, mais où l'on distingue encore des débris de roches primitives; 4.° des grès à grains moyens, de grosseur uniforme, exclusivement siliceux, mélangés de paillettes de mica, et fortement agrégés : ce grès, désigné dans le pays sous le nom de molasse, constitue des assises puissantes, souvent massives : on l'exploite comme pierre de taille; 5.° un grès fin, micacé, en couches minces; 6.° un grès micacé, à grain à peine distinct, schistoïde; 7.° l'argile schisteuse, micacée, d'un tissu lâche et dans laquelle on distingue des grains quartzeux; 8.° un schiste plus serré que le précédent, dans lequel le mica est encore visible et qui passe au schiste homogène très-serré.

Les grès sont généralement disposés de bas en haut dans l'ordre qui précède, de sorte que les poudingues et les conglomérats à gros blocs servent de base au système, et que la grosseur des fragments va toujours en diminuant, à mesure que l'on s'élève. Il y a bien des exceptions à cette règle : ainsi les alternances de toutes les roches, à partir du grès n.° 4, sont très-fréquentes; mais cependant la masse des grès fins est supérieure à celle des grès à gros grains. Le nombre des couches de houille reconnues, varie de trois à vingt-un. (1)

---

(1) M. Beaunier partage le terrain des environs de Saint-Étienne en six groupes :

Le groupe	de Firmini, comprenant...........	18	couches.
—	de Roche-la-Molière................	9	—
—	de la Rica-Marie et la Beraudière.....	21	—
—	du Cluzel, de Villard et Montaux....	11	—
—	du Treuil, du Cros, du Fay.......	13	—
—	des côtes Thiolière, d'Aveise........	12	—
—	de Saint-Chamond................	3	—

Les exploitations de Rive-de-Gier sont principalement dirigées sur deux couches, séparées par trente-cinq à quarante mètres de couches schisteuses et arénacées. La première a une puissance variable de deux mètres à huit et à douze, qui est tantôt renflée jusqu'à quinze et tantôt complétement étranglée; elle est séparée en deux parties à peu près

Ces couches de houille ne sont pas assez bien réglées, ni assez constantes dans leurs caractères, pour que l'on puisse en regarder une comme s'étendant régulièrement dans toutes les parties du bassin. Leur puissance moyenne est d'un à cinq mètres; elle va quelquefois jusqu'à huit et dix, et dans les renflements elle s'élève à quinze et vingt mètres. Il y a peu de couches qui ne soient pas divisées en deux ou trois par les nerfs d'un schiste carburé que l'on appelle *gore*. Ces couches sont sujettes à des renflements, à des étranglements, et même à des crains ou suppressions quelquefois si complètes, qu'il ne reste pas même la veine charbonneuse qui indique ordinairement la trace de la couche. Elles fournissent trois variétés de houille : la première de ces variétés est un charbon très-brillant, d'un beau noir, fragile et supportant peu les transports; à structure laminaire, schisteuse ou grenue, éminemment collante : c'est la houille dite maréchale, qui est si recherchée à Paris. La meilleure est fournie par la couche dite *Saignat*, près Roche-la-Molière. La seconde variété est plus dure, homogène, à cassure brillante; elle s'abat bien

égales par une assise de schiste gore. Au-dessus de ce schiste, la houille est maréchale; au-dessous, elle appartient à la variété commune. La seconde couche de houille exploitée est celle dite bâtarde; elle est aussi divisée en deux parties par un nerf de gore; elle n'a que 1,60 de puissance, et la houille en est sèche et de qualité inférieure.

en gros et supporte bien les transports : c'est la houille de grille et de chauffage ; elle constitue la majorité des couches. La troisième variété est schisteuse, terreuse, sèche et impure ; elle ne constitue guère qu'une seule couche, dite bâtarde, qui a été reconnue à Saint-Chamond, Rive-de-Gier et Tartaras. (1)

Les conglomérats et les poudingues qui forment la base du terrain, ne contiennent pas de couches de houille, mais ils sont sujets à manquer. Le grès molasse, avec couches de houille, est alors en contact immédiat avec le terrain primitif. La houille est ordinairement séparée des grès par des couches de schistes plus ou moins épais ; mais il arrive souvent qu'il n'y a aucun intermédiaire entre elle et le grès. A son approche, la roche, grès ou schiste, se charge de carbone disséminé ou rassemblé en petites veines ; les empreintes végétales deviennent très-abondantes : ces empreintes sont le plus souvent, dans les schistes, des feuilles de fougères, dont les tiges

(1) On voit que ces trois variétés représentent très-bien celles dont nous avons fait la distinction : elles se débitent en fragments variables, depuis cinquante et quatre-vingts kilogrammes, jusqu'à la houille menue ; que l'on classe sous les noms de *pera*, pour les plus gros, *chapelet*, *grêle* et *menu*. La profondeur des travaux ne dépasse guère deux cents mètres. Le prix d'extraction par bène (cent kilogrammes de menu et jusqu'à cent vingt de pera) varie de trente à cinquante centimes. Le prix de vente sur la mine est de $1^f,20^c$ et même $1^f,70^c$ pour le pera ; $0^f,95^c$ pour le chapelet ; $0^f,70$ pour la grêle, et $0^f,45^c$ pour le menu. L'extraction totale a été de plus de sept millions de quintaux métriques en 1832.

et les branches se trouvent préférablement dans les grès; elles sont couchées dans le sens de la stratification.

Quelquefois, cependant, les tiges de ces végétaux sont dans une position à peu près verticale. Ce fait a été observé dans la mine du Treuil, à un kilomètre au nord de Saint-Étienne, et M. Brongniart a dessiné, en 1821, la coupe d'une partie de cette mine, qui était alors exploitée à ciel ouvert (planche III). Cette coupe présente le fait de verticalité de ces végétaux, placés la racine en bas, en même temps qu'elle exprime l'aspect du terrain houiller et les relations des roches alternantes : c'est, de bas en haut,

1.° Un banc de schiste charbonneux pailleté (*s*), suivi d'une couche de houille (*h*), qui a environ $1^{m},50$ d'épaisseur.

2.° Un second banc de schistes charbonneux pailletés, plus puissant que le premier, et renfermant dans ses assises inférieures, et très-près de la houille, quatre lits de minérai de fer carbonaté, lithoïde et compacte (*f*), en nodules aplatis, isolés; ou en grandes plaques renflées dans le milieu, couvertes et même pénétrées de débris de végétaux.

3.° A la seconde terrasse, une seconde couche de houille (*h'*), qui a environ $0^{m},50$ d'épaisseur, et qui est recouverte d'un banc d'argile schisteuse, semblable au précédent, de quatre à cinq petites veines de houille, et vers sa partie supérieure, de trois ou quatre lits de fer carbonaté lithoïde (*f*), tels qu'ils sont plus bas. Le schiste et le fer carbonaté sont également accompagnés d'un grand nombre de végétaux fossiles.

4.° Enfin, un banc de trois ou quatre mètres de grès micacé, stratifié ou massif, qui contient les végétaux fossiles dans une position verticale. Le dessin n'en fait voir qu'un petit nombre, car c'est, dit M. Brongniart, une véritable forêt de végétaux monocotylédons, qui sont comme pétrifiés en place. Quoique les couches du terrain soient ici sensiblement horizontales, on remarque qu'il y a eu postérieurement à leur dépôt un mouvement de glissement très-peu étendu, il est vrai, mais suffisant pour rompre en plusieurs points la continuité des tiges, en sorte que les parties supérieures ne font plus suite aux parties inférieures.

Le fer carbonaté ne se trouve pas seulement à la mine du Treuil, et les argiles schisteuses en contiennent sur beaucoup de points; il existe sous forme de nodules et de plaques disséminées, et même constitue de véritables couches. On en exploite deux à la mine du Cros, qui sont puissantes, mais qui contiennent des pyrites disséminées; ce qui en altère beaucoup la qualité. Le silex noir, compacte, se mêle aussi très-souvent au fer carbonaté, de manière à faire penser que le même liquide les a déposés en même temps. A la mine de Reveux, des monceaux de roseaux et de fougères fossiles forment une couche de plus d'un mètre, qui n'est absolument composée que de végétaux changés en fer carbonaté. Ces fers carbonatés ne sont en général ni assez purs ni même assez répandus pour servir seuls à la fabrication du fer; ils n'ont été employés que mélangés avec d'autres minérais.

La mine de Reveux présente un fait particulier assez curieux. La couche de fer carbonaté y est superposée à une couche de houille qui, à une époque qu'on ne sait point, a été en feu, puisqu'elle est en grande partie changée en coke. Toutes les parties voisines de la houille carbonisée ont éprouvé une très-forte calcination; elles sont rouges et moins dures. Les pyrites y ont été sublimées, de sorte qu'il s'est formé du soufre natif et des veines de sulfate de chaux cristallin.

Cette couche de houille n'est pas la seule qui ait été en feu, et plusieurs brûlent encore actuellement. Vers leur contact, les schistes sont changés en une matière fragile, blanchâtre ou grisâtre, qui reproduit les propriétés d'une argile plus ou moins calcinée. La combustion est toujours très-lente, elle se manifeste par des fumarolles. Une de ces couches embrasées, près Saint-Étienne, donne lieu à des dégagements d'hydrochlorate d'ammoniaque. Le fait est curieux, parce que l'on conçoit très-bien la présence de l'ammoniaque, puisque les houilles en donnent généralement à la distillation; mais non pas celle de l'acide hydrochlorique. Il est probable que l'ammoniaque l'a emprunté à des hydrochlorates terreux, préexistants dans les roches qui se trouvaient sur son passage. Le grisou est peu fréquent dans le bassin houiller de Saint-Étienne. La plupart des mines n'en contiennent jamais, et dans trois ou quatre seulement, qui y sont sujettes, les précautions se bornent à y faire mettre le feu tous les matins.

Le puits le plus profond a vingt-cinq mètres au-dessous du niveau de la mer, et comme la sommité houillère la plus élevée, le mont Salson, près Saint-Étienne, atteint sept cent vingt-cinq mètres au-dessus de ce niveau, l'épaisseur maximum de la formation peut être évaluée à sept cent cinquante mètres.

La disposition générale du terrain houiller de Saint-Étienne annonce un terrain peu tourmenté; ainsi les collines et les coteaux sont ceints d'affleurements qui se maintiennent suivant un plan à peu près horizontal. Vers les contacts que l'on a pu observer avec le terrain primitif, on voit les ondulations de la surface primitive reproduites par les couches houillères, sans qu'il y ait de fractures saillantes; enfin, on ne voit point de ces failles qui renvoient une couche à cent et deux cents mètres plus bas. De plus, les travaux ont fait ressortir une disposition très-fréquente dans les couches de houille, que l'on a désignée sous le nom de cul-de-bateau : c'est la forme qu'affecterait un dépôt sédimentaire, fait dans des eaux très-tranquilles et dans un bassin arrondi de petite dimension, d'où l'on avait été conduit à conclure que le terrain n'avait subi aucun dérangement depuis sa formation.

Cette hypothèse ne peut néanmoins concorder avec les idées que nous avons exposées dans l'introduction géologique sur la sédimentation et la disposition des couches qui en résultent. En effet, les couches de houille sont assez rarement horizontales : leur inclinaison est de dix, quinze et vingt degrés. Vers Rive-de-Gier, où le bassin se rétrécit, elles sont arquées et se relèvent de part et d'autre pour atteindre le jour sous un angle qui va jusqu'à vingt et trente degrés : or, bien que l'incertitude qui règne sur l'origine de la houille puisse faire supposer que ses couches n'ont pas suivi exactement les lois de sédimentation; les grès et les schistes qui alternent avec elles et sont inclinés comme elles, ne peuvent être considérés comme dans leur position primitive. (1)

(1) Les couches du terrain houiller sont inclinées, dit M. Beaunier, en sens opposé des monticules isolés et des coteaux, et l'on voit les affleurements les ceindre de toutes parts, de manière à se projeter sur des cartes par des lignes sinueuses, dont les points diffèrent peu de niveau. L'on en peut conclure que les dernières vallées, creusées dans la formation houillère, courent généralement sur des points qui correspondent aux sommités primitives que cache le sol actuel.

Les renflements, les resserrements, les crains ou coufflées, auxquels les couches de houille sont si sujettes dans ce bassin, surtout vers Rive-de-Gier, ne peuvent d'ailleurs être attribués qu'à des mouvements du sol. En effet, les crains sont presque toujours accompagnés d'un changement rapide de pente, de sorte qu'on ne retrouve la couche qu'à un niveau plus bas que celui qu'on aurait évalué d'après son allure ordinaire; c'est-à-dire, qu'il y a là une véritable faille. Bien que les couches n'aient pas été nettement rompues, il y a eu cependant un bouleversement sensible, et l'approche des crains est annoncée d'avance par le peu d'ordre et de suite dans la stratification; les bancs sont brisés et contournés. L'on n'a point constaté de direction constante dans ces accidents; mais si l'on considère la disposition arquée des couches vers Rive-de-Gier, et que le maximum de crains et de traces de bouleversement concorde avec le rétrécissement de cette partie du bassin : on sera tenté de regarder comme l'effet principal de ces mouvements du sol, la compression de cette partie, de sorte que les accidents du terrain houiller résulteraient principalement de rides et de mouvements dirigés dans le sens même du bassin, c'est-à-dire de l'O. S. O. à l'E. N. E.

Bassins de la France méridionale.

Dans la France méridionale il y a un grand nombre de bassins qui présentent de grandes analogies de forme et de composition avec celui de Saint-Étienne.

Le bassin houiller de l'Aveyron proprement dit, ou du centre, est dirigé de l'est à l'ouest, et compris entre Rhodez et Severac-le-château, ayant ainsi une longueur de trente-six kilomètres; sa largeur, du nord au sud, n'étant que d'un à trois kilomètres: il court à peu près parallèlement à l'Aveyron, en suivant constamment la rive gauche de cette rivière, et ce n'est que vers la limite ouest, très-près de Rhodez, qu'on le retrouve sur la rive droite. La roche dominante est le grès houiller, en couches plus ou moins épaisses, dirigées de l'est à l'ouest, et presque toujours inclinées vers le nord; on y distingue le grès à gros grains et le grès fin micacé à empreintes de fougères et de roseaux : ces empreintes se retrouvent dans des schistes argilo-bitumineux, qui accompagnent les couches de houille, soit en leur servant de toit et de mur, soit en subdivisant ces couches elles-mêmes. Les couches de houille, dont la puissance varie de $0^m,25$ à plusieurs mètres, sont sujettes à des crains.

Le bassin houiller d'Aubin, au nord-ouest du département, présente la même composition en grès, schistes et houille. Les couches de houille sont sujettes à des failles, des crains, et des renflements où elles atteignent jusqu'à quinze et vingt mètres de puissance. On retrouve vers la base des bassins les poudingues et les conglomérats de roches primitives, analogues à ceux de Saint-Étienne. Au centre se trouvent les vastes usines à fer de Firmy et Decazeville.

Le bassin d'Alais, au centre duquel se sont élevées de vastes usines, présente une superficie totale de deux cent cinquante kilomètres; il suit à peu près la direction du Gardon qui le traverse. Les couches de houille, dont la puissance varie d'un à trois mètres, atteignent quelquefois jusqu'à dix mètres; elles sont assez bien réglées, l'inclinaison la plus ordinaire n'étant que de cinq à six degrés; elles reposent immédiatement sur les gneiss et les micaschistes primitifs. Dans le bassin du Creusot, à l'est du canal du centre, les exploitations portent sur une couche presque verticale de seize à vingt mètres. Le bassin d'Autun et d'Épinac paraît devoir s'y rattacher. Les bassins houillers de l'arrondissement de Brioude, de Decise sur la Loire; ceux de Brassac, sur l'Allier, de Fins, de Commentry, contiennent d'assez grandes ressources en houille. Quant aux petits bassins qui se trouvent vers l'ouest du plateau central et qui se suivent dans la direction du sud-ouest au nord-est, ils ne présentent rien de particulier que cette disposition dans une série de petits lacs qui se suivaient probablement dans une même vallée.

Le terrain houiller de Saint- Étienne est donc celui que l'on peut prendre pour type de développement simple, peu dérangé et bien isolé des formations inférieures et supérieures. Transportons-nous en Angleterre. Ce même terrain apparaît avec des caractères nouveaux et beaucoup plus complexes.

Terrain houiller de l'Angleterre.

Les terrains houillers de l'Angleterre ont été partagés en trois groupes géographiques par MM. Phillips et Conybeare. Le premier, et le plus vaste, se compose de tous les districts qui s'étendent, d'une manière continue, depuis le sud du Derbyshire jusque vers les frontières de l'Écosse, principalement à l'ouest de la chaîne Pennine, qui commence par la grande faille, dite de Crossfell (planche IV), se prolonge jusqu'à Stainmoor, et se continue toujours dans la même direction N.-S. jusqu'au centre du Derbyshire. Les principaux points de développement et d'exploitation des couches de houille sont les contrées dites : bassin de Newcastle, dans les comtés de Durham et de Northumberland; les bassins du Yorkshire et du nord du Strafford-shire; le grand bassin de Manchester; celui du nord du Lancashire; celui de White-Heaven. Bien que l'on donne le nom de bassins à ces divers districts, il y a tout lieu de croire, comme on le verra plus tard, qu'ils font partie pour la plupart d'un vaste dépôt, lequel fut ensuite accidenté. Les bassins qui composent les autres groupes sont au contraire plus isolés et se prêtent mieux à cette dénomination. Le deuxième groupe se compose du bassin de Dudley, des bassins du Warwickshire, et de celui qui est sur les confins du Straffordshire et du Leicestershire. Enfin, le troisième groupe comprend les bassins disposés autour du terrain de transition du pays de Galles: au nord-ouest, ceux de l'île d'Anglesey et de Flintshire: à l'ouest, ceux du Stropshire; le grand bassin du sud du pays de Galles et du Montmouthshire; ceux du Sommersetshire et du Glocestershire.

En considérant l'ensemble du terrain houiller de l'Angleterre dans presque tous les points de son développement; on voit qu'il se compose de trois termes, intimement liés entre eux, et par des passages minéralogiques et par la concordance de la stratification, mais distincts par la composition et la nature des roches dominantes. Le premier terme est un développement de roches arénacées, désigné sous le nom de vieux grès rouge (*old red-sandstone*). Au-dessus se trouve une formation calcaire, connue sous le nom de calcaire carbonifère (*carboniferous limestone*); puis, enfin, la formation houillère proprement dite (*coal measures*), composée de grès, schistes et houille, dans des relations analogues à celles que nous avons signalées dans le bassin de la Loire. Les brèches et les conglomérats du vieux grès rouge se lient aux grauwackes du terrain de transition du Westmoreland et du pays de Galles; de sorte que si l'on rapproche du fait de cette liaison celui de la séparation tranchée du terrain houiller de la Loire avec le gneiss et les micaschistes qui le supportent, on sera conduit à reconnaître que le bassin de la Loire ne nous a réellement présenté que la formation supérieure du terrain, tandis que les grands dépôts de l'Angleterre présentent la série complète des formations, depuis cette partie supérieure jusqu'aux premières assises du terrain de transition.

Vieux grès rouge.

La formation du vieux grès rouge est composée d'assises alternantes, de grès, de poudingues et de conglomérats. Le principe dominant de ces diverses roches d'agrégation est le quartz, et bien qu'elles se rapprochent quelquefois de la grauwacke par la présence de fragments de roches primitives et de transition, la prédominance constante du quartz, même dans les conglomérats, et la nature ferrugineuse du ciment qui donne un aspect rouge sombre aux masses, sont des caractères suffisants pour les distinguer. Les grès ou psammites sont quelquefois tout-à-fait identiques à certains grès ferrugineux du Hartz, à certaines roches quartzeuses, arénacées, de la partie supérieure du terrain de transition: mais si, au lieu de considérer des échantillons, on considère l'ensemble des formations, on sera toujours conduit à séparer les grauwackes, où les principes quartzeux ne dominent qu'accidentellement, où le ciment est essentiellement argileux, où les couleurs sont des plus sombres, et qui, lorsque le grain diminue, passent au grauwackenschiefer et au schiste argileux; de la formation du vieux grès rouge, où les caractères du quartz dominent ceux des roches schisteuses et feldspathiques, où le ciment est essentiellement ferrugineux, et qui, lorsque le grain devient très-fin, passe au quartz grenu, au psammite schistoïde. C'est ainsi que des différences qui ne peuvent guère être appréciées sur des fragments isolés (surtout pour les roches d'agrégation), ressortent d'une manière distincte et tranchée lorsqu'on les étudie sur des masses considérables.

La puissance de cette formation est très-variable; elle peut être à peine de cinquante ou cent mètres, et d'autres fois dépasser six et huit cents. Les grès ou psammites sont ordinairement plus répandus que les conglomérats, surtout lorsque la formation est très-développée; ils sont quelquefois veinés de bleuâtre, de jaunâtre et de rouge plus ou moins sombre; mais ces variations de nuances ne suivent pas toujours les lignes de stratification, qui sont plus généralement déterminées par la grosseur du grain, par la solidité plus ou moins prononcée, par la texture schisteuse ou massive, et par des bancs intercalés de schistes et d'ampélites. Quelquefois l'agglutination est presque nulle, et la roche est friable, sablonneuse ou à l'état de cailloux roulés; mais ce cas est le plus rare, et son agglutination est souvent telle qu'elle peut être exploitée pour les usages qui réclament les roches les plus dures.

Les fossiles sont rares dans le vieux grès rouge; on y a trouvé quelques orthocères et quelques nautiles.

Le vieux grès rouge est souvent à découvert dans le pays de Galles, dans le Sommersetshire, l'Herefortshire, le Pembrokshire, et plus au nord, dans le Yorkshire. En Écosse, il se montre très-souvent au jour; mais la facilité avec laquelle on peut le confondre avec les grès inférieurs du terrain pénéen, rend ces gisements moins classiques. Dans le pays de Galles, dans le Pembrokeshire, on le voit fréquemment passer minéralogiquement et par alternances aux grauwackes de transition, sur lesquelles il repose, et l'on peut ainsi le regarder comme résultant des mêmes causes qui présidaient à leur génération; seulement, la configuration de la surface du globe ayant été modifiée, les points de départ des matériaux, et par suite ces matériaux eux-mêmes, furent changés. La discordance de stratification a été observée dans le nord de l'Angleterre, où des conglomérats appartenant au vieux grès rouge reposent sur les tranches des couches inclinées et contournées de grauwackes, auxquelles ils ne sont liés d'ailleurs par aucune analogie dans les fragments constituants.

Dans la partie moyenne de l'Écosse, le vieux grès rouge se montre sur une étendue considérable. En Irlande, M. Veaver y rapporte les grès et les conglomérats, interposés entre le terrain schisteux et le calcaire carbonifère, qui constituent la presque-totalité des monts Gaultées.

Le calcaire carbonifère, également connu sous le nom de calcaire de montagne (*montain limestone*), et surtout de calcaire métallifère, à cause des amas et filons qu'il contient, notamment dans le Derbyshire, le Cumberland et les comtés adjacents; est un calcaire gris, plus ou moins foncé, souvent bleuâtre, accidentellement rougeâtre, qui présente très-fréquemment des veines ou des rognons spathiques : il est généralement dur et compacte, d'autres fois grenu ou lamellaire, à cassure unie, plane ou conchoïde; les variétés sombres sont quelquefois fétides. Bien qu'il soit rarement saccharoïde, sa dureté et la finesse de son grain le rendent susceptible d'un assez beau poli, et ses diverses variétés sont employées comme marbre et comme pierre de taille. Calcaire carbonifère.

La formation du calcaire carbonifère atteint une puissance immédiate de trois et quatre cents mètres; mais qui peut être encore beaucoup plus considérable. En réunissant en effet les épaisseurs ordinaires de toutes les couches successives qu'on a observées, on a trouvé que la moyenne de l'épaisseur totale serait de plus de huit cents mètres. La partie supérieure de cette formation est formée, surtout vers le nord-est, par un grès à grains grossiers, alternant avec des calcaires, des argiles schisteuses et même avec des veines de houille. Cette partie supérieure forme donc, par la présence du grès, du schiste et de la houille, le passage à la formation houillère; elle a reçu, à cause de la nature et de l'usage des grès grossiers qui forment un des traits distinctifs de cette partie supérieure, le nom de *millstone-grit* (grès à meules). Ce millstone-grit sert de base à la formation houillère des comtés de Durham et de Northumberland. Dans le sud de l'Angleterre, les trois formations du terrain houiller reposent les unes sur les autres d'une manière assez distincte, et le millstone-grit n'est pas développé; la liaison se borne à quelques alternances. Quant à la liaison avec le vieux grès rouge, elle se fait également par alternances, et ne donne lieu à aucune circonstance particulière; mais elle est de même plus ou moins prononcée : ce qu'il importe de remarquer, c'est que les trois formations reposent en stratification concordante, et qu'elles sont liées entre elles par des alternances, des oscillations géognostiques et minéralogiques, qui sont plus ou moins ménagées, suivant les localités, et que, par conséquent, elles forment minéralogiquement plusieurs formations, mais géognostiquement, un seul terrain.

Les comtés de Westmoreland et de Cumberland à l'ouest, de Durham à l'est, de Northumberland au nord, et d'York au sud, viennent se toucher à peu près à égale distance des mers d'Allemagne et d'Irlande, dans une contrée élevée, où se trouvent les sources des rivières de la Tyne, de la Vear et de la Tees, qui coulent à l'est, et celle de l'Eden, qui se dirige à l'ouest vers Carlisle. Dans cette contrée, rapportent MM. Élie de Beaumont et Dufresnoy, la formation du calcaire carbonifère se montre à découvert sur une surface principale de trente-sept kilomètres de l'est à l'ouest, et quarante-huit du nord au sud; il s'étend de là beaucoup plus loin encore vers le sud, et ensuite vers l'ouest; mais avec des interruptions. La stratification est régulière et se rapproche de l'horizontale. Les couches plongent généralement vers le nord-est de deux ou trois degrés.

Cette formation est naturellement divisée en plusieurs parties, distinctes entre elles par la nature minéralogique du calcaire, par les bancs d'argile schisteuse et les calschistes qui les séparent; enfin, par les fossiles, tels que les encrines, les madrépores, etc., qui s'y trouvent en certains points en grande abondance. On peut distinguer ainsi jusqu'à vingt couches différentes, que les mineurs du pays ont désignées par des noms différents, et qu'ils savent très-bien reconnaître. L'épaisseur de ces couches est très-variable; rarement elle est au-dessous de cinq et six mètres. En faisant abstraction des alternances multipliées des schistes, des calschistes et des calcaires, qui ont lieu quelquefois, plusieurs couches ont dix et douze mètres, et les deux plus remarquables sont l'une dans la partie inférieure, désignée sous le nom de *scar limestone*, qui atteint une puissance de quarante mètres; une autre dans la partie moyenne, le *great limestone*, a environ vingt mètres. Dans la partie supérieure, près du millstone-grit, on distingue aussi la couche de *fell-top limestone*, d'une épaisseur moindre que la précédente. Ces couches sont très-régulièrement stratifiées, et les mineurs calculent ordinairement que le fell-top limestone se montre à quatre-vingt-dix-huit mètres du millstone-grit, le great limestone à deux cent vingt-quatre mètres. On trouve généralement au-dessous de la onzième couche calcaire, une couche intercalée de trapp. (Whinsill ou Whinstone.)

Dans le Derbyshire, ces intercalations de trapp sont encore plus fréquentes, et l'on en distingue trois couches, dont l'ensemble a cinq cents mètres d'épaisseur. La formation calcaire se montre dans ce comté sur une étendue d'environ quarante kilomètres de longueur, du nord-ouest au sud-est, et dont la largeur, très-variable, atteint jusqu'à vingt-quatre kilomètres. Les couches plongent vers l'est; elles ont été fortement accidentées par des failles. Les intercalations de trapp ont servi à subdiviser la formation en quatre assises; les deux premières ont quarante-cinq mètres; la troisième, soixante-quatre; la quatrième, au moins soixante-seize; mais peut-être beaucoup plus, parce qu'on ne connaît ni sa puissance, ni le terrain sur lequel elle repose : ces calcaires sont, dans le Derbyshire comme dans les contrées plus au nord, durs et compactes, souvent finement esquilleux, noirs, gris, jaunâtres. On y exploite plusieurs couches comme marbres, dont la nature tient probablement aux modifications par le contact des roches trappéennes. Ces marbres sont gris ou noirs, quelquefois rougeâtres; ils présentent des pâtes grises, nuancées ou veinées de calcaire plus ou moins pur; d'autres un fond noir, sur lequel se détachent des débris organiques, remplacés par du spath blanc. Quelques-uns de ces calcaires sont magnésifères et passent à la dolomie. Ces dolomies, grisâtres, blanchâtres, sont tantôt presque friables, tantôt dures et tenaces; elles sont liées aux marbres et paraissent se rattacher à la même origine. Plusieurs couches sont mêlées de rognons de silex, souvent très-aplatis et étendus parallèlement aux couches. Ces silex sont ordinairement noirs, quelquefois de couleur claire, et certaines couches de la partie supérieure, au-dessous du millstone-grit, sont tout-à-fait pénétrées de silice. On a découvert dans ces calcaires beaucoup de cavités et de cavernes; il y en a une auprès de Matlock dans un calcaire magnésifère.

Malgré ces passages à la dolomie, au marbre, aux calschistes, au millstone-grit, les couches calcaires sont en général assez homogènes, surtout comparativement à la formation houillère superposée, et ce n'est qu'en s'approchant pour détailler les massifs, que l'on peut saisir les nombreuses variations de texture, de nuances, de solidité, et même de nature minéralogique, qui les caractérisent, surtout dans le Derbyshire. Les fossiles sont assez peu répandus et ne peuvent être d'aucun secours, puisqu'ils ne sont pas caractéristiques. En Angleterre, le véritable stigmate du calcaire carbonifère est l'abondance prodigieuse de la galène en filons, en veines, en amas. Nous y reviendrons en traitant de ces gisements.

La formation du calcaire carbonifère ne contient pas en réalité de houille; mais sa partie supérieure, le millstone-grit, se fond quelquefois avec la formation houillère, et contient des veines et de petites couches de ce combustible. Cette houille du millstone-grit est en général de mauvaise qualité (*crow coal*); aussi n'est-elle exploitée que vers les affleurements, et seulement pour l'usage des communes environnantes. Cependant M. le professeur Sedgwick a fait observer que les lignes de démarcation des formations du terrain houiller, qui étaient très-nettes et faciles à reconnaître dans la partie sud de l'Angleterre et dans les environs de Bristol, (malgré quelques alternances que l'on peut observer, par exemple dans la gorge de Clifton, où des calcaires compactes fétides, gris de fumée, contenant des entroques et des spirifères, alternent dans leur partie supérieure avec les premières couches de la formation houillère); que ces lignes de démarcation devenaient plus difficiles à saisir, à mesure que l'on s'avançait vers la partie nord. Dans la chaîne du Yorkshire, le millstone-grit est composé à la fois des roches qui lui sont propres, et des schistes, des grès et même de la houille, qui appartiennent à la formation supérieure. Ces grès et ces schistes, qui alternent avec des couches calcaires, abondent d'ailleurs en empreintes végétales, caractéristiques de la formation houillère, de sorte que les deux formations sont vers leurs points de contact tout-à-fait fondues et mélangées. Dans la chaîne septentrionale de Stainmoor au Crosfell, la même fusion se reproduit, de sorte que le millstone-grit joue le rôle d'une masse à la fois composée des éléments de calcaire carbonifère, de la formation houillère et de ceux qui lui sont propres. Le fait de cette liaison est important, parce que plusieurs auteurs ont séparé le calcaire carbonifère et le vieux grès rouge du terrain houiller, soit pour en faire un terrain particulier, soit pour les placer dans le terrain de transition.

En Écosse, en Irlande, dans l'île d'Arran, le calcaire carbonifère existe avec des caractères minéralogiques analogues; mais ses relations géognostiques changent, en ce qu'il paraît moins indépendant des conglomérats et grès rouges, et même de la formation houillère; surtout en Écosse, où il y a eu en certains points un développement simultané de calcaire et de roches d'agrégation qui a donné naissance à des conglomérats à ciment calcaire, et à des alternances nombreuses des deux espèces de roches. Le calcaire carbonifère peut être considéré, dit M. Veaver, comme la roche dominante dans tous les comtés de l'Irlande, sauf ceux d'Antrim, de Wicklow et de Derry; néanmoins sa puissance dépasse rarement deux cents mètres.

Formation houillère.

La formation houillère se compose dans les Iles Britanniques, de même qu'à Saint-Étienne, d'alternances de grès ou psammites, avec des argiles schisteuses et des couches de houille. Les grès sont à grains plus ou moins fins, tantôt massifs, tantôt schisteux, au point même de se diviser en plaques tégulaires, exploitées comme ardoises. Certains grès grossiers, d'un tissu lâche et pénétrés d'un grand nombre d'impressions végétales et de matière charbonneuse, sont désignés sous le nom de *pennant-grit*. Les grès forment ordinairement la roche dominante; quelquefois, cependant, les schistes prennent le dessus. Les couches de houille sont généralement nombreuses et peu puissantes : leurs accidents résultent surtout des failles, dont nous avons parlé plus haut et qui occasionnent des différences de niveau qui vont jusqu'à deux cents mètres et plus (planche IV). Elles présentent les trois variétés de houille, et quelquefois la variété dite cannel-coal, compacte, à cassure conchoïde, non schisteuse et non tachante, qui se trouve en abondance aux environs de Wigan (Lancashire), où elle est exploitée. Le fer carbonaté ne se trouve point toujours; il caractérise surtout le sud du pays de Galles et le bassin de Dudley.

Les fossiles trouvés dans la formation houillère consistent principalement en végétaux; mais on y trouve aussi des débris de poissons et des coquilles marines, telles que des unios, des modioles, des ammonites, des orthocères, des térébratules. Ces coquilles sont généralement les mêmes que dans le calcaire carbonifère; ce qui concorde avec la liaison intime qui existe entre ces deux formations.

Dans les comtés de Durham et de Northumberland, les filons de galène du calcaire carbonifère se prolongent dans la partie inférieure de la formation houillère.

Le bassin houiller de Newcastle, un des plus riches de l'Angleterre, a quatre-vingt-sept kilomètres, sur vingt-cinq dans sa plus grande largeur; il contient environ quarante couches de houille, dont les plus puissantes ont $1^{m},85$, $1^{m},80$, $1^{m},20$, $0^{m},90$; beaucoup, n'ayant guère qu'un décimètre, ne sont pas exploitées. Tomson calculait que la puissance réunie des couches était de plus de treize mètres, dont quatre mètres environ ne sont pas exploités. Les extractions ayant lieu sur un espace de quatre cent soixante-six kilomètres carrés, le massif exploité pourrait suffire à l'exploitation actuelle pendant quinze cents ans, en calculant cette exploitation à deux millions huit cent mille mètres cubes, à cause du déchet qui est considérable. Mais cette évaluation est évidemment exagérée, parce qu'il peut arriver des étranglements, des interruptions dans les couches de houille, et que beaucoup de massifs ont été déjà exploités ou rendus inexploitables; ce qui pourrait diminuer du tiers ou de la moitié la durée probable de l'exploitation (Élie de Beaumont et Dufrénoy). Ces quarante couches de houille alternent avec des grès et des schistes qui sont généralement moins puissants que le grès, et qui formment plus volontiers que lui le toit et le mur des couches de houille : ce bassin est très-pauvre en fers carbonatés, qui sont en outre très-impurs.

Dans le groupe des bassins centraux, celui de Dudley s'étend de Stourbridge à Beverton sur une longueur de trente-deux kilomètres, suivant une direction S. O. au N. E.; sa plus grande largeur, près Dudley, est de six kilomètres. La couche de houille principale a neuf mètres de puissance; il y en a cinq autres au-dessus d'une faible puissance et inexploitables; cinq au-dessous, qui sont exploitées au nord de Bilston. La couche principale (*main-coal*), la seule exploitée à Dudley, est elle-même divisée en plusieurs parties de qualités diverses par des lits d'argile schisteuse. Le fer carbonaté abonde dans ce bassin; il caractérise surtout deux couches d'argile schisteuse; l'une au-dessus, l'autre au-dessous de la grande couche. (1)

(1) La coupe suivante, prise à Tividale, près Dudley, donne la composition totale du bassin à partir du calcaire métallifère. Elle est empruntée à l'ouvrage de MM. Élie de Beaumont et Dufrénoy.

1. Argile schisteuse	27^m
2. Calcaire	9
3. Argile schisteuse	63
4. Houille (première couche)	0,6
5. Argile schisteuse	36
6. Houille (deuxième couche)	4,5
7. Argile schisteuse	1,8
8. Houille (troisième couche, bonne qualité)	2
9. Grès grossier	1,5
10. Houille (quatrième couche, bonne qualité)	2

Dans le bassin du sud du pays de Galles, il y a seize de ces couches avec minerai de fer dont la richesse moyenne est de trente-trois pour cent. Ce bassin s'étend de Pontypool à l'est, jusqu'à Saint-Brides-Bay à l'ouest; il est en quelque sorte dans une cavité de calcaire carbonifère, qui sort de dessous la formation houillère et l'entoure d'une manière presque continue. Le terrain est accidenté de l'est à l'ouest; il renferme douze couches de houille dont la puissance varie de 1 à 3 mètres, onze où elle n'est que de 0,50 à 1 mètre, et d'autres, dont l'épaisseur n'est pas suffisante pour être exploitable. La houille de la partie nord-est

---

11 et 12. Argile schisteuse	10m
13. Houille (cinquième couche, *heathing-coal*)	1,8
14. Argile schisteuse avec minerai de fer	6,3
15. Houille (sixième couche, *main-coal*)	9,4
16 et 17. Argile schisteuse et bitumineuse	1
18. Houille (septième couche, *chance-coal*)	0,2
19, 20, 21 et 22. Argile schisteuse	5
23. Houille (huitième couche, *chance-coal*)	0,2
24, 25, 26, 27 et 28. Grès houiller	8
29. Argile schisteuse, avec minerai de fer exploité	4
30. Grès	5
31. Argile schisteuse, avec minerai de fer	0,6
32. Argile schisteuse	8
33. Argile schisteuse, avec minerai de fer exploité	2
34. Houille (neuvième couche)	0,3
35. Argile argileuse	2
36. Houille (dixième couche, *broache-coal*)	0,9
37. Argile schisteuse	0,3
38, 39, 40 et 41. Grès	2
42 et 43. Argile schisteuse à pâte très-fine (fire-clay), exploitée pour briques réfractaires	4,8
44. Houille (onzième couche)	0,3

est bitumineuse : dans le nord-ouest elle est au contraire très-sèche.

Belgique et France septentrionale.

Nous avons déjà mentionné le vaste dépôt houiller qui occupe une partie de la Belgique, où il est exploité à Liége, Namur, Charleroi, Mons; qui se prolonge vers l'ouest en s'enfonçant de plus en plus sous les terrains secondaires déjà superposés à l'ouest de Charleroi, et au-dessous desquels il a été reconnu à Condé, Fresne, Anzin près Valenciennes, Aniche et jusqu'à Mouchy-le-Preux. Du côté de l'est, les terrains houillers de Rolduc et Eschweiler, près Aix-la-Chapelle, sont très-probablement le prolongement de

45, 46 et 47. Argile schisteuse 6m
48. Grès 2,4
49. Argile charbonneuse 0,06
50. Grès houiller 0,3
51, 52 et 53. Argile schisteuse 9,5
54. Grès houiller 1
55, 56, 57, 58 et 59. Argile schisteuse, avec quelques rognons de fer carbonaté 16,9
60. Grès 1,5
61, 62 et 63. Argile schisteuse 3,6
64. Argile rouge, exploitée pour briques et terre végétale .. 1

Au total de deux cent quatre-vingt-sept mètres de puissance et soixante-quatre couches, dont onze de houille et deux de schiste très-riche en fer carbonaté. MM. Dufrénoy et Élie de Beaumont ont observé que les schistes, en contact avec la houille, et la houille elle-même, affectaient quelquefois une structure en forme de petits cônes qui rentrent les uns dans les autres et présentent une surface ondulée; ils attribuent cette structure à une compression verticale, en s'appuyant sur un échantillon analogue de Richmond, en Virginie, qui contenait des tiges végétales, dont les anneaux étaient rentrés les uns dans les autres, et qui étaient renflées au milieu, comme si l'on avait comprimé les deux extrémités.

ce vaste dépôt, accidenté par des failles et des ploiements, à la faveur desquels les parties inférieures, ayant été amenées au jour, ont donné naissance à une apparente subdivision en bassins. Ainsi l'arête calcaire, au nord de Namur, qui sépare les terrains de Liége et de Charleroi, résulte d'une saillie de la formation de calcaire carbonifère qui ne motive nullement une subdivision en bassins. Les inclinaisons des couches en sens contraire doivent être attribuées aux bouleversements multipliés que nous serons à même de constater, de telle sorte qu'il n'y a qu'un vaste bassin dirigé à peu près de l'est à l'ouest, de vingt-cinq myriamètres de longueur, et qui s'étend peut-être encore plus loin, ainsi qu'on peut le soupçonner d'après la nature et les circonstances géognostiques observées dans le terrain houiller d'Hardinghen, entre Calais et Boulogne. En effet, outre que ce terrain est situé dans la direction générale des couches, depuis Charleroi jusqu'à Anzin, il n'a été amené vers la surface que par suite de mouvements du sol et d'un relèvement général, dont nous détaillerons plus bas les résultats.

Les formations inférieures du terrain houiller sont souvent à découvert dans la direction générale, entre Tournay et Aix-la-Chapelle; ils s'appuient sur les terrains de transition du sud, sont recouverts par la formation houillère proprement dite et s'enfoncent avec elle sous les terrains secondaires de l'ouest et de l'est. Le vieux grès rouge et le calcaire carbonifère présentent des caractères tout-à-fait analogues à ceux que nous avons reconnus en Angleterre. L'*old-red-sandstone* est représenté par des grès, des psammites schisteux, des poudingues et des conglomérats. Les psammites passent à l'argile rouge et aux schistes. Les poudingues sont composés de fragments souvent anguleux de quartz compacte, blanc, noirâtre; de quartz grenu, rougeâtre ou grisâtre, soit seuls, soit englobés dans des grès et psammites. Leur solidité est ordinairement très-grande, et ce n'est que rarement qu'ils passent aux sables et cailloux roulés. Le ciment est souvent ferrugineux; cependant de nombreuses infiltrations de quartz blanc, isolé en veines, en géodes, indiquent que la silice a puissamment contribué à l'agglutination de ces roches. Le calcaire carbonifère est un calcaire grisâtre ou bleuâtre, compacte, contenant, ainsi que les calcaires anglais, des veines spathiques, et passant au marbre, exploité sous le nom impropre de petits granites; à la dolomie, dont la présence paraît liée à celle des marbres; au macigno et au schiste.

Le vieux grès rouge et le calcaire carbonifère sont liés par des alternances fréquentes, et M. Dumont, qui a décrit le bassin de Liége, partage l'ensemble de ces deux formations en quatre systèmes. Le plus inférieur ou système quartzo-schisteux est exclusivement composé de poudingues, grès et schistes, de couleurs généralement rougeâtres : c'est le vieux grès rouge proprement dit. Les deux systèmes suivants sont un système calcareux, recouvert par un nouveau système quartzo-schisteux. Ces deux systèmes intermédiaires peuvent donc être considérés comme des alternances de calcaire et de grès, qui forment le passage au système calcareux supérieur composé de calcaires compactes, marbres et dolomies, lequel représente le calcaire carbonifère proprement dit. Les fossiles qui se trouvent dans ces divers systèmes, sont des productus, des térébratules, spirifères, orthocères, bellérophons, etc., des encrines, des astrées, etc. : ils n'existent généralement que dans les calcaires et les schistes.

Partout où l'on a pu étudier le contact entre le calcaire carbonifère et la formation houillère, on a reconnu également une liaison très-prononcée entre ces deux formations. Cette liaison consiste dans les alternances des roches caractéristiques : ainsi la houille ellemême se montre associée aux calcaires; de sorte que l'on peut dire à la fois qu'il existe de la houille dans la partie supérieure du calcaire carbonifère et du calcaire dans la partie inférieure de la formation houillère. En beaucoup de points, dit M. d'Omalius, le calcaire est recouvert par des couches argileuses, remplies de fragments de silex lydien, de fer hydraté; lesquelles paraissent représenter les couches intermédiaires entre la formation houillère et le calcaire supérieur. Ces espèces de brèches tiennent donc en réalité la place du millstone-grit de l'Angleterre.

La composition de la formation houillère est telle que nous l'avons vue dans les localités précédentes. Des grès, des psammites, alternent avec des argiles schisteuses et des couches de houille. Les schistes sont grisâtres, verdâtres, noirs; ils passent quelquefois, surtout dans la partie inférieure, à l'ampélite alumineux et même au schiste lydien. Les ampélites sont exploités en plusieurs points, notamment aux environs de Liége, pour la fabrication de l'alun. Le fer carbonaté se trouve en rognons ellipsoïdes stratifiés. Les grès et psammites sont grisâtres, bleuâtres, quelquefois rougeâtres; ils sont souvent schistoïdes, d'autres fois massifs, et passent, ainsi que le schiste, au fer carbonaté en couches et au quartz compacte.

Les couches de houille sont plus ou moins nombreuses, suivant les localités. Leur épaisseur varie depuis celle des veines non exploitables au-dessous d'un décimètre, jusqu'au-delà de deux mètres. Dans le pays de Liége, M. Dumont en compte quatre-vingt-trois. A Mons, ce nombre s'élève jusqu'à cent quatorze. Les différentes variétés de charbon, sont: 1.° le charbon de *fine forge*, fragile, mat, collant, et propre à la maréchalerie, bien qu'il soit beaucoup moins recherché en France que celui de Saint-Étienne; 2.° le charbon *dur*, compacte, à cassure brillante et pseudo-régulière, fragile, collant et très-propre à la fabrication du coke; 3.° le charbon *flenu*, brillant, à surfaces striées, brûlant très-facilement avec une flamme claire, un peu collant: c'est celui dont l'usage est le plus répandu et qui forme le but principal des exploitations; 4.° le charbon *sec*, schisteux, peu consistant, non collant, non bitumineux : c'est la plus mauvaise qualité. Les variétés reçoivent en outre diverses dénominations, suivant le volume de leurs fragments. Ces dénominations de gros, gaillette, gailleteux et menu correspondent à peu près à péra, chapelet, grêle et menu de Saint-Étienne. La pyrite se rencontre assez souvent en rognons, en petits cristaux et en dendrites. On a remarqué que plusieurs couches de houille grasse contenaient des masses d'anthracite; d'autres fois des masses de véritable lignite, qui avaient toutes les qualités du charbon de bois.

Le terrain houiller a été considérablement disloqué dans toute la longueur de cette bande. L'on y voit des failles (montagne de Saint-Gilles, etc.), et surtout des ploiements, qui sont quelquefois tels que les couches ont été tout-à-fait renversées, de sorte que les plus inférieures se présentent les premières : c'est à cette dislocation et aux érosions qui les suivirent et qui dénudèrent les parties saillantes, que l'on doit attribuer cette apparente subdivision en bassins isolés. La formation supérieure a été en effet partagée en lambeaux, dans lesquels les couches affectent des allures différentes, et qui sont séparés par des saillies des formations inférieures, surtout du calcaire carbonifère. Dans ses parties continues, la formation houillère a même subi des étranglements, des brouillages, qui la subdivisent; ainsi il existe un étranglement entre les villages de Herin et de Saint-Léger, à l'ouest de Valenciennes; il y a aussi une séparation à Quivrain, à la frontière de France.

Lorsque des ploiements de couches ont affecté la formation houillère, elles ont dû porter sur toute l'épaisseur; mais à mesure que les couches étaient éloignées du point de ploiement, elles en étaient moins affectées, puisque la flexion était répartie sur un plus grand espace, et, par conséquent, moins sensible : de plus, les dislocations portèrent toujours avec plus d'intensité sur certains points. C'est à ces causes qu'il faut attribuer quelques anomalies qui résulteraient de ce que les couches supérieures paraissent en certaines contrées moins dérangées que les couches inférieures. Ainsi M. Dumont distingue dans le terrain du pays de Liége trois étages : le premier, qui recouvre les plateaux des environs de Liége, a une stratification beaucoup plus régulière que l'étage moyen, qui forme une ceinture autour de la ville; enfin, l'étage inférieur, qui occupe le fond du bassin, est remarquable par la multiplicité des plis et l'irrégularité de stratification.

Mons. Une des contrées où ces ploiements de couches ont été le mieux constatés, est la partie du dépôt qui constitue le bassin de Mons. La planche IV présente une coupe faite par un plan vertical, dirigé du nord au sud, perpendiculairement à la direction des couches et passant par les anciennes exploitations de Picqueri et d'Ostenne : elle traverse en *c* le canal de Mons à Condé, et les couches y sont numérotées suivant le rang qu'elles occupent dans la série de superposition. *a a'* représentent les terrains morts, dont la partie supérieure est alluviale, et la partie inférieure appartient au terrain crétacé. Cette coupe a été construite par M. Chevalier, d'après des notions précises sur leur direction, leur inclinaison, leur disposition, et d'après les plans des mines.

Aux environs de Mons, les exploitations sont principalement dirigées sur l'espace compris entre l'ouest de cette ville et le village de Boussu, formant une zone d'un myriamètre de long sur six kilomètres. Cette partie est celle qui fournit le meilleur charbon. La formation houillère repose sur les calcaires, les schistes et les grès de la formation inférieure;

elle est extrêmement tourmentée et contournée, de manière que certaines couches, pliées et repliées, peuvent être traversées trois et quatre fois par un même puits vertical. La planche donne le dessin de ces contournements, qui ne peuvent être attribués qu'à une action postérieure, vive et instantanée; car les couches sont repliées souvent l'espace de quelques mètres, de manière que des blocs d'argile, à l'orifice des puits, sont composés de couches très-sensiblement courbées. On a reconnu dans cet espace cent quatorze couches de houille, divisées en quatre groupes, dont treize de charbon sec, vingt-trois de charbon fine forge, vingt-neuf de charbon dur, et quarant-neuf de charbon flenu.

La direction générale des couches du terrain houiller est de l'est à l'ouest. L'inclinaison est très-variable depuis les couches presque horizontales de flenu, jusqu'aux couches très-inclinées, verticales et même renversées. Les perturbations qui ont amené ces changements dans la stratification, n'ont pas causé de grandes modifications dans la régularité des couches. Il y a peu de brouillages, de failles, de renflements et de crains ou suppressions des couches qui sont au contraire généralement assez bien réglées et d'une puissance moyenne, de 0,40 à 0,70, le maximum étant de deux mètres. Toutes ne sont pas exploitables, et c'est dans le flenu et dans les couches peu inclinées, désignées sous le nom de plats, que se trouvent les exploitations les mieux organisées et les plus productives. Les exploitations se font généralement par des puits de deux cents à quatre cents mètres de profondeur. L'extraction journalière d'un puits peut s'élever jusqu'à dix-huit cents hectolitres combles. Dans les grandes et belles exploitations, le prix coûtant au bord du puits est de $6^{f},65^{c}$ l'hectolitre comble.

Anzin. La direction des couches de la formation houillère de Mons avait depuis bien long-temps frappé les mineurs, et c'était une opinion générale parmi eux que des recherches faites en France dans cette direction, devaient rencontrer le prolongement de ces couches. En effet, un puits que l'on fit en 1750, tomba sur le terrain houiller, après avoir traversé environ cent mètres de terrain mort, appartenant, ainsi qu'à Mons, au terrain crétacé. Vers 1800, des recherches faites d'après le même principe aux environs d'Arras, eurent le même succès.

La planche V présente la coupe verticale, dirigée du nord au sud, du terrain houiller d'Anzin, d'après M. Héron de Villefosse. C'est, comme on le voit, un énorme Ŋ, composé d'un nombre infini de couches de grès, d'argile schisteuse et de houille, toutes emboîtées les unes dans les autres. La puissance des couches de houille varie entre les limites qui comprennent celles de Mons; elle dépasse même rarement $0^m,70$. L'intervalle qui les sépare varie depuis quinze mètres jusqu'à cinquante et plus. On voit d'après la coupe, qu'elles constituent, suivant le langage des mineurs, deux droits inclinés généralement de 75°, et un plat dont l'inclinaison n'est guère que de 15°. Le nombre des couches de houille est assez considérable; mais on n'a marqué que celles dont l'épaisseur dépasse trois décimètres, et qui sont, par conséquent, susceptibles d'exploitation : les variétés de houille, au nombre de trois, qui se rapportent au charbon dur de Mons, au flenu et au charbon sec. Les puits sont de trois cents à quatre cents mètres de profondeur; ils fournissent environ six cents à sept cents hectolitres combles de charbon par jour, dont le prix coûtant peut être évalué à soixante-quinze centimes. Cette exploitation, qui occupe environ quatre mille cinq cents ouvriers par jour, est en France celle où l'art des mines a eu le plus à faire, et où les travaux souterrains ont atteint le plus grand développement.

Aux points où elles sont pliées, les couches de houille sont le plus souvent brisées, leurs feuillets sont mêlés à ceux du toit et du mur, et leurs fragments ont pénétré dans le schiste; de même que dans les ploiements du terrain de transition les fragments de quartz-rock ont souvent pénétré dans les schistes argileux, et occasioné une espèce de brouillage. Mais il arrive aussi très-fréquemment que le ploiement se fait très-régulièrement, de sorte que les grands fragments de schistes et de houille présentent des courbures très-sensibles. M. d'Aubuisson a observé ces courbures en place; par exemple une couche de houille de $0^{m},66$ d'épaisseur se pliait graduellement, de manière à présenter une courbure régulière, formant un arc d'environ $100°$, d'un rayon de trois mètres. Tous les feuillets de la houille suivaient cet arc, et conservaient un parallélisme concentrique parfait, avec les salbandes et les roches du toit et du mur. Dans les houillères de Mons, il y a des ploiements réguliers d'un rayon encore moindre.

Hardinghen. Le terrain houiller a été découvert entre Boulogne et Calais, aux environs de Fiennes, Hardinghen, Locquinghen, etc. Ce terrain s'y présente avec des caractères de perturbation qui démontrent qu'il ne doit sa proximité de la surface qu'à un relèvement considérable. Les perturbations sont telles qu'il est très-difficile de se rendre compte des relations qui existent entre la formation houillère et le calcaire carbonifère, qui est un calcaire gris noirâtre, fétide, et souvent à l'état de marbre nommé stinkal. Ce terrain, outre qu'il est dans la direction de celui de Mons et de Valenciennes, présente les plus grandes analogies dans sa composition et dans ses fossiles; de sorte qu'on l'a regardé comme son prolongement, relevé par un soulèvement qui forme la saillie du Bas-Boulonnais. On y connaît cinq couches de houille, qui sont ordinairement très-inclinées et même verticales. Ces cinq couches sont exploitées à deux cents mètres au-dessous de la surface; elles sont séparées de trente à quarante mètres de grès et de schistes. M. de Bonnard regarde l'ensemble du terrain comme disposé en forme de selle, ayant un double pendage vers le nord et vers le sud.

Le calcaire carbonifère ou stinkal se montre au-dessus et au-dessous de la formation houillère, de sorte que cette formation paraîtrait y être intercalée. Néanmoins la position du calcaire au-dessous de la houille est beaucoup mieux constatée qu'au-dessus, et il se pourrait que cette superposition ne fût due qu'à un renversement des couches : c'est un calcaire souvent fissile, contenant des productus et des spirifères, quelquefois sableux et rempli de madrépores; il devient généralement plus massif, à mesure que l'on s'approfondit, et passe souvent à des marbres noirs. Ces marbres contiennent volontiers des pyrites et des silex cornés; ils sont exploités sous le nom de marbres de marquise. Dans sa partie supérieure le calcaire carbonifère passe souvent à un grès micacé, blanc, entièrement siliceux, qui contient des unios, et se trouve ainsi occuper le même rang que le millstone-grit des Anglais.

Allemagne. Amérique.

Le terrain houiller que nous avons indiqué près Saarbruck, ceux de Silésie, de Saxe, etc., présentent des caractères analogues à ceux que nous avons signalés dans la France méridionale. M. d'Aubuisson a consigné dans les Annales des mines un exemple où les végétaux sont, comme aux environs de Saint-Étienne, dans une position verticale. En allant de la petite ville d'Hainchen aux houillères qui sont dans le voisinage, le chemin passe devant une carrière taillée dans le grès. Sur cette coupe verticale j'ai vu, dit-il, quatre ou cinq troncs d'arbres verticaux, de plusieurs décimètres de diamètre, et de $1^{m},60$ à 2^{m} de long, non compris ce qui est enterré dans le grès; ils sont à quelques mètres les uns des autres, et leur position verticale, ainsi que leur parallélisme, semble annoncer qu'ils sont réellement en place, et qu'ils y ont été enveloppés par le grès qui s'est déposé postérieurement. En plusieurs points on ne voit plus que la concavité qui était occupée naguère par un tronc: dans d'autres, le tronc existe encore; sa convexité est saillante, et il ne reste plus du végétal que l'écorce, qui est convertie en une légère couche de houille ou de bitume. Les nœuds y sont conservés. Werner a vu dans le même lieu des roseaux droits et traversant plusieurs assises de grès. Ces fortes plantes sont restées, disait-il, dans leur position originaire, tandis que celles qui étaient plus faibles, et les feuilles, ont été couchées.

Ce fait a de l'intérêt, parce qu'il se répète encore en beaucoup de points, et qu'il confirme l'opinion émise par M. Brongniart, que cette position n'est pas l'effet du hasard, et que les végétaux sont là dans la place où ils ont vécu. Ainsi, en Angleterre, M. Wood a observé auprès de Newcastle des tiges verticales, qui traversent plusieurs couches de grès et de schistes; souvent les racines d'une tige sont entrelacées avec celles des tiges voisines. Comme ces végétaux n'ont pu vivre sous l'eau, il faut admettre que des mouvements du sol ont eu lieu pendant la période houillère, et les ont submergés.

Dans l'Amérique septentrionale on a reconnu un terrain houiller placé sur le granite, et composé de grès, schistes, houille et fer carbonaté, à l'O. S. O. de Richmond en Virginie. D'autres gisements analogues existent à Wilkesbarre, Carbondale, Lehigh, Lackawaxon, etc., et doivent être, d'après M. Eaton, distingués des schistes argileux carbonifères de Newport et du Massachusset, qui appartiendraient au terrain de transition. Les terrains houillers des États-Unis présentent les mêmes végétaux que ceux de l'Europe. A Wilkesbarre, des couches de grès, d'un à trente mètres, alternent avec des schistes moins puissants et les couches de houille ont jusqu'à trois, cinq et dix mètres. La houille passe souvent à l'anthracite.

Dans la Nouvelle-Hollande et la Terre de Van Diemen on a signalé des terrains analogues en tous points à ceux de l'Europe, et cette analogie a fait donner le nom de Newcastle à la mine qui est sur la rivière Hunter, entre le cap Hove et le port Stephens.

Flore houillère.

Les débris animaux sont assez rares dans la formation houillère. On a reconnu, cependant, des coquilles marines dans les environs de Liége et de Namur (térébratules, productus, ammonites). L'existence des poissons a été aussi constatée par des débris peu déterminables, et par une grande quantité de coprolites, qui forment très-souvent en Écosse le noyau des rognons de fer carbonaté. Les débris végétaux sont au contraire tellement multipliés, qu'il résulte de cette seule abondance un signe caractéristique. Le tableau suivant, composé en 1828 par M. Brongniart, établit l'état comparatif de la flore houillère et de la flore actuelle.

		Époque houillère.	Époque actuelle.
I. Agames		0	7000
II. Cryptogames celluleuses		0	1500
III. Cryptogames vasculaires.			
Équisétacées	14		
Fougères	130	219	1700
Marsiléacées	7		
Lycopodiacées	68		
IV. Phanérogames gymnospermes		0	150
V. Phanérogames monocotylédones.			
Palmiers	3		
Cannées	1	18	8000
Indéterminées	14		
VI. Phanérogames dicotylédones.			
Indéterminées		21	32000
		258	50350

On voit, dit M. Brongniart, que la plus grande partie de cette flore est formée par les cryptogames vasculaires, c'est-à-dire, par les fougères et les familles voisines, qui constituent les cinq sixièmes des végétaux de cette époque, tandis qu'elles n'en forment qu'un trentième actuellement. Au contraire, les dicotylédones qui forment plus des trois cinquièmes des végétaux actuels, n'existaient peut-être pas à cette époque.

Mais de plus, les cryptogames vasculaires de l'époque houillère différaient de ceux qui existent maintenant par un développement bien plus considérable de tous leurs organes, surtout des tiges. Ce développement indique un climat très-chaud et très-humide. En effet, les fougères et leurs annexes sont dans nos contrées basses et rampantes, tandis que sous les tropiques elles deviennent arborescentes, et s'élèvent à des hauteurs considérables. Ce climat chaud et humide devait en outre être très-uniforme par tout le globe. En effet, les plantes des terrains houillers de l'Amérique septentrionale sont la plupart parfaitement identiques à celles de l'Europe, et toutes appartiennent aux mêmes genres. Des échantillons rapportés du Groenland, d'autres recueillis par le capitaine Parry dans le fond de la baie de Baffin, présentent la plus complète analogie. Trois espèces qui provenaient d'un terrain houiller de la Nouvelle-Hollande, deux des mines de l'Inde, appartenaient aux mêmes familles que celles de l'hémisphère boréal.

En étudiant la répartition actuelle des cryptogames vasculaires, on voit que leur développement est d'autant plus considérable que le climat est plus chaud, et, en second lieu, qu'il est plus humide. En effet, dans le continent européen elles sont aux phanérogames comme 1 à 40, et ce rapport devient dans les régions tropicales de 1 à 20. La proportion augmente encore dans les îles où le climat est plus humide: ainsi dans les Antilles elle est de 1 à 10. Elle croît encore à mesure que l'étendue des eaux est plus considérable, c'est-à-dire, que les îles sont plus isolées, et à mesure que la température est plus élevée: ainsi elle est de 1 à 4 et de 1 à 3 dans les îles de la mer du Sud, devient de 2 à 3 à Sainte-Hélène, et il y a égalité à l'île de l'Ascension. Cet aperçu conduit donc à conclure que les parties saillantes du globe devaient, à l'époque houillère, être encore moins étendues que maintenant, relativement à la surface occupée par les eaux, et que la température devait être plus élevée et beaucoup plus uniforme: conclusions qui sont tout-à-fait en harmonie avec les données géogéniques qui résultent des études purement géognostiques.

Origine de la houille.

Si nous cherchons actuellement à nous rendre compte des circonstances qui ont pu déterminer la formation de la houille, il est nécessaire de rappeler que dans le terrain de transition, comme dans le terrain houiller, le développement des couches de carbone à l'état d'anthracite ou de houille, est presque toujours accompagné de ce qu'on peut appeler aussi le développement des empreintes végétales; que l'abondance de ces empreintes est d'autant plus considérable que les couches de carbone sont plus puissantes; enfin, que leur véritable gisement dans le grès et les schistes est vers leur contact avec le carbone. Des preuves nombreuses établissent en outre que ces végétaux croissaient dans le lieu même où l'on retrouve leurs débris, ou du moins à très-peu de distance. Leur parfaite conservation, le soin avec lequel les feuilles de fougères sont expalmées, ne peuvent laisser de doute à cet égard; enfin la présence des tiges verticales vient encore à l'appui. Si maintenant on se rappelle que nous voyons la tourbe se former sous nos yeux par l'accumulation des végétaux dans des bas-fonds humides, que le lignite porte l'empreinte d'une origine analogue, et que de certaines variétés compactes de lignites à la houille et l'anthracite il n'y a qu'une distance bien minime, on se trouvera tout porté, par la réunion de ces considérations, à regarder la houille comme formée par l'accumulation de végétaux chariés et stratifiés par les eaux.

L'acte de la carbonisation est un résultat de décomposition spontanée, qui a pu être encore facilitée par les circonstances particulières dans lesquelles se trouvait le globe. Au nombre de ces circonstances on a désigné la grande proportion d'acide carbonique que devait alors contenir l'atmosphère. L'absence des êtres qui n'auraient pu supporter cette proportion; l'abondance du carbone, du bitume, disséminés dans certains calcaires; enfin, les expériences de Saussure, qui a démontré que la proportion d'acide carbonique la plus propre à développer la végétation, allait jusqu'à huit pour cent, rendent l'hypothèse assez plausible. Cette hypothèse s'accorde d'ailleurs avec l'existence bien plus ancienne des végétaux que des animaux à respiration aérienne. Aussi, dit M. Brongniart, ce n'est qu'après que bien des générations de plantes eurent pour ainsi dire purgé l'atmosphère de son excès de carbone et l'eurent fixé dans le sol, que les reptiles d'abord, ensuite les mammifères, purent exister sur la terre; ils amenèrent alors l'état d'équilibre entre la respiration des plantes et celle des animaux; équilibre qui caractérise l'époque actuelle et qui est peut-être une des causes de la stabilité des formes des êtres vivans.

Les objections que l'on peut tirer de la nature même de la houille où l'on a souvent constaté de l'azote, et dont l'aspect lithoïde et anti-ligneux s'accorde peu avec la comparaison aux tourbières actuelles, sont en partie détruites par ces indices de circonstances particulières, qui ont favorisé la décomposition et la carbonisation complète des végétaux. De plus, le passage graduel aux lignites où l'on voit reparaître le tissu ligneux, indique que ces circonstances disparaissaient graduellement. Il faut d'ailleurs tenir compte des causes modificatrices communes à tous les dépôts. Ainsi la pression qui résultait de la superposition des grès et des schistes devait influer sur la nature d'une masse charbonneuse. Cette pression dut être considérable, à en juger par l'état d'aplatissement où l'on trouve les tiges de végétaux couchés, qui avaient souvent plusieurs décimètres de diamètre, et ont été réduites à quelques décimètres; elle contribua sans doute à condenser ces matériaux en une masse homogène. Les schistes nous retracent encore les effets de cette pression; car ces matières ténues durent donner naissance à un dépôt boueux, que nous retrouvons comprimé en feuillets assez solides; de telle sorte que les grès et poudingues qui contiennent de préférence les tiges et les branches des végétaux, résultent du premier dépôt sédimentaire des mêmes eaux, qui tenaient en suspension les matières fines des schistes et les feuilles des fougères, etc., lesquelles ne se déposèrent qu'après les sables siliceux.

TERRAIN PÉNÉEN.

Le terrain houiller est assez indifféremment recouvert par tous les terrains supérieurs; souvent même il ne l'est pas, et ces faits, d'après les principes que nous avons posés, indiquent que la révolution qui a mis fin aux circonstances dans lesquelles il se formait, a modifié considérablement la configuration du sol. L'on trouvera la confirmation de cette hypothèse dans les caractères minéralogiques et géognostiques du terrain pénéen, qui l'a suivi immédiatement. Ainsi la formation la plus inférieure de ce nouveau terrain est une formation exclusivement arénacée, dont la composition et la puissance annoncent une grande somme de force vive, dépensée par les eaux, c'est-à-dire, des mouvements, des migrations considérables. De plus, ces dépôts arénacés reposent en beaucoup de points de l'Allemagne et de l'Angleterre en stratification discordante sur le terrain houiller; ou bien encore on voit leurs couches à peu près horizontales s'étendre au pied des montagnes et des plateaux, formés par le relèvement des couches carbonifères et schisteuses. (1)

D'autres considérations pourront encore nous faire mieux apprécier l'état géogénique du globe au commencement de l'époque pénéenne. Ainsi, un des caractères géognostiques qui a le plus frappé les géologues, et que nous développerons en traitant des roches ignées; c'est l'association très-fréquente des conglomérats et grès non carbonifères qui suivent immédiatement le terrain houiller, avec des porphyres. Cette association ne semble-t-elle pas indiquer que l'écorce du globe, ébranlée par les dislocations qui mirent fin à la période houillère, fut traversée en un grand nombre de points par de puissantes masses ignées, tandis que les sublimations, les exhalaisons métallifères qui caractérisent souvent les calcaires spathiques et magnésifères postérieurs à ces grès, retracent la même action ignée, n'agissant plus que de loin et

(1) Ces dislocations, qui séparent le terrain houiller du terrain pénéen, ont été constatées par toute l'Europe occidentale. M. de la Bèche en a cité plusieurs exemples en Angleterre, notamment dans la baie de Bebbacombe en Devonshire, où les conglomérats ont pénétré dans des failles qui affectent le terrain qui les supporte (escarpement de *petit tor*). On est donc entraîné à conclure, dit cet auteur, que partout où nous trouvons ces couches inférieures de conglomérats, nous y voyons des traces de la *cause* qui a agi et de l'*effet* qu'elle a produit. La cause est le bouleversement des couches : l'effet est la dispersion des fragments, produite par cette action violente, et ce résultat s'est étendu sur des espaces plus ou moins considérables, par le moyen des eaux mises en mouvement.

par les soupiraux que lui avaient laissés les failles.

Le terrain pénéen comprend trois formations distinctes : 1.° celle du *grès rouge* (*new red sandstone*), puissant dépôt arénacé, désigné par les Allemands sous le nom de *rothe Todtliegende*; 2.° la formation du *Zechstein*, composée de calcaires presque tous magnésifères et de marnes schisteuses, bitumineuses, souvent métallifères : c'est le *magnesian limestone* des Anglais; 3.° la formation du *grès des Vosges*, dépôt arénacé très-distinct de ceux qui constituent le grès rouge et dont l'étendue est jusqu'ici très-circonscrite.

Ces trois formations constituent-elles trois périodes géognostiques distinctes et séparées les unes des autres par des oscillations de la croûte du globe? La question n'est pas complétement résolue, parce que, le Zechstein manquant dans les contrées où s'est développé le grès des Vosges, on ne peut encore décider si ces deux formations sont équivalentes et si les oscillations qui ont séparé le Todtliegende du Zechstein, ne sont pas contemporaines de celles qui ont séparé le Todtliegende du grès des Vosges. Il se pourrait, ainsi qu'il résultera de la description de ce terrain, que des grès se fussent déposés sur l'emplacement des Vosges, pendant que des calcaires se déposaient dans la Thuringe, et qu'il n'y eût en réalité que deux formations. Le fait de la contemporanéité de deux dépôts aussi dissemblables, n'est point en contradiction avec nos connaissances géogéniques. Quoi qu'il en soit, la position du grès des Vosges entre le Zechstein de l'Allemagne et le magnesian limestone de l'Angleterre, semble s'opposer à l'hypothèse de circonstances géogéniques aussi différentes dans des points aussi rapprochés.

Le terrain pénéen (1) se présente avec des caractères de puissance et de composition très-variables; il peut atteindre plusieurs centaines de mètres d'épaisseur immédiate, tandis qu'en beaucoup de contrées il n'est pas représenté. Tantôt les roches d'agrégation sont les seules qui se soient développées, tantôt ce sont les calcaires qui en constituent la masse principale. Les fossiles y sont très-peu répandus, et la formation du Zechstein, où ils sont presque exclusivement concentrés, n'en contient pas de réellement caractéristiques, si ce n'est peut-être quelques reptiles (monitors de la Thuringe), quelques poissons désignés sous le nom de *palæothrissum*, très-fréquents dans le pays de Mansfeld, et qui ont été retrouvés dans les schistes bitumineux d'Autun et en plusieurs points de l'Angleterre. Les débris

---

(1) La dénomination de terrain pénéen (pauvre) s'applique surtout aux roches d'agrégation qui ne contiennent généralement ni substances métalliques disséminées, comme le *Zechstein*; ni houille, comme le grès houiller : c'est une traduction de *Todtliegende* (morte couche).

coquilliers consistent en productus, spirifères, térébratules, modioles, unios, turbos, mélanies, etc.

Formation du grès rouge.

Cette formation peut être considérée comme une seule assise, d'une épaisseur moyenne de cent cinquante ou deux cents mètres, composée de conglomérats, de brèches, de poudingues et de grès, ordinairement rougeâtres, qui alternent entre eux. Les lignes de stratification qui divisent cette puissante assise en un nombre de couches plus ou moins grand, sont déterminées soit par la grosseur des fragments agrégés, soit par leur nature minéralogique. Ces fragments anguleux, simplement arrondis ou tout-à-fait roulés, varient en effet de grosseur, depuis plusieurs mètres cubes jusqu'à celle des grains ténus et à peine discernables qui forment les grès les plus fins. Il est à remarquer que les conglomérats où se trouvent les blocs les plus puissants, forment toujours les parties inférieures. Du reste, la nature de ces blocs est en général facile à reconnaître, et l'on peut même déterminer souvent les localités d'où ils proviennent; car ce ne sont pas seulement des roches très-dures, comme les granites, les porphyres, le quartz; on y trouve aussi des schistes de toute espèce, des calcaires carbonifères (environs de Bristol, Devonshire). Les blocs sont généralement arrondis, surtout les plus tendres; mais l'on est surpris quelquefois du peu d'altération des angles, et dans ce cas on reconnaît presque toujours qu'ils proviennent du terrain même sur lequel ils reposent, et par conséquent qu'ils n'ont pas été chariés pendant long-temps.

Le grès rouge proprement dit se compose de fragments anguleux ou arrondis, de granite, porphyre, pétrosilex, quartz...., de quelques millimètres et même de quelques centimètres; cimentés par une pâte rougeâtre, argilo-ferrugineuse : ce grès grossier peut devenir très-fin et passer à l'arkose et au psammite schistoïde; tandis que des fragments plus gros, apparaissant dans un grès fin qui leur sert de pâte, le font passer ainsi au conglomérat. Ces roches, qui déterminent le caractère principal de toute la masse, alternent souvent avec des brèches et des poudingues à petits fragments de schistes empâtés dans un ciment argileux : les fragments y sont ordinairement plus arrondis, plus roulés que ceux des roches dures, et lorsqu'ils atteignent leur maximum de ténuité, la roche devient schistoïde, prend une apparence homogène et même passe à l'argile schisteuse.

La stratification de cette formation est généralement obscure et massive, du moins tant que les couches de grès fin schistoïde et d'argile schisteuse ne viennent pas la rendre plus nette. On n'y a reconnu que peu d'indices de débris organiques : ce sont quelques végétaux brisés indéterminables, mais qui paraissent analogues à ceux du terrain houiller. Enfin, comme présence des agents chimiques on ne peut y citer que certains calcaires, qui apparaissent sous forme de ciment et de petits bancs accidentels : c'est une des formations de débâcle les mieux caractérisées. Les caractères particuliers que présente cette formation dans les divers points de son développement, concordent parfaitement avec ce mode d'origine, en même temps qu'ils donnent les détails les plus intéressants sur les phénomènes locaux qui ont pu les déterminer, et les Todtliegende constituent par leur nature, de même que par leur stratification souvent discordante, un horizon géognostique réel.

Angleterre. En Angleterre, le grès rouge forme une longue bande du N. E. au S. O., et les faits généraux qui résultent de son examen, sont que les fragments sont d'autant plus anguleux et d'autant plus gros que les points d'où ils proviennent sont plus rapprochés, et que plus ils sont fins et roulés, moins les terrains houillers voisins présentent des traces de grandes perturbations qui puissent se rapporter à cette époque : de plus, si l'on considère l'ensemble général des masses, les parties les plus inférieures présentent des fragments plus volumineux que les parties supérieures. Les faits particuliers consistent dans la dislocation des calcaires carbonifères, qui ont souvent fourni une grande partie des matériaux, et dans les différences multipliées et instantanées de la grosseur des fragments qui rendent la stratification plus apparente et les couches plus nombreuses que d'ordinaire.

Aux environs de Bristol les blocs de calcaire carbonifère sont très-multipliés : ils le sont encore plus dans le Sommersetshire, où non-seulement les blocs sont quelquefois exclusivement calcaires, mais le ciment lui-même l'est aussi, en sorte que l'on a des calcaires bréchiformes ; les eaux qui ont arraché et transporté ces blocs ayant agi non-seulement comme agent mécanique, mais aussi comme agent chimique. Il est surtout à remarquer que le ciment qu'elles ont déposé est souvent très-magnésifère ; ce qui a fait donner à la roche le nom de *conglomérat magnésien*. Les eaux préludaient ainsi à la formation postérieure du calcaire magnésien. Cependant ces conglomérats qui ne sont pas surmontés par le grès rouge, le représentent-ils réellement, ou appartiennent-ils déjà au Zechstein ? La question ne peut être regardée comme résolue ; mais comme ils se lient avec des trapps et des porphyres dont la sortie paraît avoir accompagné leur formation, l'on trouve ainsi en connexion intime : des bouleversements dans la configuration du sol et des mouvements imprimés aux eaux; la sortie de trapps et de porphyres; enfin un pouvoir dissolvant donné aux eaux. Les dolomies ou du moins les calcaires magnésifères, prirent par la suite un développement bien plus considérable.

Les grès rouges du Devonshire sont ordinairement cités comme présentant au plus haut degré les alternances de grès à grains fins, de brèches à gros grains et même de conglomérats. Les côtes offrent de nombreuses coupes où ces alternances sont très-multipliées et très-apparentes. Les conglomérats à gros blocs des parties inférieures se composent de calcaires, de porphyres, de schistes...., empâtés dans un grès argileux à grains fins. Cette pâte s'isole bientôt de manière à former des couches de grès fin et d'argile rougeâtre. L'on voit ensuite reparaître des conglomérats à fragments de $0^{m},1$, de calcaires, schistes, grauwacke, quartz, porphyres. Ces divers éléments peuvent alterner à plusieurs reprises; mais il est à remarquer que les couches qui composent une coupe naturelle peuvent se subdiviser généralement en plusieurs assises, de manière que chacune présente à sa partie inférieure des fragments plus gros, lesquels vont toujours en diminuant à mesure qu'on s'élève, jusqu'à ce que la superposition d'un nouveau conglomérat à gros fragments vienne rompre subitement cette diminution graduelle, mais pour obéir ensuite lui-même à cette loi. Ce fait n'est point particulier à la formation du grès rouge; il se reproduit dans presque tous les dépôts arénacés d'une grande épaisseur. Or, il s'explique très-facilement en ce que de nouvelles oscillations de la croûte du globe, de nouveaux soulèvements modifièrent en partie la configuration de la contrée et changèrent à la fois la force d'impulsion, la masse des eaux courantes et leur direction. Sans doute l'intensité de ces soulèvements était loin d'être comparable à la grande révolution qui avait déterminé la formation du terrain et le transport des gros blocs de la partie inférieure; mais elle fut suffisante pour que les eaux qui pouvaient à peine transporter des fragments de quelques centimètres, qu'elles déposaient au milieu du ciment argileux et des sables fins qu'elles tenaient en suspension; augmentant à la fois de volume et d'impulsion, entraînassent des blocs d'un ou deux décimètres, jusqu'à ce que les choses, rentrant peu à peu dans un état normal, fussent revenues à l'état antérieur. La configuration des mers devait être peu modifiée par ces oscillations secondaires, mais la direction des courants l'était tout-à-fait.

La formation du grès rouge, observée en Allemagne, retrace les mêmes faits généraux: Allemagne. France.

c'est tantôt un conglomérat à gros blocs, tantôt un grès plus ou moins fin, tantôt ce sont de petites couches terreuses, qui passent à la marne ou à l'argile schisteuse. Les conglomérats à gros blocs sont toujours liés par leur composition au terrain environnant; ils sont composés de granites, micaschistes, schiste argileux, porphyre, quartz, lydienne, grauwacke, etc.; mais spécialement de schistes dans un terrain schisteux, de porphyre dans un terrain porphyrique. Les brèches et les poudingues présentent beaucoup moins de liaison avec le terrain environnant; les fragments de quartz et de lydienne dominent, et d'une manière d'autant plus exclusive que le grain est plus fin: enfin, les grès, en atteignant leur maximum de ténuité, deviennent de plus en plus argileux; ils passent à la marne et encore plus souvent aux grès tendres, fissiles, analogues aux schistes du terrain houiller. Le ciment est ordinairement un grès fin, ferrugineux, quelquefois argileux; dans les poudingues, il est souvent siliceux et leur donne beaucoup de solidité; accidentellement il est calcaire.

L'on retrouve encore les alternances de grès et de conglomérats; mais ce qu'on y apprécie mieux que partout ailleurs, c'est que plus le grain est fin, moins les fragments ont de rapport avec les roches voisines, et de là résulte le phénomène d'une liaison intime avec le terrain houiller lorsqu'il le recouvre. En effet, d'une part les grès deviennent plus exclusivement quartzeux à mesure qu'ils s'éloignent de leur point de départ; on n'y rencontre plus dès-lors que des grains feldspathiques accidentels. D'un autre côté, toutes les fois que le terrain houiller fut recouvert par le grès rouge, c'est que les bouleversements qui avaient modifié la configuration du sol, n'avaient point atteint la contrée, ou du moins n'avaient porté que d'une manière indirecte sur le terrain houiller. Ce point était donc éloigné des grandes lignes de perturbation; il se trouvait par conséquent dans les conditions nécessaires pour ne recevoir que des grès fins et quartzeux peu dissemblables des grès houillers. Si l'on ajoute maintenant à cette cause particulière, le grand principe de passage par alternances, qui existe toujours entre deux formations qui se suivent dans la série et qui sont superposées, l'on ne s'étonnera point que cette liaison soit telle que beaucoup de géologues allemands aient compris le grès rouge et le grès houiller dans une même formation, et que l'on puisse dire que le grès rouge contienne en certains points de la houille, bien que ce caractère ne lui appartienne pas.

En Thuringe, en Saxe, en Silésie, le grès rouge est souvent lié, de même qu'en Angleterre (Sommersetshire, Shropshire) à des porphyres qui s'intercalent dans les couches, en donnant lieu à des alternances des roches ignées et sédimentaires. Ces intercalations appartiennent aux terrains ignés; mais elles changent tellement l'aspect du terrain qu'il est nécessaire de les mentionner. En effet, les porphyres ont donné lieu à des altérations, qui tantôt se bornent à des passages insensibles du grès au porphyre feldspathique ou amphibolique; tantôt se sont propagées de proche en proche et par cémentation, sur des étendues considérables. Ces altérations sont plus ou moins prononcées : les grès se pénètrent des principes feldspathiques et se changent en un quartz d'un aspect homogène, à texture compacte et cassure conchoïde, ou bien prennent tout-à-fait l'apparence de la pâte des porphyres terreux. Dans les brèches et les poudingues, le grès fin ou argileux, qui forme le ciment, est aussi modifié, durci et passe au pétrosilex, tandis que les fragments conservent à peu près leur nature.

En France, le grès rouge se montre autour du massif de terrain ancien qui forme la partie centrale et culminante des Vosges; il constitue généralement la partie inférieure des vallées, dont le couronnement est formé par le grès des Vosges (la formation intermédiaire du Zechstein n'étant pas représentée) : c'est un grès assez grossier, à texture assez lâche; diversement coloré, surtout en rouge amaranthe, mais avec des parties jaunâtres ou d'un gris bleuâtre; passant à une marne fissile et micacée, qui présente quelquefois des cristaux de feldspath en décomposition. Certaines couches des plus inférieures passent à un conglomérat grossier et peu cohérent, formé de fragments de porphyre et de roches anciennes. Cette formation est sujette à manquer ou du moins à être considérablement réduite, et M. Élie de Beaumont, qui l'a décrite, signale comme points principaux de leur développement, les environs de Ronchamps, Villé, Raon-l'Étape et Saarbruck. A Raon-l'Étape, Villé, Sainte-Croix, elle se lie avec des porphyres rouges quartzifères et des porphyres amphiboliques; ce qui complète l'analogie avec les grès rouges de l'Angleterre et de la Thuringe. Dans sa partie supérieure ce grès passe insensiblement au grès des Vosges. Nous aurons occasion d'y revenir.

M. Boué, considérant que les grès rouges se sont principalement formés dans les contrées où il y a eu des éruptions porphyriques, attribue leur formation à la présence de ces porphyres; ce qui expliquerait, dit-il, pourquoi ces roches sont distribuées, comme les houillères, beaucoup moins généralement que les autres terrains secondaires. Comme ils ne recèlent pas tous les végétaux du terrain houiller, et que leurs fossiles ne sont principalement que de gros troncs de palmiers ou de dicotylédones, il est clair que leurs agrégats grossiers ont été accumulés d'une manière encore plus violente que les grès houillers, tandis que les matériaux dont ils dérivent différaient aussi entre eux.

Cette manière d'envisager la formation des *Todtliegende* ne s'accorde guères avec leur composition ; car les principes feldspathiques sont loin d'y dominer généralement, et le fait de leur association avec les porphyres s'explique plus naturellement par ce que les orifices d'éruption pouvaient être disposés de préférence, comme ils le sont aujourd'hui, sur les principales lignes de fracture; c'est-à-dire, vers les côtes maritimes, et, par conséquent, au contact des roches d'agrégation qui se formaient. Les coïncidences sur lesquelles M. Boué appuie son opinion, peuvent d'ailleurs s'appliquer à cette disposition des orifices d'éruption sur les fractures d'élévation des masses exhaussées. Ainsi, dit-il, tout autour de l'île formée par l'Erzgebirge et le Riesengebirge, les dégradations des masses porphyriques ont produit çà et là des amas de Todtliegende, qui ont commencé à combler les grandes cavités secondaires du nord de l'Allemagne. Autour du Hartz et du Thuringerwald, sur les Vosges et la Forêt-Noire, de semblables dépôts se sont formés. Autour de l'île Alpine, les porphyres ne sont pas sortis sur la pente nord, et le Todtliegende n'existe pas; il s'est au contraire développé vers le sud, où les porphyres, en partie quartzifères, se sont fait jour dans le Tyrol, entre le Cordevole et l'Adige, et depuis Windisch-Kappel en Carinthie, jusqu'à Arona sur le lac Majeur. On voit que ces points de développement simultané des grès et des porphyres représentaient généralement des rivages ou étaient voisins des îles. Du reste, il est aussi des contrées où le grès rouge ne présente pas cette association.

Dans le nouveau continent, M. de Humboldt a reconnu la formation du grès rouge au nord et au sud de l'équateur, en six points différents. Dans la Nouvelle-Espagne; dans les steppes de Venezuela; dans la Nouvelle-Grenade; sur le plateau méridional de la province de Quito; dans le bassin de Caxamarca au Pérou et dans la vallée occidentale de l'Amazone. Amériques.

Les grès rouges mexicains présentent, dit-il, la plus grande analogie avec ceux du pays de Mansfeld : ce sont des fragments anguleux de lydienne, syénite, porphyre, quartz, silex, liés par un ciment argilo-ferrugineux, brun, jaunâtre ou rouge de brique. On y voit alterner des couches de conglomérats grossiers avec des grès fins, dont les grains quartzeux sont même quelquefois très-uniformément arrondis; mais les conglomérats grossiers sont plus fréquents dans les plaines et les ravins que sur les hauteurs. Les grès rouges des immenses plaines de Venezuela reposent en gisement concave entre les montagnes du littoral de Caracas et celles de la Parime; ils ont cela de particulier qu'ils ne sont liés ni géognostiquement ni minéralogiquement avec aucun porphyre : ils sont composés de fragments arrondis de quartz et de lydienne, réunis par un ciment argilo-ferrugineux, tenace, brun olivâtre et quelquefois du rouge le plus vif. On y trouve des débris de monocotylédones. Une formation de grès, d'une étendue prodigieuse, couvre presque sans interruption, non-seulement les plaines septentrionales de la Nouvelle-Grenade, mais aussi les bassins du Rio de la Magdalena, du Rio Cauca, et s'étend peut-être, ajoute M. de Humboldt, vers le Rio Atrato et l'isthme de Panama : ce sont des alternances de grès quartzeux et schisteux à petits grains, et de conglomérats enchâssant des fragments de lydienne, thonschiefer, gneiss et quartz. Le ciment est quelquefois siliceux; le plus souvent argileux et tellement ferrugineux que l'on y trouve l'oxide de fer en nids, en petites couches et petits filons. Les grès rouges du Pérou et des Amazones présentent des caractères analogues à ceux de Venezuela et de la Nouvelle-Grenade.

Tous les caractères géognostiques et minéralogiques se réunissent pour assimiler ces vastes dépôts de grès rouges au Todtliegende. Leur étendue et surtout leur puissance (quinze cents et deux mille mètres) sont peut-être les seuls faits qui ne concordent pas avec les grès rouges européens; mais l'intérêt qui s'y rattache n'en devient que plus grand. Un des caractères que M. de Humboldt invoque le plus en faveur de l'assimilation au Todtliegende, résulte de la superposition de calcaire fétide (confluent du Cano-Morocoy et du Rio Magdalena) et de gypse feuilleté (bassins du Rio Cauca, près de Cali et du Rio Bogota, près de Santa-Fé). Si le calcaire et le gypse qui, dans leur partie supérieure, se lient avec des argiles muriatifères, représentent en effet le Zechstein, l'équivalence serait évidente; resterait à prouver l'isochronisme, ce que nos connaissances sur les relations géognostiques de l'ancien et du nouveau continent ne permettent pas de faire.

Formation du zechstein.

La formation du Zechstein est très-sujette à manquer : ainsi, lorsqu'on remonte la série des formations de Paris aux Vosges, on ne trouve aucune roche qu'on puisse y rapporter; il en est de même dans le midi de la France, et ce n'est que dans la partie nord (Calvados), peut-être en Bourgogne (Autun), qu'on trouve des calcaires et des schistes qui reproduisent, et par leur position et par leur nature minéralogique, quelques-uns des caractères de cette formation dans la Thuringe, le Mansfeld, une partie du Hartz, de la Hesse et de la Franconie; contrées classiques de son développement.

Allemagne. Dans ces contrées centrales de l'Allemagne le grès houiller et le grès rouge sont recouverts par une série de couches calcaires et marneuses, de couleurs foncées, dont l'épaisseur moyenne est d'environ cent cinquante mètres : elle peut y être regardée comme la première formation calcaire dans tout le pays au nord du Danube. M. Freiesleben, qui a décrit cette formation avec beaucoup de détail, la partage d'abord en deux étages. L'étage inférieur comprend des schistes marneux et compactes; l'étage supérieur, des calcaires poreux, cellulaires, et des calcaires fétides.

L'*étage inférieur* se subdivise lui-même en deux assises : la première est composée de trois variétés de schistes, qui sont généralement superposées dans l'ordre suivant de bas en haut : le schiste sablonneux; le schiste marneux bitumineux; le schiste marneux pur. Ces schistes sont recouverts par la seconde assise, composée d'un calcaire compacte, gris cendré ou noirâtre, dur et tenace, qui est le Zechstein proprement dit.

Les *schistes* inférieurs sont des marnes schisteuses, très-fissiles, tantôt mêlées de sable, tantôt de bitume, tantôt assez pures, et nous avons dit que ces trois variétés se superposaient généralement dans un ordre constant. La couche intermédiaire ou schiste marneux bitumineux est la moins puissante; elle n'a qu'une épaisseur moyenne de $0^{m},33$; mais elle est très-remarquable à la fois par sa composition et par sa continuité, qui en fait le meilleur horizon géognostique de la contrée. On la retrouve, en effet, avec les mêmes caractères minéralogiques, avec la même épaisseur, dans des points distants de vingt, quarante, quatre-vingts lieues et plus, et comme elle est généralement exploitée, elle a de tout temps excité l'attention des géologues : c'est une marne imprégnée de bitume et de carbone en proportion variable, et qui peuvent, dit M. d'Aubuisson, constituer le dixième de la masse; elle contient en outre du sulfure de fer, des pyrites de cuivre argentifères, qui font l'objet des exploitations et qui lui ont fait donner le nom de *Kupferschiefer*. Le minerai trié donne deux pour cent de cuivre, qui contient huit onces d'argent au quintal. On y trouve en outre de la galène, de la blende, du cobalt arsenical et du bismuth.

Ce schiste bitumineux métallifère est encore remarquable par les empreintes de poissons (*palæothrissum*) que l'on y a trouvées en grande abondance avec des restes de monitors, animaux du genre saurien, qui fréquentent les marais et le bord des rivières. Ces poissons sont caractéristiques, non-seulement pour la formation, mais particulièrement pour le Kupferschiefer.

Le calcaire *Zechstein* est compacte, enfumé, à cassure conchoïde, massif, accidentellement schisteux. Sa puissance varie depuis quelques mètres jusqu'à vingt et trente; il passe quelquefois aux marnes, et ces variations de composition et de structure le subdivisent naturellement en plusieurs strates. Il renferme des minéraux accidentels, tels que du spath calcaire blanc, en veines et en grains, du gypse, quelques grains cristallins de quartz, du mica, quelques noyaux aplatis d'argile. Les substances métalliques y paraissent aussi de temps en temps: ce sont des pyrites cuivreuses, du cuivre carbonaté, de la galène.

L'*étage supérieur* de la formation du Zechstein se subdivise aussi en deux assises : 1.° le calcaire celluleux (rauwacke); 2.° le calcaire fétide (stinkstein).

Le calcaire *Rauwacke* est un calcaire magnésifère, dur et compacte, de couleur sombre, grisâtre ou noirâtre, dont le caractère essentiel est d'être celluleux et même caverneux. Ses cavités sont inégales, longues et étroites, couchées dans le sens de la stratification : mais ce qui est très-remarquable, c'est que la puissance de la couche est en raison du nombre et de la grandeur de ces cavités; ainsi, lorsqu'il y en a très-peu, c'est une couche de calcaire écailleux ou grenu, dont la puissance n'est guère que d'un mètre; tandis que si les cavités abondent, cette puissance est beaucoup plus considérable. Lorsque les cavités atteignent leur maximum, et elles peuvent avoir plus d'un mètre de longueur, la puissance est de quinze et seize mètres. Quelquefois ce calcaire est en partie noduleux et passe à la brèche calcaire; il arrive même que le ciment disparaît, et les nodules sont simplement entassés et incohérents.

Le calcaire *Stinkstein* est compacte ou grenu, d'un brun noirâtre ou verdâtre, bitumineux, essentiellement fétide par percussion ou frottement, massif, fragmentaire ou tabulaire; il passe aussi au calcaire bréchiforme, la pâte étant marneuse et contenant des fragments anguleux et compactes ou des rognons de calcaires magnésifères; il arrive enfin, surtout dans sa partie inférieure, que ce calcaire devient tout-à-fait incohérent, friable et même pulvérulent, et contient des fragments disséminés de stinkstein qui conservent leur solidité. Ce calcaire friable est connu sous le nom de cendres (*asche*) : les grains en sont cristallins. L'assise du stinkstein atteint une puissance variable d'un à trente mètres; elle contient comme substances accidentelles, du gypse, du sel marin, du fer hydraté, de la chaux carbonatée pure en rognons friables et nacrés, quelques concrétions siliceuses. Le gypse se trouve en amas couchés et traversé par des veines de stinkstein; il est compacte, grenu, quelquefois propre à être travaillé, et souvent associé au sel gemme, dont la disparition y a laissé des vides et des cavités, et qui communique à certaines couches une saveur salée. Le fer hydraté constitue des couches assez considérables. Enfin, dans sa partie supérieure, le calcaire devient souvent marneux, et passe à une argile grisâtre ou bleuâtre, ou verdâtre (*letten*), qui contient quelquefois des rognons de dolomie et des cristaux de chaux sulfatée.

La subdivision de cette formation en quatre assises se maintient assez bien dans tout le centre de l'Allemagne, mais sans que les lignes de séparation soient bien tranchées; car toutes sont susceptibles de se fondre les unes dans les autres, de manière que les caractères distinctifs ne s'établissent que graduellement.

Angleterre. La formation du Zechstein se montre en Angleterre avec une puissance à peu près égale à celle qu'elle atteint en Thuringe, si ce n'est en étendue, du moins en épaisseur; elle y a reçu le nom de *calcaire magnésien*. Plusieurs des principaux traits caractéristiques y sont conservés; d'autres ont disparu, et il n'est guère possible d'y retrouver toutes les subdivisions allemandes. D'un côté les substances métalliques du Kupferschiefer ne se reproduisent pas; mais les mêmes poissons ont été reconnus dans un schiste bitumineux inférieur. Le gypse et le sel de l'assise supérieure se retrouvent aussi, et le caractère qui résulte de la présence des calcaires magnésifères est général et très-prononcé. Cette formation est sujette à manquer (Devonshire); mais le plus souvent elle est représentée par un ensemble de couches, que M. Sedgwick a subdivisé en deux assises qu'il rapporte aux deux principales subdivisions de la Thuringe.

Les couches les plus inférieures sont des schistes marneux et des calcaires compactes, quelquefois coquilliers et recouverts par des marnes irisées. L'assise supérieure se compose de calcaire magnésien jaune, compacte ou grenu, d'autres fois cellulaire ou schistoïde; il passe à des marnes rougeâtres, contenant des veines ou des amas de gypse, et souvent couronnées par des couches minces de calcaire.

Dans le Calvados, de même que dans plusieurs parties de l'Angleterre (Sommersetshire), le terrain pénéen commence, ainsi qu'il a été dit, par les brèches calcaires, désignées sous le nom de *conglomérat magnésien :* ce sont des calcaires préexistants et en grande partie non dolomitiques qui ont fourni les matériaux de ce conglomérat; mais le ciment qui les réunit est essentiellement magnésifère. Or, doit-on regarder ces roches arénacées comme représentant les Todtliegende ou comme appartenant au Zechstein, et en quelque sorte comme un supplément à ajouter à sa base? Non-seulement le ciment magnésifère milite en faveur de la dernière hypothèse, mais comme il faut supposer nécessairement que des mouvements du sol ont séparé la formation du Zechstein de celle du grès rouge, puisque leur développement n'est pas toujours simultané; il ne serait pas étonnant de trouver précisément en des points où le grès rouge manque, les effets d'une débâcle, puisque les eaux ont dû nécessairement y être transportées violemment. Ce fait de suppression des grès rouges et de leur remplacement par des conglomérats à la base du Zechstein, a lieu sur une étendue considérable, et il équivaut à une discordance de stratification.

On peut lier par la pensée les diverses contrées où se montre la formation du Zechstein, de sorte que la mer dans laquelle s'est effectué ce dépôt, comprenait une partie de l'Angleterre, le Calvados, la Manche, d'où elle pénétrait en Allemagne. Cette époque, d'après la nature, la stratification de ses dépôts, et l'organisation qui s'y est développée, nous présente une période de tranquillité; nous n'avons aucun motif pour y supposer des bouleversements partiels comme ceux qui, dans les mers du grès rouge, ont tant de fois changé la direction et la force des courants. Il est cependant remarquable de voir que les poissons ont péri au même instant en Angleterre comme en Allemagne, et que leur extinction coïncide avec la présence des substances métalliques qui caractérisent cette couche sur une si vaste étendue. Ce fait tend à nous démontrer en effet que les substances métalliques n'existaient pas dans les eaux où se déposait le schiste, et qu'elles y sont arrivées instantanément : et d'ailleurs on ne peut guère supposer que des animaux pussent vivre dans des eaux qui auraient été chargées de dissolution de cuivre, plomb, etc. Nous prenons acte de cette conclusion, parce qu'elle identifie les substances métalliques de Kupferschiefer à celles des filons, bien que leur mode de gisement soit très-différent.

Les calcaires du Zechstein sont très-remarquables par la magnésie qu'ils contiennent presque tous. Jusqu'ici les calcaires n'étaient magnésifères qu'accidentellement, et nous avons remarqué que ces accidents concordaient dans ceux du terrain houiller avec la présence des roches ignées et la conversion en marbres. Ici le fait est général, et même sans présenter les caractères de la dolomie, les calcaires donnent à l'analyse une proportion de magnésie quelquefois supérieure à celle qui serait nécessaire pour la constituer. Doit-on regarder cette magnésie comme contemporaine de la chaux, et d'une origine analogue; ou bien l'influence ignée y a-t-elle pris part comme peuvent le faire supposer la fréquence des exhalaisons métallifères, les cavités de la rauwacke. Les faits se partagent entre les deux hypothèses, et nous ne chercherons à faire prévaloir l'une d'elles, qu'après avoir établi la théorie si intéressante de la formation des dolomies.

Nous avons parlé de la régularité qui avait présidé aux dépôts de cette formation dans toute l'Allemagne centrale. Cette régularité a été souvent modifiée par tous les systèmes de failles et de filons qui ont pu accidenter postérieurement le sol. La planche IV présente la disposition des Kupferschiefer à Bilstein, près Stadberg en Westphalie. On voit que l'ensemble des couches, tout en conservant ses relations, a été accidenté à plusieurs reprises.

Formation du grès des Vosges.

Les montagnes centrales des Vosges sont bordées par des rangées plus ou moins continues de montagnes ou plateaux à formes carrées, qui sont composés de grès rouge dans leur partie inférieure, mais dont la partie supérieure est formée d'un autre grès, dit *grès des Vosges* (planche I.re). Du côté du sud et de l'est ces grès forment une ceinture étroite, découpée, souvent interrompue par de profondes vallées et présentant partout des pentes rapides et escarpées. Dans les lacunes on aperçoit de temps en temps de grandes quilles, qui sont restées là comme témoins de la formation des grès, et dont les lignes de stratification se raccordent entre elles et avec celles des montagnes à plateaux les plus voisines. Vers le nord-ouest cette ceinture est large et continue : c'est un vaste plateau qui forme toute la partie nord des Vosges ; les couches plongent légèrement vers l'O. N. O. et vont se perdre sous les formations postérieures de la Lorraine.

Le grès des Vosges, dit M. Élie de Beaumont, se compose de grains amorphes de quartz, incolores et translucides, souvent d'apparence cristalline, à facettes miroitantes, de grosseur variable, depuis celle d'un grain de millet jusqu'à celle d'un grain de chenevis. La surface de ces grains reflète vivement les rayons du soleil; elle est ordinairement recouverte d'un léger enduit d'oxide de fer rouge ou hydraté. Le ciment est le fer hydraté, ou bien il est complétement invisible; mais alors il arrive que la roche a très-peu de consistance. Au milieu des grains de quartz l'on en voit souvent d'autres d'un blanc mat, opaque, plus anguleux et moins solides, qui sont du feldspath quelquefois en décomposition. Les couleurs les plus ordinaires de la roche sont le rouge pâle ou foncé, le violet, le jaune ochreux; il se divise naturellement en gros blocs, irrégulièrement pseudo-réguliers. Ces blocs paraissent eux-mêmes très-souvent composés de feuillets un peu courbes et non parallèles à la ligne de stratification. Les couches diffèrent les unes des autres par la diversité des nuances, accompagnée ordinairement de variations dans la cohésion, de petites différences dans la grosseur des grains, et surtout par l'abondance plus ou moins grande de galets, qui ont jusque 0,1 de diamètre et qui en font quelquefois un véritable poudingue à pâte de grès. Ces galets sont généralement de quartz blanc, gris rougeâtre et rouge, à cassure inégale, quelquefois traversés par des veines de quartz blanc, contenant des paillettes de mica; ils caractérisent le grès des Vosges.

Ces grès reposent sur le grès rouge, mais il y a fréquemment passage insensible entre les deux roches, de sorte qu'il est difficile de déterminer d'une manière précise la ligne de démarcation qui les sépare; bien que si l'on se rappelle les caractères du grès rouge dans les Vosges, où il est souvent représenté par des conglomérats incohérents de roches anciennes, des brèches à fragments de schistes, des grès passant aux argiles rougeâtres, il y ait entre eux des différences notables. Mais à mesure que l'on s'élève, le grès rouge devient plus fin et plus solide, les fragments anguleux disparaissent, la roche est moins terreuse, moins grossière, et l'on arrive graduellement et par des alternances multipliées au grès quartzeux des Vosges, solide, parsemé de galets arrondis de quartz compacte ou grenu. La stratification des deux formations est en outre à peu près parallèle, et la superposition est facile à constater à Ronchamps, Saarbruck, où l'on exploite en outre le terrain houiller sur lequel le grès rouge repose en stratification discordante; de telle sorte que l'on voit en ces points la superposition des trois formations.

La stratification du grès rouge et du grès des Vosges paraît généralement concordante. M. de Beaumont a seulement remarqué, que d'après les niveaux bien plus élevés qu'atteint souvent le grès des Vosges, on peut supposer que les deux formations ont été séparées par des mouvements du sol qui auraient élevé le niveau des eaux. Ses conclusions sont d'ailleurs trop importantes pour que nous les passions sous silence. Peut-être, dit-il, pourrait-on penser que le grès des Vosges qui, par sa position comme par ses caractères, occupe une place intermédiaire entre le grès rouge et le grès bigarré, est une formation parallèle au Zechstein de l'Allemagne et au calcaire magnésien de l'Angleterre. Ne pourrait-on pas admettre que cette formation calcaire et le grès des Vosges proprement dit s'excluent mutuellement? En effet, non-seulement il n'existe pas de Zechstein dans les Vosges, dans la Forêt-Noire et dans les autres systèmes du midi de l'Allemagne, où le grès des Vosges se montre; mais on remarque encore qu'en Angleterre, dans les parties du Cheshire, du Lancashire et du Cumberland, où certaines couches du new-red-sandstone présentent des caractères minéralogiques semblables à ceux du grès des Vosges, le calcaire magnésien n'existe pas; tandis que dans les parties du nord et du sud de l'Angleterre, où le calcaire magnésien existe, aucune des couches du nouveau grès rouge ne se présente avec les caractères qui distinguent essentiellement le grès des Vosges.

Dans ce cas le terrain pénéen ne serait représenté que par deux formations, celle du grès rouge et celle du Zechstein et du grès des Vosges, susceptibles de se remplacer, mais ne pouvant exister toutes deux à la fois.

L'on n'a point trouvé dans le grès des Vosges de débris organiques, pas même des végétaux analogues à ceux du grès rouge. M. de Beaumont, faisant concorder ce fait avec la nature même du grès, en infère que peut-être les éléments constituants se sont accumulés beaucoup plus rapidement qu'ils n'auraient pu le faire s'ils avaient dû leur origine uniquement à l'action érosive des eaux; de telle sorte qu'ils auraient été en partie formés par voie de précipitation chimique et de cristallisation confuse dans une eau troublée par des courants chargés de détritus. Cette hypothèse résume d'une manière très-heureuse les différences à établir entre le grès rouge, roche conglomérée, roche de transport par excellence; et le grès des Vosges, dont la nature se prête très-bien à la supposition d'une action chimique, qui aurait contribué à le former concurremment avec les matières chariées (feldspath, grains roulés et galets de quartz).

TERRAIN KEUPRIQUE.

Trois formations minéralogiques très-distinctes, la première, quartzeuse, arénacée; la seconde, calcaire, et la troisième, marneuse, se réunissent pour former le terrain keuprique. Ces trois formations sont remarquables par la simultanéité et la concordance de leur développement. Ainsi, autour des Vosges elles forment des bandes sinueuses, tout-à-fait parallèles et concentriques, c'est-à-dire que les inflexions de chacune sont assez bien reproduites par les autres. De plus, l'une n'est presque jamais développée sans que les autres ne soient également représentées; ce qui les caractérise très-nettement comme formations distinctes, qui subdivisent un même terrain; comme successivement déposées sous l'influence d'actions sédimentaires différentes dans une même période. Ces trois formations sont : 1.° la formation du *grès bigarré* (*bunter Sandstein*); 2.° celle du *Muschel-*

kalk; 3.° celle des *marnes irisées* (*Keuper*). (1)

Le principal point de développement du terrain keuprique est l'Allemagne septentrionale; il pénètre en France et forme autour des Vosges une ceinture presque continue : c'est dans ce point que les recherches de M. Élie de Beaumont l'ont mieux caractérisé, et surtout l'ont isolé des terrains supérieur et inférieur, avec lesquels il se lie assez fréquemment. Comme les caractères de ce terrain sont d'ailleurs très-peu variés, la description de ce massif peut être appliquée, abstraction faite de ce qui a rapport à la configuration exté-

---

(1) L'on peut actuellement saisir les diverses nuances du mot formation : ainsi, le terrain de transition comprend deux formations distinctes, très-rapprochées, il est vrai, sous le rapport de la composition, mais séparées par des mouvements du sol qui avaient changé la distribution des eaux : c'est dans ce premier cas la même influence sédimentaire se prolongeant dans des mers différentes, et les formations mériteraient presque le nom de terrain, puisqu'il y a discordance de stratification. Le terrain houiller est subdivisé en deux formations distinctes, sous le rapport de la composition : ces formations sont concordantes (car s'il en était autrement, ce seraient réellement des terrains); mais leur nonsimultanéité de développement pourrait faire cependant supposer des mouvements intermédiaires du sol, là où elles ne sont pas représentées toutes deux. Ici la dénomination de formation touche encore à celle de terrain. Au contraire dans le terrain pénéen le grès des Vosges est-il une formation distincte ou seulement l'équivalent du Zechstein, ou bien encore un développement prolongé du grès rouge? La dénomination de formation touche ici à celle d'étage. Dans le terrain keuprique qui nous occupe actuellement, les formations sont distinctes par leur composition différente; elles sont concordantes sous le rapport de la stratification, et simultanées sous le rapport du gisement : ce sont comme nous venons de le dire, des termes différents, déposés sous l'influence d'actions sédimentaires différentes, mais dans les mêmes mers.

rieure du sol, à tous les autres gisements du sud de la France, de la Suisse, de l'Allemagne, etc.

Ce terrain est souvent lié avec les terrains inférieur ou supérieur, et cette liaison paraît même beaucoup plus intime avec le terrain pénéen qu'elle n'est en réalité. En effet, partout où le Zechstein n'est pas représenté, le grès bigarré repose immédiatement sur le nouveau grès rouge, avec lequel il a d'ailleurs de grandes relations minéralogiques: de là des incertitudes fréquentes, par exemple, en Allemagne, où le grès rouge est très-puissant, et dont le grès bigarré ne paraît souvent que la partie supérieure. Les marnes irisées, d'autre part, peuvent aussi se lier avec les assises inférieures du terrain jurassique, et cette liaison a lieu surtout dans les contrées où les formations en contact sont très-développées, par exemple aux environs de Lons-le-Saulnier.

Ces passages ont donné lieu à des subdivisions différentes de celles que nous adoptons, et qui consistent à comprendre dans un même groupe toutes les formations à partir des dernières assises du nouveau grès rouge jusqu'aux assises supérieures des marnes irisées; mais M. Élie de Beaumont a reconnu que des mouvements considérables du sol avaient eu lieu entre le terrain pénéen et le terrain keuprique, en s'appuyant principalement sur des changements de niveau et des failles qui ont résulté de ces mouvements. Les indications fournies par la comparaison de la stratification, des gisements et des fossiles, se réunissent d'ailleurs pour isoler ces trois formations concordantes et intimement liées entre elles, qui constituent le terrain keuprique. Ainsi, ce n'est qu'en un seul point, au sud de Sarrebruck que M. de Beaumont a pu voir le contact immédiat avec le terrain pénéen, et le grès bigarré reposait à stratification discordante sur le grès des Vosges, dont il était séparé par plusieurs lits de rognons dolomitiques. Quant aux fossiles, d'une part la disparition des productus, et de l'autre, la présence de l'encrine (*liliformis*) et de l'ammonite (*nodosus*), tandis que les bélemnites, les gryphées et les ammonites persillées n'avaient pas encore paru, caractérisent suffisamment cette période.

La puissance du terrain keuprique ne dépasse guère quelques centaines de mètres, et les moyennes indiquées par M. de la Bèche sont de 90^{m} pour le grès bigarré; 90^{m} pour le Muschelkalk, et 150^{m} pour les marnes irisées. La formation qui est la plus sujette à se resserrer, est celle du Muschelkalk; il est même des cas où elle vient à manquer, et c'est celui qui se présente en Angleterre. Dès-lors, les couches supérieures du grès bigarré étant marneuses, de couleurs variées, et se rapprochant ainsi d'une manière très-prononcée des caractères des marnes irisées; il est arrivé que ces deux formations se sont intimement liées et fondues en une seule, que les Anglais ont désignée sous le nom de *new-red-sandstone and red marl.* Si l'on supprimait en effet les assises du Muschelkalk en beaucoup de points de la Lorraine et de l'Allemagne, où les parties supérieures du grès bigarré sont analogues aux marnes irisées, la stratification étant généralement concordante, le même phénomène de fusion en une seule formation se reproduirait.

Le terrain keuprique a de l'importance surtout par les nombreux gisements de gypse et de sel gemme qui s'y trouvent intercalés et qui semblent le caractériser. Il s'en faut que l'on puisse regarder ces deux substances comme sa propriété spéciale, et sous ce rapport elles lui appartiennent encore moins exclusivement que la houille au terrain houiller: mais la position des gypses et des sels des départements de la Meurthe et du Doubs, dans les marnes irisées; la reproduction de ces substances avec les mêmes circonstances de gisement, dans le Muschelkalk de la Souabe, et beaucoup d'exemples moins importants, justifient l'intérêt que l'on a toujours attaché à ce terrain.(1)

(1) Les amas de sel et de gypse se présentent surtout à partir du Zechstein, dans toutes les formations, et cette distribution irrégulière avait d'abord entravé les progrès de la géologie; parce qu'on voulait assigner à ces deux substances, de même qu'à la houille, des gise-

Les dolomies y jouent aussi un rôle assez important, un grand nombre de calcaires étant magnésifères, même lorsque leurs caractères extérieurs ne l'indiquent point: ces dolomies, ordinairement dures et compactes, sont, comme celles du Zechstein, essentiellement stratifiées; tandis que le gypse et le sel sont généralement en amas couchés et concentrés seulement sur certains points. M. Élie de Beaumont, résumant les caractères du terrain keuprique de la Lorraine, s'exprime ainsi sur ces trois substances. J'ai indiqué, dit-il, du sel gemme dans un seul étage, savoir dans l'étage inférieur des marnes irisées : du gypse dans trois étages, savoir dans les assises supérieures du grès bigarré, dans la partie inférieure des

---

ments fixes ; mais si cette loi n'existe pas pour la houille, que l'on peut regarder comme contemporaine des dépôts où elle se trouve, elle existera encore bien moins pour le sel et le gypse, que tout porte à regarder comme résultant de réactions postérieures. Le passage suivant de M. Boué précise parfaitement l'état de la question.

Comme il est très-probable, dit-il, que le sel et le gypse ont été formés et introduits postérieurement au dépôt des roches qui les enveloppent, par la voie ignée; soit par sublimation, soit par cémentation de roches préexistantes et par exhalaisons gazeuses; cette introduction peut s'être manifestée à plusieurs époques, ou bien dans le même temps s'être arrêtée à différents étages. C'est ainsi que les dépôts salifères, habituels au grès bigarré et au keuper; celui de Bex dans le lias; le sel et le gypse des Alpes autrichiennes et des Carpathes, entre l'oolite supérieure et le grès vert ou dans cette dernière formation elle-même; le gypse et le soufre de Pologne dans la craie, selon M. Buch, et dans le sol tertiaire, suivant M. Boué; le sel de la Catalogne, dans la craie ou dans le terrain tertiaire; celui de Wieliczka et de la Transilvanie, dans les terrains tertiaires, pourraient bien n'être pas contemporains des roches auxquelles ils paraissent subordonnés.

marnes irisées et dans la partie supérieure de ces mêmes marnes : du carbonate calcaréo-magnésien (dolomie et calcaire magnésifère) dans quatre étages différents, savoir dans les assises inférieures et dans les assises supérieures du grès bigarré, dans la partie moyenne du Muschelkalk et vers le milieu de l'épaisseur des marnes irisées. Ces trois substances se font remarquer par l'absence de tout débris organique ; mais le gypse, et par analogie le sel gemme, me paraissent y former des amas, tandis que le carbonate calcaréo-magnésien est essentiellement stratiforme.

La dolomie qui se montre souvent entre le grès bigarré et le grès des Vosges, pourrait être regardée, au premier abord, comme représentant le Zechstein ; mais, outre qu'elle ne se présente guère que sous forme de rognons, M. Voltz a également signalé des couches de rognons dolomitiques dans la partie inférieure du grès des Vosges, qu'elles séparent du grès rouge, *Todtliegende*. On ne peut donc voir dans ces rognons qu'un fait accidentel, d'autant mieux que les couches où ils se trouvent sont peu puissantes.

Formation du grès bigarré.

Le grès bigarré (*bunter Sandstein*) est un grès quartzeux à grains fins, solide, le plus souvent rouge amaranthe, bleuâtre, verdâtre, d'autres fois blanc et même presque incolore; il renferme des paillettes de mica, tantôt rares et irrégulièrement disséminées; tantôt placées dans des plans parallèles à la stratification et déterminant une tendance à se déliter en feuillets. Sa structure est presque massive dans les parties inférieures, qui fournissent de très-belles pierres de taille. En s'élevant davantage dans la formation, on trouve des couches plus minces, qui sont exploitées pour meules à aiguiser. Plus haut encore on en trouve de très-minces et de très-fissiles, que l'on exploite comme dalles et même comme ardoises. Ces couches fissiles supérieures perdent souvent leur consistance et passent à une argile terreuse, bigarrée, qui contient fréquemment des masses de gypse : elles affectent aussi les teintes rouges qui dominent dans les assises inférieures, mais plus souvent que ces dernières elles présentent des taches d'un gris bleuâtre, qui deviennent même assez grandes et assez abondantes pour former sa couleur dominante. Enfin, ces grès supérieurs alternent avec des couches minces de calcaire marneux ou de dolomie, qui sont de plus en plus fréquentes et rapprochées, à mesure que l'on s'élève, et finissent par remplacer le grès : on entre alors dans la formation du Muschelkalk.

Les fossiles végétaux sont assez communs dans les grès fissiles, où l'on a même trouvé des indices de lignites. M. Brongniart les rapporte presque tous au genre *calamites.* Les coquilles sont moins répandues; dans les carrières de Domptail on a cependant trouvé plusieurs bancs qui en sont pétris. Les principales sont des plagiostomes, des mélanies, des mytiles, des trigonies, des modioles, des avicules, etc.

France sud-est.

Le grès bigarré se montre sur presque tout le pourtour des Vosges, où il forme des proéminences arrondies au pied des montagnes de grès des Vosges. Il y a seulement quelques localités, telles que les environs de Plombières et de Sarrebruck, où le grès des Vosges, n'atteignant qu'une faible hauteur, est recouvert par le grès bigarré. Plusieurs vallées sont creusées dans presque toute l'épaisseur de cette formation, de sorte que l'on peut étudier avec beaucoup de détail les variations de ses caractères, ainsi que l'a fait M. Élie de Beaumont, que nous suivrons encore dans le détail de ses recherches.

Dans la contrée de Plombières et de Bourbonne-les-Bains, le grès bigarré se montre immédiatement au-dessus du terrain de transition et en partie sur le grès des Vosges. Les assises inférieures sont très-épaisses et presque massives, à grains fins, gris rougeâtre. Elles renferment des noyaux aplatis d'argile bleuâtre ou blanchâtre, couchés dans le sens de la stratification, et quelquefois des galets de quartz analogues à ceux du grès des Vosges, dont ils paraissent provenir; mais outre que ces galets sont moins nombreux que dans le grès des Vosges, le grès bigarré renferme en même temps des empreintes végétales, qui servent à le distinguer et qui ont souvent laissé des vides remplis de terre argileuse brunâtre ou noirâtre. Les couches moyennes sont à grains fins, un peu schisteuses, bleues, jaunes ou rouge amaranthe : les couches supérieures sont micacées, très-fissiles, à feuillets quelquefois contournés, souvent peu consistantes; entre Bains et Fontenois elles deviennent tout-à-fait terreuses et passent à des argiles que l'on emploie pour faire des briques. Un fait remarquable que présente cette formation, caractérisée par la constance de ses caractères; est l'intercalation d'un banc de plusieurs mètres d'épaisseur, d'un grès très-dur et presque compacte, visible près du village de Chatillon, et que l'on a retrouvé à Fresne, près Bourbonne-les-Bains, où l'on a fait des recherches de houille.

Le grès bigarré diffère du grès des Vosges en grande partie par les mêmes distinctions que nous avons établies entre celui-ci et le grès rouge. La présence des débris organiques, les feuillets micacés, sont en outre des signes caractéristiques propres au grès bigarré, auxquels on peut même joindre, dans les Vosges, la position toujours en avant des montagnes du grès des Vosges.

Aux environs de Lunéville la formation du grès bigarré est telle que nous l'avons indiquée précédemment, et le banc coquillier des carrières de Domptail est le fait le plus remarquable de la contrée. Ces carrières, dit M. de Beaumont, ont environ dix mètres de profondeur. La moitié inférieure de la masse exploitée est formée de bancs épais d'un grès à grains fins, d'un aspect un peu terreux, quoique solide, brun rougeâtre ou jaunâtre, parsemé de paillettes de mica et traversé par des fissures, qui font divers angles avec les plans à peu près horizontaux de séparation des couches. Au-dessus se trouve une couche de quatre à cinq décimètres d'épaisseur de grès marneux, très-micacé, très-fissile, d'un rouge amaranthe assez prononcé; celle-ci est recouverte par une autre couche de cinq à six décimètres, de grès assez solide, d'un jaune ocreux sale, un peu micacé, un peu schisteux, renfermant une très-grande quantité d'empreintes végétales (*calamites*). Cette dernière couche se lie intimement avec celle qui la recouvre et qui consiste en un grès à grains fins, un peu micacé, coloré en jaune brunâtre par une grande proportion d'oxide de fer. Ce grès est pétri d'une multitude de moules intérieurs de coquilles univalves et bivalves (mélanie, natice, mytile, trigonie), dont le test a entièrement disparu, et a été remplacé par une matière terreuse, noire, ocreuse. Le banc coquillier se lie par sa partie supérieure à plusieurs autres bancs de grès sans coquilles, brun jaunâtre ou rougeâtre; enfin, en approchant de la surface du sol, on trouve un grès à grain fin, rouge ou gris bleuâtre, très-fissile et très-micacé.

C'est vers les bords de la Sarre, entre Forbach et Sarguemines, que la superposition ou stratification discordante du grès bigarré sur le grès des Vosges a été constatée. Les couches du grès des Vosges plongent au sud-est; elles sont recouvertes par un lit de rognons de dolomie, qui plonge aussi au sud-est, mais sous un angle plus grand que le grès inférieur. Cette dolomie est d'un jaune pâle dans l'intérieur des rognons, et passe au rouge en approchant de la surface; elle contient des grains de quartz identiques à ceux qui constituent le grès des Vosges et présente une cassure cristalline et nacrée. Les rognons sont englobés dans une argile sableuse, violacée, avec paillettes de mica, qui s'isole et alterne à plusieurs reprises avec les rognons dolomitiques, et à laquelle succède le grès bigarré à grains fins, avec mica argentin et empreintes végétales.

La dolomie se présente de nouveau dans le grès bigarré, mais en couches, à sa jonction avec le Muschelkalk. Dans les vallées de Jægerthal et de Niederbronn on voit les couches supérieures du grès bigarré représentées par des grès à grains fins, en couches minces, rouges et verdâtres, recouverts par une dolomie stratifiée et même schistoïde, à feuillets épais et contournés en petit; elle est d'un gris quelquefois bleuâtre ou jaunâtre, avec des veines de couleur ocreuse : sa cassure présente une multitude de petits rhomboèdres, qui brillent d'un éclat vif et nacré. Près du point de contact le grès et la dolomie alternent à plusieurs reprises en couches de quelques décimètres d'épaisseur. Il suit de là, dit M. Élie de Beaumont, que le dépôt de la dolomie a succédé immédiatement et après quelques oscillations à celui du grès. Cette dolomie est sans fossiles : elle est peu épaisse et conduit au Muschelkalk, qui se trouve un peu plus haut très-bien caractérisé.

France centrale.

M. Dufrénoy a reconnu le grès bigarré en plusieurs points autour du plateau primitif de la France centrale : 1.° autour de Rhodez et dans toute la partie centrale du département de l'Aveyron; 2.° depuis le pont de Camarès jusqu'à Saint-Affrique et dans le département de la Lozère; 3.° à la jonction des départements de la Corrèze et de la Dordogne, de Brives à Hautefort. Dans ces divers gisements la roche dominante est un grès rougeâtre, souvent à grains fins et marneux, qui contient des nodules de marnes: il repose tantôt sur le granite, tantôt sur le terrain houiller; quand il recouvre le granite, les couches inférieures sont composées de gros galets provenant du terrain primitif et forment des poudingues d'apparence de transition, dont la pâte ferrugineuse est quelquefois tellement abondante qu'on peut les exploiter comme minerai de fer. A une certaine distance des terrains anciens, le grès reprend ses caractères ordinaires, sa pâte marneuse et ses grains siliceux; mais il y a en quelque sorte passage par la présence de grains feldspathiques, qui deviennent de plus en plus rares, à mesure qu'on s'élève. Les couches supérieures de ces grès affectent des couleurs plus claires, et sont plus schisteuses; elles passent à des marnes rouges, maculées de vert, qui sont associées à quelques couches de calcaire magnésifère et contiennent quelquefois du gypse (environs de Saint-Affrique). Ces marnes supérieures représentent probablement les marnes irisées. Les fossiles sont très-rares dans le grès et dans les marnes, sauf quelques impressions végétales très-imparfaites.

Ces grès bigarrés, qui existent non-seulement sur les pentes des Cévennes et des montagnes de l'Aveyron, mais en outre sur la pente des Pyrénées, présentent quelquefois des veinules de cuivre carbonaté vert et bleu, de cuivre oxidulé, de baryte sulfatée, et ces caractères ont conduit M. Dufrénoy à rapporter à leur partie supérieure le grès où se trouvent les mines de Chessy.

A l'ouest et au nord des montagnes de la Régions allemandes.

Forêt-Noire, le grès bigarré se représente tel que nous venons de le décrire. Ainsi M. Mérian indique aux environs de Bâle un grès rouge ou bigarré, sous le nom de grès ancien, *ælterer Sandstein*, qui reproduit les caractères géognostiques et minéralogiques précités.

Dans la Souabe, le grès bigarré se lie intimement avec le grès rouge, dont il n'est séparé ni par le Zechstein ni par le grès des Vosges; il est représenté, d'après la description de M. Alberti, par deux étages. Le plus inférieur est composé de grès micacés et un peu argileux (*Thonsandstein*), d'un brun rougeâtre, souvent veinés ou tachetés de verdâtre, et qui suivant leur structure, fournissent à la fois, comme le grès bigarré des Vosges, de très-belles pierres de taille, des dalles et des ardoises. On y trouve quelquefois du gypse en veines, en rognons et en amas, et l'on en voit sortir des sources salées : il est recouvert par un étage également arénacé, mais dans lequel domine la marne sableuse (*Sandmergel*). Cette marne est de même rougeâtre ou bigarrée; elle passe tantôt à l'argile, tantôt au grès micacé identique à celui de l'étage inférieur. L'approche du Muschelkak y est annoncée par alternances de calschistes en couches minces et par un banc de dolomie celluleuse. On y trouve aussi des empreintes végétales et des indices de lignite.

En Angleterre, les grès qui, depuis le Nottinghamshire jusque dans le Yorkshire, se montrent au-dessus du calcaire magnésifère, sont regardés comme représentant le grès bigarré; ils sont souvent marneux dans leur partie supérieure, rouges, et contiennent des amas de gypse. Dans leur partie inférieure ils sont à grains grossiers, souvent à peine agglutinés, et passent ainsi au sable et aux cailloux roulés; ils renferment des galets de quartz et contiennent des bancs de grès blanchâtre.

Formation du muschelkalk.

Le Muschelkalk désigne généralement comme roche, un calcaire compacte, grisâtre ou verdâtre, à cassure conchoïde ou plane lorsqu'il ne contient pas un grand nombre de coquilles, inégale lorsqu'il en est comme pétri. Ces calcaires sont souvent magnésifères; ils le sont même quelquefois au point de présenter à l'analyse une composition identique à celle de la dolomie, et pourtant leurs caractères minéralogiques diffèrent, même dans ce dernier cas, des caractères qui lui sont assignés. Cependant, lorsqu'ils sont ainsi très-magnésifères, ils ont cela de commun avec elle, qu'ils ne contiennent plus de fossiles. Ces calcaires ne sont pas les seules roches de la formation : les véritables dolomies que nous avons vu préluder à leur apparition, s'y trouvent vers le contact avec le grès bigarré, et vers les assises supérieures le Muschelkalk passe à des marnes schisteuses grisâtres, qu'on voit, à mesure qu'on s'élève, prendre des teintes verdâtres plus prononcées, devenir moins schisteuses, se charger de taches rouges et passer ainsi aux marnes irisées.

Les débris de coquilles sont très-abondants dans les calcaires de cette formation, comme l'indique sa dénomination de Muschelkalk ou calcaire conchylien. Les plus répandues sont : des térébratules, des mytiles, des ammonites, des encrines, des avicules, des plagiostomes, etc. Plusieurs des espèces déjà signalées dans la formation du grès bigarré, se retrouvent dans celle-ci.

Pourtour des Vosges

Autour des Vosges, une ligne courbe, qui traverse la contrée de Plombières et Bourbonne-les-Bains, se trouve bordée vers le sud-ouest de sa convexité par une suite de collines calcaires, assez escarpées, qui forment les bords d'un plateau presque horizontal. De dessous leurs bords escarpés se dégage le grès bigarré (planche Ire), de sorte que la disposition de ce terrain est celle qui résulterait d'une portion de cercle décrite par la partie de la coupe comprise entre le champ du feu et les marnes irisées, autour des Vosges comme centre. Et, en effet, cette série de collines calcaires, dit M. Élie de Beaumont, court au N.-E. vers Épinal, à l'E. S. E. vers Luxeuil, de manière que le plateau, dont elles constituent la tranche, forme une ceinture autour de l'angle S.-O. des Vosges.

Le calcaire de ces collines est en général gris de fumée, compacte, à cassure conchoïde; il repose sur le grès bigarré, en stratification concordante, bien que des failles aient quelquefois amené une disposition qui semble anomale. La dolomie que nous avons indiquée vers le contact des deux formations, n'existe pas dans cette partie; mais les couches supérieures du grès bigarré étant marneuses, et les couches inférieures du Muschelkalk étant sableuses et schistoïdes, il y a passage entre elles. Les variations du type calcaire, bien qu'assez multipliées lorsqu'on détaille les assises, n'ont cependant lieu que dans un cercle assez circonscrit, abstraction faite des passages aux formations inférieures et supérieures. Les teintes jaunâtres qu'ils affectent assez fréquemment, paraissent résulter en grande partie de l'exposition à l'air; car on voit des blocs ainsi colorés présenter dans l'intérieur des teintes grises ou bleuâtres. D'autres sont criblés de petites taches vertes. Les assises supérieures sont en général plus terreuses, et passent aux marnes grises, jaunâtres, verdâtres et même noires. Ces marnes sont schisteuses et contiennent des calcaires compactes comme ceux qu'elles recouvrent, tantôt en couches alternantes, tantôt en nodules accolés, qui, faisant saillie dans les masses exposées à l'air, occasionnent des surfaces mamelonnées. En beaucoup de points elles sont traversées dans tous les sens par une foule de veines spathiques, qui, faisant aussi saillie par l'exposition à l'air, donnent lieu à une structure cellulaire. Ces mêmes couches contiennent de petites plaques de grès blanc ou ferrugineux, dont on trouve beaucoup de fragments à la surface du sol.

Aux environs de Bourbonne-les-Bains, les calcaires sont magnésifères, et l'on y voit encore des encrines; mais il est un point à partir duquel ils cessent de contenir des débris organiques; ils sont souvent parsemés de parties cristallines, qui les rendent un peu saccharoïdes; leur cassure est un peu esquilleuse; l'effervescence dans les acides est lente; en un mot, il y a un pas très-prononcé vers les caractères dolomitiques. Certaines variétés contiennent des cristaux de chaux carbonatée; d'autres des vacuoles remplies d'une matière terreuse blanchâtre, et présentent en outre une structure en prismes très-nets et perpendiculaires aux plans de séparation des couches.

Entre Lunéville et Domptail, les couches de deux à cinq décimètres d'épaisseur de calcaires compactes gris ou gris verdâtres, tantôt esquilleux, tantôt finement terreux, sont séparées par de petites plaques marneuses, dont la facile destruction met à découvert de nombreux fossiles, adhérents aux parties solides. Dans l'intérieur de la roche compacte les coquilles ne sont pas toujours entières et déterminables; elles se détachent dans les cassures, soit par des lignes courbes et brillantes, soit parce que le calcaire, qui a pris leur place, n'est pas de la même teinte que celui qui forme la roche. Dans les carrières de Xermamenil certaines assises sont pétries d'une multitude de coquilles, la plupart brisées, qui sont couchées dans le sens de la stratification et donnent lieu à une véritable lumachelle; d'autres couches présentent en certains points des coquilles dont le test a été détruit et remplacé par une matière ocreuse, et contiennent des lits de silex gris noirâtre, plus ou moins foncé. On a aussi trouvé dans ces carrières et dans celles de Réhainvillers, des ossements de sauriens et de tortues.

Le grès des Vosges forme, le long de la plaine dans laquelle coule le Rhin, une ligne non interrompue d'escarpements, depuis Landau jusqu'aux environs de Thann. Ces escarpements, dit M. Élie de Beaumont, donnent l'idée d'une faille, par suite de laquelle les assises situées à l'ouest se trouvent à un niveau plus élevé que leurs équivalentes à l'est : il y a là une discontinuité de stratification très-prononcée entre le grès des Vosges d'une part, le grès bigarré et le Muschelkalk de l'autre; et, en effet, le Muschelkalk vient souvent se terminer au pied des escarpements du grès des Vosges, à l'approche desquels il est plus ou moins bouleversé. Ainsi, par exemple, près de Saverne, ses couches inclinent de 50° vers le pied de l'escarpement.

Dans cette partie de la vallée du Rhin nous avons indiqué le passage des grès bigarrés de Niederbronn au Muschelkalk, par des alternances avec des couches de dolomie, qui s'isolent ensuite et conduisent aux calcaires compactes et coquilliers de la partie caractéristique. Ces calcaires sont en couches de deux à trois décimètres et divisées en outre par des fissures verticales, souvent remplies de calcaire cristallin ou stalactitique. On y distingue en outre beaucoup de parties cristallines qui paraissent être des débris de corps marins; certaines couches contiennent des entroques ainsi changées en spath calcaire. En s'élevant dans la formation, on voit ces calcaires compactes alterner avec des variétés un peu terreuses, puis passer aux marnes schisteuses, alternant avec des argiles verdâtres qui forment les assises tout-à-fait supérieures. Quelques-unes de ces assises marneuses contiennent des calcaires compactes, noduleux, et présentent une surface mamelonnée. Sur les plateaux près de Niederbronn on trouve les variétés celluleuses et cloisonnées par suite de veines spathiques qui les traversent et les hachent dans tous les sens. Cette variété paraît due, dit M. Élie de Beaumont, à des infiltrations calcaires dans les marnes fendillées, et elle se trouve dans tous les lieux où se montre la partie supérieure du Muschelkalk. Accidentellement, on rencontre aussi des quartz blancs, celluleux et cloisonnés, dont le mode de formation est probablement le même : l'on voit en outre des veines stratifiées de quartz compacte rubanné et très-fragile.

Régions allemandes.

L'ensemble des caractères du Muschelkalk autour des Vosges, se reproduit en Allemagne, autour du Hartz (Blankenbourg); dans le Hanovre, la Hesse, etc.; autour des montagnes de la Forêt-Noire et de l'Odenwald, il se présente dans une position analogue à celle qu'il affecte autour des Vosges, et ce sont toujours les mêmes roches et les mêmes fossiles. Mais ces caractères se modifient en plusieurs points; ainsi, aux environs de Bâle, ce sont encore les mêmes calcaires gris de fumée (*rauchgrauer Kalkstein*), mais dans le Wurtemberg la formation du Muschelkalk a été divisée en quatre assises, et c'est au-dessus de l'assise inférieure que se trouve le sel et le gypse, qui semblent, en France, la propriété des marnes irisées.

L'assise inférieure du Muschelkalk est, suivant M. d'Alberti, un calcaire à couches ondulées et courbées, gris foncé et passant, comme le Muschelkalk des Vosges, à un gris jaunâtre dans les parties qui sont exposées à l'air. Ce calcaire contient des veines et de petits bancs de gypse; dans sa partie inférieure il alterne avec des marnes sableuses et passe ainsi au grès bigarré, dont la partie supérieure est marneuse. Au-dessus, l'assise salifère qui se compose d'alternances calcaires, marneuses et argileuses, renferme des bancs subordonnés de gypse et des amas de sel gemme. Les calcaires et les marnes sont généralement foncés, bitumineux et fétides; ils contiennent quelquefois dans leur partie supérieure des lits de silex. L'argile est également grise ou brune, mais tachée et veinée de verdâtre, de bleuâtre et de rouge, et ayant le plus souvent une saveur salée. Le sel est exploité en plusieurs points; il forme des amas et sa présence est presque toujours accompagnée de renflements, de courbures des couches, comme s'il n'avait été intercalé qu'après coup et par force; il est associé à des gypses, tantôt terreux et grenus, tantôt purs et striés; lui-même est rarement pur et affecte les diverses couleurs de l'argile, avec laquelle il se mélange en toutes proportions.

Les deux assises superposées résultent de la subdivision d'une masse calcaire dont la partie supérieure passe à un calcaire dolomitique, gris ou gris jaunâtre, remarquable par sa structure celluleuse et caverneuse, et qui n'est probablement que la répétition du fait des calcaires cloisonnés, si fréquents dans la vallée du Rhin. La partie inférieure est composée d'un calcaire gris, compacte, en couches minces, qui alterne un grand nombre de fois avec de petites couches et des veines de marnes et d'argile.

Formation des marnes irisées.

La formation des marnes irisées est celle que l'on regarde en France comme la plus importante, non pas tant en raison de son étendue, que parce qu'elle y paraît caractérisée par les masses de sel qui sont exploitées en Lorraine. La roche dominante est une marne bigarrée de rouge lie de vin, gris verdâtre ou bleuâtre, qui se désagrège en petits fragments, dans lesquels on ne reconnaît aucune disposition schisteuse. Cette marne passe à des marnes vertes, à des argiles schisteuses, noirâtres, à des grès à grain fin et terreux, rouge amaranthe ou gris bleuâtre, à des calcaires magnésifères et même des dolomies compactes ou celluleuses. Les masses de sel, rarement pures, y sont ordinairement mélangées d'argile grise ou rouge. La saveur de l'argile, les sources salées que l'on en voit sortir, sont des indices de la présence du sel. Le gypse terreux et diversement coloré par les argiles, ou blanc, strié, cristallin, passant à l'anhydrite, peut exister en bancs, en veines, en amas, sans être accompagné du sel, dont cependant sa présence est très-souvent un indice.

Les débris organiques sont assez rares dans cette formation : l'on y a cependant trouvé des couches de grès et d'argile schisteuse, avec de nombreuses empreintes végétales et même des couches de carbone à l'état de lignite ou de houille sèche, qui donnent lieu à quelques exploitations. Dans les couches calcaires intercalées, on a trouvé quelques débris de coquilles, analogues à celles du Muschelkalk, des térébratules, des plagiostomes.

Vosges. Les marnes irisées forment autour de l'angle S.-O. des Vosges une ceinture parallèle à celle du Muschelkalk et du grès bigarré. Les environs de la Marche présentent des collines de marnes irisées, qui forment la tranche du plateau de dessous lequel le Muschelkalk se dégage. Ces collines sont quelquefois couronnées par un grès qui appartient à la formation inférieure du terrain jurassique; au-dessous, elles présentent la formation des marnes irisées dans toute son épaisseur. Des marnes feuilletées d'un gris jaunâtre, verdâtre ou noirâtre, forment la partie inférieure des marnes irisées ou la partie supérieure du Muschelkalk; car, dit M. Élie de Beaumont, elles se lient également aux deux formations. On voit ensuite, en gravissant les collines, des couches à peu près horizontales comme les premières, mais un peu contournées, de marnes très-argileuses, souvent à peine effervescentes; elles sont d'un gris bleuâtre ou d'un rouge lie de vin, et se délitent en petits fragments anguleux. Dans ces marnes irisées on trouve par amas des rognons de gypse blanc, gris ou rose, compacte ou saccharoïde; des veines et de petits filons de gypse blanc, fibreux; on y voit aussi de petites plaques de grès silicéo-ferrugineux, qui, lorsque les marnes ont été emportées par les eaux, restent à la surface du sol, qui en est souvent jonché. Au-dessus de ces marnes se trouve un calcaire magnésifère compacte, grisâtre ou jaunâtre, sans fossiles, à cassure esquilleuse. Cette couche calcaire a ordinairement deux ou trois mètres de puissance; elle est placée à peu près au milieu des marnes irisées, et comme elle conserve presque toujours cette position et ses caractères minéralogiques, elle forme, dit M. Élie de Beaumont, un horizon géognostique dans toute la contrée, qui est très-commode pour étudier les détails de la formation. Au-dessus de ce calcaire magnésifère, compacte et esquilleux, les marnes irisées, bleuâtres ou rougeâtres, non schistoïdes, reparaissent avec leurs mêmes caractères; elles contiennent en outre de petites couches de calcaire argileux. La partie supérieure de ces nouvelles marnes est composée de marnes vertes, qui renferment des couches subordonnées de grès quartzeux, souvent imprégné de marne. Ces alternances arénacées conduisent ainsi au grès, *Quadersandstein*, qui forme la partie inférieure du lias.

En un grand nombre de points on trouve un peu au-dessous de l'assise calcaire qui subdivise les marnes irisées, des marnes noires schisteuses, souvent accompagnées d'un grès dur, micacé et bigarré de rouge et de bleuâtre. Ces schistes noirs ont été souvent la cause de recherches infructueuses de houille; cependant à Noroy, à sept lieues N.-N.-E. de Bourbonne-les-Bains, il y a une petite couche de combustible, située dans ces schistes : c'est un lignite passant à la houille compacte, d'un noir sale et terne, brûlant avec difficulté.

Sel gemme du département de la Meurthe.

Sous cet aspect des Vosges, les marnes irisées contiennent du gypse; mais on n'y a pas cité de masses de sel gemme : c'est dans la vallée de la Seille, qui sort de l'étang de Lindre à l'est de Dieuze et va se jetter à Metz dans la Moselle, que se trouvent les célèbres gisements de Dieuze et de Vic. La Seille et ses affluents depuis sa source jusqu'à Petoncourt, coulent dans les marnes irisées. La superficie des plateaux dominants est seulement formée par des couches arénacées ou calcaires, qui appartiennent au lias. C'est au-dessous des couches calcaires et des couches de grès quelquefois charbonneux, qui partagent la formation des marnes irisées en deux étages, que l'on a découvert en 1819 les grandes masses de sel qui se trouvent dans toute la contrée. Les couches comprises entre le lias et ces calcaires, et les grès micacés, plus ou moins bigarrés, qui sont ici plus développés qu'aux environs de la Marche et de Bourbonne-les-Bains, présentent des caractères absolument identiques à ceux que nous avons mentionnés; ils contiennent du gypse, mais point de sel. A Vic, les travaux souterrains sont ouverts dans ces grès et ces calcaires de la partie moyenne; ils ont traversé six masses de sel, dont la plus puissante a quatorze mètres, et l'on ne connaît pas encore la distance du Muschelkalk.

Le Puits-Becquey traverse d'abord 15 mètres de dépôts arénacés, puis jusqu'à une profondeur totale de 30^{m}, des marnes, à partir desquelles il n'y a plus de roches effervescentes. Ces marnes, dit M. Voltz, sont en couches minces et schisteuses, jaunâtres, grises ou noires, rouges, souvent maculées de vert; tantôt solides, tantôt friables. Les plus solides renferment quelquefois du calcaire gris foncé, avec de petites cavités cristallines, accidentellement de petits amas de gypse. Les dernières couches de marnes alternent sur 2 à 3 mètres avec des argiles schisteuses, que M. Voltz appelle *Salzthon*. Ces argiles contiennent très-souvent du gypse, et les deux principes sont mélangés en toute proportion, d'où il résulte des roches d'apparence très-variée: elles sont rouges, vertes, grises, noires, quelquefois rubannées, les unes friables, les autres solides, et contiennent, outre le gypse mélangé, de petits filons de gypse laminaire ou fibreux, hydraté ou anhydre. La couche qui est en contact avec la première masse de sel, est sans consistance et parsemée d'une foule de petits cristaux de chaux sulfatée.

Le premier massif salifère fut rencontré à 65 mètres environ; il a 3^{m},60 de puissance. Le sel y est plus ou moins blanc. Dans les parties inférieures il est mélangé d'une substance rouge brique, lamelleuse et luisante (polyhalite), qui, d'après M. Berthier, est composée de sulfates anhydres de chaux, de soude, de magnésie et de muriate de soude coloré par l'oxide de fer. On y trouve des nœuds de gypse noirâtre et blanc laiteux. Le sel présente une contexture schisteuse, dont les feuillets sont généralement horizontaux, quelquefois inclinés de sorte que les diverses variétés, pures, mélangées de polyhalite ou de Salzthon, présentent une apparence zébrée caractéristique. On distingue deux variétés de sel : le sel blanc, à clivages souvent cubiques, qui forme les $^{5}/_{13}$ de la masse, et le sel plus ou moins gris et impur, lamelleux, tenace, qui forme les $^{8}/_{13}$. On trouve quelquefois dans ce sel des particules de soufre.

Le second massif salifère est séparé du premier par un intervalle de 1^{m},20, formé d'un mélange d'argile noirâtre et de gypse compacte, traversé par de petits filons de sel fibreux, blanc ou couleur d'ambre, qui établissent la connexion entre les deux masses. Ce second massif est très-mélangé de Salzthon, surtout vers le toit et le mur, de sorte qu'on est obligé d'en soumettre les extractions à un triage; il a 5^{m},20 d'épaisseur. L'intervalle qui le sépare du troisième est de 1^{m}, et d'une composition analogue au précédent; il est traversé par de petits filons de sel fibreux blanc et couleur de feu, dont les fibres perpendiculaires aux parois du filon, sont ordinairement droits, quelquefois courbes.

Le troisième massif de sel a 14 mètres; il se lie avec le toit, de sorte que les deux ou trois premiers mètres sont impurs. Les parties inférieures sont mélangées de polyhalite, qui les rend impropres aux usages domestiques. Le sel blanc pur ne forme que $\frac{1}{15}$ de la masse totale; le reste est ordinairement à l'état de sel gris. Les autres massifs de sel présentent des caractères analogues à ceux que nous venons d'exposer, de même que les intervalles qui les séparent. Le quatrième massif a 3 mètres; le cinquième, 3^{m},2; le sixième, 9^{m},10. (1)

---

(1) Les divers puits et sondages, exécutés dans le département, présentent les coupes suivantes, d'après les recherches de MM. Voltz et Levallois. Du reste, rien n'autorise à regarder les massifs assimilés ici sous les dénominations de 1.er, 2.e massif, comme le prolongement les uns des autres. Le contraire est plutôt probable,

La disposition de cette contrée salifère est telle, dit M. Élie de Beaumont, que si on supprime par la pensée les lambeaux de lias qui forment le couronnement des plateaux isolés à l'est de Château-Salins, Rozières-aux-Salines, etc., le terrain dans lequel est creusé la vallée de la Seille, au-dessus de Petoncourt, se prolonge sans interruption au nord, à l'est et au sud, jusqu'à une distance de plusieurs myriamètres; il formerait donc une espèce de golfe, dont le fond ondulé serait entièrement formé par les marnes irisées, et s'avancerait vers l'E.-N.-E dans une sinuosité de Muschelkalk. Cette formation, qui représente ici le rivage, constitue une sorte de ceinture qui

---

sans cela on serait en droit de regarder ces massifs comme de véritables couches.

Distance de Vic		5 l. S.-O.	2 l. N.-E.	3 l. N.	2 l. S.-E.	4 l. S.-E.
	Vic. Puits-Becquey.	Rozières-aux-Salines.	Petoncourt.	Abondange	Mulcey.	Mézières.
Profondeur jusqu'au 1.er massif	m. 65,1	m. 66,8	m. 92,5	m. 121,3	m. 50,0	m. "
Sel. 1.er massif	3,6	5,2	1,4	0,7	9,1	"
Intervalle	1,2	0,8	1,8	2,2	1,3	"
Sel. 2.e massif	3,2	0,7	0,6	1,0	9,1	"
Intervalle	1,0	1,6	0,3	7,4	0,7	"
Sel. 3.e massif	14,1	3,4	3,1	6,5	12,0	"
Intervalle	1,6	29,7	0,1	0,7	1,3	"
Sel. 4.e massif	3,0	"	10,9	"	2,3	"
Intervalle	0,7	"	2,8	"	10,2	"
Sel. 5.e massif	2,9	"	1,9	"	2,4	"
Intervalle	0,7	"	3,9	"	3,0	"
Sel. 6.e massif	9,1	"	3,7	"	"	"
Intervalle	"	"	1,9	"	"	"
Sel. 7.e massif	"	"	2,4	"	"	"
Intervalle	"	"	2,4	"	"	"
Profondeur totale	106,2	108,2	129,7	139,8	161,4	132,9
Épaisseur totale du sel traversé	35,9	9,3	24	8,2	34,9	0

embrasse les trois quarts de l'horizon de Vic.

Le gypse est plus développé dans son association avec le sel gemme que lorsqu'il était seul. L'anhydrite surtout paraît liée encore plus intimement avec la présence du sel : ce n'est pas seulement en Lorraine que ces substances se montrent dans des relations telles que l'hypothèse sur l'origine de l'une doit nécessairement être applicable à l'autre. Le gypse et le sel de Bex en Suisse, de Hall en Souabe, et de bien d'autres gisements, se présentent comme satellites l'un de l'autre; mais de telle sorte, que les circonstances qui paraissent avoir amené la formation du gypse, qui constitue des gisements plutôt multipliés que puissants, paraissent avoir été beaucoup plus fréquentes que celles qui ont amené la formation du sel, qui constitue au contraire des gisements plutôt puissants que multipliés.

On ne peut guère regarder le sel et le gypse qui nous occupent, comme des substances contemporaines du terrain où ils sont intercalés, et cela non parce qu'ils sont plutôt en amas qu'en couches stratifiées; mais parce que la stratification des couches où se trouvent ces amas, est très-souvent bouleversée. La disposition la plus générale est une stratification contournée, quelquefois avec des plis très-brusques et des inclinaisons très-fortes autour des amas de gypse et de sel. Ces contournements se propagent de couches en couches, en devenant moins sensibles à mesure que le rayon s'agrandit. L'on ne peut guère, d'après cela, supposer que ces amas aient été déposés dans les mêmes eaux qui tenaient les marnes en suspension. Cette hypothèse est à la fois contraire à la concentration des gisements dans un espace circonscrit et aux dérangements qu'ils font subir à la stratification. Au contraire, si l'on observe que ces gisements semblent avoir été intercalés après coup dans les couches; que la présence de l'anhydrite et quelquefois de certaines substances métalliques se lie avec le développement du gypse cristallin et terreux ou du sel, on inclinera à supposer que des réactions souterraines ont amené certains principes constituants, par exemple les acides, là où les bases préexistaient, de sorte que ces gypses et sels résulteraient à la fois et de perturbations mécaniques et de réactions chimiques. On ne peut regarder la question comme résolue, parce qu'on a de la peine à se rendre compte de la présence de la soude; mais la géognosie nous présentera bien des problèmes analogues; les faits que nous avons cités plus haut indiquent du moins la direction dans laquelle les recherches doivent être dirigées.

Régions allemandes.

Les marnes irisées présentent une identité frappante autour de la Forêt-Noire avec celle de la Lorraine et de l'Alsace, et elles sont visibles depuis Luxembourg jusque vers les limites du Jura, sur une ligne d'affleurements qui a plus de 75 lieues. Ainsi, dans la Souabe ce sont des marnes bigarrées de rouge, gris, bleuâtre, verdâtre et jaunâtre, qui, dans leur partie supérieure, passent à des grès souvent micacés, d'abord bigarrés, puis tendant à devenir blancs, homogènes, et conduisant ainsi au grès du lias. Dans leur partie inférieure elles contiennent des amas de gypse grenu, saccharoïde ou fibreux, quelquefois pur, le plus souvent mélangé d'argile, dont il reproduit les couleurs variées : l'on y remarque en outre une couche de mauvaise houille.

Aux environs de Bâle ce sont encore les mêmes marnes avec les mêmes accidents, et l'on y a signalé encore, vers la partie inférieure, des marnes schisteuses et sableuses, renfermant des nids de combustible fossile et des impressions végétales.

Dans le Porentruy, les alternances de marnes et d'argiles avec gypse, qui représentent les marnes irisées, sont ainsi disposées dans les coupes naturelles du mont Terrible : 1.° gypse impur, *Thongyps*, intimement lié avec le Muschelkalk; 2.° argiles endurcies, passant au calcaire dolomitique; 3.° le gypse fibreux, *Fasergyps*, avec magnésie sulfatée; 4.° un lit très-mince de mauvaise houille; 5.° grès de couleurs variées; 6.° marnes irisées proprement dites, avec bancs de dolomie et argile endurcie; 7.° marnes bigarrées rougeâtres avec gypse blanc (albâtre).

La lisière N.-O. du Jura, depuis Vallenbourg, dans le canton de Bâle; jusqu'à Villebois, sur le Rhône, au-dessus de Lyon, on voit en un grand nombre de points les marnes irisées telles qu'elles se montrent autour des Vosges. On y retrouve le calcaire magnésifère, compacte, esquilleux. La présence du gypse est très-fréquente, et les nombreuses sources salées, exploitées aux environs de Salins, sont dues très-probablement à des amas analogues à ceux de Vic et de Dieuze. Le passage des marnes supérieures au lias est ici très-ménagé, ainsi que nous l'avons dit; ce qui avait porté M. Charbaut à les réunir au lias. M. Élie de Beaumont a fait remarquer que ce passage se faisait de la même manière que dans la Lorraine et l'Alsace. Les couches argileuses supérieures présentent de petites couches et des lits de rognons de calcaire argileux; elles perdent peu à peu leur couleur, pour devenir d'un vert pâle, et l'on y voit paraître des argiles schisteuses noires, qui appartiennent déjà au lias, puis des couches d'un grès quartzeux, à grains fins, qui s'isole et qui est bientôt remplacé par le calcaire caractéristique du lias. M. Charbaut a signalé une petite couche de combustible dans les marnes irisées, très-remarquable, dit-il, par sa grande étendue et par sa position constante au-dessus des masses de gypse, dont elle peut guider la recherche.

TERRAIN JURASSIQUE.

Le terrain jurassique est un des terrains sédimentaires les plus développés dans l'Europe occidentale : il comprend des calcaires, des argiles, des marnes, des dépôts arénacés siliceux, dont l'ensemble peut atteindre une puissance de mille mètres et au-delà. Son extension dans la France, l'Angleterre, les régions alpines, une partie de l'Allemagne, etc., n'est pas le seul point de vue qui le place parmi les terrains les plus importants; c'est en outre celui qui est le plus subdivisé, celui où les variations minéralogiques et zoologiques sont les plus multipliées : et d'ailleurs, comme les analogies constantes, l'on peut même dire l'identité, qu'ont présentées jusqu'ici les terrains antérieurs dans les divers points de leur développement, cessent tout-à-fait après les dépôts keupriques; c'est peut-être celui qui a le plus exercé les recherches des géologues. Il est d'un grand intérêt de suivre les moyens employés par la science pour constater l'équivalence de dépôts très-dissemblables, pour reconnaître les subdivisions naturelles d'une contrée dans une autre où les variations minéralogiques et géognostiques ont en quelque sorte effacé les caractères qui les déterminaient. Ces problèmes sont en effet ceux que le géologue a continuellement à résoudre, et dans le terrain jurassique ils ont en quelque sorte atteint le maximum de leur difficulté.

L'instabilité des caractères du terrain jurassique paraît résulter en partie d'altérations postérieures qu'il aurait éprouvées par suite de révolutions ignées; du reste, elle n'est très-sensible que lorsqu'on la compare en des points très-éloignés. Ainsi, toute cette vaste ceinture jurassique qui entoure le bassin de Londres, celui de Paris, et se prolonge dans tout le Jura, présente des caractères assez constants. Les modifications n'ont lieu que graduellement, de sorte que l'on a pu constater l'équivalence des divers étages; mais si l'on poursuit le terrain jurassique dans les régions alpines, dans les environs de Moutiers, dans le val d'Aoste et jusque sur une partie des sommités qui regardent le Mont-Blanc, aucun des caractères ne subsiste, et c'est, l'on peut dire, un des hauts faits de la géognosie, que d'avoir reconnu l'âge véritable de ces terrains. Des modifications d'une autre nature se présenteront dans les régions allemandes.

Dans les contrées que nous venons de citer, le terrain jurassique apparaît donc dans des conditions différentes. Autour de Londres et de Paris il est en couches presque horizontales, et à peu près tel que nous pouvons croire qu'il a été déposé; dans le Jura, il est très-bouleversé, tout en conservant la plupart de ses caractères. Dans les régions alpines il est à la fois bouleversé et totalement défiguré : c'est dans les premières régions que nous étudierons d'abord les caractères de ce terrain. Nous suivrons ensuite son prolongement dans le sud-ouest de la France; puis dans le sud-est, le Jura, le Porrentruy, dans certaines parties de l'Allemagne et dans les régions alpines.

Subdivision en deux formations.

Le terrain jurassique commence généralement par une assise arénacée, quelquefois très-puissante; mais cette assise, entièrement composée de grès assez fin, qui fait partie de ceux que les Allemands appellent *Quadersandstein*, retrace une action érosive prolongée et des matériaux amenés de loin, plutôt qu'une révolution instantanée dans les points mêmes où se trouve la masse des dépôts européens (1). Au-dessus de ce dépôt

---

(1) Nous insistons peu sur les discordances de stratification et les discordances de gisement qui séparent les divers terrains, parce qu'elles seront postérieurement développées, en exposant la théorie des soulèvements de M. Élie de Beaumont. Nous résumerons ainsi, d'après ses recherches, l'histoire successive des révolutions du globe, en indiquant la nature des accidents propres à chacune d'elles, la direction qu'ils ont suivie et les points sur lesquels ils ont été constatés.

arénacé on ne trouve plus que quelques couches sableuses qui puissent indiquer de nouvelles migrations des eaux; mais ce qu'il est important de remarquer, c'est que ces couches sableuses correspondent à la ligne de subdivision la plus sensible, qui est à la fois déterminée par des modifications dans la nature des roches, les débris organiques, et par des discordances de stratification.

Si l'on cherche en effet à reconnaître les subdivisions naturelles du terrain, dans ce que l'on peut appeler la partie saine et centrale de son développement, on reconnaît que les couches les plus caractéristiques sont les calcaires. Outre qu'ils sont le principal gisement des débris organiques, leur nature minéralogique paraît soumise à des lois assez constantes. Ainsi, tandis que les premières assises calcaires sont constamment compactes, les calcaires supérieurs sont souvent oolitiques. Les premiers sont ordinairement caractérisés par une quantité prodigieuse de gryphées arquées, d'où est venue la dénomination de calcaires à gryphites; ils sont accompagnés de marnes schisteuses, souvent noirâtres et bitumineuses, très-distinctes des véritables marnes et des argiles onctueuses qui accompagnent les calcaires oolitiques. Enfin, outre que les zones formées par les affleurements des grès, calcaires à gryphites et marnes du terrain jurassique inférieur ne sont pas toujours parallèles à celles du terrain jurassique supérieur, M. Charbaut a signalé dans les environs de Lons-le-Saulnier des discordances de stratification. L'ensemble de ces circonstances suffit pour autoriser la subdivision de ce terrain en deux formations : l'une, que nous désignerons sous le nom de formation du *lias* (nom que donnent les Anglais au calcaire compacte à gryphées arquées); l'autre, sous le nom de formation *oolitique*, à cause de la structure si fréquente des calcaires caractéristiques.

Cette subdivision en deux formations est la seule qui soit réelle dans le terrain jurassique; mais s'il est vrai que l'hétérogénéité des couches constituantes, la succession des argiles et des marnes aux calcaires, soient des signes de perturbations, ces perturbations n'ont été nulle part plus multipliées que dans la formation oolitique. En effet, les calcaires ne sont pas à beaucoup près les roches dominantes; mais comme ce sont les plus solides, elles ont mieux résisté aux influences érosives, de sorte qu'à chaque étage marneux correspond une dépression qui se termine ordinairement par un escarpement calcaire. On a ainsi compté de Paris aux Vosges (planche I.re) trois étages oolitiques distincts, qui se subdivisent chacun en deux assises; l'une, marneuse, qui correspond aux dépressions; l'autre, calcaire, qui forme l'escarpement. On peut donc subdiviser le terrain ainsi qu'il suit :

Formation du lias.....	Grès, *Quadersandstein.* Calcaire à gryphites et marnes.	
Formation oolitique....	Oolite inférieure.....	Argile. Calcaire.
	Oolite moyenne......	Argile. Calcaire.
	Oolite supérieure.....	Argile. Calcaire.

De telle sorte, que dans une contrée jurassique on recherchera d'abord la ligne qui sépare les formations; puis celles des étages; puis celles des assises. On a poussé les subdivisions encore plus loin en certaines contrées; mais il est rare que l'on puisse les reconnaître à des points éloignés.

Ce sont, avons-nous dit, les caractères de composition sur lesquels sont principalement basées les subdivisions nombreuses du terrain jurassique, surtout dans la formation oolitique, qui est à la fois la plus puissante et la plus compliquée. Les variations minéralogiques des calcaires et la distribution de certains fossiles, se prêtent, en effet, très-bien à ces distinctions. Ainsi la texture oolitique, très-rare dans le lias, est au contraire très-fréquente dans les calcaires des étages supérieurs, surtout dans le sud-est de l'Angleterre et une grande partie de la France. Les oolites sont de grosseur très-variable, tantôt comme des grains de millet et même à peine perceptibles, tantôt comme des grains de chenevis, quelquefois même atteignant jusqu'à la grosseur du poing, de manière à prendre un aspect de conglomérats. Leur cohérence est extrêmement variable : tantôt les grains sont très-peu agglutinés et la roche est friable, tantôt elle a la consistance du moellon; enfin, elle peut être beaucoup plus solide et même se charger de silice et faire feu avec le briquet. Du reste les causes qui ont déterminé cette texture ne sont pas très-bien connues. (1) On a souvent regardé les grains oolitiques comme des concrétions calcaires autour de grains de sables ou de petits fragments de coquilles, de coraux. Cette idée se confirme en ce que l'on voit très-souvent au centre des grains, lorsqu'ils sont gros, des fragments organiques, ou bien un grain de sable, ou bien même un petit noyau de calcaire préexistant qui semble avoir déterminé la formation des oolites; mais d'autres fois la partie centrale est au contraire occupée par un vide. Quoi qu'il en soit, il ne faut pas attacher à ce caractère de texture une trop grande valeur; d'abord, parce qu'il est loin d'être cons-

(1) Certaines sources minérales incrustantes produisent des oolites. Le bouillonnement des eaux met en mouvement des particules de sable, qui restent en suspension et se recouvrent du sédiment calcaire dont les eaux sont chargées, jusqu'à ce que, leur poids étant devenu trop considérable, elles retombent sous forme d'un petit noyau avellanaire. La réunion de ces petits noyaux constitue un véritable calcaire oolitique; peut-être les calcaires jurassiques nous retracent-ils un phénomène analogue.

tant: les oolites sont rares en Allemagne, dans le sud de la France, en Écosse, et en un mot, dans toutes les positions excentriques. En second lieu, il y a des calcaires oolitiques dans les terrains postérieurs; par exemple le calcaire tertiaire parisien présente souvent cette texture, et même M. de Buch rapporte qu'il a vu des oolites se former sous les eaux fort échauffées du rivage des Canaries. La texture finement compacte (lithographique) d'autres variétés jurassiques, est encore moins caractéristique; néanmoins elle est en certaines contrées un signe presque infaillible.

Le développement organique du terrain jurassique marque un grand pas dans l'échelle de perfectibilité animale. Outre le nombre prodigieux de coquilles et de polypiers qui caractérisent surtout certaines assises, l'on y voit en effet les animaux vertébrés apparaître en très-grand nombre : ce sont d'énormes reptiles du genre saurien (*mégalosaures, plésiosaures, ichtyosaures*), dont les formes ne sont pas, il est vrai, bien variées, mais dont la grande multiplication concorde avec le développement des coquilles et des polypiers, avec la puissance des dépôts de précipitation chimique et la rareté des dépôts arénacés, pour nous représenter la période jurassique comme une période des plus longues et des plus tranquilles.

Outre la nature des roches et les débris organiques, certains minéraux accidentels contribuent encore à caractériser ce terrain dans certaines contrées. Le fer hydroxidé figure en tête de ces minéraux; il forme de véritables couches et partage souvent la texture oolitique des calcaires. Le peroxide rouge est moins répandu. D'autres fois ce sont des couches de houille : on en a découvert de plusieurs décimètres de puissance dans le Yorkshire, en Écosse, en France, en Istrie; on a même cité du fer carbonaté en rognons. Ces réminiscences du terrain houiller sont même quelquefois complétées par la présence de roches arénacées, sables ou grès silicéo-calcaires et d'un grand nombre de végétaux fossiles. La formation du lias offre en quelques points des analogies avec le Zechstein; ses calcaires et ses marnes schisteuses renferment des veines et des nodules de gypse, de spath fluor, de sulfate de baryte, et même des substances métalliques disséminées, telles que de la galène, de la calamine, du peroxide de manganèse, du cuivre carbonaté et du peroxide de fer.

Formation du lias.

La formation du lias se compose, de même que tout le terrain jurassique, de couches argileuses, calcaires et siliceuses (sables ou grès) : ces couches alternent souvent ensemble, mais ordinairement elles s'isolent de manière à former deux ou trois étages distincts : 1.° les *grès inférieurs du lias* ; 2.° le *calcaire lias* ; lequel est ordinairement recouvert par une puissante assise argileuse, connue sous le nom de *marnes supérieures du lias*.

La stratification du lias concorde généralement avec celle des dépôts oolitiques, de même que la direction des couches. Ainsi, l'on voit dans la partie sud-est de l'Angleterre, dans la partie centrale de la France, les bandes de lias et celles de la formation oolitique se suivre avec la répétition des mêmes sinuosités. En Angleterre, les marnes supérieures du lias se lient par des alternances et par des passages minéralogiques aux sables de l'oolite inférieure, de telle sorte que beaucoup de géologues anglais ont compris cette formation dans l'étage oolitique inférieur. La liaison serait donc complète, si des observations faites dans le Jura ne venaient changer ces relations. Dans les environs de Lons-le-Saulnier les couches du lias sont presque toujours recouvertes en stratification discordante par celles de l'oolite inférieure. Ainsi, à la butte de Pimont, les marnes oolitiques sont stratifiées horizontalement sur le lias, dont les couches inclinent de près de 45°. Cette discordance, qui se répète souvent dans la partie moyenne du Jura, a porté plusieurs géologues du continent à séparer tout-à-fait la formation du lias du terrain jurassique; mais ce fait est trop accidentel, trop bien compensé d'ailleurs par la liaison observée en Angleterre et dans la France septentrionale, pour motiver une séparation complète; les perturbations qui séparent le lias des étages oolitiques, encore sensibles en d'autres points par le non-parallélisme dans la direction des couches, par l'isolement du lias, qui n'est pas toujours accompagné de la série oolitique (département du Gard), ne peuvent autoriser que la subdivision en deux formations.

La séparation du lias et des marnes irisées n'est pas toujours bien tranchée, et c'est surtout sur la différence de direction des couches et de leur distribution géographique qu'elle doit être basée, plutôt que sur des distinctions minéralogiques ou sur les caractères de la stratification, qui n'est que rarement discordante. D'ailleurs, lorsque les grès inférieurs du lias se lient ainsi aux marnes irisées, les fossiles peuvent servir de guides; car la disparition définitive des productus et l'apparition des gryphées, des ammonites persillées et des bélemnites, marquent cette ligne géognostique.

Grès inférieurs du lias.

Le point principal du développement des grès inférieurs du lias est situé autour des terrains préexistants des Vosges. Ce grès est quartzeux, micacé, ordinairement blanc ou jaunâtre, contenant quelquefois des rognons argileux et des silex roulés, blancs ou noirs: il est solide et sert comme pierre de construction, ce qui lui a fait appliquer le nom de *Quadersandstein*. Ce grès constitue souvent, en vertu de sa solidité, des masses saillantes et des rochers escarpés. On a profité de cette disposition à Luxembourg, qui est peut-être le point où il atteint le plus grand développement, pour y construire une citadelle regardée comme la plus forte de l'Europe. Souvent il passe au calcaire sableux, puis au calcaire marneux, et l'on en trouve des couches dans les calcaires supérieurs; mais ces couches sont très-minces et peuvent être considérées comme presque nulles, comparativement au grand développement qu'il atteint autour des Vosges. Ce grès se lie aussi par des passages minéralogiques et par ses fossiles au calcaire à gryphées qui le recouvre; ces fossiles, qui se trouvent dans les parties où il devient marneux, consistent en gryphées arquées, en plagiostomes géants, en peignes et ammonites.

La partie inférieure du lias est représentée dans certaines parties du sud-ouest et du sud-est de la France par des marnes ou des calcaires marneux, et par des grès feldspathiques, désignés sous le nom d'arkoses. Les arkoses occupent la partie inférieure, surtout lorsque la formation repose immédiatement sur le granite. Leurs caractères minéralogiques sont très-variables : tantôt c'est une roche composée de quartz et feldspath, prenant dans sa partie inférieure une structure granitoïde et passant au granite, avec lequel elle est en contact; tandis que les couches supérieures présentent l'aspect arénacé qui résulte de la première destruction des granites : tantôt c'est une arkose à ciment siliceux, très-abondant, qui prend un aspect compacte et jaspoïde; d'autres fois, enfin, elle est composée de grains quartzeux et feldspathiques, réunis par un ciment marneux. La liaison de ces roches arénacées avec le granite est ici un phénomène tout-à-fait particulier, d'autant plus prononcé que ce granite est souvent friable et en partie décomposé à la surface. Les arkoses existent donc principalement vers les contacts avec les roches feldspathiques, tandis que les grès commencent préférablement le lias en contact avec le terrain houiller ou keuprique; de telle sorte que la production des arkoses parait bien intimement liée au contact et au voisinage du granite (1). A la montagne des

(1) Plusieurs gisements isolés d'arkose peuvent, d'après ces considérations, être assimilés à l'époque du lias. Les arkoses, dont on retrouve des lambeaux aux environs du Puy en Vélay, sont peut-être dans ce cas; elles sont entre le granite et le terrain tertiaire, et ne contiennent en fossiles que des débris informes de végétaux qui les avaient d'abord fait rapporter au grès rouge (*Todtliegende*), parce qu'on avait cru y voir une analogie avec les végétaux houillers. Je cite ce problème géognostique, parce qu'il se présente assez souvent, et que ces arkoses, dont les caractères négatifs et la position isolée sont si embarrassants,

Écouchets, près de Couches, ces arkoses ont été l'objet d'exploitations pour l'oxide de chrôme, dont leurs fissures étaient pénétrées. On y trouve aussi des veines de baryte sulfatée, de la nontronite et de l'halloysite. Ces roches arénacées, siliceuses, feldspathiques et marneuses, peuvent encore être séparées du calcaire lias ou à gryphites par un développement de marnes noirâtres, souvent schisteuses, contenant des noyaux calcaires; enfin, elles peuvent manquer. Les marnes forment dès-lors la partie inférieure du lias, et c'est ce qui est arrivé dans presque toute l'Angleterre. Les grès inférieurs du lias existent en France, autour du Hartz, en Westphalie, en Bavière, etc. Dans le Tyrol méridional, un sable rougeâtre paraît s'y rapporter.

Calcaire à gryphites.

Les calcaires à gryphites dominent dans la partie moyenne; mais ils n'atteignent jamais la puissance des grès ou des marnes supérieures. Ces calcaires sont généralement marneux, assez grossiers; blancs, bleuâtres ou grisâtres. C'est dans cette partie que les débris organiques atteignent leur maximum; ils y sont très-abondants. En Angleterre, les couches calcaires du lias ont une puissance

se trouvent assimilées au lias par leur connexion avec les arkoses évidemment liasiques des environs d'Aubenas. Le soulèvement qui a placé le Vélay méridional et le Haut-Vivarais à trois ou quatre cents mètres au-dessus du Bas-Vivarais, serait l'origine de ce qu'on peut appeler leur divergence de position géographique.

de 15 à 25 mètres, et se soutiennent d'une manière constante dans toute la zone qui entoure le bassin de Londres. Les couches inférieures sont d'un calcaire blanc, tandis que la plus grande partie présente une teinte bleuâtre, *blue lias;* elles reposent sur 6 à 8 mètres de marnes noires, schisteuses, à rognons calcaires qui remplacent probablement le grès, ou du moins qui correspondent aux marnes et aux lumachelles, signalées entre les grès ou arkoses et le calcaire à gryphites. Dans le centre de la France, l'étage calcaire est sujet à manquer, ou du moins les couches qui le représentent ne sont pas distinctes du système des marnes supérieures. Cet étage se compose généralement partout où il se présente, dans le Calvados, dans les Ardennes et autour des Vosges, autour du plateau de la France centrale, dans le Jura, etc., d'alternances de calcaires et de marnes plus ou moins colorées, caractérisées par les gryphées arquées : mais toutes les fois que ce fossile n'existe pas, il devient très-difficile de déterminer à quel étage de la formation du lias on doit rapporter les couches que l'on a devant les yeux. La formation du lias n'est pas d'ailleurs tellement puissante, et ses caractères ne sont pas tellement variables dans ses trois étages, pour qu'il soit toujours important de les déterminer avec précision.

Au-dessus du système d'arkoses, de grès et

de marnes qui représentent dans certaines parties de la France centrale l'étage inférieur du lias, le calcaire à gryphites est représenté par des calcaires bleus noirâtres, durs, abondants en fossiles, et par des calcaires blancs, un peu marneux, quelquefois très-ferrugineux. Aux environs d'Alais et d'Aubenas ces calcaires sont gris ou noirs, compactes, et contiennent beaucoup d'entroques.

Dans le Yorkshire l'étage calcaire est représenté par des marnes schisteuses et des schistes avec rognons de fer carbonaté, semblables à ceux du terrain houiller. On voit en outre dans des marnes schisteuses qui se chargent de carbone et de bitume, des veines de houille, ce qui donne à cette partie du terrain l'aspect du terrain houiller; mais ces veines de carbone ne sont pas exploitables.

Marnes du lias.

La partie supérieure du lias est peut-être la plus constante et la plus puissante, lorsque les roches arénacées de la partie inférieure ne prennent pas un grand développement. Il y a cependant des exceptions, et cette assise supérieure est, comme les autres, susceptible de manquer, notamment dans le Calvados. Elle est presque entièrement formée de marnes dont la puissance peut dépasser 100 mètres; en Angleterre la puissance moyenne peut être évaluée à 60 mètres. Ces marnes sont brunes, grises, bleuâtres, plus ou moins argileuses, quelquefois sableuses, souvent schistoïdes et empâtant des nodules stratifiés de calcaires analogues aux calcaires inférieurs à gryphites. Lorsque ces nodules sont très-abondants, ils se réunissent et finissent par former de petites couches de calcaires marneux, qui alternent avec les marnes. En beaucoup de points les marnes sont noires, bitumineuses et fétides; elles se chargent quelquefois de carbone, et comme elles sont micacées, elles présentent, de même que l'assise précédente dans le Yorkshire, des argiles schisteuses analogues à celles du terrain houiller. Ces combustibles intercalés, analogues à la houille, peuvent devenir assez abondants pour donner quelquefois lieu à des exploitations; tels sont probablement les combustibles exploités dans les arrondissements de Mende et de Milhau. Les couches calcaires peuvent atteindre dans cet étage un développement assez considérable, bien qu'elles soient presque toujours moins puissantes que les marnes; mais elles sont généralement encore plus marneuses que les calcaires de l'étage moyen, et préférablement caractérisées par des bélemnites.

Tels sont les caractères de la formation du lias; ils se soutiennent assez généralement dans le Jura français et helvétique, dans le Hanovre, la Bavière septentrionale, la Westphalie, le Wurtemberg, etc. Nous avons néanmoins fait pressentir qu'ils étaient loin d'être constants. Les régions alpines nous présenteront le maximum de leurs divergences; mais comme dans ces gisements on n'a pu encore séparer nettement les représentants du lias de ceux des étages oolitiques, nous en remettrons la description à la fin du terrain, et nous nous bornerons pour le moment à quelques détails sur les variations par lesquelles il devient fertile en substances accidentelles, et par conséquent d'une importance plus spéciale.

Substances accidentelles.

En quelques points de la France méridionale, la formation du lias revêt des caractères particuliers, non-seulement en vertu des arkoses que nous avons déjà citées et qui conduisent du granite à un développement calcaire identique au calcaire à gryphites, mais aussi par suite des substances accidentelles dont elle se charge. Ainsi M. de Bonnard y a cité de la galène, de la calamine, de l'oxide de chrôme, qui forment des amas et des veinules : M. Dufrénoy a constaté des faits analogues, mais encore plus prononcés, en suivant cette formation autour du plateau primitif central et sur le revers septentrional des Pyrénées. Il y a reconnu de la houille, du gypse, des dolomies et des gisements métallifères très-variés.

Le calcaire qui contient toutes ces substances est gris foncé, alterne avec des marnes schisteuses, et rappelle les caractères du

Zechstein, avec lequel il avait été long-temps confondu. Mais comme il est zoologiquement caractérisé par un grand nombre de bélemnites plagiostomes, etc., qu'il se trouve immédiatement au-dessus du calcaire à gryphites (environs d'Aubenas et d'Alais), et qu'il est recouvert en quelques points (Villefranche, Milhau) par une argile micacée, sableuse, qui paraît correspondre au sable de l'oolite inférieure; sa position géognostique se trouve identifiée à celle des marnes du lias dont il tient la place. Ce calcaire renferme quelquefois des couches exploitables de véritable houille (Larzac, contact des départements de l'Aveyron et de la Lozère), et des amas de gypse (environs de Lasalle, de Saint-Hyppolite, Cazouls près Béziers, Durban dans les Corbières; Saint-Girons dans les Pyrénées). Le gypse, tantôt saccharoïde et tantôt fibreux, contient partout de nombreux cristaux de quartz, qui, s'ils ne peuvent, dit M. Dufrénoy, être regardés comme spécialement caractéristiques de cette formation gypseuse, servent cependant à la reconnaître dans toute la France méridionale.

Ce calcaire prend en outre des caractères tout-à-fait particuliers dans certaines localités (Figeac, Villefranche, Lardin près Terasson). Il cesse d'être marneux, devient gris clair, carié, compacte, esquilleux, magnésien et même dolomitique. Il contient des particules, des veinules et de petits amas de galène et de calamine; de telle sorte que le passage à la dolomie et la propriété métallifère sont deux faits en connexion intime.

Ces deux faits concordent encore avec un troisième non moins important : c'est la position immédiate de cette assise au-dessus du terrain houiller, lequel est souvent traversé par des filons de roches ignées (porphyres de Figeac); partout où elle repose sur le calcaire à gryphites ou sur le grès bigarré, l'assise n'est pas métallifère. Remarquons que l'oxide de fer ne partage pas du tout ces relations; ainsi près de Lavoulte (Ardèche) cette même assise calcaire à bélemnites, reposant à stratification discordante sur les micaschistes des dernières pentes de la Lozère, contient une couche de fer oxidé rouge, passant au fer oligiste. Cette couche, qui n'a pas moins de 5 ou 6 mètres d'épaisseur, est tellement liée à la stratification du terrain, que l'oxide de fer s'isole en veines alternantes avec les schistes marneux du toit et du mur, qui contiennent en outre des rognons de fer carbonaté. Elle affleure sur plus de 1000 mètres, et l'on y trouve les mêmes fossiles que dans le calcaire, si ce n'est qu'ils sont changés en peroxide de fer : elle fut découverte par Faujas, et depuis ce temps elle est l'objet d'une exploitation assez active.

FORMATION OOLITIQUE.

C'est en Angleterre que la formation oolitique a été le plus étudiée; elle s'y présente en effet avec un détail qu'elle n'a en aucune autre contrée, pas même dans celles où elle est plus puissante. Il en résulte que, lorsqu'on parcourt un terrain jurassique, c'est toujours aux couches reconnues en Angleterre, que l'on cherche à rapporter celles que l'on a sous les yeux, et qu'on applique les noms anglais aux assises qui, sur le continent, occupent la même position géognostique : ces noms sont en partie tirés des villes où les couches se montrent au jour. D'après cela, il est nécessaire de décrire d'abord les caractères de la formation oolitique en Angleterre et d'y mentionner les subdivisions et les noms qu'on y a adoptés. Nous rappellerons auparavant que la liaison intime qui existe entre tous les dépôts qui constituent cette formation, ne permet de considérer la subdivision en trois étages que comme des subdivisions artificielles rendues nécessaires pour faciliter l'étude de ce terrain compliqué; ce ne sont plus des lignes géognostiques comme celle qui sépare le lias du reste du terrain jurassique.

On a vu que le lias était représenté en Angleterre par un dépôt de 80 à 100 mètres Angleterre.

de puissance, commençant par des couches de marnes schisteuses, au-dessus desquelles se trouvaient les calcaires lias, lesquels étaient couronnés par un grand développement des marnes supérieures. Ces marnes passent ensuite à des couches sableuses, par lesquelles commencent ordinairement les couches de l'*étage oolitique inférieur*. Cet étage est le plus compliqué des trois, car il ne consiste pas simplement en une partie argileuse, surmontée par une partie calcaire; les calcaires et les marnes dominent successivement plusieurs fois de manière à le subdiviser en six assises, qui sont, à partir du lias : 1.° les sables de l'oolite, couronnés par les calcaires dits oolite inférieure, *inférior-oolite*; 2.° une assise argileuse, qui a pris le nom de terre à foulon, *fullers-eart*, à cause d'une petite couche de cette argile, qui existe souvent dans la partie moyenne; 3.° une assise de calcaire ordinairement oolitique, appelée grande oolite, *great-oolite*, ou oolite de *Bath*; 4.° une assise argileuse, *Bradfort-clay*; 5.° une assise calcaire, mélangée de sables et d'argiles, désignée sous le nom de *forest-marble*; 6.° enfin, un calcaire en partie marneux, *corn-brash*.

L'*étage oolitique moyen* est d'une composition beaucoup plus simple; il commence audessus du corn-brash par une puissante assise argileuse, connue sous le nom d'argile d'Oxford, *Oxford-clay*, recouverte par des sables et grès calcaires, *calcareous-grit*, qui passent à l'assise calcaire supérieure, appelée *coral-rag*.

L'*étage supérieur* présente une disposition tout-à-fait analogue. Il commence par un dépôt argileux, l'argile de Kimmeridge, *Kimmeridge-clay*, laquelle est conduite par des sables siliceux et calcaires à l'assise calcaire supérieure, dite oolite de Portland, *Portland-stone*, de sorte que ces deux derniers étages présentent parfaitement la division en assise argileuse couronnée par une assise calcaire.

Oolite inférieure. Les sables qui commencent cette assise ont une puissance moyenne de 30 mètres; ils sont fins, jaunes, micacés, siliceux; quelquefois imprégnés de calcaires marneux verdâtres et contenant des concrétions de chaux carbonatée. Les calcaires qui les couronnent n'ont guères que 5 mètres: dans la partie inférieure ce sont des calcaires bruns, durs et tenaces, avec des grains de fer hydroxidé; dans la partie supérieure ils sont souvent jaunâtres, noduleux et contiennent des débris de coraux. 1.er Étage.

Terre à foulon. Cette assise est composée d'argiles jaunes, bleues, blanches, et de calcaires argileux; sa puissance peut dépasser 40 mètres. Elle commence ordinairement par une puissante couche d'argile, qui renferme souvent du calcaire noduleux, semblable à celui de l'assise précédente ; ces nodules pouvant quelquefois se réunir de manière à former de petits lits plus solides que la masse. La couche exploitée, et particulièrement dite *terre à foulon*, se trouve au-dessus de cette argile; elle n'a pas un mètre de puissance et repose ordinairement sur une couche plus marneuse, dite mauvaise terre à foulon. L'assise est terminée par des argiles blanches, qui sont recouvertes par la grande oolite.

Grande oolite. Sa puissance varie de 15 à 40 mètres; elle se compose de différents calcaires, les uns oolitiques, solides, et constituant d'excellentes pierres de taille; les autres présentant une texture grossière et contenant un grand nombre de coquilles (trigonies, peignes, avicules, térébratules, etc.). Les Anglais y ont distingué deux bancs de calcaire grossier coquillier, l'un formant la couche la plus élevée, l'autre la plus inférieure; puis les couches de calcaire oolitique, séparées par un calcaire argileux brun, tenace. Quelques variétés de ces calcaires présentent des parties schisteuses exploitées comme dalles.

L'*argile de Bradfort* est une argile marneuse, ordinairement bleuâtre, dont l'épaisseur varie de 10 à 15 mètres. Elle abonde souvent en encrines dites de Bradfort.

Forest-marble. Cette assise, qui n'a pas plus de 15 mètres, est ordinairement divisée en couches très-minces de sables, sables argileux et de calcaire. Ainsi l'on trouve, à partir de l'argile de Bradfort, de petites couches de sables et d'argiles sablonneuses; un calcaire très-coquillier, exploité comme marbre (*forest-marble*), et une assise de sables et de grès, dans laquelle on a trouvé, près d'Oxford, les restes d'un mammifère (ours de Buckland). C'est le seul que l'on ait cité; le fait n'est donc qu'accidentel, mais il est remarquable, parce que c'est le premier mammifère que nous présente la série géognostique. Cette couche de sables et grès passe dans sa partie supérieure et dans sa partie inférieure à des argiles sablonneuses, contenant, soit dans le sens de la stratification, soit sous forme de veines, des bandes de grès et de calcaire.

Le *corn-brash* couronne ordinairement ce premier étage oolitique; c'est un système de 8 à 9 mètres d'épaisseur, composé de calcaire grossier, ordinairement en couches multipliées et même schistoïdes. Ce calcaire devient argileux vers sa partie inférieure et se lie avec le forest-marble.

L'étage oolitique moyen est d'une composition plus simple, et se divise naturellement en deux assises. 2.e Étage.

L'argile d'Oxford. Couche puissante d'une argile bleue, tenace, qui atteint jusqu'à 180 mètres: cette argile contient des lits plus ou moins marneux; des masses aplaties de calcaire, qui se réunissent de manière à former de petites couches; on y voit aussi des strates de schistes bitumineux : elle est caractérisée par la *gryphæa dilatata.* Dans sa partie inférieure elle contient en couches subordonnées des calcaires irrégulièrement stratifiés, connus sous le nom de *roches de Kellovay.*

Le *coral-rag.* Cette assise, d'une épaisseur totale de 45 mètres, commence par des sables, soit libres, soit agglutinés par un ciment calcaire: ces sables et grès (*calcareous-grit*) sont recouverts par une couche de calcaire souvent terreux, qui abonde en coraux, et qui a donné son nom à l'assise. Au-dessus de ce coral-rag viennent des couches de calcaire jaune, solide, oolitique, exploitées comme pierre de taille et désignées sous le nom d'*oolite d'Oxford.*

3.e Étage. *L'argile de Kimmeridge* commence l'étage oolitique supérieur : c'est un dépôt argilo-calcaire de 150 mètres de puissance, dont la roche dominante est une argile bleue ou jaunâtre, schisteuse et passant quelquefois à des schistes foncés, bitumineux. Cette argile, caractérisée par l'*ostrea deltoida*, contient souvent des cristaux de chaux sulfatée. Du reste, elle est plus variable dans ses caractères et divisée en un plus grand nombre de couches que l'argile d'Oxford.

L'oolite de Portland; série d'alternances calcaires de 35 mètres, termine à la fois cet étage et la formation oolitique. Ces calcaires sont de dureté variable, grossiers, grenus, compactes, oolitiques; ils contiennent quelquefois des rognons de silex. On y trouve l'*ammonites triplicatus* et le *pecten lamellosus*. Souvent il passe dans sa partie inférieure à des sables silicéo-calcaires, qui renferment de la chaux carbonatée concrétionnée.

Tels sont les caractères de la formation oolitique dans toute la partie sud-est de l'Angleterre. On peut actuellement imaginer toutes les variations qui résultent des suppressions de telle couche, du développement de telle autre. Il arrive, en effet, qu'une portion d'un étage manque ou soit très-peu développée; mais toutes les fois que l'on examine le terrain sur une étendue suffisante, on reconnaît aisément les subdivisions principales, depuis les marnes inférieures du lias jusqu'aux calcaires de l'oolite supérieure.

En avançant vers le Nord, les caractères changent sensiblement. Ainsi, dans le Yorkshire, où nous avons déjà dit que ceux du lias étaient modifiés, on constate aussi des différences notables dans l'étage oolitique inférieur. Au-dessus des schistes supérieurs du lias on trouve d'abord des calcaires ferrugineux, qui représentent l'oolite inférieure; viennent ensuite des grès et des schistes, qui contiennent des couches d'un combustible analogue à la houille : ce premier étage carbonifère est séparé par des calcaires marneux qui représentent la grande oolite, d'une seconde assise de grès et d'argile schisteuse qui contient aussi des couches de houille : au-dessus le corn-brash et les autres étages oolitiques, qui sont à peu près les mêmes que dans les provinces du sud-est.

En Écosse, des modifications analogues se reproduisent. Le terrain jurassique se trouve à l'ouest vers les îles trappéennes et à l'est vers Brora, où son apparition paraît aussi résulter de ce qu'il a été soulevé par les trapps; car il est extrêmement disloqué. On a reconnu dans ces différents lambeaux, amenés violemment au jour, les assises comprises entre les parties inférieures du lias et les couches inférieures du coral-rag. Il y existe des grès et des schistes carbonifères, à empreintes végétales dans la même position que ceux du Yorkshire, entre l'oolite inférieure et le corn-brash. Une couche de houille est exploitée à Brora, où elle a deux pieds d'épaisseur; elle contient dans le milieu des plaques stratifiées de schiste très-pyriteux. Les couches de houille du Yorkshire sont moins épaisses.

France. Les caractères du terrain jurassique se conservent au contraire dans toute cette bande qui enclave les bassins de Paris et Londres, avec une uniformité d'autant plus remarquable que le terrain est plus compliqué. Il y a donc lieu de regarder tout cet espace comme un vaste bassin dans lequel il s'est déposé, de sorte qu'il doit exister dans tous les points intérieurs où il est caché par les dépôts plus récents. Cette uniformité est en effet d'autant plus significative, qu'elle n'existe plus dès que l'on s'éloigne de ce centre : en Allemagne, en Pologne, dans les Pyrénées, dans les Alpes, les caractères sont encore plus modifiés qu'en Écosse; plus près, à La Rochelle et dans certaines parties du Jura, on peut bien reconnaître les subdivisions en deux formations et en trois étages oolitiques, mais rien au-delà. La continuité du terrain jurassique central ressort d'ailleurs de deux faits géognostiques importants. En deux points du bassin le sol a postérieurement éprouvé des soulèvements; savoir : dans le Bas-Boulonnais, où le relèvement du sol a été déjà cité pour le terrain houiller, et dans le pays de Bray, près Beauvais : or, en ces deux points le terrain jurassique a été amené au jour.

Dans le Bas-Boulonnais les trois étages oolitiques ont été reconnus par M. Rozet. L'étage *inférieur* est exploité autour de Marquise, les couches en sont très-bien réglées et principalement composées de calcaires : les calcaires inférieurs sont ferrugineux, sablonneux, et alternent quelquefois avec des marnes grises et bleues; les calcaires supérieurs, Bas-Boulonnais.

exploités sous le nom de pierre blanche, sont oolitiques, tendres, souvent fissurés, et contiennent des veines de marnes, du calcaire cristallin. L'étage *moyen* se subdivise en deux assises principales; la plus basse est composée de marnes bleues et jaunâtres et de calcaires marneux; elle a 3 ou 4 mètres. Celle qui la recouvre a 6 à 8 mètres et se compose de calcaires marneux et oolitiques, passant à un calcaire siliceux, souvent divisible en plaques minces; quelquefois les variétés oolitiques sont très-peu agrégées. Il y a de petites couches de sables ferrugineux susceptibles de manquer, ainsi que les oolites, de sorte que l'assise n'est plus représentée que par le calcaire compacte alternant avec des marnes. On trouve aussi dans cet étage des cristaux et des concrétions calcaires. Les falaises depuis Equihen jusqu'à Wissant présentent le développement de l'étage oolitique *supérieur :* cet étage, dont la puissance atteint jusqu'à 50 mètres, commence par un développement marneux très-considérable. Ce sont des marnes et des calcaires marneux ou siliceux qui passent aux grès calcaires contenant des bancs de lumachelles jaunâtres subordonnés, dont les fissures contiennent des cristaux de sélénite, que l'on trouve d'ailleurs disséminés dans toute la masse marneuse. Cette assise renferme des lignites fibreux, des bois pétrifiés à l'état calcaire ou pyriteux : dans sa partie supérieure les grès et les sables ferrugineux prennent le dessus. Les grès présentent souvent des blocs solides bleuâtres, à points scintillants, englobés dans le sable friable; ils représentent probablement ici la dernière assise du système oolitique.

Pays de Bray.

Le pays de Bray forme une gibbosité ellipsoïdale, qui, d'après les inclinaisons de 15 et 25 degrés qu'on y a constatées, résulte évidemment d'un soulèvement qui a relevé à la fois le terrain jurassique et le terrain crétacé. La coupe (planche VIII) représente la disposition des couches, en même temps que la carte donne une idée approximative de la forme et de la position géographique de la contrée. Le pays de Bray et celui des Vealds, en Angleterre, sont deux faits identiques; ils formaient deux îles de forme analogue et suivant une même direction, au-dessus de la mer tertiaire; seulement les couches crétacées ont subi une rupture et une dénudation dans le pays de Bray, de sorte que les premières couches jurassiques ont été mises à découvert; circonstances qui n'ont pas eu lieu dans les Vealds. Le pays de Bray a environ dix-huit lienes de longueur sur quatre ou cinq dans sa plus grande largeur, vers Forges.

Les mamelons centraux présentent un calcaire lumachelle, accompagné de marnes à gryphées virgules, et recouvrant un calcaire compacte. Le calcaire lumachelle est exploité à Hécourt près Gournay : au-dessous des couches glauconieuses du grès vert, on a trouvé des marnes bleuâtres à gryphées virgules, qui recouvrent des calcaires jaunes ou bleuâtres; puis, enfin, la lumachelle grise, presque entièrement composée de petites gryphées. Ces assises ont été rapportées à l'argile de Kimmeridge, mais on a rencontré au-dessous un calcaire compacte bitumineux, noir ou veiné, qui semble former une anomalie dans les couches oolitiques qui devraient suivre; de sorte que l'on s'est demandé si les étages oolitiques inférieurs existaient réellement au-dessous des lumachelles.

Calvados. Dans le Calvados, au-dessus des calcaires à bélemnites et à gryphites qui se rapportent au lias, on trouve un calcaire oolitique sablonneux, ferrugineux, très-coquillier, dont les grains oolitiques deviennent quelquefois tellement gros, que la roche prend un aspect poudingiforme ; d'autres fois c'est simplement un calcaire grossier jaunâtre et grenu. Ces couches représentent l'oolite inférieure. La terre à foulon est probablement représentée par des alternances argilo-calcaires qui se montrent sur les côtes occidentales, et sont recouvertes par de puissantes couches de calcaire coquillier grossier ou oolitique; de telle sorte que si l'on ne peut reconnaître toutes les subdivisions anglaises, on voit du moins dans cet étage inférieur les principales subdivisions marneuses et calcaires. Les calcaires ont été désignés sous le nom de calcaire de Caen, lui-même subdivisé en calcaire de Caen proprement dit et calcaire à polypiers. Le calcaire de Caen fournit d'excellentes pierres de taille, exportées dans tous les environs et même en Angleterre; il est jaunâtre, grossier, de consistance variable, contenant en quelques points des rognons ou des plaques de grès silicéo-calcaire. Le calcaire à polypiers est pétri de débris de polypiers et de coquilles, grossier ou oolitique, quelquefois argileux et schistoïde, d'autres fois très-compacte et très-dur. Au-dessus de ces calcaires on a trouvé d'autres oolites, que l'on a rapportées au corn-brash : c'est une oolite à grains fins, d'un blanc jaunâtre, alternant avec des calcaires compactes, divisibles en dalles.

L'étage moyen est représenté par l'argile de Dives, dont les caractères sont à peu près les mêmes que ceux de l'argile d'Oxford : c'est une argile bleue, tenace, séparée en plusieurs couches par des marnes plus ou moins calcaires, quelquefois sableuses, contenant souvent des nodules calcaires et des cristaux de sélénite; elle est couronnée par des oolites à gros grains, passant soit au calcaire compacte siliceux, soit au calcaire grossier coquillier, et contenant des bancs de polypiers. Dans leur partie supérieure ces calcaires deviennent marneux ou sablonneux et passent à des couches de sables, à des marnes compactes et des argiles bleuâtres, dites argile d'Honfleur, qui représentent l'argile inférieure de l'étage oolitique supérieur. La troisième assise calcaire n'existe pas dans cette contrée.

Gisements intérieurs.

Ces premiers lambeaux jurassiques du Bas-Boulonnais et du Calvados, les affleurements qui se montrent au pied du cap de la Hève, au centre du Pays de Bray, servent d'introduction aux gisements intérieurs, qui sont beaucoup plus développés : ces gisements intérieurs peuvent se partager en plusieurs groupes géographiques, dont le plus remarquable est celui qui continue la ceinture du grand bassin géologique qui comprend Londres et Paris, et qui fait partie de la série des couches sédimentaires qui s'appuient contre les groupes anciens des Ardennes, des Vosges, du plateau de la France centrale, du Finistère, du Cornouailles et du pays de Galles. Les trois étages oolitiques, et souvent le lias, forment des bandes circulaires et concentriques, qui entourent ce bassin, et qui sont remarquables en ce que les trois parties marneuses occasionnent, ainsi que nous l'avons déjà dit, des dépressions, en vertu de la facilité de leur destruction, tandis que les parties calcaires donnent lieu à des falaises qui entourent les plateaux suivant la direction générale du terrain; de sorte que l'on a différents étages de plateaux, terminés par des falaises calcaires. MM. Élie de Beaumont et Boblaye, qui ont étudié les diverses parties de cette ceinture centrale, y ont reconnu les subdivisions en étages et en assises, telles qu'elles ont été établies en Angleterre.

Dans les départements du nord-est et du centre on voit commencer une grande falaise oolitique : cette falaise traverse successivement les départements des Ardennes, de la Meuse, de la Haute-Marne, de la Côte-d'Or, de l'Yonne, de la Nièvre et du Cher.

La base est formée généralement par des couches plus ou moins argileuses, caractérisées par la gryphée dilatée, par des bélemnites, encrines, serpules, etc... (argile d'Oxford). Au-dessus, des calcaires à polypiers représentent le coral-rag: cette série de coteaux, qui se rattache à ceux du nord de la France, forme un horizon géognostique qui peut guider parfaitement le géologue. Les caractères des marnes inférieures peuvent être quelquefois difficiles à reconnaître; ceux du coral-rag sont plus constants. Ainsi, dit M. de Beaumont, lorsqu'on va de Flogny à Ancy-le-Franc, on voit sortir de dessous les dernières couches du système crétacé, et ensuite les unes de dessous les autres, les assises suivantes : 1.° un calcaire compacte blanc, qui correspond par sa position à la pierre de Portland

(Portland-stone); 2.° un système de calcaire marneux et de marnes grises, caractérisé par la gryphée virgule (Kimmeridge-clay); 3.° une série très-épaisse de calcaires compactes, à cassure conchoïde, de calcaire compacte à cassure terreuse et comme crétacée, et de calcaire oolitique (Oxford-oolite, coral-rag); 4.° un système de couches d'un calcaire marneux, grisâtre, à cassure terreuse (calcareous-grit, Oxford-clay). De dessous cette dernière assise sortent les calcaires très-souvent oolitiques, qui forment le sol des plaines et des plateaux au sud d'Ancy-le-Franc, et qui se rapportent aux diverses assises qui suivent dans la série : ce sont ces assises qui ont été coupées par le canal de Bourgogne, au point de partage des eaux, où l'on a aussi constaté l'uniformité des caractères jurassiques.

Les couches qui se relèvent de toutes parts de dessous la falaise, sont des calcaires oolitiques, qui se rapportent au calcaire de Bath et au calcaire à polypiers. Le calcaire blanc jaunâtre, marneux, de la Bourgogne, représente la terre à foulon et le banc bleu de Caen : le calcaire à entroques, l'oolite inférieure : enfin, le deuxième étage marneux, qui repose sur le calcaire à gryphées arquées, correspond aux marnes supérieures du lias. Ainsi, les faits constatés dans le Bas-Boulonnais, dans les Ardennes, la Bourgogne et l'Angleterre, concordent tous ensemble.

Sud-ouest de la France.

De la ceinture centrale on peut suivre les dépôts jurassiques d'une manière continue, soit en se dirigeant vers le sud-ouest, soit en s'engageant par le sud-est dans les montagnes du Jura. M. Dufrénoy, résumant les caractères que présente la formation oolitique du sud-ouest de la France, resserrée entre les montagnes de la Vendée, de l'Auvergne et du Limousin; observe que cette formation peut se subdiviser en trois étages analogues par leur composition et leurs fossiles aux étages oolitiques de l'Angleterre. Les lignes de séparation sont loin d'être aussi saillantes, les couches correspondantes aux argiles d'Oxford et de Kimmeridge n'existant que très-rarement dans cette partie de la France ou du moins étant représentées par des calcaires marneux. La formation est peu développée vers l'est, ses parties inférieures forment des lambeaux sur la pente des Cévennes, du côté du Rhône, et constituent un massif considérable vers le nord du département de l'Hérault, qui s'avance jusqu'à la mer près de Cette et de Montpellier. A l'ouest elle est au contraire très-étendue et forme, depuis Cahors jusqu'à l'Océan, une chaîne qui a moyennement douze lieues de largeur, et jusqu'à vingt-cinq, entre les montagnes du Limousin et de la Vendée. Dans cet espace elle présente cette circonstance très-remarquable d'avoir une double pente et de présenter sur l'une et l'autre la même composition géologique.

L'étage oolitique *inférieur* est le plus puissant; il occupe plus de douze lieues sur quinze ou seize que la formation recouvre entre les sables d'Olonne et Rochefort. Il repose souvent sur des calcaires et des marnes qui représentent le lias; cependant, à Milhau, Villefranche, des argiles micacées avec gryphées et bélemnites, peuvent être assimilées aux sables de l'oolite inférieure. Des calcaires compactes et sublamellaires, contenant des couches de fer hydroxidé en grains, et des oolites blanches, visibles à Mauriac (Aveyron), représentent la grande oolite : vers l'est (environs de Nontron, de Poitiers, etc.), cette position géognostique est occupée des calcaires compactes, gris jaunâtres, contenant beaucoup de silex, et assez fréquemment oolitiques. Les couches de calcaire compacte et quelquefois terreux avec ammonites et térébratules, paraissent représenter la partie supérieure de cet étage.

L'étage oolitique *moyen* est en grande partie composé de calcaires marneux ; cependant on y trouve des oolites irrégulières au-dessus de masses considérables de polypiers qui rappellent le coral-rag (Marthon, Pointe de Duché et d'Angoulin); ces oolites représenteraient alors celle d'Oxford. Ces deux subdivisions sont, dit M. Dufrénoy, les seules que l'on puisse reconnaître, et même la partie inférieure des oolites présente quelquefois des couches de marnes à gryphées virgules, dont la présence annonce l'étage supérieur. L'étage moyen recouvre entre La Rochelle et Rochefort un espace d'environ deux lieues et demie, espace qui est plus considérable entre Poitiers et Angoulême, et entre Angoulême et Confolens.

L'étage *supérieur* est le plus uniforme; souvent il est réduit à quelques couches marneuses, contenant une quantité prodigieuse de gryphées virgules et formant une lumachelle. Cette assise est recouverte en quelques points (Cahors) par des assises puissantes de calcaire compacte marneux, avec petites gryphées, et (depuis Angoulême jusqu'à l'Océan) de calcaire oolitique, qui pourraient représenter l'oolite de Portland, tandis que les calcaires marneux, qui renferment quelquefois des lignites, correspondraient à l'argile de Kimmeridge.

Montagnes du Jura.

Le terrain jurassique se présente fortement accidenté dans les départements de la Côte-d'Or, de la Haute-Saône et dans les montagnes du Jura, suivant une direction de l'E.-40° N. à l'O.-40° S.; les principales cimes du Jura, qui lient ces montagnes au système des Alpes occidentales, suivent au contraire une direction N.-N.-E. au S.-S.-O. Cette dernière direction, qui est parallèle aux grandes Alpes, coupe la première sous un angle très-aigu, de sorte que l'ensemble du Jura semble une courbe qui présente une légère concavité à la Suisse. Dans toute cette vaste contrée jurassique, depuis la Côte-d'Or jusqu'en Suisse, le terrain diffère d'autant plus du type central, que l'on s'en éloigne davantage. Ainsi, nous avons déjà cité la disparition graduelle des grès inférieurs du lias. Ces grès, puissants dans la partie qui avoisine les Vosges, apparaissent encore dans certains relèvements centraux (environs de Lons-le-Saulnier); ils n'existent plus dans le pays de Porrentruy. Le lias se borne dès-lors au développement de l'étage supérieur, composé de calcaire pétré, de gryphées, de schistes bitumineux et de marnes grises.

En allant des Vosges au Jura, on traverse successivement des bandes de grès rouge, de de grès des Vosges, de grès bigarré, de Muschelkalk, de marnes irisées et de lias, et l'on arrive à la formation oolitique de la Haute-Saône, décrite avec détail par M. Thirria. Dans cette première partie, les couches inclinent généralement vers le S.-S.-O. sous un angle de 4 à 10 degrés, la superposition ayant ainsi lieu à niveau décroissant, de sorte que les couches les plus inférieures sont les plus élevées.

L'étage *inférieur*, d'une puissance d'environ 89 mètres, comprend quatre assises distinctes: 1.° l'*oolite* et les *marnes inférieures* (inferior-oolite et fullers-earth), composés d'abord d'alternances de divers calcaires qui reposent sur les marnes du lias: ces calcaires sont tantôt compactes, gris de fumée, tantôt sublamellaires, grisâtres, rougeâtres, brunâtres, avec veines de calcaire spathique; tantôt un peu oolitiques. Ils contiennent des plagiostomes, des peignes, des térébratules, des trigonies, des gryphées, des ammonites, des bélemnites, etc., des polypiers qui les rapprochent du calcaire de Caen; quelquefois du fer hydroxidé oolitique, mélangé de phosphate de fer, qui provient probablement des débris organiques. Les marnes inférieures qui représentent la terre à foulon des Anglais, sont jaunâtres, entremêlées de plaquettes calcaires. 2.° La *grande oolite* (great-oolite), représentée par des calcaires oolitiques miliaires, grisâtres, souvent schisteux. 3.° Les *calcaires avec fer oxidé rouge* (forest-marble), puissante assise de calcaires compactes plus ou moins chargés d'oolites, quelquefois lithographiques, avec fentes et cavités remplies de fer oxidé rouge. 4.° Le *troisième calcaire oolitique* (corn-brash), calcaire marno-compacte, sublamellaire, grisâtre ou jaunâtre, avec taches bleuâtres, chargées d'oolites miliaires et de noyaux pisolitiques. Ces derniers calcaires sont moins coquilliers que ceux de l'oolite inférieure.

L'étage *moyen*, dont M. Thirria évalue la puissance à 111 mètres, a été subdivisé par lui en trois assises : 1.° le *calcaire argileux moyen* (Kellovay-rock), calcaire argileux d'un gris foncé, schisteux, contenant quelques petites couches de marne argileuse grisâtre. 2.° Le *deuxième minerai de fer oolitique*, la *marne moyenne* et le *calcaire gris bleuâtre* (Oxford-clay) : le minerai de fer hydroxidé oolitique, qui est le fait le plus intéressant de cette assise calcaréo-marneuse, se trouve renfermé dans une couche de marne friable, dont la puissance dépasse ordinairement un mètre. Le minerai de fer constitue environ le tiers de la masse totale; on l'exploite en un grand nombre de points et on le débarrasse de la marne par le lavage. Les calcaires de cette assise sont d'un gris bleuâtre, plus ou moins marneux, sublamellaires, un peu schisteux, parfois tuberculeux. Les marnes sont d'un gris noirâtre, schisteuses, renfermant des rognons calcaires, des géodes spathiques, des cristaux de gypse, et un assez grand nombre de débris organiques, surtout des ammonites. 3.° Les *calcaires à nérinées* et l'*argile à madrépores avec nodules de calcaire siliceux, dits chailles* (coral-rag); les calcaires à nérinées sont grisâtres ou blanchâtres, souvent oolitiques, quelquefois compactes avec veines spathiques. Les argiles à boules et plaques de calcaire siliceux, sont ochreuses, quelquefois un peu siliceuses; elles alternent avec des calcaires oolitiques ou marneux, et contiennent des madrépores, des ananchites et des débris d'encrines.

L'étage *supérieur,* qui a une puissance de 70 mètres, comprend des *calcaires* et des *marnes à gryphées virgules* (Kimmeridge-clay et Portland-stone). Les marnes sont grisâtres, schisteuses, souvent très-coquillières; elles alternent avec des calcaires compactes, souvent marneux, qui finissent par prendre le dessus. Au-dessus de cet étage se trouvent encore environ 13 mètres d'argiles avec fer oxidé pisiforme, qui tantôt ont paru à M. Thirria comme un supplément au terrain jurassique, dont elles se rapprochent beaucoup par les fossiles, tantôt comme le résultat d'un remaniement postérieur.

Toutes ces assises n'existent pas toujours dans un même point; il y en a qui diminuent d'épaisseur jusqu'à manquer, mais d'autres venant à se développer en quelque sorte à leurs dépens, la puissance du terrain reste toujours à peu près la même. Ce qui est remarquable, c'est qu'à considérer l'ensemble de ce terrain, les couches calcaires y sont beaucoup plus puissantes que les couches marneuses et argileuses, c'est-à-dire que l'argile et le calcaire sont dans des rapports inverses de ceux qu'ils en ont en Angleterre. (1)

Il s'en faut que l'on ait pu reconnaître toutes ces subdivisions dans la chaîne du Jura, bien que les travaux de M. Charbaut sur les environs de Lons-le-Saulnier, de M. Thurman dans le pays de Porrentruy, aient peut-être démontré la possibilité de le faire. Les subdivisions que l'on peut saisir le plus aisément et dans presque tous les cas, sont celles de l'oolite inférieure représentée par des marnes à nodules calcaires, séparées des premiers calcaires oolitiques ou compactes par un lit de fer hydroxidé oolitique. La ligne qui sépare

---

(1) Ce fait est rendu palpable par le tableau comparatif ci-joint des assises de la formation oolitique dans la Haute-Saône et en Angleterre. M. Thirria a dressé ce tableau d'après ses observations et celles de M. de la Bèche, en faisant abstraction des 13 mètres d'argile avec fer pisiforme de la partie supérieure.

	ASSISES.	DÉPART. DE LA HAUTE-SAÔNE.			ANGLETERRE.		
		Calcaires.	Marnes et argiles.	Puissance des étages.	Calcaires.	Marnes et argiles.	Puissance des étages.
		m.	m.	m.	m.	m.	m.
1.re	Portland-stone.....	27,29	=	71,65	37	=	189
	Kimmeridge-clay...	28,36	16		=	152	
2.e	Coral-rag...........	64	10	111	46	=	229
	Oxford-clay........	=	37		=	183	
3.e	Corn-brash..........	4	=	89	9	=	192
	Forest-marble......	31	=		15	=	
	Bradford-clay......	=	=		=	15	
	Great-oolite.......	8,60	=		55	=	
	Fullers-earth......	=	2		=	43	
	Inferior-oolite.....	43,50	=		55	=	
	TOTAUX........	206,75	65	271,65	217	393	610

les calcaires de la grande oolite, de ceux de l'oolite inférieure, est marquée par un deuxième banc de minerai de fer oolitique : du reste les calcaires qui sont au-dessus représentent toutes les autres assises, car ils sont en général immédiatement recouverts par une grande assise argilo-marneuse, qui représente l'argile d'Oxford. Au-dessus viennent ensuite des alternances de marnes et de calcaires qui représentent tout le reste de la formation. Les calcaires dominent presque toujours dans ces alternances : ils sont tantôt jaunâtres, plus ou moins chargés d'oolites de diverses grosseurs; tantôt blancs et très-compactes, à cassure lisse et conchoïde, divisés en dalles et en plaques minces, ce sont les calcaires lithographiques.

Le Jura bernois a été décrit par M. Thurman, qui a de plus reconnu l'identité de sa composition avec celle des terrains jurassiques des cantons de Bâle, de Soleure, d'Argovie et de Neufchâtel; c'est principalement le Mont-Terrible, dans le pays de Porrentruy, qu'il a présenté pour type de toutes ces contrées. Les trois étages oolitiques sont représentés dans cette partie du Jura, ainsi que la plus grande partie des assises. Au-dessus des marnes schisteuses du lias, des grès, des marnes sableuses et des fers hydroxidés oolitiques, préludent au développement de l'oolite inférieure, dont les calcaires oolitiques miliaires sont séparés par des marnes (probablement la terre à foulon), des oolites miliaires à grains plus nets, des calcaires roux, sableux, ferrugineux et marneux, et des lumachelles en dalles à reflet nacré, qui représentent les autres assises de l'étage inférieur. Des marnes bleues avec fossiles pyriteux, des calcaires compactes en partie marneux et avec chailles, constituent l'étage moyen avec un grand développement de calcaires à polypiers, de calcaires oolitiques pisaires, de calcaires blancs compactes, quelquefois crayeux, à nérinées; tandis que des marnes jaunâtres avec bancs calcaires subordonnés, surmontées par une puissante assise de calcaires compactes et finement oolitiques, représentent l'étage supérieur. Toutes les assises se trouvent à peu près représentées dans ces trois étages, et d'après les analogies que présente leur composition avec celle des assises de la Haute-Saône, il est probable que tout le Jura français pourrait être subdivisé avec le même détail.

Les couches jurassiques sont en général très-bouleversées dans toute la chaîne, mais les bouleversements ne sont pas aussi considérables qu'on aurait pu le supposer d'après les perturbations qu'attestent les inégalités de niveau que l'on peut constater : certaines couches qui, dans le Calvados et même dans la Haute-Saône, sont à une élévation peu considérable, atteignant 1500 mètres et au-delà (la Dôle). Les soulèvements ont agi sur cet épais dépôt horizontal par des dislocations, suivant des directions fixes et en exhaussant ensuite les masses disloquées, quelquefois d'une seule pièce, et sans perturber très-sensiblement la disposition du terrain. Le Jura est ainsi composé en grande partie de plateaux très-alongés dans le sens des deux directions que nous avons dit y dominer : ces plateaux sont supportés par des escarpements très-abruptes, qui encaissent les vallées principales, de chaque côté desquelles les mêmes couches sont souvent à des niveaux très-différents.

Ces escarpements sont généralement calcaires; les assises marneuses donnant au contraire lieu à des dépressions et à des pentes plus douces. M. Thurman a démontré que les chaînes jurassiques sont des soulèvements affectant des formes déterminées, normales, susceptibles d'être classées en ordres distincts, d'après les configurations dépendantes de la nature des affleurements, et de l'énergie des agents plutoniques. Ce n'est pas ici le lieu de discuter les diverses formes, et nous nous contenterons de reproduire une de ses coupes du Mont-Terrible (1) et celle de la val-

(1) L'observateur qui suivra cette coupe, dit M. Thurman, reconnaîtra, en gravissant la colline de Saint-Gelin, les assises très-dégra-

lée de Mettingen (planche Ire), d'après lesquelles on peut reconnaître le principe classificateur qui repose sur l'âge de l'axe central amené au jour.

Franconie. Avant de poursuivre le terrain jurassique dans les Alpes, il est nécessaire de faire une digression sur quelques anomalies qu'il présente dans les régions allemandes, anomalies qui peuvent servir d'introduction à celles qui ont été reconnues dans les Alpes. Ces anomalies consistent principalement dans le développement des dolomies. Plus d'une fois nous avons fait pressentir la connexion qui existait entre les épanchements de roches ignées et la présence des dolomies; bien que

---

dées du groupe corallien (coral-rag). Au-dessus de La Chapelle, il entrera dans des prés dont la grasse végétation lui indiquerait suffisamment la présence des marnes (Oxford-clay), s'il ne les voyait extraire pour les usages de l'agriculture et s'il n'apercevait les chailles éparses dans le voisinage. Bientôt il passera sur l'étage oolitique inférieur et gravira ses différentes assises pour arriver au sommet du Jules-César. Au point culminant du crêt oolitique il se trouvera sur les divisions moyennes de cet étage, et son regard plongera sur la dépression, dont les formes douces et ondulées lui démontreront aussitôt l'affleurement des roches fragiles du lias supérieur et des marnes irisées. Vis-à-vis de lui s'élève la cime du mont Gremay, qui le domine, et lui apprend que dans l'acte d'exaltation, la levée de rupture sur laquelle il est placé, a été moins soulevée, ou est retombée plus bas que la levée opposée.

La coupe de la vallée de Mettingen par M. Mérian, présente le même cas de soulèvement, si ce n'est que le Muschelkalk a percé les marnes irisées et le lias. Les soulèvements de cet ordre, assez fréquents dans les cantons de Soleure, d'Argovie, c'est-à-dire, dans tout le Jura oriental, manquent entièrement dans les chaînes du Porrentruy et du canton de Neufchâtel, et paraissent rares dans le reste du grand système jurassique sud-occidental.

la théorie établie par M. de Buch ait rencontré des opposants, le fait de cette connexion est assez positif pour que l'étude de ces dolomies soit renvoyée à la section des terrains ignés; nous nous contenterons de mentionner ici le fait de leur développement très-considérable dans le terrain jurassique.

La coupe du terrain jurassique des environs d'Eichstædt en Franconie (planche I) est un exemple donné par M. de Buch. Des couches sableuses finement grenues, grises et brunes, qui représentent peut-être l'oolite inférieure, supportent un calcaire solide qu'il a rapporté au coral-rag. Au-dessus une puissante assise de dolomie dans laquelle est creusée la vallée d'Eichstædt, dont les escarpements abruptes sont en quelque sorte un caractère inhérent à la nature dolomitique des calcaires. Au-dessus de ces dolomies, des couches de calcaire compacte divisible en dalles. Ce calcaire reproduit assez bien les caractères des calcaires compactes du Jura: il est exploité comme pierre lithographique, dont il fournit presque toute l'Europe. Le Jura renferme des calcaires qui ne le cèdent en rien à ceux de la Franconie pour leur texture compacte et la finesse de leur grain; mais ils sont généralement trop fissurés pour entrer en concurrence avec ceux-ci, dont la division en dalles régulières et continues facilite l'exploitation. M. de Buch rapporte la plus grande partie des calcaires oolitiques de l'Allemagne au coral-rag, notamment ceux qui constituent la contrée comprise entre le Mein et la Suisse.

Le terrain jurassique de la Franconie est célèbre par les vastes cavernes qui sont creusées dans la masse puissante de dolomie, superposée au coral-rag; il en existe d'analogues dans les calcaires du Jura, notamment aux environs de Vesoul. L'origine de ces grottes n'est pas un fait que l'on puisse appeler jurassique, mais il paraît que les puissantes assises calcaires étaient une condition de production et que c'est à ce titre qu'elles semblent caractériser spécialement ce terrain. Les causes qui ont amené la formation des cavernes peuvent du reste avoir été bien postérieures au dépôt de ces couches; on ne doit les chercher ni dans la dissolution de matières solubles (gypse ou sel gemme) qui occupaient leur place; ni dans la simple érosion mécanique, car il est actuellement démontré que cette érosion est très-peu active, lorsqu'elle n'est pas aidée par le frottement de matières chariées, ou par la nature dissolvante du liquide. Il semble, d'après les indications fournies par la forme et la surface des cavernes, que des eaux chargées d'acide carbonique, pénétrant d'abord dans de simples crevasses, les auront élargies par la dissolution des parois plutôt que par érosion. Ces cavernes n'étaient donc que les routes de cours d'eau souterrains, telle que l'on peut se figurer la route souterraine du Rhône à partir de sa perte. La grotte d'Échenoz, près Vesoul, représentée (planche VI) d'après M. Thirria, est un type qui peut donner idée de la forme de ces cavernes; seulement la partie inférieure présente quelquefois des inégalités comme la partie supérieure, quoique toujours moins prononcées. Ces grottes sont recouvertes d'incrustations calcaires sous forme de stalactites et de stalagmites : postérieurement à leur formation elles ont été en partie remplies par des cours d'eau qui y ont amené du limon, ou bien habitées par des carnassiers dont les espèces sont éteintes; l'examen de ces divers faits du terrain alluvien nous fournira l'occasion de donner plus de détails sur ces phénomènes intéressants.

Terrain jurassique dans les Alpes.

Au milieu de la masse des grandes Alpes se trouve un massif presque rectiligne, dirigé comme elles du N.-E. au S.-O., aussi distinct du reste de la chaîne par sa composition en granite, protogine, schistes talqueux et amphibolique; que par sa position centrale et isolée (voyez Alpes, terrains primitifs). Ce massif, dont le Mont-Blanc fait partie et qui s'étend, suivant M. Élie de Beaumont, depuis le roc Taillefer, à l'ouest du bourg d'Oisans (Isère) jusqu'à la pointe d'Ornez, au sud de

Martigny (Valais); s'élève à travers des couches argileuses, calcaires et siliceuses, dont l'origine non primitive est attestée par de nombreux gisements de débris organiques. Nous avons indiqué leur disposition ascendante et escarpée vers l'axe primitif, disposition qui avait frappé Saussure. Cet axe, dit M. Élie de Beaumont, s'élève à travers une solution de continuité dans les couches plus récentes, dont on ne peut donner une idée plus juste qu'en la comparant à une grande boutonnière. Les bords de cette boutonnière, retroussés de chaque côté, ne sont pas partout également écartés l'un de l'autre (à l'est de Saint-Maxime-Beaufort ils sont presque en contact) : mais, quelles que soient les dentelures qu'ils présentent dans quelques-unes de leurs parties, leur continuité est, dit-il, assez soutenue pour prouver que tout leur contour est de même formation; de sorte qu'il suffira de déterminer l'âge géologique auquel appartient une portion de ce contour, pour fixer celui de tout l'ensemble.

La partie qui s'appuie sur le flanc S.-E. joue un rôle important, ajoute M. de Beaumont, dans la composition des Alpes; elle constitue les montagnes de Saint-Branchier en Valais, s'étend par le Cramont, la Tarentaise et la Maurienne, jusqu'aux aiguilles de l'Arve et au col du Lantaret; puis, se relevant vers le S.-E., elle forme le groupe du mont

Iseran, les montagnes qui dominent le passage du mont Cenis et presque toutes celles qui se trouvent sur la ligne de partage des eaux entre le Rhône et le Pô, depuis le col de la Seigne jusqu'à celui du mont Genèvre. C'est dans cette partie que M. Brochant reconnut plusieurs gisements de végétaux fossiles, sur lesquels il s'appuya pour distinguer l'axe primitif du reste de la chaîne qu'il reconnut appartenir au moins au terrain de transition.

Lorsqu'on remonte la haute vallée de l'Isère, de Conflans à Moutiers, on la voit s'élargir un peu au-dessous de l'Aigue-blanche: c'est là le point où l'on sort des roches primitives pour entrer dans celles qui leur sont superposées. On a ouvert dans ces dernières, près du village de Petit-Cœur, une galerie pour la recherche de l'anthracite : les travaux furent arrêtés à quelques mètres, mais ils ont suffi pour donner lieu à l'extraction d'une grande quantité de schistes noirs avec impressions végétales. La partie inférieure du terrain non primitif se compose en ce point d'un grès schisteux et micacé grisâtre, à grains de grosseur moyenne de quartz et de feldspath, qui alterne un grand nombre de fois avec de l'argile schisteuse noire. Ce système, dont les couches sont dirigées N.-20°-E. et plongent E.-20°-S. d'environ 70°, semble s'appuyer immédiatement sur les roches talqueuses primitives : il ne diffère pas sensiblement de celui dans lequel on exploite de grands dépôts d'anthracite aux environs de Lamotte (Isère), et rappelle aussi le gisement anthraxifère des Ouches, près Chamouny. L'on trouve au-dessus de lui une couche d'environ un mètre et demi de schiste argilo-calcaire, fissile, qui contient des bélemnites, et des entroques analogues aux pentacrinites du lias. Cette couche est recouverte par l'argile schisteuse noire à empreintes végétales en partie pyriteuses, où l'on a percé une galerie, argile à peu près identique aux schistes qui alternent avec les grès inférieurs. Les assises supérieures sont encore de ces schistes argilo-calcaires si variés et si abondants aux environs de Moutiers et de Saint-Jean-de-Maurienne; parmi eux (carrière d'ardoises de Naves) se trouve une variété noirâtre, fissile, à surfaces luisantes, qui contient encore des bélemnites. De telle sorte qu'en faisant ab traction des schistes verts et lie de vin qui séparent cette variété de la couche à empreintes végétales (schistes qui, d'après des observations faites en d'autres points, ont pu primitivement partager la couleur noire des autres variétés), la couche impressionnée de Petit-Cœur se trouve intercalée entre deux assises argilo-calcaires avec bélemnites, et que leurs caractères organiques porteraient à regarder comme appartenant à la formation du lias.

Cette assimilation ne serait encore qu'une

hypothèse, si M. Élie de Beaumont ne l'avait appuyée sur la continuité des couches : de sorte que ce système n'est en réalité que le prolongement des couches schisteuses et calcaires, caractérisées par tous les fossiles du lias qui se trouvent aux environs de Digne. Les environs de Moutiers et Saint-Jean-de-Maurienne ne sont en effet que le prolongement des couches qui constituent les aiguilles de l'Arve, les montagnes calcaires au nord de la Grave, et le col des Berches, et parmi lesquelles se retrouvent les mêmes schistes à bélemnites. Or, du col des Berches on peut se rendre à Digne, en passant à droite ou à gauche des montagnes primitives des environs de Saint-Christophe, sans quitter le système argilo-calcaire à bélemnites, lequel se lie avec des calcaires noirs avec gryphées arquées, plagiostomes, ammonites, pentacrinites, etc., qui y représentent incontestablement la formation du lias.

La nature des végétaux de Petit-Cœur peut sembler une anomalie dans cette formation, parce que M. Adolphe Brongniart a reconnu que presque tous se retrouvaient dans le terrain houiller. Mais cette anomalie peut s'expliquer, ajoute M. Élie de Beaumont, par la nature même du terrain où elle se trouve. Ce terrain est en effet d'une épaisseur énorme, et cette épaisseur concorde avec les fossiles animaux pour nous le représenter comme déposé au fond d'une mer extrêmement profonde. Les débris végétaux durent donc venir de lieux fort éloignés, où le climat aurait prolongé la végétation houillère.

Ce premier pas fait, M. de Beaumont suivit sans interruption le lias des environs de Moutiers jusqu'au pied des masses primitives du Mont-Blanc. En montant de la Gîte au col de la Sauce, il trouva des ammonites persillées, des bélemnites, des pentacrinites; au col du Bonhomme il découvrit aussi des pentacrinites dans les couches presque immédiatement superposées au système talqueux. Il suivit ensuite les modifications graduelles qu'éprouvent les roches constituantes, à mesure que l'on s'éloigne du Dauphiné pour s'approcher de l'axe central; on voit ainsi, dit-il, les couches secondaires perdre de plus en plus les caractères inhérents à leur mode de dépôt. Les amas gypseux, les quartz-rock sont les premiers signes de ces modifications, qui deviennent de plus en plus prononcées sans pour cela que la stratification cesse d'être sensible; rappelant par cette disposition la structure physique d'un tison à moitié charbonné, dans lequel on peut suivre les traces des fibres ligneuses bien au-delà des points qui présentent encore les caractères naturels du bois.

Les couches supérieures au système liasique de Petit-Cœur, couches que l'on traverse en montant du Lauzet au vallon de la Ponsonnière et au col du Chardonnet, consistent en calcaires schisteux avec masses accidentelles de gypse; en schistes argilo-calcaires; en quartz compactes blancs, dans lesquels on retrouve souvent des noyaux qui indiquent une origine arénacée; en quartz schisteux passant au grès; en schistes anthraxifères, enfin, en calcaires gris, souvent veinés, dont les puissantes assises couronnent les escarpements. La coupe du gisement du graphite au col de Chardonnet (planche Ire) comprend une partie de ces élements. Cette coupe présente non-seulement les couches modifiées, mais aussi les agents modificateurs. En effet le banc *a*, d'environ 6 mètres de puissance, est une roche de feldspath verdâtre, compacte, à cassure esquilleuse, contenant des cristaux d'amphibole, des pyrites et des grains cristallins de quartz. Cette roche n'est réellement pas stratifiée, et la preuve qu'elle a été intercalée après coup, c'est qu'elle empâte un grand fragment de quatre mètres sur un du grès qui forme le bas de l'escarpement. Ce grès contient, comme en beaucoup de points des Alpes, des amas d'anthracite tuberculeux qui ont été exploités; on le voit ici passer au quartz compacte. Au-dessus se reproduit la roche feldspathique près de laquelle on voit les surfaces de séparation souvent contournées de l'argile schisteuse se couvrir d'enduits plus ou moins épais de graphite, qui se renflent en rognons irréguliers. Ce graphite onctueux a été exploité, bien qu'il ne soit pas assez pur pour la fabrication des crayons; on l'employait pour adoucir les frottements des machines et pour faire des creusets. Les argiles à graphite contiennent en outre des empreintes végétales. Un troisième banc de roche feldspathique verdâtre amphibolique coupe obliquement plusieurs assises de quartz compacte; ce quartz, encore une fois interrompu, s'élève à plus de 200 mètres au-dessus. Il présente dans toute cette hauteur des indices de stratification, mais on y remarque surtout des fissures verticales par l'effet desquelles il se divise en prismes irréguliers, qui s'élancent en obélisques verticaux.

Ces couches quartzeuses servent d'appui, du côté de l'est, à des schistes et à des calcaires très-développés qui couronnent le système et sont le prolongement du calcaire exploité près Grenoble, à la Porte-de-France, lequel est aussi le prolongement direct des couches de la formation oolitique qui constituent les plus hautes cimes du Jura. Ainsi le grès qui contient l'anthracite, le graphite et les empreintes végétales du col de Chardonnet serait à la fois superposé au lias et recouvert par des couches contemporaines d'une partie de la série oolitique.

La différence des végétaux de Petit-Cœur à ceux du col du Chardonnet concorde avec un changement de formation, et d'ailleurs M. Élie de Beaumont évalue que l'épaisseur qui sépare ces deux étages (composée de la somme des épaisseurs de toutes les couches intermédiaires mesurées perpendiculairement aux plans de stratification) n'est pas moindre de *deux mille* mètres. Il n'est, dit-il, aucune formation qui présente des caractères minéralogiques comparables à ceux de ce puissant dépôt, d'où il suit qu'il ne faut pas attacher trop d'importance aux variations qui le séparent des dépôts jurassiques peu disloqués de la France et de l'Angleterre. Peut-être ces variations résultent-elles de l'énorme différence d'épaisseur; ces deux genres d'anomalies porteraient à penser que le système des Alpes se déposait au fond d'une mer très-profonde, tandis que les parties les plus étudiées du terrain jurassique se déposaient sur des rivages où elles se couronnaient par intervalles de grands rescifs de polypiers. La partie centrale des Alpes semble offrir à nos regards l'état *pélagien* du dépôt, dont les collines des environs de Bath et d'Oxford nous présentent l'état *littoral:* de sorte que toutes les couches non primitives qui s'observent dans la contrée montagneuse comprise entre le massif du Mont-Blanc, le mont Rose, le mont Viso et le mont Pelvoux (cime la plus élevée de l'Oisans), devront être introduites dans le terrain jurassique.

En d'autres points des Alpes, le terrain jurassique est beaucoup plus altéré que dans les exemples qui viennent d'être cités, et généralement l'altération, la multiplicité des gisements métallifères sont en raison du développement des roches ignées, intercalées. Dans le val d'Aoste, les masses serpentineuses ont imprimé au terrain une physionomie particulière, que l'on peut désigner sous le nom de talqueuse : elles sont accompagnées de gisements métallifères, d'amas de gypse (Cogne). Sur les flancs de la Jungfrau, c'est le granite qui joue le rôle modificateur des calcaires et des schistes marneux que M. Hugi a rapportés au lias. La disposition des masses est indiquée dans la coupe dirigée de l'est à l'ouest (planche Ire) où l'on voit le granite s'intercaler à plusieurs reprises dans les couches sédimentaires, et, pour ainsi dire, se les subordonner.

Les altérations affectent encore un nouveau caractère à Bex, où le sel gemme, le sulfate de chaux et l'anhydrite, si long-temps rangés dans le terrain de transition, semblent en connexion avec elles. Les environs de Valorsine, depuis le Buet jusqu'au col de Balme, présentent à la fois la protogine et les schistes talqueux ou micacés qui supportent les Alpes, et le lias modifié, représenté par des schistes, des roches calcareuses, avec bélemnites et ammonites, et par des poudingues puissants, qui paraissent tenir la place du Quadersandstein; enfin le granite modificateur qui traverse les roches anciennes et affleure au fond de la vallée. Dans la planche II les pyramides calcaires (B) sont jurassiques, et on voit ce calcaire jusqu'à la base même de l'aiguille du Géant.

TERRAIN CRÉTACÉ.

Le terrain crétacé est aussi remarquable en Europe par son étendue que par sa grande épaisseur. Sous ces deux points de vue il est à comparer au terrain jurassique, dont il se rapproche encore par les divergences de ses caractères minéralogiques dans les diverses contrées où il se présente : mais il en diffère en ce que les subdivisions à y établir sont bien moins nombreuses, c'est-à-dire, que les assises dont il se compose sont beaucoup plus épaisses. Les roches constituantes sont calcaires, siliceuses et argileuses, et se distinguent souvent par des caractères minéralogiques tout particuliers : ces caractères résultent de la nature même des calcaires qui se rapprochent plus ou moins de la craie ; ou de la présence de grains chloriteux dans certaines variétés de sables et de calcaires, de silex pyromaque et corné en rognons, de nodules de chaux phosphatée. La composition en assises de craie, de craie chloritée, de sables verts, etc., ne peut d'ailleurs être considérée comme générale, et il en est absolument de ces caractères, sous le rapport de leur stabilité et de leur distribution géographique, comme des oolites du terrain jurassique.

Les caractères ordinairement assignés à la craie n'existent en effet avec constance que dans la partie centrale du dépôt européen. On les trouvera en Angleterre, dans le vaste bassin qui entoure Paris; mais en s'éloignant de ces points, on les verra disparaître en partie et souvent en totalité : ainsi, dans le midi de la France et dans les contrées méditerranéennes, le terrain crétacé se présente avec une tout autre physionomie. Ils reparaissent d'ailleurs dans des terrains plus récents, et les grains verts chloriteux de la glauconie caractérisent la partie inférieure du calcaire grossier parisien. L'importance que nous attribuons à certains caractères de divers terrains, tels que la nature de la craie, la présence de la chlorite, la structure oolitique, etc., ne seront peut-être plus que des phénomènes tout-à-fait locaux, lorsque ces terrains auront été étudiés en Asie, dans les Amériques, etc. Toujours est-il que dans l'état actuel de la science, qui se borne à la connaissance du continent européen, ces caractères ont, malgré leur fréquente disparition, une importance d'autant plus grande qu'ils dominent dans les contrées où les terrains ont été le plus étudiés, et que dans les pays les plus éloignés et où les dépôts diffèrent le plus des types anglais, français et allemands, on voit souvent reparaître quelques-uns de ces caractères. Le terrain crétacé présente un grand nombre de corps organisés végétaux et animaux; parmi lesquels il y en a qui n'ont pas encore été vus dans les terrains précédents, et plus encore qui ne reparaissent plus dans les suivants (ammonites, bélemnites, gryphées, etc.).

Subdivision en deux formations.

Le terrain crétacé a été diversement subdivisé. En s'appuyant uniquement sur sa composition, on a reconnu en France et en Angleterre au moins deux parties très-distinctes. Dans la partie supérieure dominent les calcaires crayeux, qui reproduisent plus ou moins les caractères de la craie proprement dite. Dans la partie inférieure ce sont des roches en partie arénacées, où peuvent dominer successivement les principes calcaires, siliceux ou argileux : roches qui abondent en grains verts, composés de silicate et de phosphate de fer. D'après les variations des roches dans ces deux parties, on a subdivisé l'ensemble des couches crétacées de l'Angleterre en trois termes, désignés sous les noms de *wealden formation*, *greensand* et *chalk*. En France, les modifications qu'éprouvent successivement les couches chloritées inférieures en se rapprochant graduellement de la craie pure qui forme les assises supérieures, avaient fait distinguer de bas en haut : 1.° la *craie glauconieuse* ou *chloritée;* 2.° la *craie tuffau;* 3.° la *craie marneuse;* 4.° la *craie blanche;* termes qui se subdivisaient eux-mêmes en plusieurs assises, caractérisées par des variations du type crayeux. Ces diverses subdivisions étaient restées comme des subdivisions en étages; car, outre que leur stratification semblait généralement concordante, on ne les avait appuyées que sur des considérations minéralogiques, sur les variations des calcaires, sur la répartition des silex et des grains chloriteux, sans y attacher de considérations sur les discordances de gisement, ni sur les divergences zoologiques.

Si pourtant on rassemble toutes les données fournies par la stratification, la répartition des gisements, la composition minéralogique et la distribution des débris organiques; on voit que les divers éléments qui résultent de chacun de ces points de départ, ne peuvent, dans l'état actuel de la science, motiver qu'une seule subdivision; mais que tous concordent pour placer cette ligne de démarcation à la même place.

En effet, sous le rapport de la stratification il résulte des recherches de M. Élie de Beaumont, que les Alpes françaises et l'extrémité sud-ouest du Jura, depuis les environs d'Antibes et de Nice jusqu'aux environs de Pont-d'Ain et de Lons-le-Saulnier, présentent une série de crêtes et de dislocations, dirigée à peu près vers le N.-N.-O., dans lesquelles les couches du terrain crétacé inférieur se trouvent redressées de même que les couches jurassiques. Au pied des crêtes orientales du Devoluy, formées par les couches crétacées inférieures, redressées dans la direction précitée; les couches supérieures sont déposées horizontalement (près du col de Bayard). Sous le rapport du gisement, la manière dont une partie des couches chloritées inférieures ont échappé au recouvrement des couches supérieures, indique nécessairement un exhaussement intermédiaire. Sous le rapport zoologique, M. de Beaumont a fait observer que la partie inférieure est caractérisée par la fréquence des céphalopodes à cloisons persillées, tels que les ammonites, les hamites, les turrilites, les scaphites; lesquels manquent dans la partie supérieure, qui se distingue par la présence des nummulites, des cérites, des ampullaires, que l'on avait d'abord regardés comme appartenant spécialement au terrain tertiaire.

On voit donc que la concordance de tous les moyens d'appréciation géognostiques conduit à subdiviser le terrain crétacé en deux formations : la plus inférieure, que nous appellerons *formation du grès vert*, pour rappeler à la fois la présence fréquente d'assises arénacées et le caractère qui résulte de l'abondance des grains chloriteux; la supérieure, que nous appellerons *formation crayeuse*, parce que la craie proprement dite lui appartient spécialement. La première comprend le wealden-formation et le green-sand des Anglais, jusques et y compris le firestone, c'est-à-dire, la craie glauconieuse et la craie tuffau des Français; la seconde comprend le chalk, c'est-à-dire la craie marneuse et la craie blanche.

La formation du grès vert est la plus variée, et on a pu la subdiviser en Angleterre, notamment dans les Wealds du comté de Sussex, dans l'île de Wight, etc., en deux étages et six assises distinctes, dans lesquelles on a reconnu un grand nombre de couches alternantes et de lignes de stratification. La formation crayeuse ne peut au contraire être subdivisée qu'en deux étages; la stratification y est obscure et ne peut être clairement observée que lorsqu'on a sous les yeux des épaisseurs considérables. Le terrain crétacé renferme assez fréquemment du gypse, du soufre, des amas de sel gemme, du fer oxidé, des lignites passant quelquefois à la houille; mais le développement de ces substances ne constitue que des faits locaux et accidentels, que l'on n'a pu rattacher à aucune considération générale.

Le terrain crétacé est, en Europe, le plus

étendu des terrains sédimentaires; car malgré les dénudations qui l'ont morcelé, malgré la superposition des terrains tertiaires et alluviens; enfin on peut ajouter, malgré les anomalies qu'il présente dans sa composition, on l'a reconnu : en Angleterre, dans le nord et le midi de la France, dans l'Espagne septentrionale, dans les îles Baléares, la Sicile et l'Italie, dans les Alpes, en plusieurs points de l'Allemagne, dans les Carpathes, la Podolie, la Gallicie, la Pologne, la Crimée, la Grèce, la Syrie, etc.; enfin, dans le Danemarck, la Suède, le nord de l'Irlande; des voyageurs ont en outre rapporté de régions encore plus septentrionales, des échantillons qui annoncent son existence.

Formation du grès vert.

Angleterre. Le terrain crétacé occupe la partie S.-O. de l'Angleterre : ses affleurements forment une bande qui entoure le bassin tertiaire de Londres, et dont les contours reproduisent les sinuosités principales des affleurements jurassiques; ce qui prouve que les révolutions dans la configuration du sol qui amenèrent la contrée dans de nouvelles conditions géogéniques, ne portèrent que peu sur ces points. C'est principalement dans le Dorsetshire, le Hampshire, le Berkshire et les comtés au nord de celui d'Hertford; dans ceux de Sussex, de Kent et de Surrey, que l'on voit à découvert la bande crétacée qui sort de dessous le sol tertiaire et s'appuie sur les diverses bandes du terrain jurassique. La puissance moyenne, d'après les épaisseurs constatées en plusieurs points, est de plus de 600 mètres; elle peut être plus grande, elle peut être moindre, suivant que chacune des assises constituantes prend un développement plus ou moins considérable. Les assises inférieures sont les plus variées, et celles qui caractérisent le plus spécialement l'Angleterre; car on a rarement pu trouver à chacune des équivalents sur le continent. Le terrain a été subdivisé de la manière suivante :

			mètres.
Formation crayeuse.		Craie supérieure avec silex.	210
		Craie inférieure sans silex.	
Formation du grès vert.	Grès vert.	Grès vert supérieur.	30
		Marne bleue (gault).	45
		Grès vert inférieur.	75
	Weald.	Argile wealdienne (weald-clay).	90
		Grès ferrugineux (iron-sand).	125
		Calcaire de Purbeck.	75

On voit que la formation du grès vert se subdivise en deux étages. L'étage wealdien, ainsi nommé du canton des Wealds, dans le comté de Sussex, où il a été principalement étudié, ne peut être considéré comme une formation particulière; il est trop circonscrit, et c'est à peine si l'on peut lui soupçonner des équivalents en quelques points de la France et de l'Europe: il se compose d'alternances d'argile, de sables ferrugineux et de calcaire, caractérisés par un grand nombre de coquilles, de poissons d'eau douce et de débris d'animaux terrestres. Comme il se lie au grès vert inférieur par des alternances de sables avec l'argile de Weald, on peut le regarder comme un accident de la formation du grès vert et un développement très-prononcé de sa partie inférieure : développement qui résulte peut-être des circonstances particulières dans lesquelles se trouve cette partie de l'Angleterre relativement aux centres de la révolution géologique. Les débris organiques de l'étage wealdien consistent en paludines, potamides, mélanies, cypris faba. Parmi les animaux vertébrés, ce sont des crocodiles, des iguanodons, des mégalosaures, des tortues, dont les restes sont toujours très-disloqués et d'une détermination difficile.

Le *calcaire de Purbeck*, l'assise la plus inférieure de l'étage wealdien, est composé d'alternances d'un calcaire lumachelle, solide, avec des marnes schisteuses. Ce calcaire, exploité comme pierre de construction et surtout pour le pavé de Londres, semble souvent n'être absolument composé que de débris de coquilles bivalves. Les variétés compactes, exploitées comme marbre, présentent au contraire une pâte calcaire, qui renferme des débris d'univalves, paraissant se rapporter surtout aux paludines. Le calcaire de Purbeck devient schisteux et passe aux marnes schisteuses qui alternent avec lui. On y trouve des empreintes de poissons, des débris de tortues et de sauriens.

Le *grès ferrugineux* (*sables de Hastings, iron-sand*), est une assise presque entièrement arénacée; composée de grès ferrugineux, lâches et sableux, alternant avec une argile sableuse, grisâtre et rougeâtre; dont la partie supérieure passe au grès calcaire gris, abondant en concrétions, et même au calcaire. Dans la partie inférieure on trouve du fer hydroxidé, soit disséminé, soit amassé en concrétions, des lignites, du bois siliceux, quelques noyaux de silex. Les débris animaux sont assez abondants : ce sont toujours des coquilles d'eaudouce et des restes d'animaux vertébrés.

L'*argile wealdienne* (*weald-clay*) est une argile schisteuse, souvent imprégnée de calcaire, et d'autres fois non effervescente, infusible; en un mot, une argile plastique : elle alterne avec de petites couches d'un calcaire très-coquillier, identiques aux diverses variétés du calcaire de Purbeck, et parmi lesquelles on distingue un calcaire compacte, susceptible de poli (marbre de Sussex et de Petworth), et des lits de minerais de fer terreux (*iron-stone*), dont quelques-uns sont exploités. L'argile est brune, à cassure souvent bleuâtre, et présente des empreintes de *cypris faba.* Dans sa partie inférieure elle devient sableuse et passe à l'assise arénacée de grès ferrugineux : le même phénomène se répète dans sa partie supérieure, quand elle passe au grès vert. Le passage de cette assise aux grès marins qui la recouvrent, est graduel et formé par une alternance de sable et d'argile; d'où l'on voit que l'étage wealdien, déposé dans des eaux douces, est un fait particulier à l'Angleterre, et que la transition de ces circonstances géogéniques locales aux circonstances générales, sous l'influence desquelles fut produite la formation du grès vert dans toute l'Europe, eut lieu d'une manière graduelle.

L'étage du grès vert proprement dit (*greensand*) se compose aussi de trois assises; mais on pourrait le considérer comme un seul étage arénacé, contenant une assise marneuse. Ici le phénomène des fossiles terrestres et d'eau douce a cessé, et l'on rentre dans la liste des nombreux fossiles marins de la craie. C'est principalement dans la partie sud-est de l'Angleterre que cet étage a été observé : l'on y voit apparaître les grains verts chloriteux et le phosphate de chaux. On en a bien constaté dans quelques points de l'étage wealdien, par exemple dans le calcaire de Purbeck des côtes du Dorsetshire; mais leur présence ne se soutenait pas, tandis que dans l'étage du grès elle peut être considérée comme constante.

Le *grès vert inférieur* (*lower green-sand*) est un grès à grains fins, tantôt fortement agglutiné, tantôt lâche et sableux, tantôt à l'état de sables friables. Ce grès est ferrugineux, surtout dans la partie supérieure, qui est caractérisée par le fer hydroxidé, tandis que la partie inférieure contient beaucoup de grains verts. Certaines couches sont imprégnées de calcaire, qui s'isole en rognons; d'autres sont imprégnées d'argile, qui font passer la partie inférieure de cette assise à l'argile wealdienne.

La *marne bleue* (*gault*) est une marne bleuâtre ou grisâtre, soit calcaire, très-effervescente et rude au toucher, soit argileuse, onctueuse et délayable. Cette assise est subdivisée en couches assez minces; les plus inférieures sont le plus souvent des marnes micacées; celles de la partie supérieure passent à l'argile: elles contiennent peu de fossiles.

Grès vert supérieur (*upper green-sand*): grès ou sable grisâtre, plus ou moins criblé de points verts, souvent marneux (*malm*), et constituant alors une pierre réfractaire (*firestone*); d'autres fois passant à l'argile et contenant des nodules de baryte sulfatée. Dans la partie supérieure, c'est plutôt une glauconie sableuse, et il passe ainsi à la craie marneuse qui commence la formation crétacée supérieure.

Dans le nord, le nord-est et le nord-ouest de la France, la formation du grès vert diffère France septentrionale.

de ce qu'elle est en Angleterre, par la proportion beaucoup plus considérable des roches calcaires et marneuses; elles dominent en effet les roches arénacées, et sont caractérisées de même par une grande quantité de grains verts disséminés.

La craie glauconieuse apparaît en beaucoup de points de la Seine inférieure en stratification concordante avec la craie marneuse (qui forme la partie inférieure de la formation crayeuse); au pays de Bray, où elle se montre au sommet de tous les mamelons détachés de la pente du plateau sud-ouest; au cap la Hève, etc.: elle commence le long de la Manche au cap d'Antifer et s'avance jusqu'au-delà du château d'Orcher-sur-Seine. Elle est caractérisée par des grains de silicate de fer, des nodules de chaux phosphatée (1),

(1) Les grains verts chloriteux et les nodules de chaux phosphatée, venant des environs du Hâvre, ont été analysés par M. Berthier, qui a obtenu les résultats suivants :

Grains verts.

Silice	0,50
Protoxide de fer	0,21
Alumine	0,07
Potasse	0,10
Eau	0,11
	0,99

Nodules.

Phosphate de chaux	0,57
Carbonate de chaux	0,07
Carbonate de magnésie	0,02
Silicate de fer et d'alumine	0,25
Eau et matières bitumineuses	0,07
	0,98

et présente une série de bancs durs et tendres, contenant des lits et des rognons de silex. On y rencontre surtout vers le bas des bancs subordonnés d'argile, de marnes micacées, et le sable vert qui succède à la masse compacte calcaire, contient aussi des bancs subordonnés de marnes et de grès calcaire lustré (*firestone*).

La masse calcaire consiste en une véritable craie compacte à grains verts : ces grains deviennent plus abondants dans le bas, et le calcaire finit par n'être plus qu'un sable, sans qu'il soit possible de saisir une limite entre cette craie glauconieuse compacte et la glauconie sableuse qui forme les assises inférieures. La craie glauconieuse est généralement parsemée de paillettes de mica; elle contient souvent du fer phosphaté en rognons, des nodules à surface cristalline et à cassure radiée de fer sulfuré, et du bois pétrifié. Certaines couches abondent en fossiles et sont surtout remarquables par de nombreux madrépores à l'état calcaire ou siliceux. Les silex pyromaques ou calcédonieux y forment des lits quelquefois très-rapprochés ou bien se trouvent disséminés dans la masse. Cette formation crétacée inférieure se lie avec la formation supérieure, de sorte que la ligne de démarcation est souvent difficile à saisir.

A la côte Sainte-Catherine, les deux formations sont séparées par une ligne ondulée, qui contient beaucoup de fossiles (ammonites, scaphites, nautiles, hamites, etc.). Au cap de la Hève on voit la formation du grès vert reposer sur l'étage oolitique supérieur, et comme la côte Sainte-Catherine présente principalement le développement de la formation crayeuse, l'ensemble de ces deux coupes donne le développement de tout le terrain crétacé. (1)

---

(1) *Coupe du cap de la Hève.*

	m.
Calcaire marneux à *gryphée virgule*, marnes et grès alternant ensemble (étage oolitique supérieur)	15,0
Sables et poudingues ferrugineux	4,5
Marne noire à grains verts	2,0
Sables ferrugineux à gros grains	4,5
Glauconie très-verte, sableuse	1,0
Marne grise glauconieuse et grès	1,5
Glauconie sableuse	1,5
Marne dure glauconieuse avec sélénite, fer pyriteux, globuliforme et fossiles	2,5
Craie glauconieuse micacée, dure, en masses non continues	1,5
Argile brune micacée, avec fossiles	1,5
Craie dure, glauconieuse	1,5
Craie glauconieuse à nodules siliceux et glauconieux	7,0
Craie glauconieuse avec silex cornés et silex pyromaques, par bandes horizontales nombreuses et rapprochées	20,0
Craie jaune à points verts en blocs et friables	15,0
Silex pyromaques jaunes	10,0
Sable fin	3,0
	92m.

Cette coupe, empruntée à l'ouvrage de M. Passy, donne la composition détaillée de toute la formation crétacée inférieure. On voit que cette formation diffère de ce qu'elle est en Angleterre, d'abord par la prédominance des couches calcaires, ensuite par une moins grande puissance : ce sont néanmoins à peu près les caractères du *green-sand* sur la côte de Sussex, entre Beachy-Head et Sea-House. Pour avoir la coupe complète du terrain dans cette partie de la France, il suffit d'établir la connexion entre cette coupe et celle de la côte Sainte-Catherine, donnée dans la description de la formation crétacée supérieure.

La formation crétacée inférieure présente des caractères analogues à ceux que nous venons d'indiquer dans tous ses affleurements de la France septentrionale. La roche conglomérée, désignée par les mineurs sous le nom de *tourtia*, roche à la fois sableuse, argileuse et calcaire, contenant une grande quantité de quartz roulé, appartient à cette formation : c'est elle qui recouvre immédiatement et en stratification discordante les terrains houillers; elle est elle-même recouverte par des argiles et des marnes qui représentent le gault; puis, par une assise crayeuse (pl. V), vers l'ouest, dans la Touraine et la Sologne, la formation inférieure est surmontée par une assise arénacée siliceuse, qui donne lieu à des variations très-sensibles dans la végétation. En effet, la craie tuffau, qui est au-dessous des sables, constitue le sol fertile de la Touraine, tandis que l'assise sableuse qui la couvre dans la Sologne, rend la contrée marécageuse et stérile, et donne naissance à des landes.

La craie tuffau est d'un blanc jaunâtre, plus ou moins parsemée de grains chloriteux, qui la font passer à la craie glauconieuse et aux sables verts. En beaucoup de points elle renferme des silex blonds ou cornés, qui annoncent déjà le passage à la craie marneuse. Elle est d'une solidité très-variable; tantôt friable, tantôt assez consistante pour servir de pierre de construction. Dans la Touraine elle est exploitée dans ce but, ainsi que pour l'amendement des terres.

En Belgique, la formation crétacée inférieure a été principalement signalée entre la Roër et la Meuse, et M. Dumont l'a divisée en trois assises : la première est arénacée, composée de sables et de grès, dont les couches inférieures sont simplement siliceuses, tandis que les couches supérieures sont caractérisées par des grains verts. On trouve dans ces grès des bélemnites, des huîtres, etc.; M. Dumont les rapporte au green-sand inférieur des Anglais. Viennent ensuite des argiles exploitées en plusieurs points comme terre à foulon, qui passent à des marnes bleuâtres. Ces alternances représentent la marne gault; elles sont recouvertes par des grès et sables chlorités verts, dont la partie supérieure passe à la glauconie sableuse. Cette assise, qui est le green-sand supérieur des Anglais, abonde en fossiles.

Nous n'avons jusqu'ici parlé que de cette partie géographique du terrain crétacé qui entoura par la suite la mer dans laquelle se dépose le terrain tertiaire inférieur (pl. VIII). Cette partie centrale est en effet la seule où les caractères crétacés se soutiennent avec quelque constance. Dès que l'on s'en éloigne, soit vers les Pyrénées, soit vers les Alpes, ces caractères s'effacent et se modifient, de sorte qu'il devient fort difficile de retrouver d'une manière positive les subdivisions généralement adoptées. Il est même beaucoup de cas où il devient difficile de déterminer la ligne de démarcation des deux formations; du moins d'une manière précise. D'après ces considérations, il est préférable d'exposer d'abord les caractères de la formation supérieure dans cette partie centrale et classique, parce que l'on sera plus à même d'apprécier les assimilations établies dans les régions excentriques, en prenant d'abord des idées nettes sur l'ensemble du terrain crétacé.

Formation crayeuse.

La craie forme une large ceinture autour du bassin tertiaire dont Paris occupe le centre. Les eaux ayant en effet dénudé les dépôts tertiaires inférieurs qui unissaient ces terrains tertiaires parisiens à ceux de Londres et de Belgique, ils semblent déposés dans une dépression crayeuse en forme d'entonnoir. Ainsi l'on voit, en partant de Paris et se dirigeant vers le sud, l'est ou l'ouest, la craie se dégager de dessous les terrains tertiaires, comme l'indique la coupe de Paris aux Vosges (planche I.re). La ligne d'affleurement de la craie se voit à Montereau, d'où elle se continue jusqu'à la Roche-Guyon; elle passe derrière Provins, devant Cesanne, derrière Montmirail, devant Épernay, derrière Laon, au nord de Compiègne, près Beauvais et Gisors. Au-delà de ces limites, disent MM. Cuvier et Brongniart, la craie ne s'enfonce que rarement au-dessous des autres terrains, et l'on trouve dans presque toutes les directions des plaines et des plateaux de craie d'une étendue considérable.

Dans la direction des Vosges, planche I.re, la craie commence à Épernay, au pied d'un escarpement de calcaire grossier tertiaire; elle constitue les plaines vastes et tout-à-fait stériles de la Champagne pouilleuse : c'est en effet un des exemples les plus frappants de la complète stérilité du calcaire pur; car des surfaces considérables sont dénuées de toute végétation, qui ne reparaît que lorsque des calcaires moins purs ou des sables sont superposés à cette craie. (Dans le midi de la France des calcaires antérieurs à la craie, mais également purs, constituent des plateaux désignés sous le nom de causses, qui présentent les mêmes caractères de stérilité). Les plaines de la Champagne, dont la stérilité concorde encore avec le peu d'abondance de silex, s'élèvent insensiblement dans la direction des Vosges jusqu'à Sainte-Menehould, où elles se terminent et sont remplacées par les calcaires sableux et chlorités de la formation inférieure qui se terminent eux-mêmes abruptement à Clermont en Argonne.

Environs de Paris.

La ceinture de craie qui environne Paris, pénètre quelquefois dans les dépôts tertiaires: ce qui doit être attribué à des protubérances préexistantes; de sorte que ce sont les parties saillantes du fond crayeux accidenté, sur lequel ces dépôts se sont effectués, qui en interrompent ainsi la continuité : c'est vers Beaumont que les grands plateaux crétacés s'avancent le plus vers Paris; mais la craie se montre très-près de la surface du sol en des points encore moins éloignés, notamment vers la partie inférieure des collines de Meudon et Bellevue, où elle est exploitée et où elle s'élève à quinze mètres au-dessus du niveau de la Seine. A Auteuil, au Point-du-jour, à Luzarches, Ruel, Surènes, etc...., la craie a été atteinte par des puits peu profonds. (1)

(1) Ces puits avaient été entrepris, soit pour se procurer des eaux, soit pour des recherches de houille : c'est en effet une question non résolue que celle de savoir si l'on trouverait le terrain houiller au-dessous de la craie de Paris, ainsi qu'on l'a trouvé à Valenciennes, Mouchy-le-Preux, etc...., à une profondeur de 112 mètres; le puits de Luzarches entrait dans la craie tuffau. Un sondage, entrepris à Surènes, pour la recherche d'eaux artésiennes, fut poussé au-delà de 200 mètres et se trouvait encore dans une craie abondante en silex. Les incertitudes sont donc restées les mêmes; mais il est nécessaire de remarquer que le terrain jurassique qui affleure vers l'est, dans la direction des Vosges, occupe une position analogue dans la direction des terrains anciens de la Vendée : il y a donc lieu de craindre que ce terrain ne joue ici, relativement à la craie, le rôle que celle-ci remplit relativement aux terrains tertiaires; c'est-à-dire qu'on ne le retrouve encore au-dessous de la craie. Au contraire, l'absence du terrain keuprique et du terrain pénéen sur les pentes de la Vendée pourraient faire espérer leur suppression entre le terrain jurassique et le terrain houiller, s'il existe.

Autour du bassin de Paris la formation crayeuse est, avons-nous dit, bien plus développée du côté de l'est, que du côté de l'ouest où c'est au contraire la formation du grès vert qui est de beaucoup la plus étendue. La roche généralement dominante est une craie blanche et pure, mélangée d'une quantité plus ou moins grande de sable siliceux, dont on peut la débarrasser par le lavage(1), et qui dans sa partie inférieure devient marneuse, sableuse, et passe au tuffau. Cette craie est essentiellement massive; ce qui tient à son homogénéité, qui empêche toute ligne de stratification de paraître; car cette stratification est indiquée la plupart du temps par des rognons de silex, disposés suivant des plans parallèles, et dont la présence caractérise surtout la partie supérieure. Ces rognons sont de silex pyromaque dans la partie supérieure; dans la partie inférieure ils sont souvent de silex cornés; ils présentent la forme d'ellipsoïdes tuberculeux, plus étendus dans le sens horizontal, et qui tantôt sont isolés, tantôt se rapprochent et se soudent les uns aux autres, de manière à former des lits continus de silex, à surface inégale, glanduleuse, et

(1) Cette craie, ainsi lavée, a été analysée par M. Berthier, qui a obtenu les résultats suivants :

	Craie de Meudon.	Craie de Nemours.
Chaux carbonatée	98	97
Magnésie et un peu de fer	1	3
Argile	1	0

percés de vides irréguliers. Dans les carrières de Meudon, ces lits de silex sont distants d'environ deux mètres. Leur coupe verticale apparaît comme une couche noduleuse et souvent interrompue de silex noir, qui n'a que 0,06 ou 0,08 d'épaisseur. En plusieurs points les silex sont assez continus pour former couche, et comme ils servent souvent de toit aux galeries, on peut étudier leur surface avec détail. Cette méthode d'exploitation est d'ailleurs assez pernicieuse; car on s'expose ainsi à des éboulements du toit siliceux, susceptible de se rompre en vertu de sa pesanteur et de son épaisseur inégale et insuffisante.

Les masses de craie des environs de Paris sont assez souvent traversées par des fissures et des fentes qui ont jusqu'à six et sept décimètres et se prolongent quelquefois à de grandes distances. Suivant MM. Cuvier et Brongniart, ces fissures ont été agrandies par l'action des eaux. Les parois sont en effet comme bosselées, mais de telle sorte que les inégalités de chaque côté n'ont aucune correspondance; elles présentent en outre l'apparence de surfaces usées et polies par les eaux, même comme picotées par l'effet d'une pluie battante. Les silex y font saillie, et leurs faces supérieures sont couvertes de cristaux de chaux sulfatée ou de chaux carbonatée, tandis que l'on n'en voit aucuns à leurs surfaces inférieures. Outre ces fentes on a remarqué dans la craie de petits canaux ondulés, tels que ceux qui résulteraient de dégagements gazeux à travers une masse pâteuse.

Les substances autres que le calcaire crayeux et le silex, sont fort rares : quelques veines de fer hydroxidé, de carbone; des pyrites, qui tantôt forment des rognons, des plaques cristallines, et tantôt se sont substituées aux débris organiques, sont les seules substances accidentelles que l'on puisse citer. Vers sa partie supérieure la craie se charge de sable et d'argile; sa surface est quelquefois comme brouillée avec l'argile plastique, qui la recouvre. Les silex contiennent en plusieurs points de petits cristaux limpides ou bleuâtres de strontiane sulfatée : ces cristaux sont implantés dans de petites cavités analogues à des fissures de retrait; ils ont été découverts dans la première carrière que l'on trouve au bas de la côte de Meudon. On en rencontre aussi quelquefois dans les cavités des oursins fossiles.

France septentrionale; Belgique.

Dans la France septentrionale et les Pays-Bas, la formation crétacée supérieure constitue la surface du sol, presque partout où la formation tertiaire a été dénudée. Ainsi, dans la Seine inférieure se trouve d'abord la craie blanche, remarquable par ses couches nombreuses de silex pyromaques d'environ $0^{m},06$ d'épaisseur; plus bas, la craie blanche compacte, souvent exploitée comme pierre de taille (Caumont, département de l'Eure), où les silex, bien moins répandus, ne constituent plus que des rognons disséminés; puis la craie marneuse, grisâtre, parsemée de nodules gris et sombres (*rags* des Anglais); formant ainsi le passage à la craie tuffau et à la craie glauconieuse.

La craie blanche se subdivise en plusieurs variétés, qu'on ne peut constituer en assises distinctes, tant les passages ont lieu graduellement; et, en effet, c'est à peine si l'on peut établir cette distinction entre la craie proprement dite et la craie marneuse, l'abondance des silex et la nature des fossiles étant des indices auxquels on ne peut pas se fier dans tous les cas. Dans la Seine inférieure M. Passy distingue de bas en haut : 1.° la *craie marneuse* ou craie grise; 2.° la *craie blanche compacte;* 3.° la *craie ocrée;* 4.° la *craie subcristalline;* 5.° la *craie blanche supérieure* ou craie graphique.

La *craie marneuse* se distingue de la craie tuffau et de la craie glauconieuse par l'absence des grains verts; elle est parsemée de parcelles de mica et contient quelquefois des grains ferrugineux noirâtres; elle est grisâtre et moins tachante que la craie blanche, assez souvent colorée ou bigarrée par l'oxide de fer. Les silex pyromaques y sont rares, et entourés d'une croûte épaisse, grise et opaque : on y trouve de gros nodules concentriques et compactes, qui font à peine effervescence avec les acides, et qui passent à cette substance grise, cornée, qui enveloppe les silex; du fer sulfuré globuliforme et des dendrites noires, probablement magnésifères, qui y sont plus fréquentes que dans les autres variétés. Quelquefois, notamment à la côte Sainte-Catherine, elle passe à une craie grise plus marneuse et plus tendre. Les fossiles sont à la fois ceux de la craie blanche et de la craie glauconieuse (térébratules, catilles, serpules, cidarites, inocérames, spatangues, etc.....). Cette première variété de craie occupe autour de Rouen la partie moyenne de la côte Sainte-Catherine, des roches Saint-Adrien et Tourville. On la retrouve depuis Caudebec jusque vers le haut de Sandouville; elle est visible au bas de la côte du pays de Bray, de Neufchâtel à Beauvais, et sur l'autre côté elle s'appuie sur la craie glauconieuse à Fresle, La Ferté, Mesangueville, etc. : à Étretat, le banc inférieur est une craie jaunâtre, à points noirs, qui paraît s'y rapporter. (Planche VI.)

La *craie blanche compacte* est généralement assez solide pour servir de pierre de construction; elle est en assises d'un ou deux mètres, séparées par des bandes plates de silex ou par des rognons disposés suivant la stratification. Les lignes de silex ne sont pas toujours parfaitement horizontales. L'on en voit (falaise de Dieppe et près Saint-Valery) qui forment des angles et des courbes sensibles. On trouve dans ces silex la plupart des fossiles de la craie, surtout des spatangues ; les ammonites, scaphites, turrilites, etc...., signalés dans la formation inférieure, ne se rencontrent plus. Certaines couches sont remarquables par des concrétions irrégulières, dont la présence concorde presque toujours avec l'abondance des fossiles. Cette assise est assez puissante : à la côte Sainte-Catherine elle a près de soixante mètres; elle y offre, vers le haut, dit M. Passy, des lignes répétées de silex, qui, d'ailleurs, peuvent appartenir déjà à la craie blanche supérieure. Au-dessous, il y a dix mètres d'une craie sans silex, présentant souvent des veines grises, un peu ondulées, qui conduit à la craie marneuse (1). Le haut des côtes des environs de Rouen offre en général la craie blanche : elle suit le cours

---

(1) *Coupe de la côte Sainte-Catherine.*

	mètres
Craie glauconieuse, sableuse (au fond d'un puits)............	10
Craie glauconieuse dure....................................	15
Ligne de scaphites de $0^m,03$ et craie sableuse, parsemée de grains glauconieux avec silex cornés et bandes de silex pyromaques nombreuses dans le bas....................................	20
Craie grise marneuse......................................	5
Craie sans silex, avec des veines grises.....................	25
Bandes de silex, séparées par des lignes de craie blanche......	10
Craie blanche avec silex....................................	50
Terrain superficiel..	10
	145

de la Seine jusqu'à Caudebec. A Duclair, elle affleure au pied de la falaise; elle est en grandes masses dans les falaises de Saint-Valery au Tréport. Enfin, les carrières de Caumont (Eure) et toutes celles des bords de la Seine, sont dans cette assise. A Caumont on arrive, en suivant le ruisseau, à des grottes remplies de stalactites, formées par les eaux, qui arrivent chargées de carbonate de chaux.

La *craie ocrée* est une craie blanche, veinée d'oxide de fer, qui paraît séparer la variété précédente de la variété subcristalline. On la voit ainsi placée dans la vallée du village du Puy, près Dieppe, dans les carrières de Saint-Paer; mais comme elle n'est caractérisée par aucun fossile particulier, et qu'elle paraît à Gouy subordonnée à la craie subcristalline, on ne peut guère la constituer en assise distincte.

La *craie subcristalline* est une craie jaunâtre, dure, dont la cassure est un peu brillante et comme cristalline. Dans quelques-unes de ses parties elle reproduit les caractères du calcaire lithographique de Franconie. Son gisement principal est à Saint-Étienne-du-Rouvray, où on l'exploite; mais elle n'est ni assez massive, ni assez homogène pour servir de marbre ou de pierre lithographique: elle est subdivisée en bancs nombreux, dont la contexture est tantôt lâche, tantôt serrée; elle contient des silex gris ou fauves plutôt que noirs, dans les fissures desquels la chaux carbonatée se trouve souvent cristallisée. Les fossiles y sont rares. Cette craie occupe le dessous de la forêt de Rouvray; elle reparaît des deux côtés du promontoire qui constitue la presqu'île de la Seine près de Rouen, depuis Orival jusqu'au Grand-couronne; mais, ajoute M. Passy, il est à remarquer que les bancs observés dans les carrières de Saint-Étienne ne se présentent pas dans le même ordre sur les deux pentes opposées de la rive droite de la Seine, à Gouy d'un côté et à Hautot de l'autre. Comme, d'ailleurs, Rouen est situé au pied des pentes assez abruptes d'un grand plateau, au bas duquel la craie glauconieuse vient au jour, et que les puits artésiens percés dans son enceinte ont fait découvrir les terrains inférieurs à la craie glauconieuse; il est probable qu'il y a eu dans ce bassin un relèvement analogue à celui du pays de Bray, lequel a pu ainsi modifier la position de la craie dans les parties circonvoisines. A Duclair, la craie subcristalline, en vertu de sa dureté, forme vers le haut de la côte une saillie, connue sous le nom de chaise de Gargantua; elle donne lieu à une corniche plus ou moins saillante le long des falaises de Dieppe au Tréport. On l'a encore signalée près de Rolleboise et de Bonnière (Seine-et-Oise), et la chaux carbonatée cristalline qui existe en Angleterre à Bishopton, près de Warminster, est dans une position géognostique tout-à-fait analogue.

La *craie blanche supérieure* ou craie graphique est remarquable par l'abondance des silex pyromaques, soit en bandes de quelques centimètres, soit en rognons disséminés : elle est subdivisée en strates assez minces et traversée par des fissures qui coupent ces strates sous des angles variés. Cette craie forme la superficie du sol dans presque toute la Seine inférieure, surtout dans la partie orientale; on y rencontre des grains noirs ferrugineux, disséminés ou disposés en dendrites. Zoologiquement, elle est surtout caractérisée par la fréquence des bélemnites et des ananchites.

Les caractères de la formation crétacée supérieure sont à peu près tels que nous venons de les énoncer dans toutes les parties de ce que nous avons appelé le développement central du terrain. Les falaises que présente ce terrain dans la Manche, établissent une connexion complète entre le sud-est de l'Angleterre et la France septentrionale : ces falaises forment des rideaux prolongés, qui ne sont interrompus que par les dépressions où les sables, poussés par les vents, vont former des dunes; les plaines ondulées qu'elles supportent, présentent dans les deux pays le même *facies*, les mêmes directions de vallées. A Étretat (planche VI), la mer les a entamées et découpées en arches, en aiguilles isolées. Il en est de même dans l'île de Wight, si ce n'est que dans le premier cas les couches sont généralement horizontales, tandis que les arches et les aiguilles de l'île de Wight sont formées par des couches inclinées et souvent verticales.

La diminution graduelle des silex, à partir des assises crétacées supérieures, est une loi générale, mais sujette à plusieurs exceptions. Citons entre autres les nombreux silex blonds qui alimentent les fabriques de pierre à fusil de Saint-Aignan (Loir et Cher), lesquels se trouvent dans la partie inférieure de la craie marneuse. L'anomalie est encore plus complète dans la craie de Maestricht, où les silex augmentent à mesure que l'on s'approfondit.

La craie de Maestricht est solide, jaunâtre, un peu marneuse, et rappelle les caractères de la craie tuffau; elle est l'objet d'immenses exploitations, comme engrais et comme pierre de construction. Les bandes de silex qui se montrent dans les couches supérieures deviennent beaucoup plus multipliées dans les couches inférieures. On y a trouvé en outre beaucoup de fossiles particuliers, entre autres un énorme reptile, nommé mosasaure, et des baculites: ces fossiles ne constituent pas, il est vrai, une grande anomalie, car l'on a signalé dans la Seine inférieure beaucoup d'écailles de poissons, et les baculites paraissent caractériser un calcaire blanc, compacte, à cassure conchoïde et presque lithographique, des environs de Valognes, calcaire que M. Desnoyers a rapporté à l'assise ci-dessus désignée sous le nom de craie blanche compacte. Mais la craie de Maestricht, supérieure à la craie blanche, est tout-à-fait anomale par sa liaison minéralogique et zoologique avec le calcaire grossier tertiaire. En effet, il est difficile de se rendre compte de cette réapparition des caractères de la craie tuffau et de cette apparente liaison avec le terrain tertiaire.

On a émis l'hypothèse que cette craie pouvait bien résulter d'un remaniement postérieur à la craie blanche. Il existe en effet en plusieurs points de la France des lambeaux d'une craie supérieure à toutes les autres, qui semble être une craie remaniée, et qui offre quelquefois de l'analogie avec celle de Maestricht : mais la présence des bancs et des rognons stratifiés de silex, leur régularité, s'opposent à cette assimilation, et il est plus simple de considérer la craie de Maestricht comme un prolongement local des causes génératrices de la craie; prolongement caractérisé par la réapparition de la chlorite, qui, plus tard, devait se développer dans les calcaires tertiaires inférieurs.

Après avoir successivement exposé les caractères des deux formations crétacées, dans ce que nous avons appelé la partie centrale et classique de son développement; il nous reste à examiner l'ensemble du terrain dans les régions excentriques, à signaler les nouveaux caractères qu'il y affecte, et à établir, s'il est possible, la connexion de ces terrains avec ceux qui viennent d'être décrits.

Terrain crétacé dans le sud-ouest de la France.

Le terrain crétacé paraît avoir occupé dans la France méridionale un très-vaste bassin: on le trouve en effet sur les pentes sud des montagnes de la Vendée, où il forme des bandes irrégulières comprises entre celles du terrain jurassique et les terrains tertiaire ou alluvien de la Gascogne. Si l'on se dirige encore plus au sud, on voit ses couches inclinées se dégager de dessous les terrains plus récents, affleurer sur toute la longueur des Pyrénées, et même saillir dans les Landes et former un promontoire tourné par l'Adour de Tarbes à Dax, puis s'élever à des hauteurs considérables sur les flancs de la chaîne (planche VII). Il reparaît de nouveau le long des Pyrénées espagnoles, et sur la crête de cette chaîne on voit encore des lambeaux calcaires qui lui appartiennent, de sorte qu'il en résulte évidemment que les Pyrénées ont été soulevées à travers des dépôts crétacés continus, qui paraissent avoir été séparés des dépôts septentrionaux par les montagnes du Limousin et de la Vendée.

M. Dufrénoy, qui a décrit ces dépôts avec le plus grand détail, en résume les caractères ainsi qu'il suit :

La bande septentrionale, c'est-à-dire, celle qui s'appuie sur le versant méridional des montagnes anciennes du centre de la France, appartient exclusivement à la formation crétacée inférieure; elle repose depuis Angoulème jusqu'à Rochefort sur les assises les plus modernes du terrain jurassique, et elle est recouverte par le terrain tertiaire du bassin de Bordeaux. Ses caractères minéralogiques sont à peu près identiques à ceux des gisements de la France septentrionale. Les premières assises sont composées de grès siliceux, tantôt peu adhérent et ferrugineux, tantôt solide et à ciment calcaire : ce dernier contient une grande quantité de points verts; il est semblable au grès vert des Anglais et à la craie chloritée de Honfleur.

Au-dessus de ces grès, mais intimement liés avec eux, existent des calcaires, lesquels présentent souvent une grande différence dans leur texture; ils sont le plus souvent assez durs et cristallins (Angoulème), quelquefois tendres et friables comme la craie des environs de Paris. Du reste, leurs caractères varient suivant les localités et suivant la position des couches relativement à tout le terrain. A l'extrémité ouest du bassin, ces calcaires sont sur une grande longueur (depuis les environs de Rochefort jusqu'à Cahors) comme granulaires, c'est-à-dire, composés de petites particules arrondies, en partie spathiques, réunies par un ciment cristallin. Des couches plus ou moins marneuses, analogues à la craie tuffau de la Touraine, succèdent au calcaire granulaire. Dans quelques cas, les parties supérieures présentent des calcaires presque saccharoïdes (Angoulème) et des calcaires compactes (Gua); à l'extrémité est (Bourg-Saint-Andéol) on voit des calcaires compactes, esquilleux, oolitiques. Parmi les fossiles nombreux qui existent dans cette bande, les uns sont identiques à ceux des dépôts analogues du nord; d'autres, tels que les hippurites, les sphérulites...., sont particuliers au bassin méridional; quelques-uns, enfin, tels que les mélanies, les miliolites, les nummulites...., étaient regardés comme exclusifs aux terrains tertiaires.

La position géognostique de la bande méridionale n'est pas aussi nettement caractérisée. En effet, la craie des Pyrénées, au lieu de reposer sur les assises supérieures du terrain jurassique, recouvre immédiatement l'étage inférieur, et les terrains tertiaires s'appuient dessus presque horizontalement : mais on y retrouve tous les fossiles caractéristiques de la craie, et de plus les sphérulites, les hippurites, les mélanies et les nummulites...., déjà signalées dans la bande septentrionale. Il est souvent difficile de constater l'ordre de succession des couches qui constituent le terrain crétacé, à cause de leurs bouleversements nombreux. On reconnaît cependant que les couches les plus inférieures sont des marnes noires, alternant avec des grès micacés et associés à un calcaire gris bleuâtre, saccharoïde, contenant des dicérates, etc.... Ces grès, qui rappellent ceux qu'on trouve à la base du terrain, dans la bande opposée, présentent des caractères très-variables : tantôt ils ont l'apparence d'une grauwacke ancienne, tantôt ils sont schisteux et micacés à la manière des grès houillers. Dans quelques cas (Saint-Martorry) ils sont identiques avec le grès vert et le grès ferrugineux. Le calcaire alterne, dans la partie la plus inférieure du terrain, avec les couches de grès : le plus ordinairement il forme à lui seul des montagnes entières. Les caractères extérieurs de ces calcaires varient beaucoup, mais ils présentent presque toujours une dureté, une compacité et des couleurs qui ne sont pas habituelles au terrain crétacé ; ils sont en outre fréquemment traversés par des veines spathiques.

Outre ces grès et ces calcaires, le terrain crétacé des Pyrénées espagnoles et des Corbières présente des couches nombreuses d'un poudingue, dans lequel les galets sont de calcaire ou de grès appartenant au terrain crétacé : ces poudingues sont recouverts de couches contenant les mêmes fossiles que celles qui sont au-dessous. La présence de ce poudingue et la double direction des couches crétacées dans quelques localités, conduisent à admettre dans les Pyrénées une subdivision analogue à celle des deux formations septentrionales. On ne peut assigner d'une manière exacte le point où doit être placée cette subdivision; mais les poudingues calcaires et les couches qui les surmontent, appartiennent à la formation crétacée supérieure. Cette formation existe seulement dans les Corbières et sur le versant méridional de la chaîne. La formation inférieure forme, au contraire, la presque-totalité du bassin compris entre les Pyrénées et le versant opposé des montagnes anciennes de la France centrale.

Le terrain crétacé contient des couches exploitables de charbon, à Pereilles, près Bellesta; à Ernani, près Irun, où des couches d'anthracite de 18 pouces d'épaisseur sont comprises dans des calcaires; à Saint-Lon dans les Landes. L'on y trouve du soufre et du bitume à Saint-Boës, près Orthez. Il sort de ce terrain de nombreuses sources salées; elles sont surtout abondantes près d'Orthez, et entre Jaca et Pampelune : ces sources salées, presque constamment accompagnées de gypse, d'ophite et de dolomie, sont toujours situées dans des localités où les couches sont très-bouleversées.

La masse de sel de Cardonne, si remarquable par sa puissance et par sa pureté, est enclavée dans les grès crétacés; mais ces grès sont altérés. Ils sont rouges, à grains quartzeux et a pâte argileuse, schisteux et micacés, ce qui les rapproche sensiblement du grès bigarré. Ces changements concordent évidemment avec la présence du sel; car on peut en suivre la marche à partir du grès de Berga, dont les grès de Cardonne sont le prolongement, et ils se reproduisent en partie dans les gisements de sel de Mont-Réal : d'ailleurs on voit au nord et au nord-nord-est le grès salifère reposer sur des calcaires à nummulites, de sorte que s'il n'était pas crétacé, il serait tertiaire. Du reste, le sel gemme, les sources salées, les gypses et la dolomie, enclavés dans ce terrain, paraissent y avoir été introduits postérieurement au dépôt du terrain tertiaire, par suite de la sortie des ophites; car nous y retrouverons aussi des gisements analogues.

Aux gisements de carbone, signalés par M. Dufrénoy, il importe d'ajouter les lignites et bois fossiles qui ont été désignés par M. Fleuriau de Bellevue sous le nom de forêt sous-marine de l'île d'Aix. C'est dans la formation du grès vert que se trouvent ces lignites : le terrain est composé de sables verts, de calcaire marneux et de marne argileuse; il contient des gryphées, des peignes, des spatangues, et surtout des débris végétaux à l'état calcaire, siliceux ou charbonneux, que l'on a généralement rapportés aux fucoïdes. Le lignite est tantôt compacte, tantôt il a parfaitement conservé le tissu ligneux et les formes végétales; il est accompagné de silex, de pyrites, etc....

En suivant ainsi, pas à pas, les terrains crétacés dans le sud-ouest de la France et dans les Pyrénées, on voit se modifier les roches tendres, sableuses et calcaires, qui caractérisent les gisements septentrionaux. On leur voit succéder des grès et poudingues plus solides; des calcaires durs, compactes et saccharoïdes. Que l'on se transporte dans le sud-est et dans les Alpes, et l'on verra ces caractères se modifier de nouveau et s'éloigner encore plus du type observé dans le comté de Sussex, la Champagne, la Picardie, etc.... Les calcaires blancs, compactes, qui forment une ceinture montagneuse autour du petit bassin tertiaire de Marseille, n'ont de relations avec les calcaires de type crétacé qu'une grande homogénéité, une structure massive, et peu de fossiles; du reste ils ressemblent beaucoup plus aux calcaires du terrain jurassique, auxquels il ont été pendant longtemps assimilés. Certains calcaires oolitiques du département de l'Isère sont dans le même cas. A la montagne des Fis (Savoie) des calcaires noirs, compactes, qui se retrouvent sur plusieurs sommités de la chaîne du Buet, ont été reconnus appartenir à la craie, ainsi que les calcaires marno-sableux et bitumineux, qui sont au-dessus à Entrevernes, et qui contiennent de la houille. Les Macignos de la Toscane, dont une partie appartient au terrain jurassique, forment encore une anomalie aux caractères minéralogiques précédemment désignés.

Toutes ces assimilations ne reposent pas uniquement sur les caractères zoologiques : la position géognostique et la continuité ont fourni en plus d'un cas des preuves incontestables. Ainsi, dit M. Élie de Beaumont, le système à nummulites qui, dans les départements des Hautes- et Basses-Alpes, s'avance à l'est des montagnes primitives de l'Oisans jusqu'à peu de distance du Monestier-de-Briançon; ce système se lie intimement aux calcaires compactes blancs de Nice, de la Provence, de la fontaine de Vaucluse, du sommet du mont Ventoux, des départements de la Drôme, de l'Isère, etc., parmi lesquels se trouvent de très-belles oolites, et qui contiennent des nummulites, des miliolites, des hypurites, etc.....

Ce système se rattache encore aux dépôts fossiles si bien caractérisés de Briançonnet (Basses-Alpes), du Villard-de-Lans (Isère), des montagnes de la grande Chartreuse, du Mont-du-chat, des hautes vallées longitudinales du Jura, de la perte du Rhône, de Thonne et de la montagne des Fis. Ainsi, tout ce grand système à nummulites qui entre pour moitié dans la composition des Alpes calcaires, et dont on ne peut séparer les couches, qui, à Voirons et à Oneille, contiennent des fucus, se rapportent aux formations du grès vert et de la craie.

Le terrain crétacé est encore plus accidenté dans les Alpes que dans les Pyrénées, et, en effet, ces perturbations se rapportent à plusieurs systèmes de fractures très-distincts. Le plus saillant de ces deux systèmes est celui qui suit la direction de la chaîne des Alpes, et il est à remarquer que les dislocations jurassiques et crétacées y concordent avec la dislocation du terrain tertiaire, tandis que nous avons dit qu'au pied des dislocations jurassiques et crétacées des Pyrénées, le terrain tertiaire s'étendait en couches horizontales. Nous ne mentionnons cette distinction entre les deux chaînes que comme un pressentiment des résultats beaucoup plus précis auxquels nous conduira l'étude des soulèvements, et surtout parce qu'il en résulte un caractère différent pour chacune; mais on retrouve en quelques points des régions alpines, des dislocations qui affectent le terrain crétacé et ne portent pas sur les terrains tertiaires : or, il est bien remarquable que ces dislocations suivent précisément la même direction que la chaîne des Pyrénées. Un des plus remarquables de ces points est la vallée large et profonde, au fond de laquelle coule la Durance, à partir de Peyrolles, après avoir traversé le pertuis de Mirabeau jusqu'à Orgon et même à peu de chose près jusqu'à son confluent avec le Rhône. La coupure dans laquelle coule la Durance de Mirabeau à Peyrolles, permet de voir, dit M. Élie de Beaumont, les couches du dépôt tertiaire d'eau douce s'étendre presque horizontalement sur les tranches des couches du grès vert et de la craie généralement inclinées de plus de trente degrés.

Ce fait est frappant dans les montagnes dont les escarpements, en regard les uns des autres, forment le pertuis de Mirabeau (route de Grenoble à Marseille). Le noyau de ces montagnes est un calcaire compacte, traversé par de petis filons spathiques, identique à celui de la Porte-de-France près Grenoble, et paraît représenter comme lui l'étage oolitique supérieur. Les couches nombreuses et généralement peu épaisses (planche Ire) sont pliées cylindriquement autour d'un axe horizontal, qui court environ de l'E. 18° S. à l'O. 18° N. Ce noyau jurassique est flanqué de part et d'autre par une grande épaisseur de couches d'un calcaire plus ou moins marneux; tantôt gris, tantôt bleuâtre, qui contient des ammonites et des bélemnites, et se rapporte au système du grès vert et de la craie, d'après sa liaison avec les autres calcaires de la contrée. Au-dessus s'étendent presque horizontalement les couches tertiaires.

Le grès carpathique, qui s'adosse en un grand nombre de points contre la pente sud et nord de la chaîne des Carpathes, a été rapporté à la formation du grès vert par M. Boué, qui en a signalé une bande assez étroite et interrompue, mais très-longue, à travers les comitats de Trentschinn, de Neitra et d'Arva, jusqu'en Gallicie. Ces grès sont tantôt exclusivement quartzeux, blancs ou gris, tantôt marno-quartzeux, à rognons d'argile et passant à des marnes et à des calcaires, avec lesquels ils alternent. Près de Nimnicz, la base du terrain est occupée par des agglomérats grossiers, à fragments de roches anciennes et de calcaires, et à ciment arénacé ou calcaire. Ces agglomérats sont recouverts au nord d'Orlove par des grès grisâtres jaunes, suivis de grès marneux, à impressions végétales, et par des marnes grises à gryphées colombes, qui alternent cinq à six fois avec des grès calcaréo-marneux à points verts. Vers Milochow, des grès quartzo-calcaires rappellent ceux du sud-ouest de la France. La craie à silex ne paraît pas exister en aucune partie des Carpathes; mais M. Boué lui assimile les alternances des grès marneux impressionnés avec des marnes crayeuses. Carpathes.

Les caractères du terrain crétacé dans la Gallicie, la Podolie, la Volhynie, la Lithuanie, etc., se rapprochent beaucoup plus des caractères ordinaires. M. Lill de Lilienbach Gallicie, Podolie, Pologne.

a reconnu, notamment dans la Gallicie et la Podolie, de haut en bas : 1.° la craie proprement dite, blanche, jaunâtre ou grise, de solidité variable, pauvre en fossiles et contenant des silex pyromaques en rognons ou en plaquettes; 2.° la craie marneuse, roches argileuses ou sableuses, assez compactes, grisâtres ou blanchâtres, en couches minces, renfermant des débris de silex, des paillettes de mica et plus de fossiles que la craie précédente (ammonites, peignes....); 3.° la formation du grès vert, représentée par des sables fins et grossiers, à particules vertes et à fragments de roches quartzeuses, et constituant des alternances de grès calcaires et de calcaires sableux. Cette composition du terrain crétacé se reproduit en Pologne, où la craie marneuse est dominante; elle remplit avec le terrain jurassique une vaste cavité de Wiclun à Kamienski, entre le Muschelkalk métallifère, siliceux, les houillères et le groupe des montagnes du milieu de la Pologne ou de Sandomirz. A l'est, cette formation s'étend tout autour de cette dernière chaîne, sur les rives orientales de la Vistule et dans le vaste pays entre Pulawy, Lublin, Krasnistaw et Turobin. Dans cette contrée on ne voit que la craie marneuse; mais à l'est de Krasnistaw il y a un lambeau de craie proprement dite, qui s'étend jusqu'à Chelm. M. Pusch a trouvé dans la craie marneuse de la Pologne, des bélemnites, des gryphées dilatées, des ammonites, des ananchites, des spatangues, etc.

Un des caractères les plus remarquables de la craie de ces contrées, consiste dans la fréquence des gisements de gypse et de soufre. Dans la Gallicie, le gypse est en amas ou en portions de couches; il est, suivant la description de M. Lill, en partie compacte et grenu, en partie spathique; la dernière variété se trouvant aussi en nids dans la première : quelquefois il y a du gypse très-blanc, comme à Szczerzec, tandis qu'à l'ordinaire il est mêlé d'argile et par suite jaunâtre ou bleuâtre foncé. La sélénite est jaune de miel. Le soufre est disséminé en parties fines ou en nids, dans des couches entières, comme à Szczerzec et Babin sur le Dniester; il forme encore de petits lits alternant avec des strates calcaréo-argileux et gypseux, comme à Lubinie. Les amas de gypse n'étant souvent pas recouverts et étant placés sur des plateaux, donnent lieu à de fortes saillies; tels sont les rochers de Szczerzec et de Rohatyn; les premiers formant des murailles qui ont jusqu'à trente mètres de hauteur.

Cette liaison du terrain crétacé avec le gypse et le soufre se retrouve en Pologne : ainsi les bancs de soufre de Czarkow sont subordonnés à des masses gypseuses, qui forment des collines. Le gypse paraît de haut en bas, d'abord compacte et un peu calcarifère;

puis il alterne avec des marnes; il renferme le soufre et repose sur la craie marneuse. Ces mêmes substances reparaissent près de Szczerbakow sur la Nidda, à Gorky, Owczary, Busko; mais elles ne paraissent pas être en connexion avec le sel gemme, comme cela a si souvent lieu dans les autres terrains; ainsi l'on a vainement foncé un puits de plus de deux cents mètres, entre Szczerbakow et Czarkow, dans l'espérance de trouver du sel. Un autre forage, fait plus près de la Vistule, dans un grès argileux problématique, fut de même sans résultat.

M. Pusch a signalé en plusieurs points de la Gallicie des dépôts ligniteux enclavés dans des marnes schisteuses, des argiles, des sables et des calcaires bleuâtres à nummulites, qu'il regarde comme faisant partie de la craie supérieure. M. Nillson a observé en Suède, à la surface du sol crétacé, près de Hammer et Kœseberga, des couches sableuses avec bois fossile bitumineux et lignite, qu'il rapporte au même âge, parce qu'il y a trouvé des fossiles propres à la craie.

La Russie méridionale (gouvernements de Toula, Voronesch et de Koursh), les plaines de la Moldavie, de la Crimée, présentent des lambeaux de craie; on l'a observée encore sur les bords de la mer d'Azof, entre la Berda et le Don; elle constitue toute la partie occidentale de la Morée.

Les terrains secondaires de la Morée sont représentés, d'après MM. Boblaye et Virlet, par une masse uniforme d'environ deux mille mètres d'épaisseur, formée principalement de calcaires compactes, quelquefois de calcaires grenus ou subsaccharoïdes, avec des jaspes, des grès, des silex. Ces masses calcaires couvrent plus des trois quarts de la Morée, et comme elles ne contiennent que des fossiles rares et souvent défigurés, qu'elles ont éprouvé des perturbations et des altérations considérables, leur *facies* semble leur assigner un âge beaucoup plus ancien que l'époque crétacée. Cependant MM. Boblaye et Virlet, ayant reconnu parmi les assises inférieures, des calcaires colorés à nummulites et hypurites, et dans la partie supérieure des calcaires blancs, caractérisés par les mêmes fossiles, l'ont rapportée toute entière à la formation crétacée inférieure, et l'ont subdivisée en trois étages : 1.° l'étage inférieur, composé de calcaires bleus et noirs, compactes et subsaccharoïdes, à nummulites, radiolites, dicérates, etc., alternant avec des argiles marneuses noires et micacées, et d'une puissance d'environ deux cents mètres; 2.° l'étage moyen, qui comprend d'abord l'assise du grès vert inférieur, composé d'agglomérats, de jaspes et d'argiles ou marnes schisteuses : cette assise, d'environ trois cents mètres d'épaisseur, est couronnée par des calcaires compactes et lithographiques, verdâtres ou lie de vin, con- Morée.

tenant des jaspes et des silex, et par des calcaires grisâtres: ce second développement calcaire n'a pas moins de cinq cents mètres; 3.° l'étage supérieur, comprenant l'assise du grès vert supérieur, grès et poudingues liés à des argiles marneuses très-développées; laquelle est surmontée par un nouveau développement de calcaires blancs, compactes, sans silex, contenant des nummulites et des hypurites.

Remarquons ici que les masses calcaires uniformes, qui représentent la formation du grès vert dans les Pyrénées, la Provence, les Alpes orientales et occidentales, certaines parties de l'Italie, de la Sicile, etc., ont peu d'analogies avec les développements septentrionaux; mais qu'ils en ont beaucoup entre eux sous les rapports minéralogiques et zoologiques. Les gisements crétacés de la Suède, du Danemark, de l'Irlande, se rapprochent au contraire beaucoup plus de ceux de l'Angleterre et de la France septentrionale, tandis que les dépôts de la Pologne et de la Russie méridionale établissent la connexion entre le nord et le sud de l'Europe. Le terrain crétacé inférieur a été en outre reconnu dans la chaîne du Liban, où se reproduisent les caractères des dépôts équivalents de l'Europe méridionale.

Chaîne du Liban.

La chaîne du Liban commence près de Lataquie, court à peu près N.-S., en formant un léger arc de cercle ouvert à l'est; elle s'élève insensiblement jusqu'au mont Liban, qui est au nord la partie la plus haute (2906 mètres); de là elle baisse un peu pour se relever au Sannine, qui paraît au sud le point le plus élevé; elle se continue par Djebel el Keniset et par Djebel el Scheikh, en baissant peu à peu, et se contournant à l'ouest pour venir se terminer auprès de Saïde. M. Botta a étudié la partie de cette chaîne comprise entre le Sannine et le Liban. La nature du terrain y est essentiellement calcaire, la direction des couches étant parallèle à celle de la chaîne, et leur inclinaison suivant aussi ses pentes, qui sont très-abruptes.

Les coupes du Liban et du Sannine ont présenté à M. Botta une succession de couches qu'il a subdivisées ainsi qu'il suit: 1.° un étage calcaire, composé de grands bancs de calcaire caverneux, dont les couches supérieures contiennent des silex en gros blocs et en lits, les couches inférieures étant uniquement calcaires et remarquables par les trous et les canaux irréguliers qui les traversent (cet étage, par sa liaison avec les deux supérieurs, appartient probablement déjà à la formation du grès vert); 2.° un étage sablonneux, généralement très-ferrugineux, contenant des minerais de fer et des lignites, passant à un grès plus ou moins dur, puis à des strates calcaires, jaunes, siliceux, qui le lient à l'étage supérieur (grès vert); 3.° un étage calcaire, de dureté variable, alternant avec des couches marneuses : sa partie supérieure comprend une assise calcaire et une assise marneuse, sans silex; sa partie moyenne se compose de calcaires ou strates peu épais, tendres ou solides, contenant des silex en lits et en nodules, des oursins, des poissons; enfin, sa partie inférieure, formée d'alternatives de marnes et de calcaires caverneux, abonde encore plus en silex. Cet étage représente probablement les calcaires supérieurs du grès vert; c'est celui qui forme le plus souvent la partie supérieure de la chaîne.

TERRAIN TERTIAIRE.

Le terrain tertiaire se rapporte à une des plus grandes périodes dont nous ayons considéré les résultats sédimentaires, et cela moins à cause de l'épaisseur des formations, quoique cette épaisseur soit souvent très-considérable, que parce que, la surface du globe se rapprochant sensiblement de l'état actuel, où les forces modificatrices et génératrices sont évidemment beaucoup moins énergiques que dans toute période antérieure, une même épaisseur de calcaire, de marne ou d'argile...., semble devoir représenter un laps de temps beaucoup plus long dans le terrain tertiaire que dans le terrain jurassique, par exemple. L'abondance et la nature des débris organiques paraissent appuyer cette considération. Nous voyons en effet la nature animale se rapprocher pendant cette période de l'organisation actuelle, et faire dans l'échelle de perfectibilité un pas si rapide que nous ne pouvons comparer sous ce rapport aucun des progrès observés jusqu'ici d'une période à une autre, si ce n'est peut-être le terrain de transition, où du néant nous sommes passés aux encrines, aux nautiles, etc. En présence d'une si longue période, où la proportion qui avait existé jusqu'ici entre les dépôts sédimentaires et les temps géognostiques, semble détruite; il est facile de prévoir la difficulté que présenteront les subdivisions et la classification. Cette difficulté s'accroît encore par la fréquente disposition de ce terrain en bassins isolés et indépendants les uns des autres; de sorte que, lors même que l'on trouve dans ces bassins des dépôts analogues, la simultanéité de ces dépôts ne peut être que présumée.

Classification des terrains tertiaires par les coquilles.

L'abondance et la variété des débris organiques sont ici d'un secours plus efficace que dans toute autre période, en ce que le progrès qui résulte de leur succession peut se diviser en plusieurs termes. Ainsi M. Deshayes, laissant de côté toute considération géognostique, pour ne baser les subdivisions que sur les caractères zoologiques, partage d'abord l'ensemble de tous les terrains sédimentaires en deux classes. D'abord ceux qui ne contiennent aucune espèce de coquilles analogues avec celles de la nature actuelle; en second lieu, ceux qui contiennent des espèces analogues. Cette grande division coïncide avec la division géognostique en terrains secondaires et terrains tertiaires. Subdivisant ensuite la classe tertiaire d'après la proportion des analogues, il a été conduit à les partager en trois formations :

La première comprendrait les dépôts tertiaires des environs de *Paris*, *Londres* et *Bruxelles*; ceux de *Valognes*, de l'île de *Wight*, une petite partie de ceux de la *Gironde*, la plus grande partie des dépôts du *Vicentin*. Sur environ 1400 espèces de coquilles que l'on a trouvées jusqu'ici dans ces divers dépôts, il y en a 38, ou à peu près 3 p. %, qui ont actuellement leurs analogues; sur ce nombre, 12 lui appartiennent exclusivement. 42 espèces se retrouvent dans les formations postérieures. Les 38 analogues actuelles sont réparties dans toutes les latitudes; le plus grand nombre appartient cependant aux régions intertropicales.

La seconde formation se composerait des dépôts arénacés, très-coquilliers, connus sous le nom de faluns de la *Touraine* et de la *Loire*, une partie du bassin de la *Gironde*, celui de *Dax*, l'*Autriche*, la *Hongrie*, la *Pologne*, et une très-petite partie des collines tertiaires *subapennines*, c'est-à-dire, les environs de *Turin*. Sur 900 espèces trouvées dans ces divers dépôts, 161, c'est-à-dire 18 p. %, ont leurs analogues vivants; 173 ont continué de vivre dans le groupe postérieur. Les analogues vivants se trouvent dans toutes les latitudes; mais encore préférablement entre les tropiques.

La troisième formation comprendrait les collines *subapennines*, les dépôts tertiaires de *Sicile*, ceux de la *Morée*, le petit bassin de *Perpignan* et probablement d'autres bassins des bords de la Méditerranée, qui n'ont pas été classés ; enfin le dépôt arénacé coquillier, désigné en Angleterre sous le nom de *Crag*, et qui a été spécialement signalé dans les comtés de Norfolk et de Suffolk. Sur 700 espèces signalées, plus de la moitié ont leurs analogues vivants, et ces analogues existent précisément dans les mers voisines des dépôts où ils se trouvent. Ainsi les analogues des collines subapennines se trouvent dans l'Adriatique ; ceux du crag dans les mers du Nord.

En résumé, l'on voit que cette classification zoologique repose sur des faits généraux, confirmés par les considérations géognostiques, savoir : que les bassins tertiaires n'ont pas été simultanément formés ni remplis, et que les dépôts sont d'autant plus récents que les fossiles qu'ils renferment se rapprochent plus de l'organisation actuelle. Mais ces faits, réels lorsque l'on considère une grande période, par exemple, la période d'un terrain, le sont-ils lorsqu'on ne considère qu'une période plus courte ; en un mot, un changement notable dans l'organisation doit-il suffire pour constituer des formations distinctes ? Nous avons exprimé des doutes à ce sujet, en ce que les modifications organiques sont essentiellement graduelles, puisqu'elles ne peuvent avoir lieu que par la génération, la naissance spontanée ne pouvant être admise, surtout pour des mollusques ou des animaux vertébrés; il n'est donc pas étonnant que les grandes révolutions qui peuvent avoir changé du tout au tout les conditions de température, de végétation, etc...., du globe, aient amené de grandes modifications dans les individus; mais plus on détaille, plus on risque de se laisser égarer par des faits anomaux, et la connexion entre la série intermittente des révolutions partielles et locales, et la série continue de l'organisation, est bien difficile à établir dans l'état actuel de la science. Néanmoins, si elle peut être constatée, c'est dans le terrain tertiaire où les éléments d'appréciation sont les plus multipliés, et nous avons donné d'avance cet essai de classification, afin que l'on puisse s'y reporter à mesure que nous avancerons dans la voie descriptive et purement géognostique où nous allons rentrer.

Subdivisions géognostiques.

Et d'abord, en ne considérant que les caractères géognostiques, quelles sont les subdivisions naturelles et les plus saillantes du terrain tertiaire. Le premier fait géognostique qui puisse donner matière à des subdivisions, consiste dans la nature marine ou lacustre des dépôts. Ce fait est en effet purement géognostique, bien qu'il ne soit guère signalé que par la différence des débris organiques;

il indique que la mer s'était retirée, puis avait été remplacée par des lacs d'eau douce, ou bien encore que des courants d'eau douce considérables sont venus à plusieurs reprises se précipiter dans les eaux marines, faisant ainsi alterner des dépôts fluviatiles avec des dépôts marins. De toute manière, ces alternances hétérogènes, qui dans le bassin de Paris se répètent au moins deux fois, et qui en d'autres points se reproduisent jusqu'à six et huit fois, annoncent des mouvements du sol.

Les terrains tertiaires les plus inférieurs sont assez généralement marins; or, que l'on jette un coup d'œil sur la carte (planche VIII) où M. Élie de Beaumont a reproduit la distribution des eaux à la surface de la France et des pays limitrophes, telle qu'elle est indiquée par les dépôts qui se rapportent à cette époque, dépôts souvent caractérisés par le *cerithium giganteum;* l'on verra que cette distribution n'avait encore que peu d'analogie avec celle qui existe actuellement. La position de certains lambeaux tertiaires inférieurs dans la Bretagne, et la présence d'îles également tertiaires sur les côtes occidentales de France, indiquent que la mer principale qui comprend Londres, Bruxelles et Paris, devait communiquer avec celle qui constitue le bassin de la Gironde. Si l'on cherche actuellement à retracer la disposition de la contrée au moment où les dépôts d'eau douce se sont montrés et ont alterné avec les dépôts marins, on verra qu'il est impossible de ne pas admettre des mouvements intermédiaires du sol, pour expliquer les différences de ces deux distributions.

En effet, les terrains tertiaires supérieurs n'indiquent plus aux environs de Paris qu'un bassin isolé et circonscrit; car ce ne fut encore qu'après que ce bassin fut rempli, que se formèrent les faluns de la Touraine et de la Loire. En Angleterre, le terrain d'eau douce n'apparaît que dans un petit bassin de l'île de Wight et sur les côtes du Hampshire, et ce fut de même à une époque postérieure que le crag fut déposé. D'autres lambeaux représentent encore des bassins isolés, mais de telle sorte qu'il ne devait y avoir que bien peu de rapports entre l'hydrographie des deux époques. Tandis que ces bassins, probablement remplis d'eaux marines, où venaient se décharger de puissants cours d'eau douce, donnaient naissance à des alternances de dépôts marins et lacustres; d'autres bassins, qui peut-être n'existaient pas du tout lors des dépôts tertiaires inférieurs, recevaient des dépôts exclusivement lacustres (bassins du Puy, du Cantal et de la Limagne). La distinction que nous établissons ici entre les terrains inférieurs et supérieurs du bassin de Paris, est encore appuyée par d'autres considérations que cette différence dans la distribution des gisements. La manière dont tout le terrain tertiaire inférieur est rejeté à l'est de Paris, tandis que le terrain supérieur occupe la partie ouest, est presque une discordance de stratification, et la formation tertiaire inférieure est quelquefois affectée de perturbations que ne partage pas la formation supérieure. Remarquons, d'ailleurs, que si la subdivision que nous établissons ici n'est pas nettement indiquée par les fossiles, c'est que les différences zoologiques doivent naturellement être beaucoup moins prononcées lorsque l'on compare les dépôts différents d'un même bassin, que lorsque l'on établit la comparaison entre des dépôts de contrées éloignées.

Ces deux formations, dont nous prenons les types dans le bassin de Paris, parce que c'est celui qui est le plus complet et le mieux étudié, sont celles que nous désignons sous le nom de *formation tertiaire inférieure* et *formation tertiaire supérieure*. Actuellement y a-t-il d'autres subdivisions à établir. Nous ne pouvons guère douter que la formation supérieure à laquelle se rapportent des dépôts très-nombreux, très-puissants et très-variés, ne doive représenter au moins deux époques géognostiques très-distinctes. Nous développerons plus loin les faits qui nécessitent cette distinction, après avoir décrit la formation inférieure, qui est au contraire assez nettement caractérisée comme constituant une période isolée.

Formation inférieure.

La formation tertiaire inférieure se compose, aux environs de Paris, de deux étages distincts : l'*argile plastique* et le *calcaire grossier*. (Voyez planche VIII.) Environs de Paris.

L'argile plastique, qui se trouve presque toujours au-dessus de la craie parisienne, est une argile presque pure, éminemment onctueuse et délayable, généralement infusible. L'épaisseur en est très-variable : tantôt elle est de plus de 16 mètres; tantôt elle se réduit à quelques décimètres, et plusieurs exemples semblent indiquer que cette épaisseur est en raison inverse de la proximité de la craie, de sorte que son dépôt en aurait nivelé la surface inégale et ondulée. Argile plastique.

L'argile plastique affecte des couleurs très-variables : le plus souvent elle est d'un gris assez foncé; puis elle se veine de rouge et de jaune : elle est rouge dans tout le sud de Paris, de Gentilly à Meudon; il y en a de très-blanche à Moret et dans la forêt de Dreux. Elle est employée, selon ses diverses qualités, à faire de la faïence, de la poterie rouge, des grès, des creusets, des carreaux, tuiles, briques, etc.... Les substances accidentelles y sont : les lignites et de nombreux débris de végétaux, des pyrites en grains cristallins ou substitués aux débris organiques, du succin et des nodules résineux, des cristaux de gypse, des fragments siliceux ou calcaires. Les fossiles y consistent en végétaux carbonisés et en coquilles d'eau douce et marines, que l'on trouve mélangées dans les couches supérieures. Les premières sont : des planorbes, des lymnées, des paludines, des nérites, des mélanies....; les secondes sont : des cérites, des ampullaires, qui se retrouvent dans le calcaire marin.

Cet étage est ordinairement subdivisé en deux assises : l'assise supérieure est sablonneuse, noirâtre, souvent charbonneuse et séparée de l'autre par une petite couche de sable fin, grisâtre; on la désigne sous le nom de *fausses glaises.* L'assise inférieure est d'argile pure, qui ne contient que rarement des minéraux étrangers et des débris organiques, tous concentrés dans les fausses glaises : elle est homogène, si ce n'est dans sa partie inférieure, où elle est souvent séparée de la craie par des agglomérats d'argile, de calcaire et de silex. Les végétaux carbonisés des fausses glaises deviennent quelquefois tellement abondants qu'ils constituent des couches de lignite. Tantôt ces lignites ont conservé les tissus ligneux, de sorte qu'ils ne représentent que des entassements de végétaux; tantôt ils forment de véritables couches stratifiées, terreuses ou schisteuses, et qui ne sont qu'un mélange d'argile, de carbone et souvent de pyrites, ce qui leur a fait donner le nom de cendres pyriteuses et les rend propres à la fabrication du sulfate de fer et de l'alun: d'autres fois, enfin, on les trouve en couches compactes, d'un noir brunâtre, denses et à cassure conchoïde ou rhomboédrique, susceptibles de poli.

L'argile plastique affleure autour du bassin tertiaire en un grand nombre de points. Au S.-O. de Paris elle recouvre les collines crétacées de Montereau, qui s'élèvent de 30 à 40 mètres au-dessus de la rive droite de la Seine; elle y est blanche, et ne se colore qu'à une température très-élevée, de sorte que l'on peut à volonté l'employer à fabriquer la faïence ou terre de pipe blanche et rougeâtre. A l'ouest, sur le plateau de craie qui est entre Houdan et Dreux, et principalement du côté du village d'Abondant, elle est encore plus remarquable par sa blancheur, sa ténacité, son infusibilité; aussi est-elle très-recherchée pour la faïence fine et même pour la porcelaine. On l'exploite encore à l'O. et au N.-O. de Beauvais, où elle est plus grise; et même tout près Paris, vers le sud, le calcaire grossier n'ayant que de 10 à 15 mètres, on a atteint l'argile entre Issy et Vaugirard, à Vanvres, Arcueil, Gentilly, Marly. A Auteuil M. Becquerel a trouvé des nodules de succin transparent, jaune et rouge, des nodules de chaux phosphatée, accompagnés de petits cristaux de fer phosphaté, des cristaux de strontiane sulfatée, du lignite, des pyrites, des ossements d'animaux vertébrés, des coquilles fluviatiles; l'argile, à l'approche de la craie, devient impure et effervescente. L'ensemble de ces caractères a fait dire à MM. Cuvier et Brongniart que le gisement d'Auteuil réunissait toutes les circonstances minéralogiques et géognostiques de l'étage.

Calcaire grossier.

Le calcaire grossier, composé de calcaires caractérisés par une quantité prodigieuse de coquilles marines, alternant avec des marnes argileuses et des marnes calcaires, succède à l'argile plastique. Les diverses couches qui constituent cet étage ne sont pas, disent MM. Cuvier et Brongniart, disposées au hasard : le même ordre de superposition se montre dans tout le bassin. Cette constance géognostique sur une étendue de 12 myriamètres au moins, est un fait remarquable, et qui rappelle ce que nous avons observé dans la formation également calcaire du Zechstein: elle donne lieu à la subdivision en trois assises.

Les calcaires de l'assise inférieure sont souvent sablonneux : il arrive même qu'ils ne recouvrent pas immédiatement l'argile plastique et qu'ils en sont séparés par un banc de sable. Ces calcaires sont très-coquilliers, d'une texture grossière et parsemés de grains d'un vert foncé, qui rappellent les grains verts de la glauconie (1). Ces grains sont caractéristiques des couches inférieures, qui sont d'ailleurs altérables à l'air et rarement exploitées comme pierre de construction. Les coquilles marines y abondent et sont remarquables par leur conservation, un assez grand nombre ayant encore leur éclat nacré : ce sont des nummulites, des lucines, des bucardes, des crassatelles, des turritelles, et surtout la cérite gigantesque (*cerithium giganteum*), qui leur appartient spécialement et dont les débris indiquent toujours, ainsi que les grains verts, le voisinage de l'argile plastique. Les nummulites et les madrépores sont aussi une marque distinctive des premiers bancs qui succèdent à l'argile plastique. Au mont Ganelon, près Compiègne, au mont Ouin, près Gisors, elles forment une espèce de poudingue avec d'autres coquilles et de gros grains de quartz.

L'assise moyenne est composée de couches de calcaire grossier jaunâtre, d'une solidité variable, très-coquillier, et contenant rare-

(1) Ces grains verts, analysés par M. Berthier, lui ont donné dans deux gisements différents :

Silice	0,46	0,40
Protoxide de fer	0,22	0,25
Alumine	0,07	0,02
Chaux	0,03	0,03
Magnésie	0,06	0,16
Potasse	0,00	0,02
Eau	0,15	0,12

ment des grains de chlorite. L'on y remarque un banc tendre, verdâtre ou gris jaunâtre, dont la partie inférieure présente souvent des empreintes brunes de tiges et de feuilles de végétaux non marins, mêlées avec des coquilles marines, telles que des cérites, des ampullaires, etc. La présence de ces débris végétaux résulte probablement des mêmes causes qui ont amené des bancs de limon marneux avec coquilles terrestres et fluviatiles, qui alternent surtout dans les couches supérieures avec les calcaires marins; c'est-à-dire, d'embouchures de rivières. Ces couches limoneuses, qui n'ont ordinairement que quelques décimètres d'épaisseur, se maintiennent sur des étendues assez considérables, et le banc vert ou grisâtre, à empreintes végétales, a été constaté par MM. Cuvier et Brongniart, de Châtillon à Saillancourt, sur une étendue de plus de dix lieues. Les coquilles de ces couches intermédiaires sont des orbitolites, pétoncles, cithérées, des turritelles, des cérites, etc., et surtout des miliolites, que l'on peut trouver aussi dans les couches plus élevées, mais dont la profusion est ici caractéristique.

L'assise supérieure du calcaire grossier commence par les couches les plus solides et les plus propres aux constructions, qui sont désignées par les ouvriers sous le nom de *roche*. A mesure qu'on s'élève, les bancs deviennent plus minces, plus multipliés, et alternent avec des marnes argileuses et calcaires. Le calcaire grossier et le calcaire roche passent alors au calcaire cliquart, qui est dur et compacte, en lits peu épais, tantôt homogène et compacte comme le calcaire lithographique, tantôt pétri de cérites. On voit apparaître souvent avec les calcaires durs et compactes, la silice, soit en mélange intime, soit sous forme de quartz sableux concrétionné, soit, enfin, à l'état de silex corné : c'est en quelque sorte un prélude à la formation du calcaire siliceux. D'autres fois les marnes calcaires et argileuses prennent tout-à-fait le dessus, et l'on y voit apparaître des cristaux groupés et lenticulaires de chaux sulfatée, quelquefois épigène et changée en quartz crêté : circonstances qui forment le passage à l'étage gypseux.

Les fossiles de cette assise supérieure sont : des cérites très-variées, des corbules, des ampullaires, des lucines, etc., des miliolites, beaucoup moins abondantes que dans l'étage moyen.

Les diverses assises du calcaire grossier constituent presque toute la surface du sol parisien entre l'Epte et la Marne, sur la rive droite de la Seine. Sur la rive gauche, cet étage forme une zone depuis Meulan jusqu'à Choisy, où sont ouvertes beaucoup d'exploitations. Les caractères généraux se maintiennent avec une constance remarquable dans toute cette étendue. On remarque cependant en plusieurs points que certains bancs calcaires de l'étage supérieur passent à des grès friables ou solides très-coquilliers, qui même les remplacent entièrement. Ces grès apparaissent à Beauchamps, où ils sont exploités, avec des caractères tout particuliers, qui ont donné lieu à beaucoup de discussions sur leur position géognostique. On y a trouvé des coquilles terrestres et d'eau douce très-bien caractérisées (lymnées, cyclostomes....), mêlées avec les coquilles marines du calcaire : ils sont en couches minces, alternant avec des sables, et pourraient bien, d'après la présence de concrétions siliceuses, de géodes cristallins, représenter un dépôt chimique par voie de cristallisation confuse. Or, disent MM. Cuvier et Brongniart, l'on peut observer dans la série des couches de la formation une époque où s'est montrée une dissolution de quartz plus ou moins abondante. Cette dissolution s'est manifestée par l'abondance des silex cornés, tapissés dans leur intérieur de cristaux de quartz, par des grès cristallins, dont les fissures sont également tapissées de cristaux de quartz, par des coquilles dont l'intérieur est rempli de silex translucide et calcédonien, par des masses de silex molaire, translucide, et c'est dans les assises les plus supérieures du calcaire grossier et dans les parties les plus inférieures du calcaire siliceux d'eau douce que se présentent toutes ces particularités. Le grès de Beauchamps, qui offre plusieurs de ces phénomènes, est situé précisément dans cette position.

A Meudon, l'étage de calcaire grossier est dans tout son développement, bien qu'il soit placé au-dessus d'une protubérance crayeuse, il constitue plus de vingt bancs distincts, qui sont moins épais à mesure que l'on s'élève. La coupe détaillée qu'en ont donnée MM. Cuvier et Brongniart (1) peut servir

---

(1) A partir de l'argile plastique qui sépare la formation calcaire de la craie exploitée, on trouve :

1.° (Assise inférieure.) Calcaire friable, d'un jaune d'ocre, plus dur dans certaines parties, se désagrégeant à l'air ; il est composé de calcaire à gros grains, de sable, de chlorite granulée et d'une prodigieuse quantité de coquilles........ 3m,50

2.° (Assise moyenne.) Calcaire blanc, assez tendre, formé de lits séparés par de la chaux carbonatée farineuse ; il renferme dans ses dernières assises les mêmes coquilles que le banc n.° 1 ; mais il n'est point friable comme lui, ne contient pas autant de sable, et ne renferme que très-peu de fer chloriteux, tandis qu'il contient des miliolites en abondance.... 3,10

3.° Calcaire tendre, blanc jaunâtre, renfermant des empreintes rhomboïdales alongées, qui ressemblent à des feuilles. 1,00

4.° Calcaire très-tendre et même friable, contenant des veines jaunâtres, formées d'une pâte grossière de coquilles brisées.. 0,70

5.° Calcaire plus dur et plus grossier que le précédent, miliolité.. 0,40

6.° (Assise supérieure.) Calcaire (*roche*) jaune, dur, surtout vers le milieu, quoique à grains grossiers, très-coquillier.. 1,20

7.° Calcaire dur, jaunâtre, très-coquillier, séparé du précédent par un filet de marne argileuse feuilletée............ 0,15

8.° Calcaire moins dur, très-peu coquillier............ 0,12

A reporter.... 10,17

de type de description, et donner une idée des variations minéralogiques des bancs successifs.

A Grignon il est célèbre par la prodigieuse quantité de coquilles qu'il renferme et par leur parfaite conservation. La couche la plus coquillière repose sur un calcaire grossier, assez solide, quoique grenu et sableux, ren-

---

Report....	10,17
9.° Calcaire très-friable, se divisant en feuillets perpendiculaires, renfermant des masses dures et quelques bivalves...	0,60
10.° Calcaire gris, assez dur, fragile dans sa partie inférieure, coquillier....	0,60
11.° Calcaire jaunâtre, assez compacte, presque point de coquilles, quelques miliolites....	0,22
12.° Calcaire pétri de cérites et d'ampullaires, dur ou friable.	0,92
13.° Calcaire à grains fins, assez compacte, argileux et fissile dans sa partie inférieure, à cassure conchoïde dans sa partie moyenne, peu coquillier....	0,25
14.° Calcaire jaune, un peu rougeâtre, dur dans sa partie supérieure, composé d'une pâte de coquilles brisées......	0,30
15.° Calcaire dur, très-compacte, en lits minces, ondulés, renfermant quelques coquilles entières dans son milieu et beaucoup de coquilles brisées à sa face inférieure....	0,05
16.° Calcaire dur et compacte, avec dendrites et cérites.	0,15
17.° Marne calcaire, composée de bas en haut : 1.° de rognons ovoïdes pesants ; 2.° de masses blanches comme crayeuses ; 3.° remplie d'un lit inégalement renflé de marne calcaire dure, avec quelques cérites....	0,25
18.° Marne calcaire assez compacte, mais fragmentaire ; les fissures couvertes d'un enduit jaunâtre et de dendrites noires ; ce banc est divisé en quatre lits et séparé du précédent par une veine d'argile....	0,90
19.° Marne calcaire, friable, tendre, assez fissile.......	0,10
20.° Marne calcaire grise, friable, poreuse, renfermant quelques cérites et quelques bivalves....	1,00
Total des bancs calcaires coquilliers...	15,51

Au-dessus se trouvent 3 mètres d'alternances de marnes calcaires, argileuses ou sableuses, sans coquilles.

fermant également beaucoup de coquilles, et, en outre, du fer chloriteux granulaire. Ce banc, qui représente l'assise inférieure, forme la base du sol de Grignon, et on le découvre dans les excavations. Au-dessus se trouve le calcaire grossier, jaunâtre, grenu, sableux, friable et sans consistance, où se trouvent les coquilles pêle-mêle, quelquefois par amas ou filons; elles y sont bien conservées, faciles à détacher, et se rapportent à plusieurs centaines d'espèces. Ce banc a cinq à six mètres; il est recouvert par un banc tendre, à grains fins, moins coquillier, renfermant des feuilles et des tiges de végétaux, et qui doit se rapporter à ce que nous avons appelé le banc vert. Viennent ensuite des couches tendres et fissiles, à lucines, un banc dur (cliquart), à cérites, dont la partie supérieure a fourni quelques cyclostomes et potamides.

Les couches du calcaire grossier sont sensiblement horizontales. Cependant on a constaté des différences de niveau, qui rendent très-probable quelques mouvements postérieurs à leur consolidation. A l'appui de ce fait on peut citer des failles de quelques décimètres, qui occasionnent des différences de niveau sensibles dans les couches, et qui sont ordinairement remplies de marne argileuse d'un brun foncé. Ces petites failles sont visibles, par exemple, dans plusieurs carrières derrière Bicêtre; elles sont très-bien connues des carriers, qui assurent qu'elles suivent des directions constantes, et qu'elles ont porté généralement sur les mêmes bancs.

Angleterre. La formation tertiaire inférieure présente autour de Londres des caractères un peu différents de ceux que nous venons de décrire autour de Paris, plutôt sous le rapport minéralogique que sous celui de la subdivision et de la position. On voit de même la craie se dégager de dessous ces couches tertiaires et former autour d'elles une ceinture de collines, dont les premières appartiennent à la craie blanche, les plus éloignées au grès vert, auxquelles succèdent les divers étages jurassiques: de telle sorte que de Londres au pays de Galles ou à Snowdon on a une coupe disposée comme celle de Paris aux Vosges ou à Avallon, et qui n'en différerait que par le développement inégal des formations qui apparaissent successivement au jour, et la suppression de quelques-unes. Les subdivisions naturelles des couches tertiaires des environs de Londres sont: 1.° un dépôt arénacé, qui se rapporte à l'argile plastique; 2.° l'argile de Londres, qui représente le calcaire grossier; 3.° une assise arénacée peu développée et désignée sous la dénomination de sables de Basghot.

Argile plastique. Bien que la première assise tertiaire ne soit représentée en Angleterre, et surtout aux environs de Londres, que par des sables et cailloux roulés, on y trouve cependant des couches ou plutôt des masses argileuses lenticulaires, irrégulièrement stratifiées, qui sont souvent exploitées et qui ont fait maintenir la dénomination d'argile plastique. Cette assise arénacée, qui renferme des débris organiques, en grande partie marins, et dans laquelle on a trouvé en plusieurs points des indices de lignites, repose sur la surface inégale et accidentée de la craie; elle annonce que l'action des eaux mises en mouvement porta d'une manière plus immédiate sur les environs de Londres que sur ceux de Paris, où n'arrivèrent la plupart du temps que les matières tenues en suspension. Cette hypothèse est en partie confirmée par la nature de cette même assise dans l'île de Wight, où elle est très-développée. La proportion des matières argileuses y est déjà beaucoup plus grande, et la présence des lignites est encore une analogie de plus avec l'argile plastique parisienne. (1)

---

(1) D'après M. Webster, on voit dans la baie dite *Alun-bay*, s'appuyer successivement contre les couches verticales de la craie :

	mètres.
Sables verts, rouges et jaunes	18
Argile d'un bleu foncé, avec grains verts et nodules de calcaire noirâtre à cythérées, etc.	60
Alternances de sables	98
Alternances de sables diversement colorés et d'argiles blanche, jaune, grise ou noire, contenant vers le milieu trois lits de lignites et cinq dans la partie supérieure. Ces lits ont 2 à 3 décimètres d'épaisseur	165
Couches de silex roulés, noirs, englobés dans un sable jaune, recouvertes par une argile noirâtre, analogue à l'argile de Londres.	

Argile de Londres.

L'argile de Londres, qui forme le trait principal du terrain, est une argile bleuâtre, brunâtre ou noirâtre, souvent un peu effervescente et passant à la marne, quelquefois sableuse; elle contient des lits de concrétions calcaires, désignés sous le nom de *septaria*, et quelques bancs de grès. Cette assise est caractérisée par un grand nombre des fossiles du calcaire grossier parisien, entre autres le *cerithium giganteum*, et bien qu'il n'y ait pas identité complète, cependant la comparaison des listes de fossiles et la position géognostique ne permettent pas de douter que ces deux assises, si différentes sous le rapport minéralogique, ne soient équivalentes. L'argile de Londres se distingue du calcaire grossier par la présence beaucoup plus fréquente des débris végétaux. Plusieurs de ces débris, que l'on trouve enveloppés de concrétions calcaires, sont forés par de petits coquillages marins. Les substances accidentelles sont des nodules calcaires; la baryte et la chaux sulfatées; des pyrites.... La puissance de l'argile de Londres subit de grandes variations; suivant MM. Phillips et Conybeare, elle n'est que de 23 mètres à un mille à l'est de Londres; dans Saint-James's-Street, elle est de 71, et elle s'élève jusqu'à 212 à High-Beeck.

Les sables de Basghot recouvrent immédiatement l'argile de Londres en plusieurs points. Ce sont des sables ferrugineux, souvent criblés de grains verts, qui alternent avec des marnes et des argiles feuilletées.

Le sol tertiaire qui constitue les environs de Bruxelles présente plus d'analogies avec le terrain de Londres qu'avec celui de Paris. Néanmoins M. d'Omalius observe que la position géognostique des divers étages n'est pas déterminée d'une manière précise, soit, dit-il, parce qu'ils sont plutôt parallèles que superposés; soit parce que leurs fréquentes interruptions, leur peu de puissance, l'abondance des dépôts meubles, le développement de la culture, la répétition des mêmes roches dans des positions différentes et l'absence de corps organisés dans quelques-unes de ces roches, y rendent cette détermination plus difficile. L'étage le plus inférieur que l'on ait observé, est une marne argileuse, bleuâtre ou noirâtre, renfermant des rognons et des bancs de calcaire marneux analogues aux *septaria*, et se rapprochant par ses caractères de l'argile de Londres, plutôt que de l'argile plastique. Au-dessus de cette marne, un mélange irrégulier de principes siliceux et calcaires constitue un étage dont les caractères sont variables. Le calcaire est jaunâtre ou grisâtre, d'une solidité peu constante; sa texture grossière passe, comme dans le calcaire parisien, à la texture compacte; il constitue des rognons et des masses englobées dans les parties meubles, plutôt que des couches régulières. Les

Environs de Bruxelles.

principes siliceux venant à dominer, le calcaire passe au grès effervescent, et le calcaire sableux au sable siliceux.

Au-dessus de l'assise calcaire commencent des alternances exclusivement siliceuses que M. d'Omalius a désignées sous les noms de grès fistuleux avec silex, grès blanc et grès ferrifère. Les grès blancs forment, dit-il, au milieu des sables, des bancs, des blocs mamelonnés ou des rognons; tantôt ils sont friables et se réduisent facilement en poudre, tantôt ils sont fortement agglutinés et passent au quartz compacte et au silex : ils deviennent fistuleux en prenant des formes tuberculeuses et ramifiées, qui donnent l'idée d'une précipitation autour de tiges végétales, et l'on trouve en effet que leur axe présente une forme de tuyau vide ou remplie. Les rognons passent au silex, qui forme le noyau intérieur, tandis que l'enveloppe extérieure est à l'état de grès. Les grès blancs sont fréquemment veinés de jaune et de rougeâtre, et passent ainsi aux grès ferrugineux, très-répandus, notamment autour de Louvain. L'oxide colorant est quelquefois si abondant, que le grès a pu être exploité comme minerai de fer.

France septentrionale.

La formation tertiaire inférieure, considérée isolément sur trois points, Paris, Londres et Bruxelles, présente dans sa composition des différences assez notables pour faire douter de l'équivalence des divers étages, si l'on ne trouvait dans la continuité un motif tout-à-fait déterminant. En effet, nous avons vu l'élément argileux former le trait caractéristique de cette formation aux environs de Londres, tandis que les principes sableux dominent autour de Bruxelles, et que l'élément calcaire est le plus développé tout autour de Paris : mais M. Élie de Beaumont a reconnu la continuité qui existe entre ces trois centres distincts.

Si des environs de Gisors et de Chaumont on se dirige vers Épernay, en passant par Beaumont-sur-Oise, Clermont en Beauvoisis, Nesle, Ham, la Fère, Laon, Craone et Rheims, on marche, dit-il, sur la limite de deux contrées assez distinctes. On laisse à droite de cette ligne courbe une vaste étendue de calcaire grossier, non recouvert, formant des plateaux élevés, terminés par des pentes rapides; et sur la gauche une suite de plateaux généralement beaucoup plus bas, qui, lorsqu'ils ne présentent pas à découvert la surface de la craie ou la tranche des terrains carbonifères et ardoisiers de la lisière des Ardennes, ne sont formés le plus souvent que par un dépôt meuble, qui fait continuité avec la formation supérieure qui recouvre une partie de l'intérieur de la France. Mais au milieu de ces plateaux moins élevés surgissent des tertres plus ou moins étendus, formés de grès et de sables, analogues à ceux qui affleurent souvent à la base des plateaux de calcaire grossier de la droite. Ces tertres sont restés comme des témoins de la prolongation primitive de la formation tertiaire inférieure.

Les grains chloriteux disséminés qui caractérisent une grande partie de ces sables (Nesle) et leur liaison avec les grès (Valenciennes, Arras, Maubeuge....) établissent en quelque sorte la connexion entre les dépôts de Belgique et de Paris; tandis que la présence des argiles et des lignites (entre Holnon et Marteville, Soisonnais) rappellent les dépôts de Londres et d'Alun-bay. A Condé, les sables sont tellement ferrugineux, qu'ils sont exploités comme minerai de fer, et c'est de même dans les lambeaux tertiaires que se trouvent les minerais de fer dits d'alluvion, qui s'exploitent en un grand nombre de points des Ardennes.

Les lignites du Soissonnais, dont la position géognostique est long-temps restée incertaine, paraissent également fixés dans la formation qui nous occupe. Ainsi, lorsqu'on va de Péronne à Saint-Quentin, en passant par Holnon et Marteville, on trouve, à partir de la craie: 1.° un sable quartzeux, parsemé de grains verts et contenant des concrétions ferrugineuses. 2.° Une série de couches argileuses très-minces, rouges, jaunes et noires, que l'on reconnaît, dit M. de Beaumont, pour le rudiment d'une couche de lignite; elles sont surmontées par une argile verdâtre schistoïde, qui rappelle assez bien les caractères des fausses glaises aux environs de Gisors. Au-dessus de ces fausses glaises l'on rencontre sur le tertre du bois de Vermand une nouvelle couche argileuse, à empreintes végétales, noire, tachante, pyriteuse et d'une saveur stiptique : c'est une véritable terre vitriolique. 3.° L'assise argileuse et ligniteuse est enfin recouverte par trois ou quatre mètres d'un sable argileux, avec rognons de calcaire dur, contenant des nummulites, des coquilles turriculées : ce sable fait déjà partie du calcaire grossier. D'après cette coupe, on voit que les lignites de la France septentrionale correspondraient à ceux d'Alun-bay. M. Prévost a cité, il est vrai, dans les lignites pyriteux exploités en beaucoup de points du Soissonnais, des coquilles anomales; mais la présence de ces coquilles s'explique parfaitement par le travail où ce même géologue a montré comment les embouchures avaient formé tant de dépôts anomaux en alternances avec les dépôts marins.

La succession des sables, des argiles à lignites et des calcaires que l'on observe sur le pourtour extérieur de la région occupée par le calcaire grossier, en montant de n'importe quelle dépression où la craie affleure, sur n'importe quel plateau, est, dit M. de Beaumont, très-remarquable. Ces alternances, beaucoup plus constantes que l'argile plastique proprement dite, qui ne forme souvent que des dépôts isolés, placés dans les dépressions accidentelles de la craie, constituent un des meilleurs horizons géognostiques que présente la partie inférieure des dépôts tertiaires au nord-est de Paris. Du reste, les affleurements des lignites qui sont en beaucoup de points à la surface du sol, s'expliquent en ce que les couches supérieures pourraient avoir subi une dénudation par suite de mouvements postérieurs. Ainsi la craie se relève abruptement près de Compiègne pour former les coteaux de Marigny, et la hauteur qu'elle y atteint est en rapport avec le relèvement du calcaire grossier qui constitue le plateau élevé et les flancs abruptes du mont Ganélon. Ce relèvement est comparable à celui qui amène la craie au jour dans le bassin de Beaumont-sur-Oise et Chambly, et dans la vallée de Vigny. Or il est remarquable, dit M. de Beaumont, que ces trois points sont alignés dans une direction qui va rejoindre les volcans des bords du Rhin, et se trouve parallèle à la direction des Alpes du Valais : ils semblent ainsi se rapporter à un mouvement simultané du sol.

Bassin de la Gironde.

Le bassin de la Gironde présente dans sa partie inférieure, immédiatement au-dessus de la craie qui apparaît en Saintonge, des alternances de calcaire grossier tout-à-fait analogue au calcaire grossier parisien; surmontées par des calcaires moellons très-coquilliers, qui paraissent identiques, zoologiquement et chronologiquement, aux faluns de la Touraine et de la Loire. Il y a une liaison assez graduelle entre les calcaires et les faluns, de sorte que l'on était resté dans l'incertitude sur la position de la ligne de démarcation. M. Desmoulins a subdivisé l'ensemble du terrain en deux étages, le plus inférieur assimilé au calcaire grossier parisien, l'autre aux faluns de la Loire; divisés chacun en deux assises toujours distinctes, malgré les analogies de fossiles, et n'alternant jamais ensemble.

L'assise la plus inférieure du calcaire grossier est représentée par les calcaires des derrières de Blaye, qui passent sous la Gironde et ressortent à Pauillac, Saint-Estèphe, et dans le bassin Médoc. On y trouve entre autres fossiles, le *cerithium giganteum*, caractéristique des couches inférieures du calcaire parisien. L'assise supérieure supporte la citadelle de Blaye: c'est un calcaire pétri de miliolites. Quelques géologues ont encore attribué au calcaire grossier parisien ce que MM. Desmoulins et Deshayes regardent comme l'assise inférieure des faluns; savoir: le calcaire grossier de la Roque et de la rive droite de la Garonne, qui contient, il est vrai, des fossiles du calcaire grossier parisien, mais en bien plus grand nombre ceux des faluns ordinaires, et surtout des faluns bleuâtres de Dax; enfin, certaines parties de l'assise tout-à-fait supérieure, qui contiennent à Bordeaux même des crassatelles: mais M. Dufrénoy a confirmé par des observations géognostiques la subdivision que M. Deshayes avait établie uniquement d'après la comparaison des coquilles. En effet, la suite des collines qui bordent la rive droite de la Gironde, depuis Marmande jusqu'à Blaye, présente plusieurs coupes dans lesquelles le calcaire grossier parisien est séparé des faluns ou molasses coquillières, par une épaisse formation de calcaire d'eau douce, la même, ajoute-t-il, qui recouvre presque tout le département de Lot et Garonne.

Vicentin. Les terrains tertiaires des environs de Vicence empruntent une physionomie toute particulière du mélange de leurs couches avec des roches basaltiques et des vackes qui les ont traversés et bouleversés; ce qui leur a fait donner le nom de *calcaréo-trappéens*. La roche tertiaire dominante est le calcaire. Ce calcaire est tantôt grossier, tantôt compacte ou grenu, blanchâtre, gris ou jaunâtre, il renferme de nombreux corps organisés marins (coquilles et poissons) et quelquefois des végétaux en partie charbonnés.

Au val Néra, à Monte-Viale, à Ronca, les roches calcaires et trappéennes, dit M. Brongniart, sont en quantité à peu près égale. Dans le premier point, la stratification est horizontale et les roches alternent régulièrement. Dans les deux autres, les roches commencent à se mêler et les bancs à s'incliner. A Montecchio-Maggiore, le terrain trappéen est dominant, et le calcaire mêlé avec lui n'y est plus représenté que par des fragments et par les coquilles qui lui sont propres; circonstances qui portent à supposer des altérations considérables. A Bolca c'est le contraire; le calcaire est dominant et forme des collines très-élevées; il abonde en coquilles (nummulites, avicules, cérites, turritelles....). Les collines de Bolca sont composées vers leur base de roches trappéennes, qui semblent surgir d'un calcaire d'apparence jurassique qui supporte le sol tertiaire; puis se montrent, soit par alternances, soit par superposition immédiate, des couches nombreuses, puissantes et étendues d'un calcaire souvent compacte ou marneux, dont les plus hautes sommités sont recouvertes par des lambeaux basaltiques. Les calcaires marneux, jaunâtres, feuilletés, sont célèbres par la grande quantité d'empreintes de poissons qu'ils contiennent. Ces poissons, d'une conservation parfaite, diffèrent généralement des espèces actuellement vivantes.

Gallicie, Podolie.

Parmi les dépôts tertiaires de l'Europe orientale, ceux de la Gallicie sont surtout remarquables par le gypse et le sel gemme qu'ils renferment, et quoique leurs rapports avec ceux du bassin de Paris ne soient pas encore complètement déterminés, on sera frappé des analogies qui existent entre les termes inférieurs des deux séries.

Dans la Gallicie et la Podolie, le terrain tertiaire commence par des grès, dont les plus inférieurs contiennent des lignites. Ces grès à lignites, d'après les recherches de M. Lill de Lilienbach, sont plus ou moins argileux, ordinairement un peu effervescents : c'est le quartz et plus rarement l'argile qui prédominent; ils sont caractérisés par des lits puissants de lignite et par de l'ambre disséminé. L'ambre se trouve dans les couches les plus argileuses en petits fragments angulaires ou en plus grosses masses jaune pâle ou rouge brunâtre. Ces grès inférieurs sont le plus souvent recouverts au nord du Dniester; ils affleurent dans la contrée de Lemberg.

Au-dessus des grès à lignites, M. Lill distingue le groupe des grès supérieurs; groupe qui comprend des grès calcaires ou quartzeux, des agglomérats, des sables coquilliers et des marnes argilo-sableuses. Ces grès calcaires, siliceux et argileux, sont fins ou compactes, plus rarement grossiers et passent aux agglomérats; ils sont quelquefois divisés en feuillets un peu micacés, et leurs couleurs sont le gris, le jaune, le verdâtre. Les fossiles sont principalement concentrés dans les marnes argilo-sableuses et les grès calcaires; ce sont entre autres plusieurs espèces de cérites, des trochus, des lucines, des vénéricardes.... La stratification des couches est généralement horizontale dans les plaines, surtout lorsqu'elles sont recouvertes par les étages supérieurs; mais vers le bord des Carpathes, où elles gisent sur le grès, elles sont souvent inclinées et contournées. Du reste, les divers membres de ce groupe peuvent se subdiviser en deux assises : l'une est composée de grès calcaire et quartzeux, de lits peu épais de sables et d'agrégats calcaires; elle existe dans le bassin de la Gallicie et de la Podolie, au nord du Dniester, en lits horizontaux, et liée d'une part aux grès à lignites, de l'autre aux calcaires supérieurs : l'autre partie offre les mêmes couches arénacées calcaires et quartzeuses, quelquefois remplies de débris du grès carpathique, et en outre des masses d'argile marneuse, bleue ou grise, ainsi que de puissantes couches de sable coquillier; elle gît en stratification discordante sur le grès carpathique, au pied nord-est de la chaîne, depuis la Bukowine jusqu'à Wieliczka.

Cet étage est couronné par un calcaire grossier, caractérisé par les fossiles du grès. Ce calcaire est souvent sableux, oolitique ou globulaire, terreux, grenu ou compacte, renfermant çà et là des fragments angulaires de silex corné, de l'argile smectique, du spath calcaire et quelquefois des grains verts. Les couches sont généralement horizontales, à l'exception d'un bouleversement, qui a dérangé celles du mont Czecin, près de Tshernowitz. Ces calcaires forment une grande partie de la surface du sol. En Podolie, ils donnent lieu à des plaines ou à des collines à cimes aplaties. Dans la Gallicie occidentale ils constituent aussi des collines douces, des cavités alongées; mais vers le sud, sur le Dniester, et au nord, sur le bord des plaines sableuses de la Volhynie, les hauteurs deviennent plus considérables et forment une ceinture autour des plaines alluviales. Autour de Lemberg, sur le bord des plaines sablonneuses de Brodi, les hauteurs ont également des formes prononcées et se lient à celles qui règnent le long des plaines semblables de la Pologne: cet étage constitue encore les groupes de collines qui, des environs de Zaleszczyky en Bukowine, s'unissent à une autre série, allant du Dniester par Werboutz et Wasloutz jusqu'au Pruth, le long des frontières russes et sur la limite de la Moldavie.

L'étage du calcaire grossier est souvent recouvert par un calcaire compacte, à cassure esquilleuse ou conchoïde, et contenant des coquilles inégalement disséminées, la plupart marines et quelques-unes d'eau douce (vénéricardes, modioles, cérites, lymnées, paludines.....). Ce calcaire représente les derniers dépôts marins modifiés par des affluents.

Des masses de gypse cristallin, lamelleux ou grenu, apparaissent sur le calcaire tertiaire, le long du Dniester, dans la partie occidentale du bassin de la Podolie et de la Gallicie. En général, dit M. Lill, la sélénite domine; cependant il est rare qu'elle forme seule des masses considérables, elle s'unit à du gypse compacte, quelquefois mélangé de sable. Le gypse tertiaire de la haute plaine de la Podolie est plutôt par amas que par bancs, et l'on y voit rarement des signes de stratification; il ne se distingue guère des gypses de la craie que par sa position géognostique. Près de Zaleszczyky, par exemple, on les voit reposer sur le calcaire tertiaire.

Les masses de sel gemme exploitées dans la Gallicie, paraissent également, d'après les recherches de M. Boué, appartenir toutes aux argiles et grès que nous avons indiqués au-dessus du grès à lignites. Le plus célèbre de ces gisements est celui de Wieliczka, reconnu sur une longueur de 2560 mètres; une largeur de 1066 et une profondeur de 281. L'on y distingue trois assises. La première, caractérisée par la présence du sel vert qui renferme de l'anhydrite : cette variété de sel est remarquable par l'hydrogène un peu carboné qu'elle contient à la manière de la houille, et qui se dégage avec décrépitation, lorsqu'on la dissout. La seconde assise présente du sel compacte, plus pur, en rognons, blocs et amas, contenant des nids de lignite et des débris de coquilles. Plus bas encore, la troisième assise abonde en amas de sel lamelleux, très-pur, accompagné de soufre, de lignite à odeur de truffes. La roche dominante, dans laquelle ces diverses variétés de sel sont comprises, est une marne argileuse, gris bleuâtre ou rougeâtre, imprégnée de sel, et qui, dans la partie inférieure, passe au grès et à des agglomérats, contenant des cailloux roulés de granite et du calcaire jurassique du pays. Les roches les plus inférieures qui aient été reconnues dans les mines, sont des schistes alunifères, dont la présence concorde avec celle des cailloux roulés, pour indiquer la fin du sel. Les puits salifères situés au pied nord des Carpathes, ont paru à M. Boué étayer l'âge tertiaire de ces masses de sel, le grès carpathique ne paraissant postérieur au système argilo-sableux, dans lequel elles se trouvent, que parce qu'il a été porté à des niveaux plus élevés.

Formation supérieure.

La formation tertiaire supérieure comprend des dépôts beaucoup plus étendus que la précédente, et devra par la suite être subdivisée au moins en deux autres; mais l'impossibilité où l'on est encore d'en rapporter les nombreux gisements à des types déterminés, et d'établir la série chronologique de tous ces éléments, nous a décidé à laisser subsister cette grande formation comme une série d'étages, dans laquelle la science déterminera par la suite des lignes de démarcation plus tranchées.

Plutôt que de hasarder une classification éphémère, nous nous contenterons donc d'indiquer les faits chronologiques qui pourront conduire par la suite à cette classification.

Ce qui nous reste à décrire du bassin de Paris, ne présente pas en effet une série complète, aux étages de laquelle on puisse rapporter les divers gisements que comprend cette formation; elle n'en représente que la partie inférieure, et lors même que l'on y comprend les dépôts tout-à-fait superficiels, qui constituent les *faluns* de la Touraine et de la Loire, il reste encore à surajouter beaucoup d'autres dépôts marins ou lacustres qui sont d'une époque postérieure. Ainsi nous pouvons assimiler à la formation supérieure parisienne les terrains lacustres de la France centrale, où nous retrouvons en un point des indices de la formation gypseuse. Les puissants dépôts des molasses et Nagelflue de la Suisse nous présentent une suite d'étages, dont les parties supérieures sont peut-être plus récentes que les faluns de la Touraine; car plusieurs faits semblent indiquer que les parties inférieures ne correspondent qu'aux meulières parisiennes. Les dépôts des collines subapennines constituent une série analogue; les faluns de Bordeaux, ceux de Dax que la conchyologie indique comme plus récents, les dépôts cités dans la vallée de l'Èbre, sur le plateau de la Vieille-Castille, se rapportent seulement aux termes les plus supérieurs.

Mais il existe encore des dépôts plus récents que tous ceux que nous venons de citer; dépôts qui indiquent surtout la nécessité d'une formation supplémentaire. Ceux de la Bresse, décrits par M. Élie de Beaumont et représentés en stratification discordante sur les molasses, ceux du val d'Arno supérieur, ceux de Castelarquato, d'Œningen, seront les types de l'époque tertiaire la plus récente. Peut-être y devra-t-on rapporter une partie de ceux qui ont été décrits en France, sur les bords de la Méditerranée, par M. Marcel de Serres; en Afrique, par M. Rozet.

Environs de Paris.

La succession des dépôts tertiaires qui, aux environs de Paris, se rapportent à la formation supérieure, se subdivise au moins en quatre étages géognostiques : le *calcaire siliceux*, étage entièrement d'eau douce; l'étage *gypseux*, dont la partie inférieure est également d'eau douce, tandis que la partie supérieure, exclusivement composée de marnes, est marine; l'étage marin des *sables* et *grès;* enfin celui d'eau douce des *meulières* et *marnes* supérieures. On peut encore ajouter à cette série les *faluns* de la Touraine et de la Loire, dont la formation paraît en connexion avec le bassin de Paris, et constitue un dernier étage marin. Ces alternances de dépôts marins et d'eau douce peuvent faire supposer au premier abord des bouleversements intermédiaires considérables et très-multipliés, qui auraient successivement placé une même contrée au-dessus et au-dessous du niveau de la mer. Cette supposition n'est cependant pas nécessaire, et nous nous contenterons de citer les conclusions de M. Prévost, qui pense que le bassin de Paris était alors un grand lac salé, traversé par des cours d'eau volumineux, venant alternativement de la mer et des continents, et qui ont produit des enchevêtrements marins et lacustres. Cette hypothèse de M. Prévost n'est que l'extension d'un fait positif qui s'est déjà présenté à plusieurs reprises, l'intercalation de couches fluviatiles dans des étages marins; fait qui ne peut s'expliquer, ainsi que nous l'avons dit, que par l'effet d'affluents.

Calcaire siliceux.

Le calcaire siliceux est composé d'alternances de calcaire blanc, finement grenu, et d'un calcaire dur, compacte, blanc jaunâtre, qui est intimement mélangé d'une forte proportion de silice. Cette dernière variété est souvent caverneuse; à cavités irrégulières, mais néanmoins plus étendues dans le sens de la stratification que dans le sens vertical, à parois déchiquetées et quelquefois tapissées de quartz cristallin ou stalactitique; elle renferme des coquilles d'eau douce. Le calcaire siliceux repose sur le calcaire grossier; mais il s'est principalement développé là où le calcaire grossier l'est peu; de telle sorte que leur puissance est toujours en raison inverse.

Il semble, d'après ce qui a été dit sur l'horizontalité formée des dépôts sédimentaires, qu'il en résulte une discordance réelle, puisque les conditions de sédimentation ont été déplacées : mais les causes génératrices de cet étage n'ont pas été régulières, et on peut le regarder, d'après les relations géognostiques, exprimées dans la coupe générale (pl. VIII) comme susceptible de se développer, de manière à éliminer l'étage gypseux. Il arrive même (Montereau) que le calcaire siliceux repose immédiatement sur l'argile plastique, et il semble, dès-lors, que son dépôt aurait commencé en ces points pendant la formation du calcaire grossier, de telle sorte que cette influence sédimentaire se serait prolongée depuis le calcaire siliceux de Montereau jusqu'aux meulières de la Ferté-sous-Jouarre, c'est-à-dire, depuis la partie inférieure du calcaire grossier jusqu'à la partie supérieure de l'étage gypseux.

Le calcaire siliceux constitue au sud-est de Paris un vaste plateau, qui n'est interrompu par aucun autre terrain, et où le calcaire marin est presque entièrement éliminé. Au N.-O., la vallée de la Marne en forme la limite naturelle jusqu'à Amboise, d'où il va gagner en ligne droite la vallée de la Seine, qu'il suit depuis Villeneuve-Saint-George jusqu'à Draveil ; à l'ouest il a pour limite la vallée d'Orge jusqu'au-delà d'Arpajon : là il s'enfonce sous les sables de la Beauce, et on le retrouve en descendant du côté d'Orléans dans la vallée de la Loire. La craie le termine près de Nemours, Montmirail, etc....

A l'est de La Chapelle, près Crécy, une colline assez élevée présente des alternances de marne calcaire blanche, dure ou friable; de calcaire fin, compacte, en bancs peu épais et interrompus, d'un aspect jurassique; et de silex disposés en lits interrompus mais parallèles, dans des marnes feuilletées, à cyclostomes, qui contiennent de la magnésite. Il est remarquable de voir en ce point la matière calcaire et la matière siliceuse séparées, tandis que la plupart du temps elles sont fondues ensemble. Ce même fait se représente à l'ouest de Coulommiers. Près de cette ville, sur la route de Paris, une colline dirigée N.-S. présente une coupe d'environ 9 mètres dans cette même formation, où l'on voit alterner avec des bancs assez puissants de marnes sans coquilles, blanches et homogènes ou jaunâtres, tantôt très-calcaires et un peu siliceuses, tantôt un peu argileuses, tendres et même friables; des silex disséminés dans des marnes à cyclostomes et de la magnésite plus ou moins colorée, suivant qu'elle est plus ou moins pure, mais quelquefois très-blanche et semblable à celle de Castellamonte près Turin; de Vallecos, près Madrid; de Salinelle, près Montpellier; de Houbricth en Moravie et de Kiltschik en Natolie, désignée sous le nom d'écume de mer et employée à la fabrication de pipes (1). Il est à remarquer que dans tous ces gisements, de même qu'à Coulommiers, elle se présente associée aux silex.

Les escarpements de Champigny sur le bord de la Marne, sont parfaitement disposés pour l'étude du calcaire siliceux. Il y est représenté par une grande épaisseur de masses calcaires compactes, réunies par des infiltrations de calcaire spathique, de quartz cristallin, de silex et calcédoine diversement colorés. Ces silex et calcédoines ont été employés comme sardoines pour la gravure en camées. La roche calcaréo-siliceuse est compacte, et fournit, comme dans presque toute l'étendue du plateau, une excellente chaux.

La rive droite de la Seine de Saint-Ouen à Saint-Denis, présente une coupure dans le calcaire d'eau douce. Dans sa plus grande épaisseur, près Saint-Denis, cette coupe est composée : d'environ vingt lits de marne argileuse, calcaire, sableuse, gypseuse, renfermant des concrétions sphéroïdales calcaréo-gypseuses, assez compactes, et au-dessous, des lits alternatifs de calcaire compacte, de marnes blanches, friables, avec bulimes, cyclostomes et limnées, qui contiennent en outre des

(1) La magnésite parisienne, analysée par M. Berthier, a donné :

Magnésie......	24,0
Silice..........	54,0
Eau...........	20,0
Alumine.......	1,4

silex ménilites, des silex blonds, avec lames gypseuses. On y a même trouvé des ossements de mammifères, attribués à un palæothérium.

L'étage gypseux consiste en alternances de couches de gypse et de marnes argileuses ou calcaires. Il forme depuis Meaux jusqu'à Meulan, Triel et Grisy, sur une longueur de plus de vingt lieues, une bande large d'environ six lieues, dirigée du S.-E. au N.-O., et composée de collines alongées dans le sens de la vallée de la Seine. Ces collines ont un aspect particulier, en ce qu'elles semblent des masses isolées et indépendantes, superposées aux plateaux calcaires. Étage gypseux.

Cet étage se compose de deux assises très-distinctes : l'assise gypseuse proprement dite, caractérisée par le gypse et par des débris d'animaux terrestres; l'assise supérieure, exclusivement composée de marnes, et qui présente au contraire des débris de coquilles marines. Ces deux assises se montrent toujours ensemble, et leur développement simultané, leur liaison, conduisent à les regarder comme déposées dans les mêmes eaux, quoique sous des influences très-différentes. La superposition de l'étage gypseux au calcaire grossier ou siliceux, a été constatée en beaucoup de points; il paraît, disent MM. Cuvier et Brongniart, qu'il s'est déposé tantôt à nu sur un sable coquillier marin, et dans ce cas les assises inférieures renferment quelques coquilles marines; tantôt sur un fond de marne blanche, renfermant beaucoup de coquilles d'eau douce, et au-dessous de laquelle on arrive, soit au calcaire grossier marin, soit au calcaire siliceux d'eau douce.

L'*assise gypseuse* dans la partie centrale, qui est la plus développée, se subdivise en deux masses de gypse : la masse inférieure est composée d'alternances multipliées de marnes, et de bancs peu épais de gypse plus ou moins saccharoïde et souvent cristallin. Les marnes sont ou calcaires et solides, ou argileuses et très-feuilletées : les premières contiennent souvent ces gros cristaux jaunâtres, lenticulaires, dont les fragments constituent ce que l'on appelle la chaux sulfatée en fer de lance; les marnes argileuses, feuilletées, indélayables, renferment quelquefois des tubercules siliceux, désignés sous le nom de silex ménilite. D'autres variétés sont au contraire un peu délayables; mais alors elles cessent d'être feuilletées et deviennent compactes; telle est la marne d'un gris marbré, qui sert de pierre à détacher, où l'on commence à trouver des rognons épars de strontiane sulfatée. Cette première masse gypseuse contient des squelettes et des os de poissons; on l'a quelquefois subdivisée en deux parties, parce que les bancs de gypse, qui sont d'abord très-minces et peu nombreux, deviennent plus fréquents et plus puissants à mesure que l'on s'élève.

La masse gypseuse supérieure est très-remarquable par sa puissance, qui atteint en quelques points jusqu'à vingt mètres; il n'y a qu'un petit nombre de couches de marnes. Le gypse y est tantôt finement saccharoïde, tantôt composé de petits cristaux lenticulaires de plusieurs millimètres, accolés et fondus comme par l'effet d'une cristallisation confuse. Les premiers bancs que l'on rencontre en allant de bas en haut, présentent souvent des infiltrations siliceuses, tantôt concentrées en amas, tantôt en petits lits alternants; de sorte que dans les exploitations on voit des blocs qui présentent des bandes successives de silex blanc jaunâtre, opaque, et de gypse. Les bancs intermédiaires sont les plus puissants; le gypse y est en quelque sorte massif et souvent divisé en gros prismes informes que l'on désigne sous le nom de hauts piliers. Enfin, les bancs les plus superficiels, que les ouvriers appellent chiens, sont peu puissants, pénétrés de marnes, avec lesquelles ils alternent. Les marnes finissent alors par s'isoler, et leurs alternances calcaires et argileuses forment une épaisseur plus ou moins considérable au-dessus du gypse : on y a trouvé dans les premières couches, qui sont blanches, des lymnées et des planorbes, analogues à celles qui vivent actuellement, et l'une d'elles a présenté des troncs de palmiers silicifiés. Au-dessus de ces marnes blanches sont des marnes calcaires et argileuses, sans fossiles, qui forment la transition à l'étage des marnes marines supérieures au gypse.

La masse gypseuse supérieure est celle qui renferme une quantité si prodigieuse d'ossements de quadrupèdes jusqu'alors inconnus, de débris d'oiseaux, de crocodiles, de tortues terrestres et d'eau douce, et de plusieurs genres de poissons. Les mammifères que les travaux de M. Cuvier ont rendus si célèbres, tels que les palæothériums, les anoplothériums, etc...., la caractérisent spécialement, de sorte qu'on pourrait la distinguer par le nom d'*ossifère*, de la masse inférieure.

Assise marneuse. Au-dessus des marnes blanches à coquilles d'eau douce, se trouvent, avons-nous dit, des marnes colorées, sans fossiles. Ces dernières conduisent à un banc d'une marne jaunâtre, feuilletée, d'environ un mètre d'épaisseur. Sa partie inférieure renferme des rognons de strontiane sulfatée, et au-dessus un lit mince de coquilles bivalves que MM. Cuvier et Brongniart ont rapportées au genre Cythérée, et qu'ils ont reconnu sur un espace de plus de dix lieues de long, sur plus de quatre de large, toujours dans les mêmes relations géognostiques et avec la même épaisseur. Il sert de limite entre les marnes d'eau douce et les marnes marines; car toutes les coquilles que l'on trouve au-dessus, sont marines, telles que des cérites, des trochus, des vénus, des cardiums, des huîtres, etc...; on y trouve en outre des débris de poissons, dont l'un a été reconnu analogue à la raie. Ces marnes sont tantôt vertes et argileuses, quelquefois employées pour la fabrication des briques et de la faïence grossière, et contiennent des rognons de strontiane sulfatée; tantôt jaunâtres; tantôt calcaires et blanchâtres. On a trouvé dans ces dernières des bancs d'huîtres collées ensemble, comme elles le sont dans la mer, et, par conséquent, dans la position où elles avaient vécu. L'assise se termine par une masse plus ou moins épaisse de sables argileux et sans coquilles, qui la lient avec l'étage des sables micacés et grès marins qui vient au-dessus.

L'étage gypseux peut être étudié dans toute la longueur de la bande que nous avons indiquée; mais, ainsi que nous l'avons dit, il n'y a que les collines centrales (Montmartre, Chaumont, Montmorency....) qui présentent les deux masses de gypse; celles des bords et des extrémités (Clamart, Bagneux, Antoni, le mont Valérien, Grisy, Chelles, Triel) ne présentent qu'une masse, qui, d'après sa puissance et la présence des ossements de mammifères, est la masse supérieure. Quelquefois l'étage marneux manque presque entièrement (Versailles, Saint-Cyr, Viroflay....); d'autres fois c'est le gypse qui disparaît ou qui se réduit à un lit très-mince (Meudon, Ville-d'Avray....). La butte du Montmartre, par son isolement, par les nombreuses exploitations qui y sont ouvertes, et sa position centrale, peut être considérée comme le point le plus favorable à l'étude.

Sables et grès marins supérieurs.

Cet étage de sables et grès, caractérisés par des coquilles marines, est une troisième position où l'on peut rencontrer des sables et grès marins. En effet, des sables se sont déjà présentés au-dessus des argiles plastiques (sans compter la petite couche qui sépare ordinairement l'argile pure des argiles à lignites ou fausses glaises); ils appartiennent à la partie inférieure du calcaire grossier, et quelquefois ils empiètent tellement sur le calcaire que leur puissance dépasse vingt mètres. Ces premiers sables, souvent désignés sous le nom de *sables verts* (1), sont plus ou moins effervescents et caractérisés par des grains de chlorite plus ou moins abondants. La partie supérieure du calcaire grossier est également susceptible de se silicifier et de passer aux sables ou aux grès; les grès et sables de Beauchamps en sont un exemple. Enfin, la formation spécialement quartzeuse à laquelle nous

(1) Nous aurons occasion de revenir encore sur les sables, notamment ceux de l'argile plastique et les sables verts, en traitant des courants d'eau souterrains, dont ils sont le gisement. (Tome II des Puits artésiens.)

arrivons, est remarquable par sa puissance et son étendue.

Les sables et grès marins supérieurs se composent de sables et grès siliceux, subdivisibles en deux variétés. Dans la partie inférieure ce sont très-souvent des sables jaunâtres, rougeâtres, finement micacés, analogues aux sables des attérissements; qui passent ensuite à un sable blanc, pur, très-recherché dans les arts, notamment pour les verreries. Le développement de ces sables purs est presque toujours le prélude des grès de la partie supérieure; lesquels sont tantôt très-durs, tantôt sableux et grenus, et spécialement employés au pavage. La partie supérieure de ces bancs de grès est quelquefois imprégnée de calcaire, notamment lorsqu'ils sont recouverts par le calcaire d'eau douce supérieur. Les sables micacés représentent un terrain de transport, tandis que les sables et grès purs représentent plutôt un terrain de précipitation chimique, formé par voie de cristallisation confuse.

Les couches sont très-épaisses et très-irrégulièrement stratifiées; accidentellement elles se réduisent à des lits très-minces et même disparaissent, parce qu'outre qu'elles ont été déposées sur un fond inégal, la dénudation superficielle les a profondément morcelées. Les couches arénacées inférieures sont assez souvent mélangées de fer hydroxidé, d'argile et de mica; l'on n'y voit point de coquilles en bancs, et dont la conservation puisse faire supposer qu'elles aient vécu en place; mais en plusieurs points, notamment aux environs de Villers-Coterets, on en trouve qui sont roulées, et dont les espèces sont analogues à celles du calcaire grossier. Quelquefois elles sont agglutinées et passent à des grès. Ces couches arénacées se voient principalement au-dessus de Meudon, Bellevue, Montmorency, Sanois, Fontenay-aux-roses, etc. On peut, à cause de la rareté des coquilles et de leur état évidemment roulé, appeler cette partie, grès et sables sans coquilles (sous ce point de vue on doit y rapporter tout le sol de la forêt de Fontainebleau). La partie supérieure, tantôt à l'état de grès pur, mais friable et rougeâtre (Montmartre), tantôt à l'état de grès rougeâtre argileux (Romainville, Sanois), tantôt calcaréo-siliceux (Nanteuil-le-Haudoin), contient au contraire des coquilles marines assez variées, qui se rapprochent un peu de celles qui se trouvent dans les marnes supérieures au gypse. Ce sont des cérites, des mélanies, des pétoncles, des crassatelles, des cythérées....; de telle sorte que cet étage marin, qui a commencé par des marnes, qui passe ensuite aux sables et grès siliceux par des sables argileux (partie supérieure de Montmartre), présente aussi, sous le rapport des débris organiques, un ensemble assez complet.

Les sables et grès marins sont très-peu variés dans leurs caractères, et le point de leur développement le plus étendu comme le plus intéressant sous le rapport des exploitations, est le sol de la forêt de Fontainebleau. C'est un grès blanc et homogène, alternant avec des sables blancs; et qui se présente souvent sous la forme d'énormes blocs mamelonnés, à surfaces arrondies et tuberculeuses, englobés dans des sables. Ces masses paraissent bien évidemment le produit de précipitation chimique; elles présentent quelquefois des cavités remplies de sables, où se trouvent des groupes de cristaux rhomboédriques de ce même grès quartzeux, blanc et pur. Ces cristaux appartenaient à la chaux carbonatée, qui a été éliminée par le quartz en cristallisation confuse. Le grès de Fontainebleau se trouve souvent en masses arrondies et disloquées, qui sont entassées les unes sur les autres; ce qui provient de ce que les couches tuberculeuses et les blocs ayant été déchaussés du sable qui les accompagnait, se sont disloqués et ont roulé au bas des coteaux, où ils s'entassaient. Il est curieux de rapprocher de ce sable si pur, si évidemment produit chimiquement; le sable siliceux presque aussi pur, mais micacé, de Meudon et des Champeaux près Montmorency, évidemment produit mécaniquement. On voit ainsi deux roches presque identiques, résulter de deux origines très-différentes : le mica seul est là pour les distinguer et rappeler l'origine arénacée des dernières; car bien qu'il soit assez souvent à peine perceptible, il est quelquefois si abondant qu'on exploitait le sable micacé qui supporte la forêt de Marly (Herbeville, Feucherolles), pour le vendre aux papetiers sous la dénomination de poudre d'or.

Meulières et marnes supérieures.

Ce dernier étage ne se distingue, disent MM. Cuvier et Brongniart, de l'étage moyen d'eau douce, que par sa position géognostique au-dessus des sables et grès marins, et leur distinction serait très-difficile d'après les autres caractères; il est cependant représenté le plus souvent par des meulières et des sables argilo-ferrugineux, qui alternent avec des marnes verdâtres, rougeâtres ou blanchâtres. Les meulières caverneuses rougeâtres sont les plus communes. Les variétés blanchâtres ou bleuâtres sont les plus estimées; elles ne renferment pas de corps organisés, et se présentent en blocs très-irréguliers et peu continus; elles se distinguent du calcaire siliceux de Champigny et de la Ferté en ce qu'elles ne contiennent ni quartz cristallin, ni calcédoine mamelonnée.

Au-dessus de ces meulières sans fossiles on ne trouve souvent rien que la terre végétale, ou bien le terrain alluvien. D'autres fois on y voit encore des silex ou des marnes et calcaires qui renferment des coquilles d'eau douce ou d'autres débris de corps organisés non marins. Les silex sont tantôt pyromaques; tantôt jaspoïdes (Triel); tantôt cariés et à l'état de meulières, qui se distinguent des meulières précédentes par une texture plus compacte et par des débris organiques abondants (Montmorency, Saint-Cyr, Sanois, etc.). Ce sont des lymnées, des planorbes, des hélices, des cyclostomes..., et de petits corps ronds cannelés, connus sous le nom de gyrogonites, qui ne sont autre chose que des graines de chara, plante qui croît dans les lacs actuels dont les eaux sont peu profondes. Le calcaire d'eau douce supérieur, caractérisé par ces mêmes fossiles, est blanc ou gris jaunâtre, tantôt tendre et friable, comme de la marne et de la craie, tantôt solide, compacte, à grains fins; quelquefois le calcaire se mélange avec la silice (Charenton, plaine de la Trappe...), et il en résulte une pierre cariée, composée de silice caverneuse, pénétrée de marne et de calcaire.

M. Brongniart a remarqué dans le calcaire d'eau douce supérieur, de fréquentes cavités cylindriques, irrégulières, dirigées de bas en haut, quoique sinueuses, et qui représentent assez bien les traînées qui seraient produites par des bulles de gaz, se dégageant d'un fond vaseux et traversant une masse pateuse.

Ce dernier étage d'eau douce se trouve principalement au sommet des collines et des plateaux. Quand il existe vers le fond des vallées, il est généralement recouvert par le terrain alluvien. Dans les plaines étendues, il est quelquefois représenté par le calcaire marneux ou compacte, avec noyaux siliceux (la Beauce, Melun, Fontainebleau, etc.); mais sur le sommet des collines gypseuses, on ne trouve le plus souvent que les silex et la meulière (Triel, Montmorency...).

Faluns de la Touraine.

Les *faluns*, dépôts arénacés marins, qui couvrent une partie de la Touraine et de la Loire inférieure, forment le dernier étage de ce bassin, et semblent le dernier produit des eaux chassées de la dépression parisienne, déjà comblée. Ce sont tantôt des roches sableuses, renfermant une multitude de coquilles, la plupart brisées, mais parmi lesquelles il en est de très-bien conservées; tantôt une sorte de macigno, où dominent les principes calcaires, contenant également des coquilles, et que l'on exploite dans les environs de Doué, Savigné, Rennes, Nantes...., sous le nom de *grison*. On a trouvé dans ces diverses couches, dont l'épaisseur est généralement au-dessous de 10 mètres, des ossements de mammifères, parmi lesquels se trouvaient encore des débris de palæothérium. Nous reviendrons sur ces faluns en indiquant les caractères généraux de tous les terrains qui paraissent se rapporter à peu près à la même époque.

Les étages tertiaires supérieurs ne sont représentés en Angleterre que dans des localités très-circonscrites. Dans l'île de Wight, il existe une formation d'eau douce, subdivisée en deux étages par un dépôt marin intermédiaire, que l'on a désigné sous le nom de formation marine supérieure, l'identifiant ainsi aux sables marins qui séparent les deux étages d'eau douce du bassin de Paris. Angleterre.

Les géologues anglais distinguent donc : 1.° l'étage d'eau douce inférieur, représenté par des alternances de calcaire coquillier, de calcaire siliceux, de marnes blanches et de sables (Binstead, N.-O. de l'île de Wight), dans lesquels on a trouvé des indices de palæothérium, etc.; 2.° l'étage marin supérieur, composé de calcaires et de marnes, qui contiennent à la fois des débris marins et fluviatiles; 3.° l'étage d'eau douce supérieur, représenté par des marnes blanches et jaunâtres. L'épaisseur totale des trois étages est d'environ trente mètres; ils paraîtraient, suivant les observations de M. de la Bèche, s'être déposés dans un lac que les eaux marines auraient atteint par suite de perturbations intermédiaires. M. Webster a rapporté les argiles et les marnes vertes et bleuâtres, caractérisées par des coquilles d'eau douce, des gyrogonites...., de la côte de Hordwel dans le Hampshire, à l'étage lacustre inférieur de l'île de Wight.

Le *crag* des Anglais est un dépôt arénacé, analogue aux faluns de la Touraine, si ce n'est que les couches sableuses, ferrugineuses, et même les agglomérats de galets, y dominent. Ce dépôt se trouve dans les comtés de Norfolk, de Suffolk et d'Essex; il a fourni un grand nombre de coquilles marines et de débris de mammifères, qui se rapprochent plus généralement des espèces vivantes que dans les faluns; ce qui semble leur assigner un âge plus récent.

Bassin du Puy en Vélay.

La participation des eaux douces à la génération des dépôts tertiaires a eu lieu, non-seulement par l'influence de courants fluviatiles dans des eaux marines; mais aussi isolément et dans des lacs très-étendus. L'intérieur de la France nous présente ainsi une série de bassins tertiaires d'eau douce qu'on ne peut guères considérer comme ayant été en communication, et que MM. Prévost et d'Omalius ont considérés comme s'étant successivement épanchés les uns dans les autres. Ces bassins sont en effet étagés le long des vallées de la Loire et de l'Allier, suivant une pente toujours croissante jusqu'à ceux du Puy en Vélay et du Cantal. Celui du Puy, décrit par M. Bertrand de Doue, est le seul qui puisse être mis en connexion avec les terrains de Paris, parce qu'il présente un petit étage gypseux qui reproduit les mêmes caractères zoologiques que le gypse de Montmartre.

Les dépôts tertiaires du bassin du Puy sont contenus dans une coupe granitique, dont leurs lambeaux, plus ou moins morcelés, souvent recouverts et perturbés par les roches volcaniques, occupent le fond. L'étage le plus inférieur se compose de couches puissantes d'argiles et de marnes d'un gris bleuâtre, sans fossiles. Ces argiles sont souvent sableuses et rougeâtres vers leur contact avec le granite, et l'on voit près du village de Brives leur formation continuer en quelque sorte par la décomposition spontanée du granite. Il semble d'après ce fait qu'on doive les attribuer à une décomposition très-prolongée, dont les résultats auraient été purifiés et stratifiés par les eaux. Ces argiles sont exploitées pour la confection des tuiles, carreaux et poterie grossière. Au-dessus se trouvent en plusieurs points des alternances marneuses, contenant des débris de coquilles d'eau douce, et quelquefois remarquables par une grande quantité de silex jaspoïdes et résinites en blocs disséminés (Saint-Pierre-Eynac). L'étage gypseux qui succède à l'étage marneux n'occupe qu'un espace extrêmement circonscrit. Il se compose dans la partie inférieure du Mont-Anis, qui est le point principal de son développement, de trois bancs de gypse, dont la puissance varie de 2 à 12 décimètres, et qui sont séparés par des marnes argileuses bleuâtres : ces marnes s'isolent à mesure que l'on s'élève; ce sont d'abord des marnes massives, contenant des particules de fer sulfuré et des cristaux de gypse ou du gypse fibreux; puis des marnes fissiles. On a trouvé dans le gypse des restes de palæothérium, et dans les marnes, des bulimes et des lymnées. L'étage gypseux est enfin surmonté de calcaire plus ou moins marneux, à lymnées, planorbes, cyclostomes...., dans lequel on a trouvé des débris de tortues et d'anthracothérium.

Le bassin du Cantal ne présente pas l'étage gypseux, et l'on y distingue successivement, de bas en haut, des argiles sans fossiles, des marnes calcaires ou argileuses, et des calcaires.

Bassin de la Limagne. Le bassin de la Limagne, qui s'étend tout le long de la vallée de l'Allier, à partir de Brioude; présente aussi, sauf l'étage gypseux, une composition analogue à celle du bassin du Puy, mais sur une échelle beaucoup plus développée. L'étage inférieur est généralement argilo-sableux: les premières couches consistent en sables ou grès, passent au grès calcarifère et quelquefois à l'arkose, et se lient par alternances à un développement argileux, composé de marnes différemment colorées. L'étage supérieur se compose de calcaires blancs ou jaunâtres, compactes ou grenus, passant fréquemment au calcaire marneux friable. Les couches supérieures renferment souvent des blocs concrétionnés, dont l'intérieur présente des tubulures attribuées à des animaux analogues aux larves des friganes, d'où est venue la dénomination de calcaire à friganes.

Ces dépôts tertiaires sont de plus en plus cachés par les dépôts alluviens, à mesure que l'on descend la vallée de l'Allier; aussi ce n'est qu'en la remontant qu'on peut observer la succession des couches. Les alternances sableuses et argileuses que l'on voit d'abord à découvert dans les coupures principales représentent l'étage inférieur; à mesure que l'on s'élève, l'on voit ensuite surgir des collines calcaires, qui sont très-multipliées dans toute la partie basse du département du Puy-de-Dôme. Aux environs de Clermont, les calcaires d'eau douce sont souvent noircis par du bitume; ceux qui environnent les pays de Crouelle et de la Poix, en sont totalement imprégnés. Les fossiles sont presque entièrement concentrés dans l'étage calcaire : ce sont des lymnées, des planorbes, des hélices, des paludines, des cypris faba. MM. Jobert et Croiset y ont trouvé des ossements d'anoplothérium, d'anthracothérium, d'hippopotame, de tortue, de crocodile, etc.

Molasse et nagelflue de la Suisse.

La grande vallée qui sépare les Alpes du Jura, présente un immense développement de roches conglomérées, qui se prolongent dans les plaines de la Bavière. Ces roches consistent en alternances de *nagelflue*, de *macignos* et *molasses*, qui passent à l'argile, au calcaire et au grès, et dont les alternances s'élèvent quelquefois à des hauteurs considérables sur les flancs des Alpes. Sur les pentes jurassiques des Alpes de la Souabe, à Giengen, à Ulm, les molasses se trouvent à cent mètres au-dessus de la vallée du Danube; en Suisse, le mont Rigi, par exemple, qui est composé de nagelflue, s'élève à 1900 mètres. La partie inférieure de ces dépôts tertiaires peut être regardée comme correspondante aux grès, peut-être aux meulières du bassin de Paris; mais les débris organiques, qui sont concentrés dans certaines couches de grès supérieurs, appelés pour cette raison *Muschelsandstein*, assigneraient à cette partie un âge bien plus récent : ce sont des bucardes, des vénus, des peignes, des cérites, des turritelles, etc., des ossements d'éléphants, de rhinocéros, d'antilopes, de cerfs, d'hyènes, etc.

Cette composition des dépôts tertiaires de la Suisse en roches conglomérées, dont les couches sont souvent bouleversées, leur donne une physionomie toute particulière. La partie inférieure se compose principalement de molasses. Ces molasses, composées d'un mélange variable de sable, de calcaire et d'argile, sont généralement tendres, en assises très-épaisses, la stratification n'étant guère indiquée que par l'intercalation de bancs subordonnés de grès coquillier, de calcaire fétide ou d'argile.

On y trouve peu de corps étrangers, si ce n'est des nodules calcaires disséminés suivant les plans de stratification du calcaire spathique, et quelques cristaux de gypse. La molasse la plus répandue est grise, jaunâtre ou verdâtre, et souvent employée comme pierre de construction; les couches supérieures alternent avec des nagelflue, qui les couronnent et forment les principales sommités; car les molasses ne s'élèvent guère au-delà de 800 mètres.

Dans sa partie inférieure, la molasse suisse contient un système de calcaire fétide, de marnes et de lignites, où l'on trouve des coquillages d'eau douce et des ossements de mammifères. Ce système lui semble subordonné, de sorte que l'on serait tenté d'y voir l'effet d'affluents d'eau douce analogues à ceux qui, dans la formation tertiaire inférieure, ont charié les lignites du Soissonnais, plutôt qu'une formation isolée et un état particulier de la contrée. Ces lignites présentent souvent une grande ressemblance avec la houille; ils sont exploités à Horgen, dans le canton de Zurich, et en beaucoup d'autres points.

Le nagelflue, qui forme l'étage supérieur de ce puissant dépôt, est principalement composé de fragments arrondis de calcaire, de grès, de quartz compacte, réunis par un ciment de molasse et quelquefois exclusivement calcaire. A Salzbourg, non-seulement le ciment est calcaire, mais tous les fragments le sont également; néanmoins le plus souvent on a un mélange de diverses roches, et même il s'y mêle en un grand nombre de points des blocs, qui peuvent aller jusqu'à plusieurs mètres cubes, de roches dures anciennes, telles que des granites et des porphyres. Le plus souvent l'agglutination de tous ces éléments n'est pas très-considérable; mais quelquefois le gravier qui sert de ciment devient tellement cohérent, que la roche est susceptible de poli, et que les blocs et les fragments les plus durs se brisent plutôt que de se détacher. La stratification est très-peu sensible dans les nagelflue; on ne peut guère la saisir que lorsqu'elle est indiquée par des lits intercalés de marnes ou d'argile. Cette roche, étant supérieure aux molasses, constitue la plus grande partie des collines de la Suisse; ses pentes sont généralement assez douces, mais elle donne lieu cependant à des escarpements abruptes, où l'on peut en étudier tous les détails.

Collines subapennines. Les dépôts tertiaires qui s'étendent au pied des Apennins, d'où est venue la dénomination de collines subapennines, représentent, avec des éléments très-différents, une période analogue à celle des molasses suisses. La distinction des étages est même encore plus prononcée. L'étage inférieur se compose d'alternances marneuses, grisâtres et bleuâtres, où se trouvent un grand nombre de coquilles, dont l'ensemble annoncerait une époque presque équivalente à celle des faluns. Les couches sableuses, superposées à ces marnes bleues, présentent, outre des coquilles encore plus proches des espèces actuelles, des ossements de mammifères, tels que des éléphants, des rhinocéros, des cerfs, etc., qui les placent parmi les dépôts les plus superficiels que nous ayons vus jusqu'ici.

La série des dépôts supérieurs à la dernière formation d'eau douce parisienne, c'est-à-dire que l'on peut assimiler et superposer aux faluns, semble constituer une marche graduelle et par oscillations successives vers l'ensemble de l'état continental actuel; tandis que le terrain alluvien, auquel nous arriverons bientôt, représente plutôt une marche vers les détails de cet état. La connexion qui réunit tous ces dépôts avait donc conduit M. Desnoyers à les isoler en une formation spéciale, que l'on pouvait appeler *quaternaire;* mais la première distinction à établir, ainsi qu'on le verra plus bas, est au milieu même de ces dépôts, et la ligne géognostique qui les partage est plus prononcée que celle qui les isole. (1)

Dépôts tertiaires postérieurs aux étages parisiens.

(1) Les principaux dépôts, postérieurs aux derniers étages du bassin de Paris, sont ainsi énumérés par M. Desnoyers.

En Angleterre : le *crag*, des comtés de Norfolk, de Suffolk et d'Essex. — En France : les *tufs coquilliers* des marais du Cotentin

Les roches dominantes de ces dépôts sont des agrégats de sables et de graviers quartzeux, coquilliers, plus ou moins grossièrement cimentés par une sorte de gluten tan-

(département de la Manche); de la vallée de la Rance, près Dinan (Côtes-du-Nord); de la vallée de la Vilaine, aux environs de Rennes (Ile-et-Vilaine); de la vallée de la Loire, depuis l'embouchure de ce fleuve jusqu'en Sologne; ce qui comprend la plupart des terrains tertiaires de la Loire inférieure, le *grison* de Doué et autres dépôts des bords du Layon; les *faluns* de la Touraine et beaucoup d'autres lambeaux disséminés. Dans le bassin de la Gironde, les faluns de Mérignac; ceux de Sort et Poyardin, près Dax; ceux de Saint-Sever en partie; les *agrégats calcaires* de Salles, près de Belliet (Landes): dans le bassin de l'Hérault et autres du golfe N.-O. de la Méditerranée, le *calcaire-moellon* de Montpellier, Pézenas, Narbonne et Perpignan; les *sables et graviers* marins subordonnés du sol de Montpellier; les brèches marines à ossements, etc. : dans le bassin du Rhône, la *molasse coquillière* (calcaires coquilliers et madréporiques, grès tertiaire coquillier); les calcaires du Pont-du-Gard, du Plan-d'Arran, d'Arles, de Beaucaire, d'Avignon, d'Orange, de Bolène, de Saint-Paul-trois-châteaux.

En Suisse : dans la grande vallée entre les Alpes et le Jura, la continuation de la *molasse coquillière*, le *Muschelsandstein*, le *nagelflue* supérieur du mont de la Molière, près Estavayer, du Belpberg, des environs de Berne, de Lucerne, de Saint-Gall, etc.

En Autriche : dans le bassin au sud de Vienne, les *salles rouges*, les *tufs calcaires* à coquilles marines et le *nagelflue* supérieur, superposés, comme en Italie, aux marnes bleues; la *brèche* marine à ossements des environs de Bade; les *conglomérats* calcaires du Leithagebirge.

En Hongrie : les mêmes conglomérats de l'autre versant du Leitha, de la plaine de Raab, des bords du lac de Neusiedel, surtout vers OEdenbourg.

En Italie : les *sables rouges*, *agrégats calcaires et ferrugineux* supérieurs à la marne bleue des collines subapennines, surtout dans le Siennois. La plupart des tufs marins et agrégats à polypiers du royaume de Naples, des plaines de la terre d'Otrante, de la Pouille et de la Calabre, jusqu'à Reggio.

En Sicile : une partie des sables et agrégats calcaires coquilliers de Messine, de Palerme, de Syracuse, etc. Enfin, une grande partie des calcaires tertiaires des îles de Malte, de Corse et de Sardaigne.

tôt calcaire, blanc et spathique, tantôt terreux, argileux et ferrifère. Les caractères les plus ordinaires de ces mélanges sont : une texture lâche, poreuse, tuffacée, qui laisse presque toujours distinguer les débris et le ciment; une stratification peu suivie, à moins d'alternances très-hétérogènes; enfin, des débris de coquilles, parmi lesquelles sont un grand nombre d'analogues aux coquilles actuellement existantes, et des ossements de mammifères très-rapprochés de l'organisation actuelle.

M. Desnoyers subdivise ainsi qu'il suit les diverses variétés de ces roches : 1.° des *brèches coquillières à ciment calcaire*. Elles comprennent le calcaire grison de Doué, de Savigné, de Rennes, du bassin de la Loire; le calcaire-moellon des bassins de l'Hérault et du Rhône; la molasse coquillière de Suisse et de Hongrie; le calcaire poreux, interposé dans les sables supérieurs de Pienza et de Castel-Arquato ; les tufs marins du Siennois, de l'Italie méridionale, et en partie du Cotentin. Cette variété est généralement employée partout où elle existe comme pierre de construction. 2.° Des *brèches coquillières à ciment ferrugineux*; tel est le crag solide de l'Angleterre, dont les fossiles ont même dans les couches meubles une teinte ochreuse qui les caractérise; telles sont généralement les couches sableuses des collines subapennines, de Montpellier et de la Loire.

3.° Un *grès* ou *psammite molasse* à grains de quartz et à ciment calcaire (bassins du Rhône et de la Suisse). Ce grès occupe les parties inférieures et appartient plutôt, ainsi que la marne bleue, à la période antérieure. 4.° Des *agrégats de polypiers*, faiblement agglutinés, variété qui se trouve dans presque tous les bassins et ne diffère des précédentes que par la prédominance des polypiers sur les coquilles. 5.° Des *faluns* incohérents, formés de coquilles brisées et de menu gravier; cette variété, qui constitue les couches meubles de l'Angleterre, de la Touraine, de Mérignac, Dax...., fournit la plupart des coquilles des collections. 6.° Des *sables quartzeux*, sans coquilles, soit alternant avec les faluns et les galets, soit tout-à-fait isolés et semblant avoir formé des dunes, des bas-fonds (landes de Dax, de la Touraine, de Norfolk, des collines subapennines). 7.° Des *galets incohérents ou cimentés en poudingues;* ils forment des amas ou des bancs souvent très-puissants et varient suivant la nature des différents bords. Les nagelflue de la Suisse offrent un des meilleurs exemples de ces dépôts. Dans la Touraine, dans l'Hérault, ce sont quelquefois les débris des calcaires d'eau douce; en Angleterre et dans une partie de la Touraine, ce sont les silex de la craie; dans les autres parties du bassin de la Loire et de l'Hérault, dans le Rhône inférieur, l'Italie, la Hongrie, ce sont préférablement des débris du terrain jurassique. 8.° Des *marnes argileuses avec bancs d'huîtres*, qui se trouvent dans presque tous les bassins. 9.° Des *calcaires granuleux et concrétionnés*, dont la structure rappelle assez bien certains dépôts pisolitiques de sources incrustantes et même quelques couches de la formation oolitique (Montpellier, Doué, Leithagebirge, Bade...).

Quelquefois il s'est déposé de véritables couches d'eau douce, qui alternent avec les couches marines ou les recouvrent; telles sont les marnes et les lignites, des sables subapennins, de la Suisse et des Pays-Bas; certains calcaires des environs de Montpellier et de Narbonne; une argile brune à lymnées, du crag d'Harwich : couches qui représentent l'effet des affluents, de même que dans les périodes tertiaires antérieures. (1)

Les variations dans la nature et dans les rapports des sédiments, ont dû exercer la

---

(1) Bien que nous n'admettions pas la subdivision indiquée par M. Desnoyers, les conclusions de son mémoire précisent parfaitement l'état de la question. Nous les transcrivons ici :

1.° Tous les bassins tertiaires ne paraissent pas avoir été contemporains; mais successivement formés et remplis.

2.° Cette succession des bassins a pu résulter de fréquentes oscillations du sol, produites, durant la longue série des terrains tertiaires, par l'influence des agents volcaniques.

3.° Cette différence dans l'époque de formation des bassins pourrait faire distinguer dans les terrains tertiaires plusieurs grandes périodes; les unes stables; les autres transitoires.

4.° Chacune de ces périodes comprendrait des dépôts formés dans la

plus grande influence sur l'épaisseur de ces

---

mer, soit par les eaux marines, soit par les eaux fluviatiles, et des dépôts formés en même temps hors de la mer, par les lacs, par les sources thermales, par les fleuves : les uns et les autres offriraient, suivant les bassins, toutes les variétés possibles de sédiment.

5.° Les bassins de Paris, de Londres, de l'île de Wight, n'offriraient que des dépôts des périodes tertiaires anciennes et moyennes.

6.° Le dernier terrain lacustre de la Seine n'aurait donc point terminé la série de ces terrains. Plusieurs formations, soit marines, soit d'eau douce, lui auraient succédé dans d'autres bassins plus modernes.

7.° Ces formations plus récentes semblent indiquer par leurs fossiles deux périodes au moins, auxquelles on pourrait ajouter, comme étant aussi complète qu'aucune des périodes antérieures, celle dont nous sommes contemporains.

8.° Toutes ces périodes offriraient, par leurs gisements et leurs fossiles, un passage insensible et progressif de l'une à l'autre, de la nature ancienne à la nature actuelle, des plus anciens bassins tertiaires aux bassins actuels de nos mers.

9.° La première des périodes postérieures au bassin de la Seine aurait pour principaux dépôts continentaux les graviers à ossements des brèches, des cavernes et des plateaux ; en un mot, les plus anciens des terrains que l'on a nommés diluviens. Pour dépôts marins elle aurait une formation importante, répandue dans un grand nombre de bassins. (Voir la liste précitée.)

10.° Cette formation, antérieure encore à l'excavation de la plupart des vallées, se distingue des autres terrains tertiaires par la plupart de ses caractères de gisements, de sédimentation et de fossiles. Si plus tard, lorsqu'elle sera mieux connue, elle peut être encore partagée, à l'aide des fossiles, en plusieurs systèmes, ceux-ci ressembleront toujours plus entre eux qu'à aucun autre terrain tertiaire.

11.° Cette formation repose indistinctement et souvent dans un même bassin, sur toutes les formations antérieures. Les couches les plus modernes qu'elle recouvre, sont, dans une partie de la Loire, le dernier terrain lacustre de la Seine ; dans le midi et dans l'Italie, la deuxième formation marine avec laquelle elle alterne aux points de contact, et dont elle semble être la continuation, là où les eaux marines ont séjourné plus long-temps.

12.° Les caractères empruntés au mode de dépôt et aux principaux fossiles de cette formation, indiquent des sédiments formés sous des eaux peu profondes, près des rivages, au milieu de récifs et de bas-fonds, et sous l'influence de nombreux cours d'eau, descendant des terres

dépôts; aussi la voit-on différer de cent mè-

continentales environnantes ; mais ils n'annoncent point une irruption violente et passagère de la mer, puisque des polypiers ont pu vivre dans les anses tranquilles de ces plages, des huitres y former des bancs continus, des corps marins recouvrir les corps terrestres, et des sédiments réguliers se déposer sous forme de sédiments littoraux. Les coquilles, les ossements, les graviers, ne se sont brisés et arrondis que par suite de leurs frottements prolongés sur les rivages. Les mers, en se retirant à la fin de cette période, semblent n'avoir presque laissé à découvert que des bandes littorales.

13.° Les eaux continentales qui entraînaient dans les bassins marins, avec des coquilles et des reptiles terrestres et fluviatiles, les débris de grands mammifères (éléphants, mastodontes, rhinocéros, hippopotames, etc.), en déposaient une partie le long de leur cours avant d'arriver aux rivages, où ces animaux terrestres se mêlaient à de nombreux cétacés et à d'autres corps marins.

14.° Les mêmes courants déposaient sur leurs rives d'abord, puis sur les plages marines, les graviers qu'ils entraînaient des contrées plus élevées. Ces graviers différaient selon les bords des bassins et selon la direction des courants, se mêlaient aux galets des rivages et alternaient avec les dépôts marins; de même que dans les formations tertiaires plus anciennes, des sédiments fluviatiles se sont intercalés au milieu des sédiments marins.

15.° Ces deux sortes de dépôts, marins et continentaux, ne se confondent que sur les limites des anciens rivages. En dehors de ces limites, vers les terres, on ne trouve plus de corps marins mêlés aux ossements des terrains meubles; ce qui affaiblit un des plus forts arguments dont on avait appuyé l'origine marine du diluvium.

16.° Dans la plupart des bassins on peut suivre encore distinctement les limites des anciens rivages que les mers n'auraient pas dépassés depuis le commencement de cette période; il paraît que ce sont d'anciens golfes, d'anciens détroits, des vallées d'un certain ordre, qui pénètrent souvent assez loin dans l'intérieur des continents, mais qui s'ouvrent généralement vers les mers actuelles. Dans la plupart des bassins les dépôts s'abaissent graduellement dans cette direction, depuis les points les plus éloignés où ils atteignent leur plus grand niveau, jusqu'aux rivages, où souvent ils s'enfoncent sous les eaux marines. Cette disposition permet jusqu'à un certain point de reconnaître trois sortes de niveaux dans les terrains marins de cette époque : niveaux de relèvement dans le voisinage des montagnes, niveaux d'affaissement sur le bord des mers, et niveaux vrais, primitifs dans l'intervalle.

tres (collines subapennines) à quelques mètres (crag et tuf du Cotentin). Dans le bassin de la Loire, cette différence est d'un à vingt mètres, et toujours subordonnée à l'éloignement plus ou moins grand des bords, aux irrégularités du terrain inférieur et peut-être à un séjour plus ou moins grand des eaux.

Plaines de la Bresse.

Le dépôt arénacé de la Bresse, décrit par M. Élie de Beaumont sous le nom de terrain d'atterrissement ancien des vallées de l'Isère, du Rhône, de la Saône et de la Durance, est un exemple à citer comme type des dépôts tertiaires les plus récents et qui doivent les premiers être constitués en formation distincte. Dans la vallée de Saint-Laurent-du-Pont (Isère), le terrain jurassique, le grès vert, la craie et la molasse tertiaire coquillière sont en couches inclinées et même verticales, et l'on voit sur la tranche des couches de molasse, aussi bien que sur celle des couches calcaires qui la supportent, s'étendre en un grand nombre de points de grandes masses de cailloux roulés, agglomérés, dont la stratification, quoique peu distincte, n'a évidemment subi aucun dérangement.

Ce dépôt, qui a probablement rempli toute la vallée de Saint-Laurent, n'existe plus, dit M. de Beaumont, que le long des montagnes de la grande Chartreuse, qui bordent cette vallée du côté de l'est; il constitue à leur pied des collines considérables, et semble former une seule assise de plusieurs centaines de mètres, divisée en quelques points en strates irréguliers d'une grande épaisseur. Les cailloux roulés sont de grosseur variable, mais dépassent rarement celle de la tête; on y reconnaît les roches talqueuses des Alpes, et surtout une roche amphibolique qui abonde dans la rangée des cimes primitives qui s'étend du Mont-Blanc à la montagne de Taillefer en Oisans; on y trouve aussi des euphotides, des variolites du Drac, du jaspe rouge, des quartz micacés grenus, des calcaires, quelquefois siliceux, et même du silex, tel qu'il s'en trouve dans les couches jurassiques et les couches crétacées des contrées voisines: le ciment sableux qui réunit ces éléments est souvent assez cohérent pour donner lieu à un poudingue très-solide et qui ressemble, abstraction faite de la nature des cailloux empâtés, au nagelflue de la Suisse; tandis que le ciment, s'isolant, prend aussi l'aspect de la molasse, dont il diffère cependant essentiellement par une époque géognostique postérieure.

Ce grand amas de cailloux roulés, dans le vallon de Roize, près Pomiers, contient un gisement de combustible fossile. C'est un lignite compacte, passant au jayet, qui est intercalé dans une couche terreuse; peu d'échantillons présentent la texture ligneuse. On a reconnu trois couches d'un ou deux décimètres d'épaisseur, séparées par des marnes grisâtres et des grès effervescents; l'on n'y voit aucun indice de ces calcaires fétides qui accompagnent constamment et de si près les lignites tertiaires, de même sans tissu ligneux, de la Suisse et de la Provence.

Ce dépôt arénacé peut être suivi des environs de Saint-Laurent et Voreppe dans toute la Bresse; mais en s'éloignant ainsi du centre de relèvement des molasses, la stratification cesse d'être aussi généralement discordante: on peut néanmoins en voir encore un exemple dans le vallon où se trouve l'ancienne Chartreuse de Saint-Aupre, au N.-E. de Voiron. Les caractères minéralogiques restent toujours constants, et lorsque les dépôts passent aux sables et qu'ils sont peu agglutinés, ils rappellent d'une manière frappante les alluvions actuelles de la Durance, de l'Isère et du Rhône. Le sable, en devenant très-fin, passe à une marne jaunâtre ou verdâtre; quelquefois il est bleuâtre, schisteux, micacé et charbonneux. Tel est celui qui contient les nombreux gisements de lignite des environs de la Tour-du-Pin: cette fois, les lignites se composent de troncs d'arbres aplatis, qui présentent généralement la texture ligneuse; ils diffèrent ainsi des lignites de Pomiers, mais sont presque identiques à ceux qui sont exploités dans les parties adjacentes de la Savoie, à Novalèse, Bisses, Motte-Servolex, à Sonnaz, près Chambéry, lesquels se trouvent dans un terrain de transport de même nature et de même âge.

Dans l'intérieur de la plaine unie de la Bresse on ne peut guère voir de coupes du terrain que dans un petit nombre de vallées qui entament des alternances de marnes, de sables et cailloux agglutinés; mais les vallées du Rhône et de la Saône, qui la comprennent dans l'angle qu'elles forment entre elles, mettent sa composition à découvert en beaucoup de points et sur une grande hauteur. Ainsi, les escarpements du Rhône, depuis l'embouchure de l'Ain jusqu'à Lyon, présentent le terrain tel qu'il est dans l'Isère. A Lyon même le chemin de Saint-Clair à la Croix-Rousse, et d'autres points encore, montrent les parties inférieures composées, comme à la Tour-du-Pin, de sables agglomérés, tandis que les cailloux roulés de la partie supérieure en font un poudingue bien caractérisé. En remontant la Saône de Lyon à Châlons, on voit (Neuville, Genay, Trévoux...) le même terrain venir se terminer sur le bord en coteaux rapides et même en falaises escarpées; une série de collines en indique la continuation sur la rive gauche, jusqu'à Verdun-sur-Saône; puis sur les rives du Doubs, de la Loire et de la Cuisance jusqu'à Dôle.

M. Élie de Beaumont n'a pu suivre la continuité de ces dépôts de la Bresse avec ceux de même nature qui, dans le midi du Haut-Rhin, forment en partie le sol fertile du Sundgau et les plaines ondulées des environs de Dannemarie et d'Altkirch, au milieu desquelles se fait le partage des eaux entre le Rhône et le Rhin. Ce terrain s'élève, il est vrai, à un niveau supérieur de près de deux cents mètres; mais on pourrait attribuer cette différence de niveau à une dislocation postérieure, analogue à celle qui a eu lieu entre les parties septentrionale et méridionale de la Bresse. Près de Mezel cette dislocation se manifeste en effet, non-seulement par un exhaussement de niveau, mais par une disposition très-remarquable des couches, qui se relèvent vers un point central qui est occupé par une dépression. (Planche VIII.)

En résumé, à une époque postérieure au soulèvement des Alpes occidentales de Marseille à Zurich, et par conséquent postérieure au dépôt et aux dislocations des molasses et des nagelflue, la contrée comprise entre Digne et Manosque a présenté une dépression remplie par des eaux probablement douces, dans laquelle s'est accumulé un dépôt de transport très-épais, dont les matériaux venaient en grande partie du sud; dépôt dont la surface, très-probablement horizontale, a été ensuite accidentée.

Val d'Arno supérieur.

Ce vaste dépôt constitue donc une période

postérieure aux molasses et très-probablement à la plupart des faluns; période distincte, isolée entre des perturbations du sol, qui affectent des directions constantes. C'est donc autour de ce terrain que devront se grouper ceux qui constitueront la formation que l'on doit isoler du reste des terrains tertiaires, avant d'en séparer les faluns. Le dépôt de transport du val d'Arno supérieur, récemment décrit par M. Bertrand Geslin, est un des premiers éléments à y rattacher.

Le val d'Arno supérieur est la vallée que suit l'Arno depuis sa source au monte Falterona (sommet de l'Apennin) jusqu'a Florence: espace qui comprend trois bassins successifs; ceux de l'Arrezo, de Figline et de l'Incise. Dans ces trois bassins le terrain est composé de bas en haut: 1.° d'argile bleue, micacée, puissante, avec ossements fossiles et lits de lignite tourbeux; 2.° de sables micacés, jaunes, fins ou grossiers, plus ou moins ferrugineux, avec ossements et coquilles d'eau douce; 3.° de cailloux roulés. Ces couches sont horizontales et ne paraissent pas se relever, même vers les bords du bassin. Les ossements de mammifères y sont déposés plus ou moins régulièrement sur plusieurs plans ou couches, suivant le plus ou moins d'ordre qui a présidé aux dépôts de sables et cailloux roulés. Ce terrain meuble, dit M. Bertrand Geslin, est indépendant, mais peut-être contemporain de celui qui, dans le Plaisantin et le Siennois, recouvre les sables jaunes, tertiaires-marins, supérieurs: celui dont il se rapproche le plus, est le dépôt de transport ancien de la Bresse.

C'est actuellement à ceux qui parcourent les contrées tertiaires les plus récentes, à chercher les dépôts qui doivent être assimilés à ces premiers éléments. Les considérations zoologiques aideront sans doute dans ces recherches; mais elles devront être étayées de connexions géognostiques. Sous ces deux rapports on peut déja citer comme devant probablement prendre place dans cette formation supplémentaire les dépôts d'Œningen et de Castel-Arquato.

TERRAIN ALLUVIEN.

Jusqu'ici les sédiments qui se formaient à la surface des continents n'ont apparu que sous forme de dépôts lacustres plus ou moins étendus, dont le terrain tertiaire, et même à une époque bien antérieure le terrain houiller, nous ont fourni de nombreux exemples. Du reste, l'existence des courants fluviatiles dans les diverses périodes est suffisamment démontrée par la composition des grès et conglomérats, dont les alternances ont comblé les lacs houillers, et par l'influence très-sensible des affluents même dans les mers, comme on l'a vu dans les formations tertiaires. Il est donc à présumer que, si nous ne retrouvons pas ces dépôts, c'est que les matériaux meubles dont ils se composaient, ont été modifiés par les révolutions subséquentes, et que les diverses formations sédimentaires se les sont appropriées et subordonnées. Mais à mesure que les surfaces continentales, qui devaient constituer la configuration actuelle, s'élevaient du sein des mers, les cours d'eaux entreprenaient un travail d'érosion dont les traces ne devaient plus être effacées.

Le terrain *alluvien* ou *diluvien* est consacré à l'étude des dépôts engendrés par ces érosions. Ces dépôts, sous le rapport de leur composition, sont très-uniformes et se rapprochent plus ou moins de ceux qui se forment sous nos yeux: néanmoins un premier examen de leur composition suffit pour démontrer qu'il y en a au moins de deux époques différentes; les alluvions supérieures, qui ne semblent que le résultat des actions érosives actuelles pendant un très-long laps de temps; tandis que les alluvions anciennes se lient à des débâcles, à des perturbations dont nous ne pouvons guère trouver les équivalents dans l'époque actuelle. L'examen des gisements vient à l'appui de cette subdivision; il nous montre l'existence d'alluvions puissantes, non-seulement à des niveaux et sur des étendues discordantes avec le volume d'eau agissant, mais dans des directions souvent opposées à celles que suivent les courants actuels. Enfin, les considérations zoologiques concordent encore avec cette distinction; car les mastodontes, les élans, les aurochs, dont les ossements se retrouvent dans les alluvions anciennes, indiquent qu'il y avait encore un pas à faire pour arriver à l'organisation existante. (1)

Il est peu de contrées qui ne présentent des alluvions que l'on puisse regarder par leur puissance, ou le niveau élevé qu'elles atteignent, par la dimension des blocs et souvent même par leur provenance éloignée, comme anomales à l'état actuel. Ces alluvions présentent en outre, dans les débris organiques des mammifères qu'elles contiennent très-souvent, une concordance qui semble attester leur contemporanéité; d'où est venue l'opinion que les alluvions anciennes résultaient d'une dernière révolution du globe; révolution dont l'action une et simultanée dans toutes les parties continentales, enfanta les alluvions anciennes. Les idées religieuses s'emparèrent de cette opinion et identifièrent cette dernière catastrophe, dont les continents portent l'empreinte, avec la fable du déluge universel des traditions hébraïques.

---

(1) Il est à remarquer que le terrain alluvien, bien qu'il soit le plus rapproché de nous, est celui qui a soulevé le plus de discussions. Il importe, pour bien le juger, de se débarrasser de toute préoccupation religieuse ou systématique, et de n'invoquer une hypothèse que lorsqu'il n'existe pas d'explication plus simple. Ainsi l'on a souvent supposé des irruptions subites de la mer, lorsque rien ne nécessitait ces moyens anomaux. Avant de chercher ainsi une cause tout-à-fait anomale à l'état actuel, il faut toujours examiner si l'action très-prolongée des causes existantes ne suffit pas, et lorsque la puissance du dépôt, et surtout la nature et la dimension des blocs, amènent l'idée d'une catastrophe, il faut regarder autour de soi et suivre le dépôt aussi loin que possible, pour voir s'il n'est pas dû à une débâcle locale.

Nous ne reviendrons pas sur les discussions auxquelles a donné lieu ce rapprochement; la géologie est une science positive, qui s'occupe de faits et ne doit plus être entraînée dans les divagations qui ont pendant longtemps entravé ses progrès; l'hypothèse d'un cataclysme général, générateur des alluvions, peut d'ailleurs être soutenue sans que l'on y rattache aucune idée de connexion avec les traditions religieuses.

Nous avons dit, en décrivant les dépôts tertiaires supérieurs, que ces dépôts semblaient, malgré les analogies de leur composition et de leur gisement, constituer une marche graduelle vers l'ensemble de l'état continental actuel, plutôt qu'une époque de formation simultanée. Cette période supplémentaire sera très-probablement isolée par la suite des terrains tertiaires et constituée en formation quaternaire; mais cet isolement ne peut nullement infirmer le fait de formation successive, indiqué par les éléments zoologiques : ces terrains seront contemporains en ce qu'ils se trouveront tous dans la même période, et cette période se subdivisera en étages successifs. Il semble que les dépôts alluviens soient, par rapport aux détails superficiels de nos continents, ce que les dépôts tertiaires supérieurs sont relativement à la distribution générale des eaux.

En effet, si d'une part les caractères des alluvions ne concordent pas avec les forces agissantes, ni même souvent avec l'hydrographie actuelle, ces caractères ne s'allient pas non plus avec les effets des cataclysmes généraux tels que nous pouvons les concevoir. Ils indiquent un passage très-prolongé des eaux venant des contrées élevées, suivant les pentes actuelles, et concordent bien mieux avec l'exagération des forces agissantes et des débâcles locales, qu'avec un mouvement général de la masse principale des eaux.

Les dépôts alluviens se présentent généralement sous forme de sables et de cailloux roulés, en couches irrégulièrement stratifiées et meubles, sauf l'agglutination accidentelle par un ciment calcaire ou ferrugineux. La nature des roches qui ont fourni les matériaux et la dimension des galets ou blocs qui s'y trouvent, sont les seuls éléments distinctifs de ces dépôts; mais ces éléments, joints à la position géographique des gisements, suffisent pour les caractériser et pour faire reconnaitre leur point de départ.

Vallée de la Seine.

Prenons pour exemple les grandes alluvions qui existent le long de la vallée de la Seine, et dont la largeur atteint jusqu'à plus d'une lieue (forêt de Saint-Germain, bois de Boulogne, Sablonville....). Ce sont des sables et cailloux roulés, principalement quartzeux, dans lesquels se trouvent de gros blocs de calcaire siliceux, de grès de Fontainebleau, dont l'origine méridionale se reconnaît aisément; il y a de ces blocs qui ont plus d'un mètre cube. En détaillant le dépôt dans les nombreuses exploitations dont il est l'objet, on reconnaît de petits noyaux de calcaire compacte lithographique, dont la provenance évidente du terrain jurassique de la Bourgogne annonce un point de départ beaucoup plus éloigné, encore concordant avec les faits actuels, bien que les débris jurassiques ne soient plus perceptibles dans les sables chariés par la Seine. Mais l'on trouve en outre de petites paillettes de mica, des fragments de feldspath, de granite et de syénite, dont on ne peut guère expliquer la venue qu'en faisant remonter le point de départ des eaux bien plus au sud que la source actuelle de la Seine; en effet, un examen plus attentif fait souvent découvrir des galets de granite et de syénite, dont le diamètre dépasse quelquefois $0^m,1$. M. Élie de Beaumont les a en effet reconnus comme identiques aux granites et syénites du Morvan, et a mis leur transport en connexion avec la débâcle des lacs qui devaient exister encore vers le pied des Alpes et dans la Bresse, ainsi que l'attestent les dépôts arénacés qui recouvrent les dépôts tertiaires précédemment décrits.

Vallées du Rhône, de la Durance, de l'Isère, etc...

Les dépôts alluviens des vallées de la Durance, du Rhône et de l'Isère s'étendent des plaines caillouteuses de la Crau (département des Bouches-du-Rhône) aux blocs anguleux des roches alpines qui se trouvent sur les pentes du Jura. En effet, dit M. Élie de Beaumont, pour voir ces deux dépôts se confondre en un seul, il suffit de suivre l'un des deux jusqu'en des points où l'autre existe en même temps : c'est ainsi qu'en remontant les vallées du Rhône ou de l'Isère, on les voit passer de l'un à l'autre et s'identifier.

La Crau, plaine qui n'a pas moins de cinq myriamètres carrés, présente une surface de galets incohérents, dont les sept huitièmes sont quartzeux; l'épaisseur moyenne de ce dépôt est d'environ quinze mètres, et les parties inférieures, agglutinées dans un gravier sableux, constituent un poudingue analogue au nagelflue. Lorsque l'on parcourt la partie orientale de cette plaine, on aperçoit vers le N.-N.-E. une échancrure qui donne passage au canal de Craponne, au pied oriental de l'ancien château de l'Amanon; c'est par cette ouverture que sont arrivés, suivant toute probabilité, les cailloux roulés sur lesquels on marche, et notamment, dit M. de Beaumont, les roches du Briançonnais et de l'Oisans. L'examen de la partie de vallée de la Durance située vers l'entrée de l'échancrure, confirme cette hypothèse.

En effet, à l'ouest de Pont-Royal, le sol de la plaine est composé d'alluvions meubles que l'on peut attribuer à des excursions de la Durance; mais on voit s'élever au milieu de cette plaine des monticules isolés de cailloux roulés. Ces monticules, débris d'un plateau élevé d'environ dix mètres au-dessus de la plaine, et dont on ne peut attribuer la formation aux causes agissantes, sont composés de cailloux roulés, réunis par un sable fin et micacé, et formant un poudingue pareil à ceux qui constituent le fond de la Crau. La nature des cailloux est aussi la même, on y reconnaît des roches serpentineuses analogues à celles du mont Genèvre, des granites à feldspath rose, semblables à ceux du val Louise (Hautes-Alpes), etc..., de sorte que ce plateau représente la continuation de la Crau. De plus, en remontant la Durance, on peut suivre ces alluvions au-dessous et au-dessus du Pertuis de Mirabeau, et les blocs ne variant que dans leurs dimensions, on arrive à conclure avec M. de Beaumont, que les grandes pierres primitives alpines, répandues aux environs de Gap, peuvent être considérées comme appartenant à la partie la plus voisine de son point de départ, d'un vaste dépôt que l'on peut suivre de proche en proche, en descendant la vallée de la Durance. A mesure que l'on descend, les matériaux deviennent de plus en plus arrondis et de moins en moins volumineux, jusqu'à ce que l'on entre dans la Crau, dont la partie orientale n'est autre chose que l'extrémité inférieure du dépôt.

Des faits analogues se reproduisent lorsqu'on remonte la vallée du Rhône à partir de la Crau : les environs de Saint-Remi, d'Avignon, de Châteauneuf, de Montelimar..... présentent des amas de cailloux roulés qui constituent des plaines, des monticules, qui ne sont autre chose que le prolongement de la Crau. Ainsi M. de Beaumont a suivi les dépôts à gros blocs anguleux de roches alpines, à partir de la vallée du Drac jusque dans les plaines caillouteuses des environs de Romans (Drôme) et de Saint-Rambert (Isère); et d'après M. Marcel de Serres, les galets qui couvrent la Crau, cette mer de cailloux, s'étendent, avec une simple diminution de grosseur et sans aucun changement dans leur nature, jusqu'au-delà de Nîmes, de Montpellier, et ne se terminent qu'à la Méditerranée.

Ainsi, dans cette période, les Alpes apparaissent comme point de départ de grands courants diluviens, dirigés dans tous les sens; ces courants ont couvert tout le sol environnant de puissants dépôts arénacés, composés des roches alpines les plus résistantes qui se trouvaient dans leur direction. Les courants actuels ont creusé leur lit dans ces dépôts, de sorte que les alluvions actuelles sont dominées par des monticules et par de longues terrasses formées par les alluvions anciennes, qui se distinguent sous le triple rapport d'un niveau plus élevé, des blocs très-volumineux qu'elles renferment et de la nature de ces blocs.

Ce ne sont pas seulement les vallées du Rhône, de la Durance, de l'Isère, qui présentent ces phénomènes; dans celle de l'Arc, par exemple, M. de Beaumont a signalé les dépôts diluviens en grosses assises obliques, presque au pied du Mont-Cenis, entre Lans-le-bourg et Termignon; dépôts qui se lient avec ceux qui constituent les terrasses qui bordent l'Isère au contact de la France et de la Savoie. Les mêmes faits se reproduisent encore dans les vallées du Drac, de la Romanche, de l'Arve, de l'Aar, de la Reuss, du Rhin, dans celles qui descendent vers les plaines de la Bavière; dans la vallée de la Doire-Baltée, dont l'embouchure dans la plaine du Piémont est dominée de part et d'autre par de puissantes digues de débris; dans toutes les vallées dont les eaux descendent vers le bassin du Pô, depuis le Mont-Viso jusqu'au-delà de l'Adige. Le val d'Aoste et le val Anzasca, qui du pied du Mont-Rose descend vers le lac Majeur, présentent aussi de ces terrasses diluviennes, que leurs lignes horizontales et la manière abrupte dont elles encaissent les torrents, font aisément distinguer, même de très-loin.

Ces nombreux courants, dont les Alpes sont évidemment le point de départ, furent-ils des courants réguliers dont les volumes d'eau devaient dépasser ceux de nos fleuves les plus considérables, en proportion de la différence qui existe entre les dépôts dont nous voyons les restes et les alluvions actuelles; ou bien leur action fut-elle énergique et passagère, telle qu'elle doit résulter de débâcles et d'épanchements plus ou moins prolongés de lacs étagés dans les vallées de fractures et les dépressions des Alpes?

La dernière hypothèse est celle qui concorde le mieux avec les faits. La composition générale de ces dépôts puissants en galets de roches dures, empâtés dans un gravier sableux, indique en effet que les eaux avaient à la fois une grande force d'impulsion et une grande force de suspension; ce qui annonce une course rapide. La présence des énormes blocs dont ils sont souvent accompagnés, et que l'on a désignés sous le nom de *blocs erratiques*, est en harmonie avec cette vîtesse. Il y a de ces blocs qui ont jusqu'à vingt mètres de longueur, dont les angles sont à peine brisés; ils se trouvent surtout sur les pentes qui dominent le lac Majeur et le lac de Come, et appartiennent à la partie supérieure du vaste dépôt diluvien qui forme le sol du plateau faiblement incliné que l'on traverse en allant de Varèze à Milan, et en général de tous ceux de la rive gauche du Pô. Enfin, l'absence totale des débris organiques qui auraient pu se développer même dans des eaux très-rapides, concorde pour annoncer une action vive et presque instantanée.

Au sud-est de Lyon, sur la rive gauche du Rhône, entre la Guillotière et Saint-Fons, se trouve le terrain diluvien caractérisé par les galets de quartz blanc, compacte ou légèrement grenu, schistoïde et un peu micacé, et par d'autres de calcaire compacte gris noirâtre. Les coteaux de Montluel, ceux de la Croix-Rousse et de la Boucle présentent aussi beaucoup de blocs alpins, parmi lesquels M. de Beaumont a aussi reconnu le grès à anthracite et le calcaire de la porte de France, ainsi que des calcaires avec bivalves contournées, dont le point de départ est dans la partie antérieure des Alpes entre Grenoble et Genève. Dans le gravier qui contient tous ces éléments et qui s'isole pour alterner avec eux, on a trouvé à plusieurs reprises des ossements de mammifères. Ainsi, bien que la nature de ces terrains de transport venus des Alpes indique un grand développement de forces mécaniques et une débâcle subite, la période qui les sépare, le dépôt tertiaire de la Bresse, avait dû être assez longue pour donner le temps aux éléphants, aux mastodontes, aux rhinocéros, aux ours des cavernes..., de se développer dans ces contrées.

Avant de quitter les vastes dépôts alluviens que nous retracent les contrées subalpines, insistons encore sur les blocs erratiques qui en forment un des traits les plus curieux. Ces blocs sont généralement de roches dures; leurs angles sont émoussés et leurs faces présentent quelquefois de ces grandes cassures qui indiquent un choc instantané. Bien qu'ils se trouvent préférablement sur des pentes assez fortement inclinées; cependant la plupart du temps leur position est telle, qu'on ne peut supposer leur transport que par l'intermédiaire d'un fluide doué d'une grande force vive. On trouve de ces blocs jusque sur les pentes du Jura, et les vallées qui ont été creusées depuis leur transport, rendent leur position excentrique encore plus surprenante. La planche VIII représente un de ces blocs dessiné par M. de la Bèche, et remarquable par sa forme anguleuse plutôt que par son volume : il est de granite et se trouve sur le flanc septentrional de l'Alpe de Pravolta, à la surface du dépôt alluvien qui couvre les alternances calcaires et dolomitiques du mont San-Primo, dans le voisinage des lacs de Come et de Lecco.

Europe septentrionale : blocs erratiques.

Si nous nous transportons vers l'Europe septentrionale, les phénomènes alluviens prennent une physionomie nouvelle et semblent invoquer des causes plus générales que celles dont nous avons soupçonné l'existence dans les régions subalpines. Les blocs erratiques, dont le transport sur les pentes des Alpes n'avait rien d'inexplicable, y apparaissent en effet bien plus multipliés et dans des positions bien plus anomales : ces blocs, qui ont ordinairement plusieurs mètres cubes et quelquefois pluieurs centaines, se trouvent en quantité innombrable en Suède, en Russie, et généralement dans toutes les plaines basses et sablonneuses qui bordent la mer Baltique, et même la mer d'Allemagne depuis l'Ems et le Weser, jusqu'à la Dwina et la Newa.

Les blocs erratiques ne sont pas irrégulièrement disséminés; ils sont par traînées longitudinales, dont la direction est assez généralement nord-sud. On les voit au milieu des plaines sablonneuses saillir par gibbosités ellipsoïdales; ils semblent ainsi arriver par troupes et suivre, à partir de la Baltique, des lignes qui se croisent quelquefois, mais toujours sous des angles aigus. Ce sont des roches anciennes et dures, telles que les granites, les syénites, les porphyres, les gneiss, etc. : aux environs de Groningue ils sont enfoncés dans le sable, où on les cherche avec la sonde afin de les exploiter ; vers Königsberg il y en a de calcaires à trilobites et orthocères, que l'on exploite également. L'effet du frottement est d'autant moins sensible, que les roches sont plus dures; néanmoins leurs angles sont ordinairement émoussés. La direction de leurs traînées et leur composition représente ces blocs comme venant des montagnes de la Suède : les recherches de MM. Brongniart et

Haussmann concordent pour leur assigner cette origine.

Ainsi, en Suède, les blocs erratiques abondent dans les provinces de Smoland, d'Upland, de Scanie et de Sudermanie, où ils forment des séries de collines dirigées de N.-N.-E. au S.-S.-O., que les Suédois nomment *as*, et dont la disposition linéaire et le parallélisme sont frappants. Traversant la mer, on retrouve les mêmes blocs avec la même direction sur toutes les contrées littorales dans la Zélande, la Poméranie, le Holstein, la Westphalie, etc., et jusque dans le Mecklenbourg.

Les observations de M. de Razoumovsky, qui les a suivis jusques entre Moscou et Saint-Pétersbourg, coïncident tout-à-fait avec ces premières données; il les a vus dirigés du N.-E. au S.-O., minéralogiquement identiques aux blocs scandinaves. Accidentellement, dans l'Esthonie par exemple, les traînées éprouvent des interruptions sur des espaces plus ou moins grands. Ces blocs se trouvent presque constamment dans les plaines élevées; dans la Finlande leur abondance est quelquefois telle, que le pays en est hérissé, et que ce n'est qu'avec peine que l'on est parvenu à tracer des routes forcées de circuler autour de ces amas. Enfin, ils ont été retrouvés, dit-on, en Angleterre et dans les îles intermédiaires, quoique moins volumineux et plus roulés, de sorte que les roches de la Scandinavie semblent avoir été portées par le cataclysme qui les a mises en mouvement jusque dans les comtés de Norfolk, de Suffolk, d'York et de Derby. Les géologues anglais s'accordent pour reconnaître l'influence de grands courants venus du nord. Quelle est donc cette force qui a transporté à de telles distances des blocs qui ont souvent plus de cent mètres cubes? L'imagination recule devant l'émission d'une hypothèse, contentons-nous de citer les conclusions de M. Brongniart, qui les a spécialement étudiés.

1.° Les roches dont proviennent les blocs erratiques appartiennent généralement aux terrains anciens ignés ou sédimentaires; l'on en a reconnu approximativement les points de départ. 2.° Ces blocs sont souvent situés loin des lieux de leur origine, ils en sont même séparés par des vallées larges et profondes, par des mers. 3.° L'époque de leur transport est postérieure ou tout au plus contemporaine des dépôts tertiaires tout-à-fait supérieurs. (1)

---

(1) Bien des hypothèses ont été mises en jeu pour expliquer le transport des blocs erratiques. Une des plus ingénieuses est celle qui nous montre des glaciers septentrionaux, glaciers qui sont chargés de blocs et de débris, disloqués et poussés par des courants nord-sud vers des contrées plus tempérées, où ils se fondaient, déposant dans le fond des eaux les blocs dont ils étaient chargés. Il est certain que ce fait est souvent produit dans l'état actuel des choses par les glaces polaires; mais le phénomène des blocs erratiques est bien difficile à mettre en connexion avec une cause aussi locale. D'autres géologues

Toutes les chaînes, tous les groupes de montagnes semblent avoir déversé les terrains alluviens autour d'eux, de même que nous venons de le voir pour les montagnes de la Scandinavie, et généralement la puissance et l'étendue des alluvions est en raison de la hauteur et de l'étendue des inégalités du globe d'où elles sont parties. Il n'est guère de contrée, quelque éloignée qu'elle soit des chaînes de montagnes, qui ne présente des dépôts alluviens; mais ces dépôts sont irréguliers, défigurés et sans intérêt; il est souvent difficile de reconnaître leur point de départ, parce que les roches quartzeuses sont assez généralement les seules qui aient conservé leur *facies*, et que ces roches se trouvent partout. Mais à mesure que l'on s'approche d'un centre de relèvement, ces alluvions informes et mo- Faits généraux.

ont supposé de vastes torrents d'eau, sortis par les fentes que présentent plusieurs parties de la Finlande. D'autres ont été jusqu'à supposer l'émission par des explosions volcaniques. On voit dans toutes ces explications le symptôme d'une répugnance bien naturelle pour une révolution générale; et en effet, l'inégalité des effets diluviens, même dans des contrées peu éloignées, a toujours paru incompatible avec cette supposition. On ne comprend pas une révolution qui put à peine amener à Paris quelques débris du Morvan, et qui envoie pour ainsi dire une portion de la Scandinavie jusque dans le Mecklenbourg; je ne dis pas jusqu'en Angleterre, parce que l'identité des blocs erratiques du continent, avec les roches scandinaves, repose sur la continuité des traînées, sur la nature minéralogique et même sur les fossiles; or on ne peut révoquer en doute cette identité, lorsque l'on trouve aux environs de Königsberg les calcaires à trilobites, si caractéristiques de la Suède; mais en Angleterre, où les roches assimilées sont des roches cristallines, mêlées avec des roches transportées du Westmoreland, l'identité est contestable.

notones prennent une physionomie spéciale; leur puissance et leur composition deviennent caractéristiques. Les roches ignées, dont nous allons bientôt nous occuper spécialement, jouent un grand rôle dans ces alluvions, parce que ce sont généralement des roches dures et résistantes, et parce qu'elles caractérisent différemment les diverses contrées du globe.

Ainsi les alluvions déversées par les groupes trachytiques et basaltiques ont une tout autre physionomie que celles que nous venons de décrire. Autour de ces montagnes, toutes les roches sont caractéristiques; il est facile de reconnaître à quel point elles appartenaient, fussent-elles dans les positions les plus anomales que l'on puisse imaginer; l'on peut mesurer les forces diluviennes et se rendre compte des phénomènes qui ont présidé à la génération des alluvions. Or, l'on n'a cité en ces contrées importantes aucun fait comparable aux événements diluviens de l'Europe septentrionale : les dépôts sont quelquefois bien puissants, les blocs bien volumineux et bien loin de leur origine; mais il n'est rien que l'on ne puisse expliquer comme dans les Alpes, en combinant des mouvements du sol et les débâcles locales d'eaux chargées de détritus, dont la force d'impulsion pouvait être, ainsi que l'a dit M. de Buch, augmentée en proportion de cette addition à leur pesanteur spécifique. Ce n'étaient plus des eaux, c'étaient des courants boueux et même pâteux, qui pouvaient non plus rouler, mais tenir en suspension et transporter des blocs énormes.

C'est que les inégalités d'un monde encore jeune n'étaient pas taillées pour une hydrographie régulière et paisible. Les eaux s'accumulaient dans les dépressions, s'étageaient sur les flancs de tous les centres de soulèvement; puis lorsque leur érosion et leur pression rompaient leurs digues, lorsque les commotions souterraines leur ouvraient des issues, ces eaux se ruaient en brisant et transportant, et laissaient comme monuments de leur passage non-seulement les dépôts alluviens, mais le sillonnement du sol, l'élargissement des irrégularités primitives, c'est-à-dire les vallées principales et l'introduction à l'hydrographie actuelle.

Les blocs erratiques de l'Europe septentrionale constituent en réalité une anomalie aux phénomènes diluviens des autres contrées; car les effets des Alpes sont en quelque sorte décuplés, quoique les montagnes de la Scandinavie soient moindres : ce ne sont plus seulement des vallées qui ont été creusées depuis le transport des blocs, des mers séparent aujourd'hui ces grands effets observés jusque dans le Mecklenbourg et l'Angleterre, des contrées où en naquirent les causes; ce n'est plus en quelque sorte la débâcle de lacs, c'est la débâcle d'une mer. Quel que soit néanmoins le grandiose des effets, ils ne se refusent pas à être mis en connexion avec une grande débâcle locale. En effet, puisque les dépressions occupées par la mer du Nord, le Sund et la Baltique n'existaient pas, ou du moins étaient à des niveaux plus élevés, les perturbations qui ont déterminé le nouvel état de choses sont donc plus considérables que celles que nous pouvons supposer dans les Alpes. Que l'on jette les yeux sur le massif scandinave, trois ou quatre mille lacs y subsistent encore, comme pour indiquer que la disposition de ce sol à l'accumulation des eaux n'a pas encore été effacée : or, dans une débâcle, il ne faut pas seulement considérer les pentes parcourues, les effets doivent également se proportionner au volume des eaux. L'on se représente des eaux accumulées sur des surfaces très-étendues, lancées vers le sud par des mouvements du sol aussi considérables que ceux qui ont déterminé la formation des bassins maritimes septentrionaux; les pentes à parcourir ne fussent-elles que de quelques centaines de mètres, on ne peut assigner de limites aux effets d'un pareil déploiement de forces. (1)

(1) Les débâcles locales et l'érosion très-prolongée des cours d'eau, tels sont les éléments générateurs des dépôts alluviens. Si l'on veut, en effet, leur assigner une cause générale, universelle, que de négations surgissent ! Ce n'est pas qu'il n'y ait aussi des objections à faire à ces débâcles

Alluvions aurifères et gemmifères.

Lorsque les courants diluviens agirent sur des roches qui contenaient des gemmes, des minerais métallifères, ou des métaux natifs, ces courants effectuèrent un lavage dont l'homme a tiré parti. En effet, les pierres gemmes (diamants, saphirs, spinelles, topazes, zircons, cymophanes...), étant généralement dures, ont pu résister à la trituration beaucoup mieux que la plus grande partie des

---

locales, mais ces objections consistent dans des faits inexpliqués : contre l'hypothèse d'une catastrophe générale et affectant tout le globe, s'élèvent au contraire des faits négatifs. Ainsi, pour en citer un qui est près de nous, ne voyons-nous pas les cônes basaltiques du Vélay et du Vivarais ; cônes à cratères, aux formes délicates, à la composition fragile, qui sont restés intacts, tandis que leurs laves si épaisses, si massives, si résistantes, sont morcelées, hachées par les eaux ? Quelle étrange anomalie aux lois naturelles, si l'examen de la contrée ne nous montrait les cônes à cratères placés généralement vers l'origine des vallées et hors de l'atteinte des débâcles locales, tandis que les laves ont été chercher les eaux et leur prendre leurs vallées : les eaux ont reconquis leurs possessions, leur action lente et sûre a vaincu la brutalité ignée.

Les eaux qui auraient causé tant de perturbations sur les flancs des contrées montagneuses, auraient respecté ces lignes minéralogiques et zoologiques qui nous indiquent d'anciens rivages. En effet certains faluns nous ont montré des rivages anté-diluviens avec leurs dunes, avec les traces des affluents fluviatiles, pour mettre en connexion un mouvement général de la mer et les caractères des dépôts alluviens supposés tout-à-fait contemporains. Il faudrait faire monter graduellement les eaux, puis les faire retirer avec violence ; hypothèse discordante avec une multitude de faits, et notamment avec la nature des corps organisés qui se trouvent dans des dépôts. On ne peut nier que de grands mouvements n'aient eu lieu dans les mers du nord ; mais rien ne peut faire supposer quelque chose d'analogue sur les côtes de France, par exemple ; de sorte que les mouvements septentrionaux peuvent représenter des affaissements locaux, des débâcles de Caspienne ; mouvements qui sont indépendants de ceux qui ont eu lieu pendant la même période, mais non à la même époque, dans les Alpes par exemple.

roches, de sorte qu'on peut aujourd'hui les exploiter par le lavage. Les minerais métallifères ont généralement moins résisté, parce que ce sont des substances aigres et qui ont peu de ténacité; aussi bien que les gisements détruits aient pu être très-considérables, les débris n'en sont ici exploitables que pour certaines variétés (oxide d'étain), et surtout lorsque les alluvions ont été peu broyées et n'ont pas subi un transport très-éloigné : les métaux natifs, au contraire, en vertu de leur malléabilité et de leur ténacité, ont pu résister à des frottements qui ont anéanti bien d'autres minéraux; l'or et le platine sont dans ce cas.

C'est la destruction des puissantes masses quartzeuses des montagnes du Brésil qui paraît avoir produit les riches alluvions aurifères et gemmifères qui couvrent les grandes vallées et les plateaux peu élevés de la partie septentrionale du Brésil. Ces alluvions, qui se retrouvent en Colombie, renferment à la fois l'or, le platine, le palladium et les diamants (Corrego das Lagens), l'or et les diamants (Tejuco); le platine et les diamants (Rio Abaete). En Europe, les alluvions de beaucoup de cours d'eau contiennent des paillettes d'or, notamment celles du Rhône et de plusieurs de ses affluents, sur la route desquels on connaît à peine quelques filons quartzeux, avec des particules d'or très-disséminées. Les alluvions qui couvrent les pentes des monts Altaï et de l'Oural, sont exploitables pour l'or et le platine, dont on a trouvé de fort gros morceaux, et récemment on y a signalé la présence des diamants. Parmi les limons et les sables ferrugineux de ces alluvions, on remarque souvent des galets de trapp et de diorites, dont le gisement est très-bien connu dans les deux chaînes et qui paraissent renfermer au moins le platine. L'Afrique occidentale présente des alluvions aurifères exploitées, où l'on trouve également des roches ignées assez jeunes. Enfin, les belles gemmes de l'Inde gisent dans un gravier ferrugineux puissant, quelquefois assez agglutiné pour qu'on soit obligé de le briser. Ces alluvions rentrent, sous le rapport du gisement, dans la classe générale ; elles n'ont d'intérêt que par les substances particulières qu'elles renferment et dont elles ne représentent pas le véritable gisement géognostique, puisqu'elles les ont arrachées à des roches en place. Mais l'homme ne pourrait aller chercher, la plupart du temps, l'or dans son quartz et le platine dans ses grünstein; l'action des eaux, en effectuant le boccardage et un premier lavage, a rendu exploitables des substances qu'il n'aurait pu sans elle se procurer en quantité assez considérable pour qu'elles fussent utiles. Nous aurons occasion de revenir sur ce sujet en traitant des gisements métallifères.

L'oxide d'étain, que l'on trouve dans certains dépôts meubles superficiels en Cornouailles, en Saxe...., indique toujours une grande proximité des filons en place d'où il est parti; car, outre qu'il est d'une destruction assez facile par l'érosion, cette destruction est encore accélérée par la tendance que les granites stannifères ont presque toujours à la décomposition. Le fer oxidulé, le fer titané, le titane rutile et anatase, et quelques autres minerais, que l'on rencontre dans certains dépôts alluviens, ne sont pas assez répandus pour être d'aucune utilité, ni pour caractériser ces dépôts. Quant au fer dit d'alluvion, il n'est point à comparer aux alluvions dont il vient d'être question, car ce n'est pas généralement une roche de transport.

Fer d'alluvion.

Le fer d'alluvion ou pisiforme semble en effet déposé par une action chimique analogue à celle qui, dans le terrain jurassique, a produit des couches si nombreuses de fer hydroxidé oolitique. Il existe, il est vrai, dans le Jura français et helvétique, des graviers superficiels, caractérisés comme alluviens par des ossements de mammifères, et dont certaines parties très-ferrugineuses résultent, d'après les recherches de M. Thirria, de la destruction des fers hydroxidés jurassiques; mais la plus grande partie des minerais alluviens exploités dans le Berry et tant d'autres provinces françaises, sont évidemment des dépôts chimiques qui paraissent devoir être attribués à des sources minérales.

Le fer hydroxidé alluvien se distingue des fers hydroxidés oolitiques par la grosseur généralement beaucoup plus considérable de ses grains, et par une stratification beaucoup moins sensible. On le trouve en effet remplissant des cavités des dépressions, plutòt que formant des couches régulières. Cette disposition, qui, du reste, peut résulter de dénudations postérieures, concorde cependant assez bien avec la formation locale, telle qu'on peut la concevoir par des sources minérales, qui accumulent plutôt qu'elles ne stratifient. Les caractères minéralogiques de ces minerais en grains inégaux concordent aussi avec cette formation concentrique dans des eaux bouillonnantes chargées de dissolution et inégalement agitées: et d'ailleurs, c'est qu'une très-grande partie des dépôts agglutinés de l'époque alluvienne, le sont par l'oxide de fer; les brèches à ossements des fentes et des cavernes sont essentiellement ferrugineuses, et parmi les caractères que l'on a cru reconnaître aux alluvions aurifères et gemmifères, dans celles de l'Amérique méridionale, comme dans celles de Golconde et de Visapour, les principes ferrugineux ont toujours été mentionnés.

Débris organiques, brèches osseuses des cavernes.

Les débris de mammifères que renferment certains dépôts de la période diluvienne ont donné lieu à des recherches fort intéressantes sur l'organisation de cette période, mais dont les résultats, sous le rapport géognostique, se bornent à nous représenter ces dépôts comme contemporains dans un à-peu-près zoologique, c'est-à-dire, avec toute la latitude d'une période fort longue, et comme postérieurs à la plupart des dépôts de la formation tertiaire supérieure, ce qui nous est beaucoup plus évidemment prouvé par de nombreuses superpositions. Les gisements les plus ordinaires de ces ossements sont des failles ou des cavernes, où ils sont engagés dans des limons, des sables meubles, des brèches à ciment calcaire ou ferrugineux: on en trouve aussi quelquefois dans des dépôts étendus; tels sont ceux que nous avons cités aux environs de Lyon.

Ces débris appartiennent à des ours, à des hyènes, des cerfs, des éléphants, des rhinocéros, des hippopotames, des bœufs, aurochs, chevaux, tapirs, loups, renards, chiens, chats, putois, lièvres, belettes, etc.... Les dents et les gros os sont généralement les parties les plus reconnaissables. Il est rare, en effet, que les squelettes soient bien conservés : l'on trouve les ossements dispersés dans les brèches osseuses sans ordre apparent; les uns intacts; les autres roulés et brisés; d'autres rongés et portant des empreintes évidentes des dents des carnassiers.

Les ossements que l'on peut appeler stratifiés, appartiennent préférablement aux éléphants, rhinocéros, cerfs, chevaux, etc.... Dans les cavernes, ce sont au contraire les carnassiers qui dominent. Suivant M. Brongniart, les neuf douzièmes des ossements des cavernes appartiennent à des ours; deux douzièmes aux hyènes; le dernier douzième y représente les autres animaux cités, et établit ainsi la contemporanéité de tous.

Les cavernes, vides sinueux, souvent ramifiés, dont nous avons déjà indiqué la fréquence dans le terrain jurassique, et dont la planche VI peut donner une idée, présentent un sol formé de matières terreuses, quelquefois bréchiformes, généralement peu solides, qui ont en quelque sorte nivelé les inégalités du fond. Quelquefois ce plancher est même formé par la superposition de plusieurs couches distinctes, ainsi qu'on le voit dans la coupe transversale de la caverne d'Échenoz : ce sont ces couches qui renferment assez souvent des ossements. Des concrétions calcaires, en stalactites et en stalagmites, pendent de la voûte, recouvrent les parois et le dépôt meuble. Il y a donc dans ces cavernes trois faits distincts : leur creusement, dont nous avons parlé dans la description du terrain jurassique, et qui peut être de beaucoup antérieur à l'époque actuelle; la présence du dépôt et des ossements, qui constitue le phénomène alluvien; la formation des concrétions calcaires : fait qui se produit encore actuellement. Les ossements ont été souvent apportés, ainsi que les éléments du dépôt, par des eaux qui ont traversé les cavernes : le fait est incontestable dans plusieurs cas; mais la prédominance des carnassiers, l'état rongé d'une partie des ossements, la présence des excréments, indiquent aussi en beaucoup de circonstances que les cavernes ont servi de repaires à des ours et à des hyènes qui venaient y dévorer leur proie, qui même quelquefois se dévoraient entre eux.

Les cavernes les plus célèbres de l'Europe sont : celles de Franconie, dont la plus remarquable est la caverne de Gailenreuth, composée d'une succession de chambres réunies par des défilés trop étroits pour que les animaux dont on retrouve les restes aient pu y passer : on a d'ailleurs fait la remarque que toutes les cavernes au nord de la Wiesent présentent des brèches osseuses, tandis que celles du sud sont sans ossements. Les cavernes d'Adelsberg en Carniole sont citées pour leur vaste étendue. En Angleterre, la caverne de Kirkdale, dans la partie orientale du comté d'York, a fourni la matière d'un beau travail de M. Buckland; elle est de celles qui ont servi de repaire aux carnassiers. En France, outre les cavernes de Fouvent et d'Échenoz (planche VI) dans la Haute-Saône, il en existe aux environs de Montpellier, de

Miremont, etc.... Des brèches osseuses, à ciment ferrugineux et calcaire, remplissent en totalité ou en partie les fentes qui sillonnent les calcaires des îles et des continents qui forment les bords souvent abruptes de la Méditerranée; à Cette, à Antibes, à Nice, à Gibraltar, etc.... : la plus grande partie de ces fentes se trouve, comme les cavernes, dans les assises les plus épaisses du terrain jurassique.

Parmi les faits zoologiques anomaux à la distribution organique actuelle, citons encore les nombreux débris d'éléphants, de rhinocéros, de daim, de cheval, etc...., que renferment les dépôts alluviens de la Sibérie. Les accumulations de ces débris sont en quelque sorte exploitées pour la recherche des défenses d'éléphants. Les côtes de la mer Glaciale entre la Léna et la Kolyma, ont présenté, dit-on, des milliers des divers animaux cités, dont les cadavres, enchâssés dans des sables glacés, sont souvent très-bien conservés, de manière à prouver que ces animaux ont réellement vécu dans ces contrées où se trouvent leurs débris. En 1804, un éboulement de glaces mit à découvert, près de l'embouchure de la Léna, un cadavre d'éléphant, complet et parfaitement conservé, dont les défenses furent immédiatement coupées. Deux ans après, M. Adams visita cette localité; il recueillit la peau et le squelette de l'éléphant; les chairs, qui n'avaient subi aucune décomposition, furent dévorées par divers animaux. La découverte de cet éléphant et de quelques autres cadavres non moins bien conservés, réfute d'abord l'idée d'un transport violent des contrées où ils habitent actuellement vers les régions polaires; elle tend à démontrer en outre que ces animaux vivaient réellement dans ces régions, puisque la cause préservatrice de putréfaction a dû agir immédiatement après leur mort; et, en effet, la présence des poils sur la peau de l'éléphant, ainsi que sur celle d'un rhinocéros qui fut trouvé sur les bords du Wilui, et qui était, dit-on, très-velu, concorde pour établir une distinction entre les éléphants ou les rhinocéros actuels et ceux des régions polaires, nous représentant ces derniers comme pouvant supporter une température basse.

Formation actuelle.

Bien que les alluvions qui dépendent de la formation actuelle soient à peu près identiques sous le rapport de la composition aux alluvions anciennes, et que la stratification soit généralement concordante, il est facile de distinguer les unes et les autres en étudiant une vallée. Les cours d'eaux dans les contrées où le terrain alluvien est puissant, ont très-souvent creusé leur lit dans les alluvions anciennes; de sorte que l'on trouve un moyen de distinction dans la disposition de celles-ci, qui constituent des terrasses encaissantes, lorsqu'elles ont un peu de cohérence, et se trouvent en tous cas à des niveaux plus élevés. La composition est d'ailleurs un signe beaucoup plus caractéristique, et qui confirme la distinction géognostique, en indiquant des faits géogéniques différents des faits actuels.

Ainsi, par exemple, la présence des débris de roches primitives dans les alluvions anciennes, les distinguera dans le bassin de la Seine des alluvions actuelles qui n'admettent plus dans leur composition que les matériaux des terrains traversés actuellement par la Seine. Dans les contrées montagneuses, où les roches ignées jouent un grand rôle, la distinction est encore bien plus facile; car, ainsi que nous l'avons dit, les galets d'un grand nombre de ces roches deviennent des termes de comparaison. Dans les pays de plaines c'est principalement en raison de leur étendue que les alluvions qui recouvrent d'immenses surfaces ont été regardées comme anciennes; tels sont les sables des déserts de l'Afrique, ceux de la Sibérie, les steppes de la Nouvelle-Russie, les sables et cailloux roulés des plaines des grands fleuves américains. La présence de l'or, du platine, des gemmes, n'est pas un caractère exclusif aux alluvions anciennes : il est beaucoup de fleuves qui en charient par suite de leur action sur les roches en place, qui sont sur leur passage; d'autres, parce qu'ils font subir aux alluvions antérieures un second lavage. Le sel, au contraire, ne pouvant guère subsister dans le voisinage des eaux courantes, reste, comme gisement, la propriété des alluvions anciennes. (1)

Nous avons parlé dans l'introduction géo-

---

(1) Je n'ai pas mentionné la présence du sel dans les alluvions anciennes, parce que d'après les recherches intéressantes de M. Haüy, ingénieur à Odessa, sur les steppes de la Russie méridionale, la production de ce sel est un phénomène actuel.

Tout le pays compris depuis le Volga jusqu'au Dniestre, en se dirigeant à peu près entre le 46.me et le 49.me parallèle, offre de vastes plaines ou steppes, dont les pentes, longues et douces, ne possèdent d'autres mouvements sensibles qu'un petit nombre de ravins ou de rivières de peu d'importance, si l'on en excepte cependant les grandes vallées du Dniepre et du Boug, qui, de concert avec les deux premiers fleuves, reçoivent les versants secondaires de ces immenses plaines. A partir de l'embouchure du Don jusqu'à celle du Dniestre, en passant par l'isthme de Perecop, la hauteur du plateau est fort peu variable et se maintient entre 30 et 40 mètres; mais depuis la rive gauche du Dniepre jusqu'aux environs de Jenitchki, le terrain est au contraire très-bas et formé d'alluvions. En partant de la côte septentrionale de la mer Noire ou de la mer d'Azof, et se dirigeant vers le nord, on s'élève lentement, et l'on rencontre un peu vers l'ouest les rapides ou cataractes du Boug, du Dniestre et du Dniepre, qui sont situés à peu près sur le même parallèle à 48 $\frac{1}{4}$° de latitude, et paraissent résulter d'un embranchement de granite souterrain, partant des Crapacks, et dont un point culminant est situé non loin d'Olgopol. Enfin, en rétrogradant vers le sud, on trouve encore des steppes jusqu'au revers de la chaîne qui borde la côte méridionale de la Crimée et jusqu'au versant septentrional du Caucase. Seulement ici, en partant du point de partage pour se rendre vers la mer Caspienne, les pentes paraissent plus régulières, et la surface du sol, qui présente tous les caractères d'une plage récemment abandonnée, vient se confondre insensiblement avec celle de la mer Caspienne.

Une grande partie de la steppe située entre la rive droite du Volga et la rive gauche du Terek offre une terre sablonneuse mêlée de sel, et si peu élevée, dit M. Haüy, au-dessus de la Caspienne, que les vents y font refluer les eaux jusqu'à deux verstes du bord et souvent

logique des modifications que subissaient les continents par suite de l'érosion des eaux; de la nature caillouteuse, sableuse et limoneuse des dépôts formés dans les vallées actuelles, par cette action continue; enfin, de l'horizontalité que prenaient ces dépôts au fond

plus. C'est qu'en effet la steppe, jusqu'à trois ou quatre milles de la mer, ne se trouve qu'à quelques pouces au-dessus du niveau de l'eau. Cette proximité, jointe à ce que l'évaporation est beaucoup plus grande que la quantité moyenne d'eau qui tombe dans un temps donné, conduit à penser que les pluies ne sauraient opérer le lavage de la surface du terrain salifère. En effet, au milieu de la ville d'Astrakan, lorsque après une petite pluie le soleil vient à paraître, le sable dont le sol est composé se couvre d'efflorescences salines, semblables à la gelée blanche; ce qui avait fait penser à tort que la rosée contenait des particules de sel. On conçoit que pendant les fortes pluies d'une partie de l'année, l'eau ne peut ruisseler sur ces plaines perméables et horizontales; elle pénètre le sable et forme des cours d'eau souterrains qui vont se rendre dans la mer; mais sitôt après le printemps, l'évaporation, activée par la chaleur et l'influence des vents, devient telle que les infiltrations prennent une direction inverse et viennent de la mer vers les continents. Les eaux salées circulent dès-lors dans les sables, se rassemblent dans les lacs, où l'évaporation donne lieu à la formation du sel cristallin; tels sont les lacs de Perecop, qui fournissent des extractions considérables.

La manière dont les eaux se comportent dans les limans (dépressions sur le bord de la mer, où les eaux tendent à s'accumuler), confirme cette théorie de la formation du sel dans les alluvions. De la description détaillée qu'en donne M. Haüy, il résulte : que dans les limans, le niveau du fond s'élève graduellement, ainsi que le niveau des eaux, mais de telle sorte que la masse de ces eaux diminue chaque année. La mer Caspienne, bordée à l'est et au nord par des pentes très-douces, est probablement dans ce cas. L'élévation du fond des limans fait croître la quantité d'eau évaporée, en ce qu'elle produit une diminution dans la hauteur d'eau. A mesure que le niveau moyen de l'eau s'élève, les filtrations qui arrivent de la mer diminuent et finissent par devenir nulles, dès que les eaux intérieures et extérieures se trouvent dans le même plan horizontal, ce qui est cause de la diminution graduelle des eaux salées dans les limans.

des mers. Tous ces dépôts, considérés sous un point de vue général, ne présentent aucun fait que nous n'ayons mentionné; mais, lorsqu'on vient à les détailler dans une contrée, alors des faits nouveaux surgissent en foule, et l'on arrive, en suivant tous les dépôts alluviens, en les comparant entre eux et avec ceux que l'on voit se former, à reconnaître comment, par des oscillations successives et par des catastrophes locales, on est arrivé à l'hydrographie régulière qui caractérise l'époque actuelle. C'est ainsi qu'en Grèce MM. Boblaye et Virlet ont retrouvé les traces alluviennes des catastrophes hydrographiques qui résultèrent des écroulements qui eurent lieu dans la chaîne du Taygète; écroulements dont la tradition a conservé le souvenir. Il est peu de contrées montagneuses où l'on ne puisse être conduit, par l'examen des alluvions, à reconnaître des faits intéressants, mais il ne peut entrer dans notre sujet de présenter aucun de ces détails essentiellement locaux : celui qui parcourt une contrée, les trouvera en étudiant avec soin le gisement et la nature minéralogique des alluvions, et les mettant en connexion avec l'hydrographie actuelle et la composition minérale du sol.

Ce qu'on ne doit jamais perdre de vue dans les recherches, c'est qu'un fait n'est pas anomal à l'état actuel, par cela seul qu'il faut supposer pour sa production un laps de temps d'une longueur pour ainsi dire indéterminée. Des influences bien moins fortes que l'action érosive ne produisent-elles pas, quand elles sont continues, des effets très-sensibles. Lorsque les vents qui règnent sur les côtes font voler quelques parties des sables fins qu'a déposés la marée, croirions-nous qu'une cause aussi minime ait pu donner naissance à ces monticules appelés dunes, dont la hauteur dépasse quelquefois vingt et quarante mètres, et qui s'avancent souvent jusqu'à plus d'une lieue dans l'intérieur des terres? croirions-nous, en voyant les vents rejeter lentement le sable du sommet des dunes sur le revers opposé à la mer, que cette action est assez forte pour les faire avancer vers l'intérieur avec une vîtesse de plusieurs mètres par an? Tels sont pourtant les phénomènes que l'observateur le moins attentif reconnaît aisément, et même depuis ce court espace que nous appelons temps historiques, période d'un jour, perdue dans la série des siècles géognostiques, les dunes n'ont-elles pas comblé et recouvert le port de Wissant, d'où César s'embarqua pour la Grande-Bretagne; les monuments de l'Égypte ne s'enfouissent-ils pas incessamment sous les sables de l'Afrique?

Tourbes.

Les plus intéressants des terrains superficiels sont sans contredit les terrains tourbeux. Nous avons cité des lignites dans les dépôts tertiaires et dans les alluvions anciennes, et certaines variétés ont même encore présenté des analogies avec la houille; mais dans les dépôts dont la formation se continue de nos jours, la tourbe paraît les avoir remplacés en grande partie. Ce n'est pas que certains limons très-modernes ne contiennent en beaucoup de contrées des couches charbonneuses et feuilletées que l'on peut appeler lignites; mais les tourbes paraissent résulter de l'accumulation et de la décomposition de végétaux herbacés; tandis que ce sont des arbres et de grands végétaux qui ont concouru à la formation des houilles et des lignites: or, dans l'époque actuelle l'accumulation des végétaux herbacés, par la succession des productions herbacées annuelles, est un phénomène qui tend beaucoup plus à se produire, que l'entassement de grands végétaux par suite de débâcles et d'affaissements.

La tourbe est généralement une substance molle, légère, spongieuse, d'un brun noirâtre, tantôt homogène, tantôt présentant des débris ligneux et des touffes de graminées très-reconnaissables. Elle se trouve ordinairement dans les terrains bas et marécageux, dans les vallées limoneuses: en pays de montagne, les dépressions humides, en forme de bassin, qui présentent une végétation basse et brillante, sont généralement des tourbières; il y en a qui n'ont pas dix mètres de diamètre. La tourbe répand en brûlant une fumée fétide, mais moins épaisse que celle de la houille, et quoique l'usage en soit généralement peu répandu, elle constitue cependant, lorsqu'elle est de bonne qualité, un combustible d'un emploi assez avantageux dans les usines évaporatoires.

L'on a trouvé dans beaucoup de tourbières des ossements d'animaux analogues aux espèces actuelles, et même des débris d'outils, des morceaux de bois façonnés, etc.; mais il ne faut pas en conclure immédiatement un âge géognostique postérieur à la venue de l'homme, parce que les terrains tourbeux ont souvent si peu de consistance, que des matières lourdes et même des morceaux de bois laissés à leur surface, s'y enfoncent peu à peu jusqu'à des profondeurs considérables. Les tourbières les plus célèbres sont celles des Pays-Bas, dont l'étendue est très-considérable et qui, vers le nord-est, présentent quelquefois plusieurs alternances de couches tourbeuses et de sables ou limon. En France les tourbes de la vallée de la Somme, celles d'Essone, sont à la fois abondantes et de bonne qualité : quant aux gisements plus circonscrits, il est peu de départements qui n'en puissent présenter plusieurs. Dans les pays de montagnes la surface des plateaux élevés prend souvent une physionomie tourbeuse, sans l'intermédiaire d'eaux stagnantes et par la simple congélation qui a lieu chaque hiver, de la chétive végétation qui s'était développée après la fonte des neiges. Ce phénomène se rapproche du phénomène de décomposition spontanée qui donne lieu à la terre végétale.

Plusieurs faits tendraient à démontrer que l'époque actuelle n'est pas totalement impropre, du moins mécaniquement, à la formation des lignites : ce sont les accumulations de végétaux près des bords de la mer et au-dessous de son niveau, connues sous le nom de *forêts sous-marines*. En plusieurs points des côtes de la Bretagne, du Lincolnshire, etc., se trouvent des bancs de terreau noirâtre et de limon, dans lesquels sont enfouis des arbres entiers ou brisés, tout-à-fait analogues aux espèces actuelles (chênes, sapins, bouleaux, noisetiers...), les uns couchés, les autres verticaux et évidemment en place. Mêmes analogies dans les fruits, les insectes, dont les débris ont été reconnus; de telle sorte qu'on se trouve conduit à assigner une époque tout-à-fait rapprochée à ces végétaux et au phénomène qui les a placés au-dessous du niveau de la mer. Ces tourbes ligneuses ne sont pas recouvertes, non plus que les tourbes ordinaires, si ce n'est par de petites épaisseurs de limon argileux ou de sable. La disposition de ces forêts sous-marines concorde d'ailleurs avec l'hypothèse d'affaissements locaux, par suite desquels des forêts analogues à ce que devaient être les forêts vierges de ces contrées, ont été submergées.

A côté de ces forêts récemment submergées par suite d'affaissements locaux, il est bon de placer les accumulations de coquilles qui, en un plus grand nombre de points, démontrent des soulèvements. Ainsi, par exemple aux environs d'Uddevalla en Suède, M. Brongniart a vu des entassements considérables de coquilles identiques à celles qui vivent actuellement dans les mers voisines, portés à des hauteurs qui vont jusqu'à plus de soixante mètres. MM. Brongniart, de la Bèche, etc...., ont signalé des sables coquilliers évidemment émergés, par suite de soulèvements locaux et très-modernes, sur un grand nombre de points littoraux de la Suède, de la Grande-Bretagne, de l'Italie....

Travertins, madrépores.

Les dépôts mécaniques ne sont pas les seuls dont nous voyons la formation se continuer sous nos yeux : combien de sources minérales continuent de déposer les concrétions ferrugineuses, calcaires ou même siliceuses, que l'on voit accumulées autour d'elles en masses puissantes. Citons en France, dans un faubourg de Clermont, la petite source de Saint-Allyre, jetant deux ponts sur un cours d'eau de douze pieds de largeur; en Italie, les travertins de la campagne de Rome et ceux de Saint-Philippe. Sous les eaux de la mer, on a mentionné, en un grand nombre de points, la formation de roches calcaires. A la Guadeloupe un de ces dépôts couvre des plages étendues, et l'on y a même trouvé les débris d'un squelette humain. Saussure a vu près du phare de Messine les sables s'agglutiner par un ciment calcaire assez solide pour que la pierre fût employée à la confection des meules. Des dépôts analogues ont été mentionnés sur les plages des Canaries; dans la Nouvelle-Hollande, à la baie des Chiens.

Dans l'océan Pacifique et dans la mer des Indes, partout où le sol s'est trouvé au-dessous de la mer, à un niveau tel que les polypiers générateurs des madrépores pussent s'y développer, le sol superficiel en est entièrement composé. Des surfaces sous-marines ont été ainsi élevées au-dessus du niveau des eaux d'un à deux mètres, de manière à constituer des îles étendues : autour des îles déjà saillantes on trouve une ceinture de madrépores que les marins désignent sous les noms de bancs ou récifs de coraux. Les dépôts madréporiques ont jusqu'à cinq ou six mètres d'épaisseur; mais à moins que des soulèvements postérieurs ne les aient exhaussés, ils ne dépassent guère un mètre au-dessus du niveau de la mer. Nous nous sommes déjà appuyé sur la concordance du niveau des îles madréporiques avec celui des mers, pour démontrer que celles-ci n'avaient point baissé. Nous nous servirons encore de leur forme et de leur position pour chercher à apprécier la disposition du sol sous-marin, sur lequel elles ont été construites. En effet, il est facile de prévoir que, puisque les polypiers générateurs ne peuvent plus vivre à une certaine profondeur, à cause de l'abaissement de la température, de l'absence de lumière, de l'augmentation de densité de l'eau, etc...., la disposition des saillies sous-marines sur lesquelles ils se sont fixés, est assez bien reproduite par les îles madréporiques. L'on a pu dès-lors constater la direction de ces saillies et dans certains cas leurs formes.

Arrêtons-nous ici dans l'examen de ces modifications de la surface du globe; car après l'influence des polypiers, nous serions conduit à mentionner les travaux de l'homme et jusqu'aux ossements des générations qui se superposent. Les éléments sédimentaires sont d'ailleurs si lents dans leurs actions, que, pour croire qu'ils modifient, il faut considérer ce qu'ils ont créé depuis des milliers d'années. Or, voici que nous arrivons à un ordre de phénomènes essentiellement violents, plus locaux, plus circonscrits que les phénomènes sédimentaires; mais qui ont encore plus influé sur la forme du globe. L'homme a conquis sur les mers les Polders de la Belgique et de la Hollande; il a opposé à leur fureur des digues et des jetées; il a resserré et quelquefois détourné le courant des fleuves; mais ni ses efforts ni son industrie n'ont pu sauver Herculanum, Pompéia, Torre-del-Greco, etc....

Les tremblements de terre et les éruptions volcaniques semblent annoncer par leur violente énergie, qu'ils sont en connexion immédiate, non-seulement avec la formation de la série des roches ignées, mais aussi avec le soulèvement des continents et des chaînes de montagnes.

TABLE

DES MATIÈRES CONTENUES DANS CE VOLUME.

Pages.

Avis important. v

Définition. 1

INTRODUCTION MINÉRALOGIQUE.

Corps simples, composés binaires, ternaires, quaternaires, etc.; signes minéralogiques. 3

Tableau systématique des matières minérales, classées d'après les principes minéralisateurs 11

Description des roches.

Principes constituants des roches 22

1. *Roches ferrifères.* — Fer oxidulé; fer olygiste; fer hydroxidé; fer carbonaté; fer sulfuré. 28

2. *Roches carbonifères.* — Anthracite; houille; lignite; tourbe. 30

3. *Roches calcarifères* — Calcaire saccharoïde, compacte, concrétionné, crayeux, grossier, oolitique, marneux, siliceux; dolomie; gypse; anhydrite 31

4. *Roches quartzifères.* — Quartz compacte; silex; jaspe; quartz concrétionné; grès; lydienne 37

5. *Roches feldspathiques.* — Feldspath lamelleux, grenu, compacte; porphyre feldspathique; porphyre quartzifère; granite; gneiss; syénite; protogine; pegmatite; euphotide. *Appendice.* Trachyte; phonolite; domite; obsidienne; argilolite; téphrine. 39

Pages.
6. *Roches micacées.* — Micaschiste 52
7. *Roches talqueuses.* — Stéaschiste ; serpentine. 54
8. *Roches argileuses.* — Kaolin ; argile plastique, sableuse ; calcaire ; schiste argileux ; ampélite 56
9. *Roches pyroxéniques.* — Mélaphyre ; basalte ; dolérite ; vacke ; spillite 59
10. *Roches amphiboliques.* — Amphibolite ; diorite ; ophite ; trapp. 62
11. *Roches d'agrégation.* — Conglomérats ; brèches ; poudingues ; grès et sables ; arkose ; grauwacke ; macigno ; molasse ; nagelflue ; brèche volcanique ; pépérino . . . 64

INTRODUCTION GÉOLOGIQUE.

Modifications actuelles de la surface du globe. 70
Subdivision des terrains en deux classes. 77
But et applications de la géologie. 84

TERRAINS SÉDIMENTAIRES.

Lois de la stratification 86
Caractères de composition. 96
Mode de formation 100
Liaison des formations. 108
Classification 110
Tableau de la série des terrains sédimentaires 118

TERRAINS IGNÉS.

Caractères généraux. 119
Composition. 121
Formes des roches ignées 128
Classification. 132
Tableau de la série des terrains ignés 136

Rapports généraux des terrains sédimentaires et ignés.

Rapports de position géographique. 137
Dans les chaînes de montagnes 139
Rapports minéralogiques. 143

TERRAINS PRIMITIFS.

Pages.
Caractères généraux 148
Granite 155
Gneiss. 169
Micaschiste. 174
Schiste argileux 179
Essais de classification 187
Passage au terrain de transition 193
Terrains incertains. 195
Note sur le plateau de la France centrale 202

Série des terrains sédimentaires.

TERRAIN DE TRANSITION.

Caractères généraux 208
Subdivision en deux formations 213
Composition de ces formations 217
Gisements 227

Formation inférieure.

Dans le Hartz. 229
Dans la Hongrie. 232
Dans le massif du Rhin 234
Dans les Vosges. 236
Dans la France centrale 237
Dans les Pyrénées. 239
Dans la Corse 243
Dans l'Angleterre 246
Dans l'Écosse 249
Dans la Grèce. 251
Dans les Amériques. 252

Formation supérieure.

Dans la Bretagne 255
Dans les îles Britanniques 259
Dans les Vosges 260
Dans l'Europe septentrionale. 261

TERRAIN HOUILLER.

Pages.
Caractères généraux. — Subdivision en deux formations . 264
Composition 270
Houille 274
Allure et accidents des couches de houille 284
Failles du terrain houiller 288
Fer carbonaté 293
Gisements du terrain houiller 295
Formation houillère dans le bassin de Saint-Étienne . . . 297
Bassins de la France méridionale 307
Angleterre. — *Formation du vieux grès rouge et du calcaire carbonifère. — Formation houillère* 310
Les deux formations dans la Belgique et la France septentrionale 327
Mons 334
Anzin 336
Hardinghen 338
Allemagne. — Amérique 340
Flore houillère 342
Origine de la houille 344

TERRAIN PÉNÉEN.

Subdivision en trois formations 348

Formation du grès rouge.

Caractères généraux 352
Angleterre 354
Allemagne. — France 357
Amérique 363

Formation du Zechstein.

Caractères généraux 365
Allemagne 366
Angleterre. — Calvados 370

Formation du grès des Vosges.

Dans les Vosges et la Forêt-Noire 374

TERRAIN KEUPRIQUE.

Pages.
Subdivision en trois formations 380

Formation du grès bigarré.

Caractères généraux 386
Sud-est de la France 388
France centrale 392
Régions allemandes 393

Formation du Muschelkalk.

Caractères généraux 395
Pourtour des Vosges 396
Régions allemandes 401

Formation des marnes irisées.

Caractères généraux 403
Pourtour des Vosges 404
Sel gemme du département de la Meurthe 406
Régions allemandes 412

TERRAIN JURASSIQUE.

Caractères généraux 415
Subdivision en deux formations 417

Formation du lias.

Composition et subdivisions 423
Grès inférieurs du lias, autour des Vosges, à Luxembourg, dans la France centrale, etc. 425
Calcaire à gryphites en Angleterre, France 428
Marnes du lias en Angleterre, en France 430
Substances accidentelles de cette formation 432

Formation oolitique.

Angleterre. Subdivision en trois étages 435
France 442
Bas-Boulonnais 443
Pays de Bray 445

Pages
Calvados 446
Ardennes, Bourgogne, etc. 448
Sud-ouest de la France 451
Montagnes du Jura 453
Franconie. 462

Terrain jurassique dans les Alpes 465

TERRAIN CRÉTACÉ.

Caractères généraux 476
Subdivision en deux formations 478

Formation du grès vert.

Angleterre 482
France septentrionale 487
Belgique 492

Formation crayeuse.

Caractères généraux 493
Environs de Paris 495
France septentrionale, Belgique. 498

Terrain crétacé dans la France méridionale ; les Pyrénées, les Alpes 507
Carpathes. 517
Gallicie, Podolie, Pologne 517
Morée. 521
Chaîne du Liban 522

TERRAIN TERTIAIRE.

Caractères généraux 525
Classification par les coquilles 526
Classification géognostique. 529

Formation inférieure.

Environs de Paris. — Argile plastique. — Calcaire grossier 533
Angleterre. — Argile plastique. — Argiles de Londres. — Sables de Basghot 544

Pages.

Environs de Bruxelles 547
France septentrionale 548
Bassin de la Gironde 552
Vicentin. 554
Gallicie, Podolie, etc. 555

Formation supérieure.

Éléments de cette formation 560
Environs de Paris. — Calcaire siliceux; étage gypseux; sables et grès marins supérieurs; meulières et marnes; faluns de la Touraine 562
Angleterre, île de Wight; crag 579
Bassin du Puy en Vélay 580
Bassin de la Limagne 582
Molasse et nagelflue de la Suisse 583
Collines subapennines 586
Dépôts tertiaires postérieurs aux étages parisiens. . . . 587
Plaines de la Bresse 594
Val d'Arno supérieur 598

TERRAIN ALLUVIEN.

Caractères généraux 601
Vallée de la Seine. 605
Vallées du Rhône, de la Durance, de l'Isère, etc. . . 606
Europe septentrionale : blocs erratiques 613
Faits généraux 617
Alluvions aurifères et gemmifères. 621
Fer d'alluvion 624
Débris organiques, brèches osseuses des cavernes . . . 625
Formation actuelle. 630
Tourbes 635
Travertins, madrépores. 639

PLANCHES.

Planche I.

Fig. 1. Coupe de Paris aux Vosges. *Fig.* 2. Coupe du mont Terrible. *Fig.* 3. Gisement du graphite au col du Chardonnet. *Fig.* 4. Coupe de la Jungfrau. *Fig.* 5. Coupe de la vallée d'Eichstædt. *Fig.* 6. Coupe de la vallée de Mettingen. *Fig.* 7. Coupe du Pertuis de Mirabeau.

Planche II.

Vue du massif du Mont-Blanc, du côté de l'allée Blanche.

Planche III.

Vue d'un escarpement de la mine du Treuil, près Saint-Étienne.

Planche IV.

Fig. 1. Coupe du terrain houiller de Mons. *Fig.* 2. Coupe de la faille de Grossfell. *Fig.* 3. Exemple du terrain houiller en Angleterre.

Planche V.

Coupe du terrain houiller d'Anzin.

Planche VI.

Fig. 1. Coupe de la caverne d'Échenoz. *Fig.* 2. Coupe transversale. *Fig.* 3. Falaise crétacée d'Étretat.

Planche VII.

Vue du cirque de Gavarnie.

Planche VIII.

Fig. 1. Carte de la France, de l'Angleterre et de la Belgique, à l'époque de la formation tertiaire inférieure. *Fig.* 2. Coupe du pays de Bray. *Fig.* 3. Coupe idéale de l'ensemble des terrains tertiaires parisiens. *Fig.* 4. Coupe du terrain tertiaire supérieur à Mezel. *Fig.* 6. Un bloc erratique sur la pente des Alpes.

FIN.

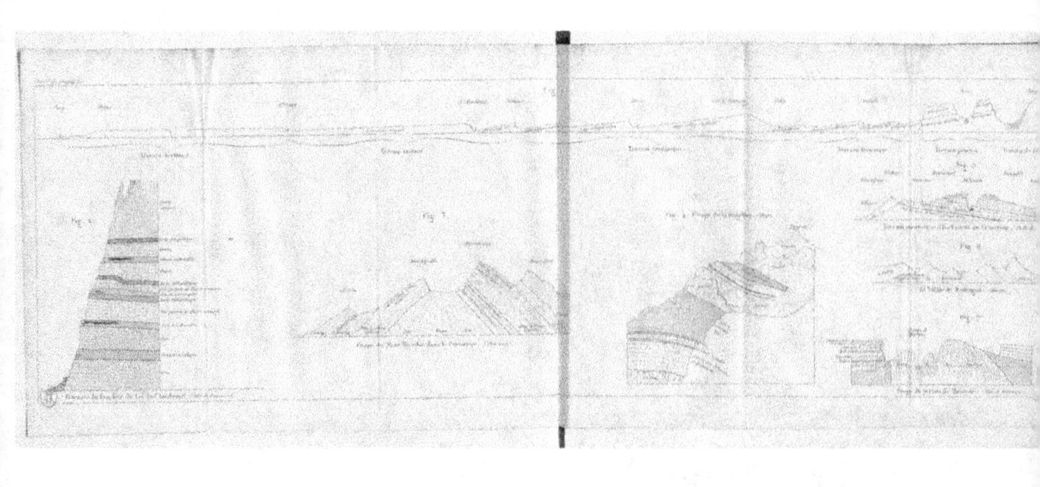

MINE DE HOUILLE DU TREUIL PRÈS ST ÉTIENNE

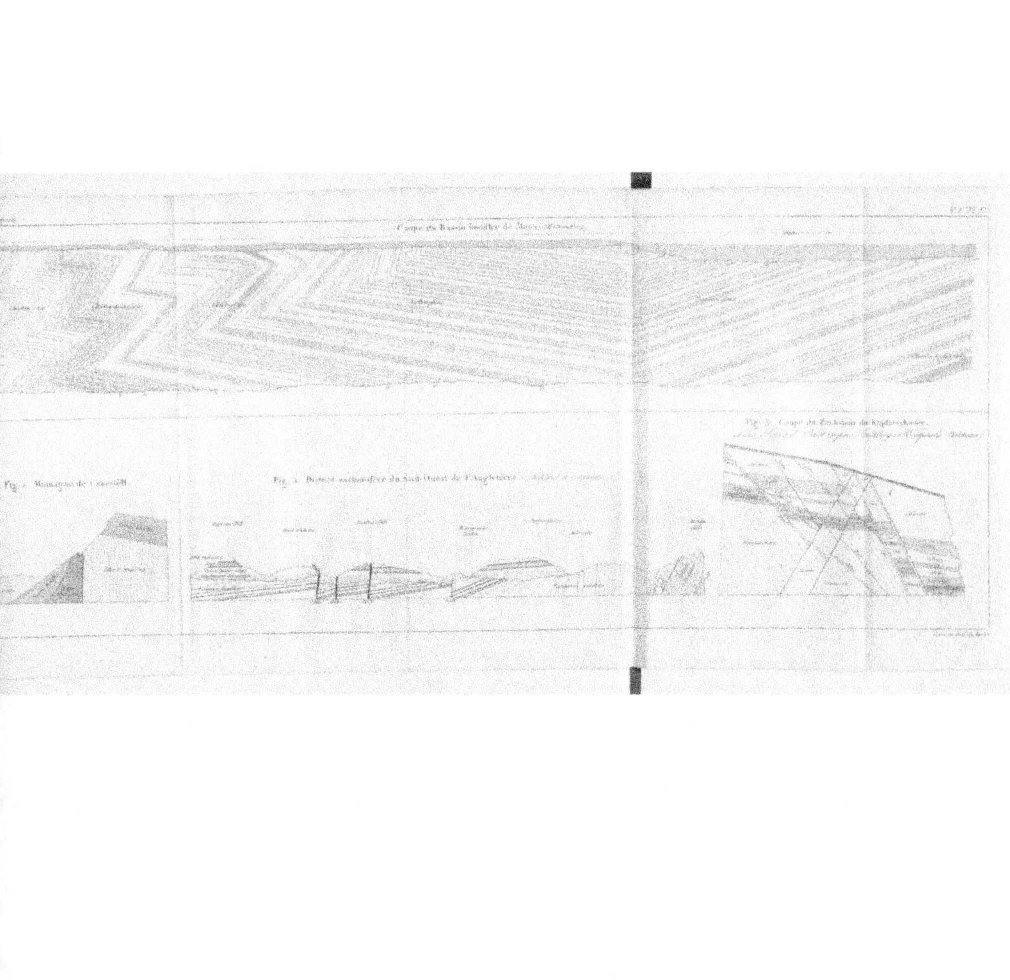

Sables et Silex ([illegible] tertiaire)

[illegible] ([illegible])

Marnes bleues et [illegible] ([illegible])

[illegible]

[illegible]

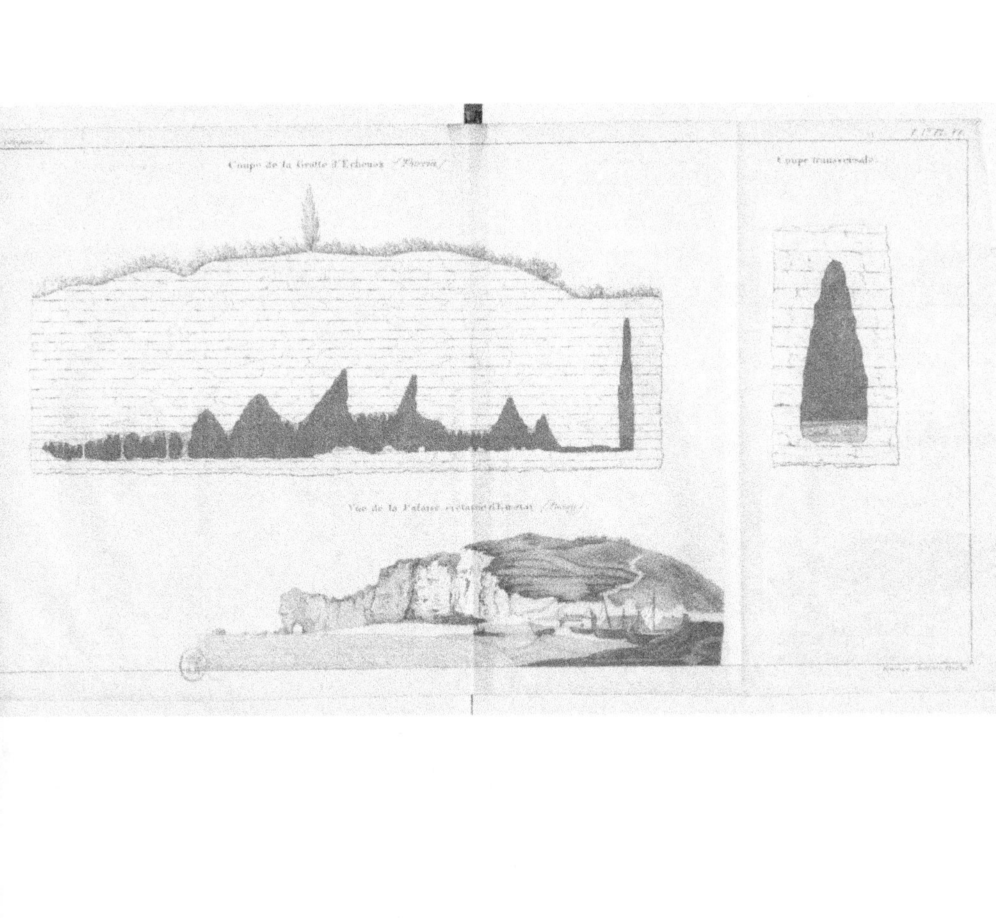
Coupe transversale.

A. Gneiss.
B. Calcaire de transition.

VUE DU CIRQUE DE GAVARNIE
prise près de l'Église de Gavarnie
(Dufrénoy)

C. Terrain de craie en stratification discordante sur le Calcaire de transition.

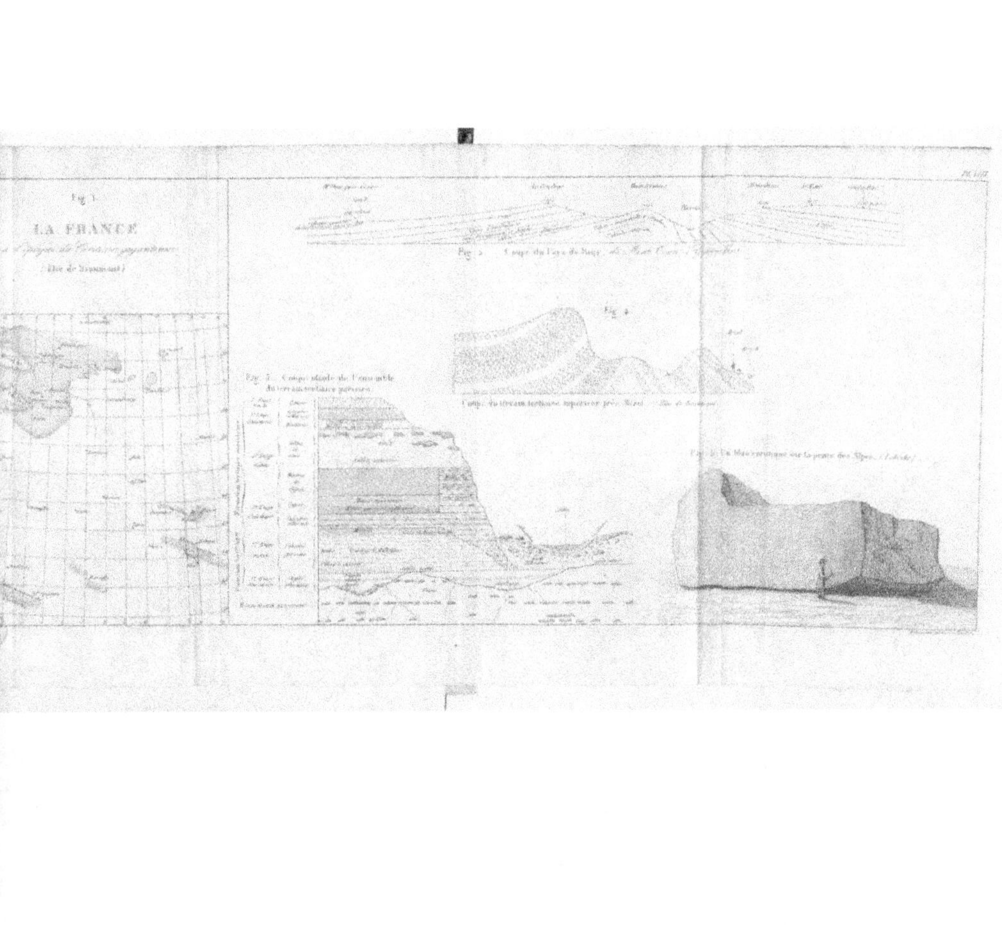
Fig. 1.
LA FRANCE
Fig. 4

www.ingramcontent.com/pod-product-compliance
Lightning Source LLC
LaVergne TN
LVHW012111170826
845678LV00001BA/1

* 9 7 8 2 3 2 9 2 1 3 6 3 7 *